2025 대전광역시
도시재생전략계획 변경

대전광역시

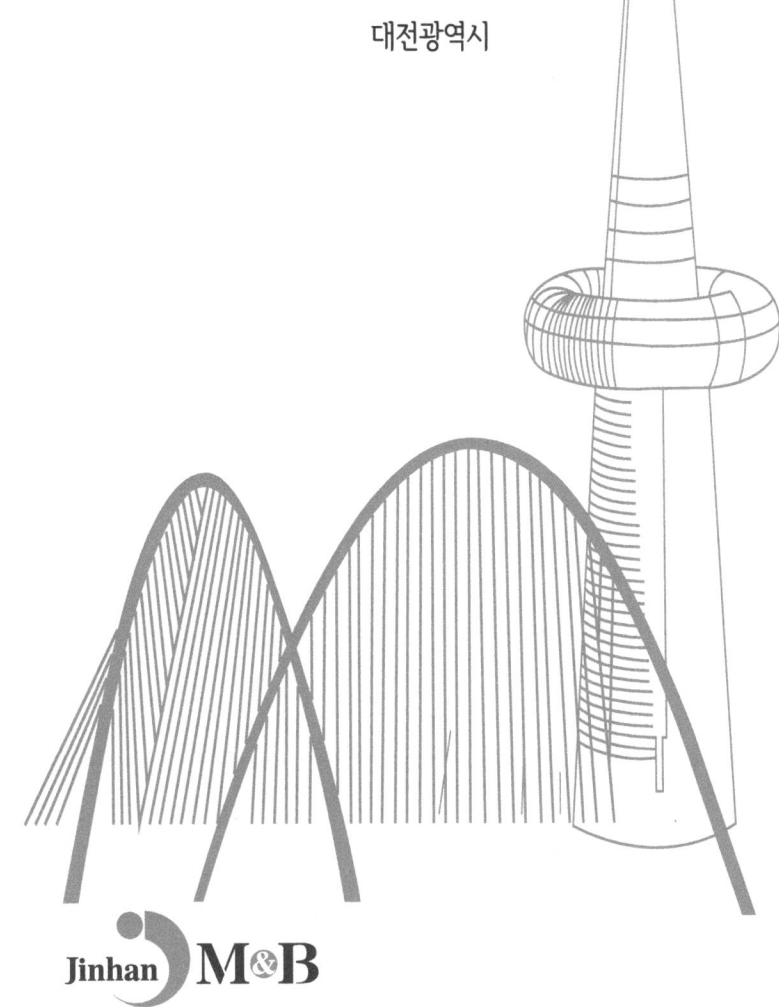

Jinhan M&B

제1장

개요

1. 계획의 수립배경 및 목적

2. 계획의 개요

3. 계획 수립절차 및 추진경위

1. 계획의 수립배경 및 목적

1.1. 변경 계획의 수립배경

(1) 정부정책 변화에 따른 기존 도시재생전략계획 변경 필요성 제기

■ 현 정부 국정과제인 도시재생 뉴딜사업에 대한 효과적인 대응전략 마련 요구

- 문재인 정부의 100대 국정과제에 담긴 국정 철학에 대한 대전시 차원에서의 구체적인 시책 마련과 도시재생 정책 방향에 대한 재정립이 요구
  - 주요 국정과제인 풀뿌리 민주주의를 실현하는 자치분권을 위한 주민 참여의 실질화와 골고루 잘사는 균형발전을 위한 핵심 사업으로서 도시재생뉴딜 추진을 통한 도시경쟁력 강화 및 삶의 질 개선이라는 국정과제에 부합하기 위한 대전시 차원의 전략적 대응 방안 모색이 필요

- 도시재생 뉴딜사업 시행과 연계하여 대전시의 도시재생 추진전략을 수정·보완하고 새로운 대응전략 제시 필요
  - 도시재생 뉴딜사업의 효율적 추진을 위해 대전시의 새로운 여건 변화 분석 및 향후 대전시의 도시재생 방향설정 등 기존 전략계획 수립 변경이 필요

■ 정부의 주거복지정책에 부합하는 주택공급정책과 대전역 도시재생선도지역 지정 반영

- 국민의 주거안전성 확보를 위한 주택공급 정책 추진
  - 정부는 2021년부터 2022년까지 전국 11만 4천가구를 공급함으로써 서민·중산층의 주거안정을 지원하는 주거공급정책을 추진

- 쪽방촌 공공주택 및 도시재생뉴딜사업 추진과 대전역 도시재생 선도지역 지정
  - 과거 도심지의 급격한 도시화과정에서 발생한 도시 빈곤층이 노후·불량 주거지인 쪽방촌에 밀집하여 거주함으로써 발생하는 화재, 범죄 등 사회문제 해결을 위해 국토교통부는 쪽방촌 도시재생사업을 추진
  - 국토교통부에서 발표한 영등포 쪽방촌 정비방안을 계기로 지방 도심지 곳곳에 분포한 쪽방촌 역시 정비가 필요하다는 논의가 확산되었으며, 대전역 쪽방촌을 중심으로 주거환경을 정비하고 안정적인 이주를 지원하기 위해 도시재생 선도지역이 지정하여 도시재생뉴딜사업을 추진함

- 대전역 도시재생선도지역이 지정으로 관련법에 따라 선도지역과 경제기반형 도시재생활성화지역 변경을 도시재생전략계획에 반영 필요
  - 「도시재생 활성화 및 지원에 관한 특별법」 제 34조 1항에 따른 도시재생선도지역에 대한 특별 조치로 변경된 도시재생전략계획을 정비함
  - 기존 경제기반형 도시재생활성화지역내에서 도시재생선도지역이 지정됨에 따라 도시재생선도지역을 제척하여 구역계 및 면적 조정이 불가피 함

(2) 지역 여건에 부합하는 도시재생의 새로운 정책 방향 제시

■ 민선7기 주요 공약사업의 이행 및 일관성 있는 도시재생 정책 추진의 필요성 증대

- 대전시 민선7기의 주요 공약사업에 대한 이행과 일관성 있는 도시재생 정책 추진을 위한 전략계획의 변경이 요구
- 대전시의 도시철도 제2호선 트램사업이 예타면제 사업으로 선정되고, 충청권 광역철도망 구축사업이 본격적으로 추진됨에 따라 도시공간구조 및 교통체계의 대대적인 변화 예상
  - 주요 간선도로망을 중심으로 도심을 순환하는 약 37.4㎞의 환상형 트램 순환선이 건설예정
  - 약 7천억원의 사업비가 소요될 것으로 전망되며, 사업기간은 2021~2025년 완공 예정
  - 트램 건설의 기대효과로서 대중교통중심의 교통체계 재편을 통한 교통환경 개선 및 지역경제 활성화, 주거환경의 개선 효과가 있을 것으로 기대
- 대전 트램 노선 및 충청권 광역 철도망 건설에 따른 도시재생 관점에서의 대응 방안 마련 필요
  - 트램 및 철도 중심의 교통망과 토지이용계획과의 연계성을 고려한 도시공간구조의 재편 및 도시재생 추진 전략 마련 필요
  - 트램을 단순 교통수단이 아닌 관광, 쇼핑, 여가 등 도시활력 회복의 촉매재로 활용하여 인접한 도시재생사업지역 및 활성화지역이 지역중심 공간으로 변화할 것을 기대
  - 트램을 활용하여 쇠퇴 지역의 물리적 정비와 생활·복지·산업기능 강화간의 균형점을 확보하고 트램도입으로 인한 교통혼잡과 주변지역 난개발을 사전에 대응
- 그 외 주요 핵심 공약사업 등을 도시재생 관점에서 받아 줄 수 있는 전략계획 변경의 필요성 대두
  - 시민참여예산 200억원 확대, 리빙랩 시범마을 조성 및 시민공유공간 확산, 원도심내 소셜벤처특화거리 조성 및 2천개 스타트업 육성, 둔산센트럴파크 조성, 빈집 재생 및 뉴딜정책과 연계한 활기찬 도시재생 프로젝트 추진, 동북권 제2대덕밸리 조성, 베이스볼 드림파크 건립 사업 등 주요 현안 사업들과 도시재생전략계획과의 정합성 및 위상 재정립 등에 대한 고려 필요

1.2. 과업의 목적과 범위

(1) 과업목적

┃목적

(법적근거) 「도시재생 활성화 및 지원에 관한 특별법」 제12조 제1항에 의거, 전략계획수립권자는 도시재생을 추진하려면 도시재생전략계획을 10년 단위로 수립하고, 필요한 경우 5년 단위로 정비하여야 함.

- 본 과업의 목적은 문재인 정부의 주요 국정과제인 도시재생 뉴딜사업 시행과 연계하여 대전시 추진 전략에 대한 새로운 방향 모색과 대응 방안을 마련하는데 있으며, 이를 통해 지속가능한 도시경쟁력을 확보하고 시민의 삶의 질을 향상시키는데 있음
- 도시재생 뉴딜사업과의 효율적인 연계를 위해 기존에 광범위하게 지정된 도시재생활성화지역을 보다 세분화하여 뉴딜사업 유형에 맞는 도시재생활성화지역을 재설정하고자 함
- 최근 정부정책 동향 및 민선7기의 주요 공약사업 등을 도시재생에 연계하여 시민주도의 자생력 있는 자치행정과 도시혁신을 이끌어 낼 수 있는 대전형의 새로운 도시재생 모델을 제시하는데 있음

(2) 과업범위

┃공간적 범위

- 대전광역시 관할 구역 (539.34㎢) 중 도시재생 활성화지역 지정 세부기준 3개요건 중 2개 이상을 만족하는 지역

┃시간적 범위

2019년부터 2025년까지 7년 간 대전시 도시재생사업 추진을 위한 비전 및 목표, 단계별 대응 전략 방안 등 제시

- 조사시점 : 2020년도(분석기준 년도 : 2018~2019년도)
- 적용시점 : 2019년~2025년(기간: 7년)

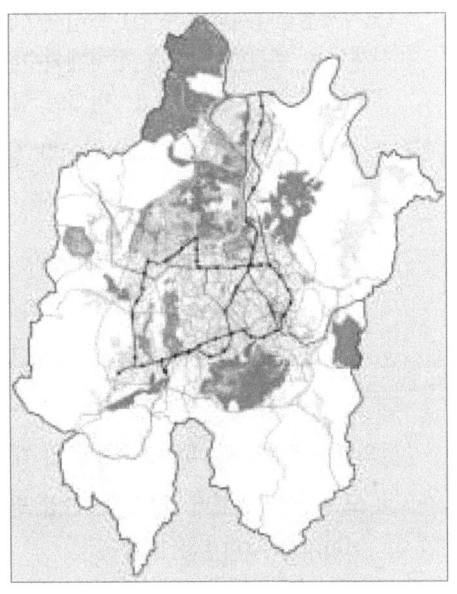

[그림 1-1] 과업의 공간적 범위

2. 계획의 개요

2.1. 법적근거 및 계획의 위상

(1) 법적근거

▌**도시재생 활성화 및 지원에 관한 특별법 (제정:2013년 6월 / 개정:2020년 7월)**

> "도시의 경제적·사회적·문화적 활력 회복을 위하여 공공의 역할과 지원을 강화함으로써 도시의 재생적 성장기반을 확충하고 도시의 경쟁력을 제고하며 지역 공동체를 회복하는 등 국민의 삶의 질 향상에 이바지하기 위해 도시재생 활성화 및 지원에 관한 특별법(약칭 : 도시재생법)을 제정"

- **(제정목적)** 도시의 경제적·사회적·문화적 활력 회복을 위하여 공공의 역할과 지원을 강화함으로써 도시의 자생적 성장기반을 확충하고 도시의 경쟁력을 제고하며 지역 공동체를 회복하는 등 국민의 삶의 질 향상에 이바지함을 목적으로 함

- **(국가 및 지자체의 책무)** 도시재생법 제3조에 근거하여 국가 및 지방자치단체는 도시재생사업을 추진하는 데에 필요한 예산을 확보하고 관련 시책을 수립·추진하여야 하며, 주민의 삶의 질 향상을 우선적으로 고려하여야 함

- 또한 도시재생전략계획이 수립된 경우, 해당 지방자치단체의 장은 도시재생전략계획이나 도시재생활성화계획 등의 실효성을 확보하기 위하여 「지방재정법」 제33조에 따른 중기지방재정계획에 이를 반영해야 함

- **(도시재생전략계획의 수립)** 도시재생법 제12조 및 제13조와 동법 시행령 제16조에 의거, 도시재생을 추진하기 위해 전략계획수립권자는 도시재생전략계획을 10년 단위로 수립하고, 필요한 경우 5년 단위로 정비하여야 함

- 도시재생전략계획에는 다음의 사항 등을 포함하여 수립해야 함

    ① 계획의 목표 및 범위

    ② 목표 달성을 위한 방안

    ③ 쇠퇴진단 및 물리적·사회적·경제적·문화적 여건 분석

    ④ 도시재생활성화지역의 지정 또는 변경에 관한 사항

    ⑤ 도시재생활성화지역별 우선순위

    ⑤의2 노면전차 등 대중교통시설 및 대중교통수단의 개선·확충 등을 통한 지역 간 또는 연계방안

    ⑥ 도시재생지원센터 구성 및 운영 방안

    ⑦ 지방정부 재원조달 계획

    ⑧ 지원조례, 전담조직 설치 등 지방자치단체 차원의 지원제도 발굴

    ⑨ 그 밖에 전략계획수립권자가 도시재생을 위하여 수립하는 사업 계획

- 도시재생전략계획의 작성기준 및 작성방법은 다음 사항 등을 고려하여 수립해야 함

1. 도시의 쇠퇴를 과학적으로 진단하고, 물리적·사회적·경제적·문화적 현황 자료의 수집·분석을 통하여 도시의 잠재력과 성장요인을 도출할 것
2. 도시 내의 각종 계획, 사업, 프로그램, 유형·무형의 지역자산을 적극적으로 조사·발굴하고, 상호 연계하는 방안을 검토할 것
3. 해당 지방자치단체의 도시재생역량 및 재정여건 등을 고려하여 도시지역(「국토의 계획 및 이용에 관한 법률」 제6조제1호에 따른 도시지역을 말한다)을 대상으로 적정한 규모와 개수의 도시재생활성화지역을 지정할 것
4. 도시재생활성화지역별 우선순위는 「국토의 계획 및 이용에 관한 법률」 제19조에 따른 도시·군기본계획 및 시행 중인 각종 계획과의 부합성, 도시재생활성화지역 간 형평성, 도시재생사업추진의 시급성, 주변지역에 미치는 파급효과 등을 고려할 것
5. 도시재생지원센터, 주민협의체 등을 구성할 때에는 주민참여 활성화 및 주민역량 강화 방안을 마련할 것
6. 도시재생전략계획의 목표와 도시재생활성화지역의 지정 개수 및 규모, 도시재생활성화지역별 우선순위 등을 고려하여 재원조달 계획과 연차별 집행계획을 작성할 것
7. 사업시행과정에서의 위험요인을 분석하고, 구체적인 목표, 평가지표, 평가방법 등 성과관리 방안을 마련하여 실현가능한 계획을 제시할 것

- 그 외「국가도시재생기본방침」및「도시재생전략계획 수립 가이드라인」등을 참고하여 수립토록 함

(2) 계획의 위상

▍대전시 도시재생 사업 추진 및 지원을 위한 법정계획

- 대전시가 수립하는 본 계획은 지난 2016년에 수립(안)을 2019년 재수립하여 2025 도시재생전략계획(변경)의 일부 내용을 수정·보완하는 변경 계획이기는 하나, 최근의 도시재생과 관련한 정부 정책 변화 기조를 적절히 반영해 내고 민선 7기의 주요공약 사업 중 도시재생과 관련한 사업들을 유기적으로 연계해 냄으로써 정책 추진의 일관성 확보 및 사업 추진의 방향성 등을 보다 구체화하기 위한 전략계획으로서 대전시의 도시재생 정책 및 사업을 총괄·조정하는 계획적 위상을 갖는 법정계획임
- 도시재생전략계획이란 전략계획수립권자가 국가도시재생기본방침을 고려하여 도시 전체 또는 일부 지역, 필요한 경우 둘 이상의 도시에 대하여 도시재생과 관련한 각종 계획, 사업, 프로그램, 유형·무형의 지역자산 등을 조사·발굴하고, 도시재생활성화지역을 지정하는 등 도시재생 추진전략을 수립하기 위한 계획을 의미함(도시재생법 제2조 제1항 제3호)

▍자치구별 도시재생활성화계획 수립을 위한 근거로서의 상위계획

- 대전시장 및 구청장 등은 도시재생전략계획에 부합하도록 도시재생활성화지역에 대하여 도시재생활성화계획을 수립할 수 있음

- **도시재생활성화계획**이란 도시재생전략계획에 부합하도록 도시재생활성화지역에 대하여 국가, 지방자치단체, 공공기관 및 지역주민 등이 지역발전과 도시재생을 위하여 추진하는 다양한 도시재생사업을 연계하여 종합적으로 수립하는 실행계획을 말하며, 주요 목적 및 성격에 따라 다음과 같이 두 개의 유형으로 구분됨
- **도시경제기반형 활성화계획** : 산업단지, 항만, 공항, 철도, 일반국도, 하천 등 국가의 핵심적인 기능을 담당하는 도시·군계획시설의 정비 및 개발과 연계하여 도시에 새로운 기능을 부여하고 고용기반을 창출하기 위한 도시재생활성화계획
- **근린재생형 활성화계획** : 생활권 단위의 생활환경 개선, 기초생활인프라 확충, 공동체 활성화, 골목경제 살리기 등을 위한 도시재생활성화계획

• 도시재생 뉴딜사업을 포함한 도시재생사업 추진을 위해서는 도시재생활성화지역으로 선 지정되어 있어야 하며, 선정된 도시재생활성화지역 중 우선순위에 따라 도시재생활성화계획의 수립을 전제로 도시재생사업 추진이 가능

• 도시재생활성화지역의 지정 또는 변경, 해제 등에 관한 사항은 도시재생전략계획의 수립 또는 변경을 통해 가능

- **도시재생활성화지역**이란 국가와 지방자치단체의 자원과 역량을 집중함으로써 도시재생을 위한 사업의 효과를 극대화하려는 전략적 대상지역으로 그 지정 및 해제를 도시재생전략계획으로 결정하는 지역을 말함(도시재생법 제2조 제1항 제5호)

• 따라서 본 계획은 대전시장, 또는 5개 구청장이 도시재생활성화지역을 대상으로 도시재생활성화계획을 수립하고자 할시 부합되도록 수립해야 하는 상위계획 근거로서의 법적 위상을 가짐

- 실행계획인 도시재생활성화계획의 기본이 되는 상위계획으로 도시재생활성화지역의 우선순위 선정과 전략을 제시하여 계획의 실현성 제고

(3) 도시재생전략계획의 작성 원칙

• (진단) 도시의 성장·쇠퇴의 원인 및 배경 등을 명확히 진단하고, 도시재생의 필요성, 당위성에 대하여 정확히 파악

• (전략) 지역의 역사문화 자산, 지리적 특성, 산업의 비교우위 등 잠재력을 발굴하고, 도시재생을 위한 핵심 목표 및 과제를 도출

• (기본구상) 목표를 달성하기 위한 과제들을 도시공간상에 배치하여 도시의 재생 개념과 방향성을 제시

• (활성화지역) 도시재생의 공간적 범위(도시재생활성화지역)를 과도하게 설정하는 것을 지양하고, 지역역량을 고려하여 적정한 개수로 지정

• (우선순위) 쇠퇴도, 각종 관련계획과의 정합성, 기대효과, 주민 역량 등을 종합적으로 고려하여 활성화지역별 우선순위를 결정

• (추진체계) 주민(협의체), 지원조직(지원센터), 지방자치단체(전담조직) 등에 재생을 추진하기 위한 조직을 구성하고 상호간 협력 방안 모색

- (재원조달) 도시재생에 필요한 예산소요를 정확히 산출하고, 국가보조금·지방비·민간투자 등 연차별 재원조달계획을 제시
- (자원·역량의 집중) 지방자치단체의 도로·공원 등 도시계획시설사업 등을 쇠퇴지역에 집중하고, 지방자치단체 보유자산의 양여 · 임대 등 적극 지원
- (성과관리) 도시재생 목표에 부합하는 평가지표를 제시하고, 주기적으로 모니터링하기 위한 계획을 수립

2.2. 과업의 주요 내용 및 연구방법

(1) 과업의 주요 내용

▌기초조사

- 기초조사는 다음의 내용을 포함하여 수행
  - 물리·사회·경제·문화 여건 분석을 위해 필요한 사항
  - 도시재생 관련 각종계획, 사업, 프로그램, 유형·무형의 지역 자산
  - 기초생활인프라 현황 및 주거수준을 파악하는데 필요한 사항
- 기초조사 범위는 전략계획수립 대상지 전체로 하며 쇠퇴의 정도가 심각하여 보다 상세한 조사를 위해 필요한 경우에는 보다 세밀한 공간적 범위에 대해 실시

▌계획의 목표 및 범위

- 도시의 현황과 특성, 역사와 공간구조를 고려하고 관련계획의 내용 등을 종합적으로 검토·분석하여 도시재생을 위한 목표 설정
- 현재 수립된 활성화지역을 국토부 재생 유형별 면적기준에 맞게 조정
- 계획은 대전시의 도시지역을 대상으로 수립함

▌쇠퇴진단 및 여건분석

- 도시의 성장·쇠퇴 원인 및 배경 등을 명확히 진단하고 도시재생의 필요성, 당위성 등을 검토
- 도시쇠퇴의 양상 및 원인을 경제·사회·문화·물리적 구조 등 다양한 측면에서 기술하고, 도시의 잠재력과 자원을 정량적 또는 정성적으로 분석토록 함

▌목표달성을 위한 방안

- 도시쇠퇴현황 및 도시잠재력에 대한 과학적 진단을 토대로 전략계획의 목표달성을 위한 구체적인 세부 도시재생전략을 도출
- 기 수립된 전략계획상 권역을 재검토하여 개별 권역별 방향성을 제시하는 등 도시재생의 기본 방향 재설정
- 도시재생 뉴딜사업의 공모유형 및 평가항목 등을 검토하여 반영

▌도시재생활성화지역 지정 및 유형구분

- 도시재생활성화지역은 법 제13조 제4항 및 영 제17조 도시재생활성화지역 지정의 세부기준을 충족하는 지역을 대상으로 지정하며, 「국토의 계획 및 이용에 관한 법률」 제6조제1호에 따른 도시지역에 한함
- 도시재생활성화지역 지정 또는 변경에 대하여 해당 지방자치단체, 유관기관, 주민의 제안을 받아 이를 적극 검토·반영토록 함
- 도시재생활성화지역은 지역여건, 도시재생전략 및 과제 등을 고려하여 도시경제기반형 및 근린재생형 등 도시재생 뉴딜사업 유형에 맞추어 세부적으로 유형과 기본방향을 제시토록 함

▌도시재생활성화지역별 우선순위 및 연계방안

- 한정된 자원으로 최대의 도시재생 효과를 거두기 위해 활성화지역간의 우선순위를 정함
- 쇠퇴도, 각종 관련계획과의 정합성, 기대효과, 주민 역량 등을 종합적으로 고려하여 활성화지역별 우선순위를 결정
- 활성화지역의 우선순위 설정결과 및 개별 계획방향 및 내용 등을 고려하여 각 활성화지역간 연계방안 검토
- 지방자치단체 및 주민의 추진의지, 재원 확보 및 조달 가능성, 기 추진사업의 지속성 등을 고려한 실현 가능성이 높은 지역
- 쇠퇴의 정도가 심한 지역 등을 우선적으로 고려
- 기존 계획과의 연계를 통해 지방자치단체의 정책 연동화가 가능한 지역
- 지역격차 해소를 위한 시기의 적절성, 시급성, 형평성을 고려한 설정
- 다른 도시재생사업의 모범적인 사례로서 긍정적인 파급효과가 예상되는 지역으로 지역을 대표하는 요소가 있거나, 잠재적 지역자산이 풍부한 지역 등

■ 추진체계 운영 및 구성방안

- 주민협의체, 도시재생지원센터, 대전시와 자치구 등에 재생을 추진하기 위한 조직을 구성하고 상호간 협력방안 강구
- 활성화지역 도시재생지원센터 구성시 주민협의체 등의 교육 및 지원 등에 대한 세부적인 운영계획 등을 제시

■ 재원조달 방안

- 계획의 목표, 도시재생뉴딜사업 공모 우선순위 등을 고려하여 활성화지역 우선순위에 따라 중앙·지방자치단체의 재정확보방안을 연차별로 계획하고 필요한 지원 비율 등을 계획하여 제시
- 도시재생전략 항목별로 필요한 재원에 대한 조달방안 마련
- 재원조달방안은 주체별 부담금액과 부담비율을 제시하고 도시재생사업의 효율적 추진을 위해 필요한 경우 민간투자유치 방안 등 검토

(2) 연구방법

- 본 변경계획의 수행방법으로 문헌조사, 전문가 자문 및 GIS를 활용한 쇠퇴지역 진단과 활성화지역 변경을 위한 분석 등을 수행
- 최근 논의되고 있는 도시정책관련 주요 이슈 등에 대한 대내외적 환경 분석을 수행
- 대내외 환경 분석과 더불어 대전시의 일반현황 분석을 통해 주요 정책적 시사점을 도출
- 최근 정부정책 동향분석과 도시재생 관련 방침, 도시재생 뉴딜 로드맵, 도시재생전략계획 수립 가이드라인(지침) 등을 검토하는 한편, 대전시 민선 7기주요 공약사업 등의 검토 과정을 거쳐 현 정부의 주요 국정과제 철학 및 민선7기의 공약사업 등을 본 전략계획에 반영
- 한편, 대전시 도시기본계획, 기존 2025 도시재생전략계획, 대전시 도시 및 주거환경정비기본계획 등 기존 관련계획과 도시재생 및 마을 공동체 지원 사업 등의 검토 과정을 통해 계획수립의 정합성과 사업 추진의 연계방안 및 개선 방향 등을 도출함
- 도시재생법 제13조(도시재생전략계획의 내용) 제4항 및 동법 시행령 제17조(도시재생활성화지역 지정의 세부 기준)에 의거, 인구, 사업체, 건축물 노후도 등에 대한 쇠퇴지표 활용을 통해 도시쇠퇴도를 진단하고, 이에 근거하여 도시재생활성화지역에 대한 재조정 및 변경 결정
- 앞서 논의 및 분석된 결과를 토대로 주요 아젠다를 도출해 낸 다음, 대전시 도시재생전략계획의 정책방향 및 과제를 구체화하고, 그에 따른 집행 및 관리방안 등을 제시토록 함

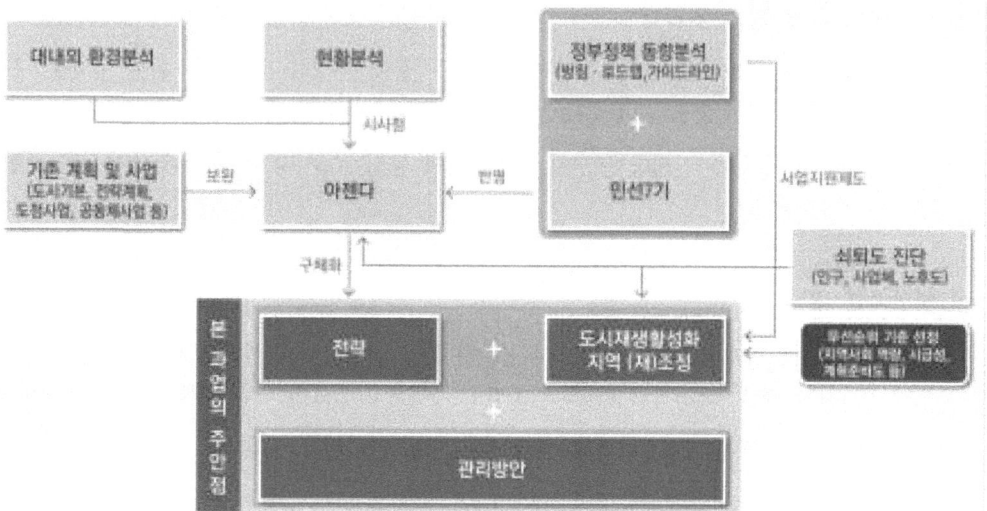

[그림 1-2] 연구방법

3. 계획 수립절차 및 추진경위

3.1. 계획의 수립절차

▍법적 수립절차

- 도시재생법 제12조 전략계획의 수립 및 제15조 주민 등의 의견청취에 따라 다음과 같은 절차에 따라 수립함

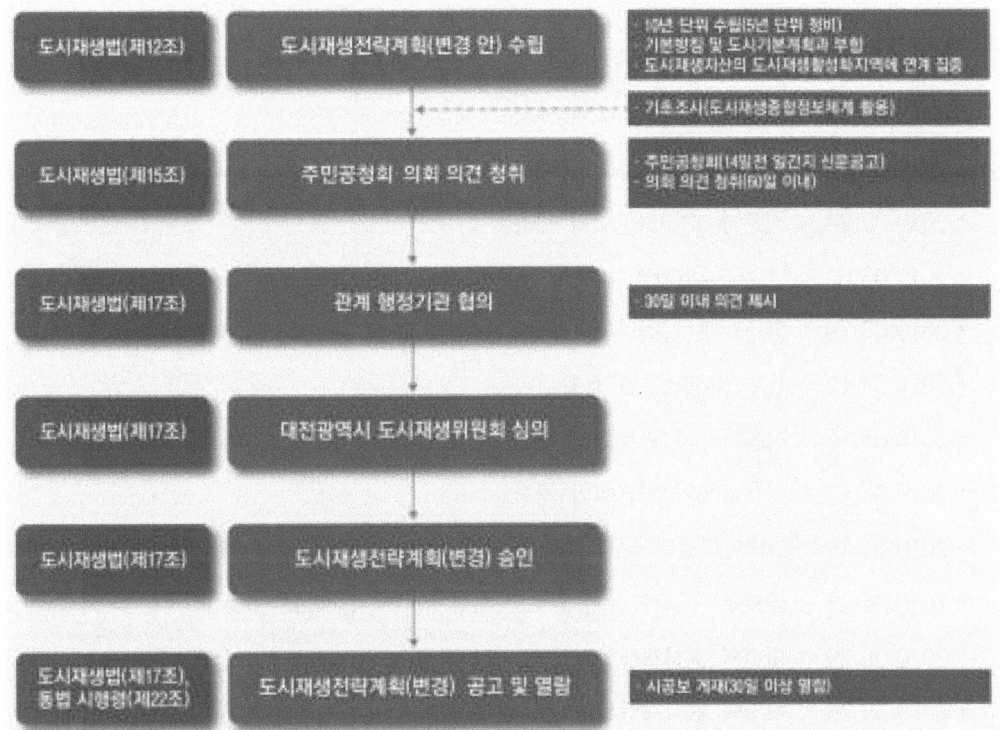

[그림 1-3] 도시재생전략계획(변경) 법적 수립절차도

3.2. 계획추진 경위

▍본 변경계획의 추진 경위

- 2016.10.31. : 2025 대전광역시 도시재생전략계획 공고(최초)
- 2018.03.29. : 2025 대전광역시 도시재생전략계획 변경용역 착수
- 2018.04.20. : 착수보고회 개최
- 2018.04.30. : 자치구 관련부서 담당자 간담회 개최(1차)

- 2018.06.27. : 전문가 1차 자문회의 개최
- 2018.08.30. : 자치구 관련부서 담당자 간담회 개최(2차)
- 2018.11.16. : 용역 중간보고회 개최
- 2018.12.21. : 전문가 정책 세미나(도시재생뉴딜 정책의 추진 방향 및 향후 전망) 개최
- 2018.12.26. : 용역 일시정지
  - 요청사유 : 「국가도시재생기본방침」 개정 진행 중으로 개정안 반영 필요
- 2019.02.01. : 용역 일시정지 해제 및 용역 기간 연장
  - 변경사유 : 의회 의견청취 등 행정절차 이행을 위한 기한 연장
- 2019.02.15. : 전문가 2차 자문회의 개최
- 2019.02.20. : 전문가 3차 자문회의 개최
- 2019.02.28. : 전문가 4차 자문회의 개최
- 2019.03.04. : 2025 대전광역시 도시재생전략계획변경(안) 공청회
- 2019.03.29. : 2025 대전광역시 도시재생전략계획변경(안) 의회 의견 청취
- 2019.04.12. : 용역 최종보고회 개최
- 2019.04.16. : 전문가 5차 자문회의 개최
- 2019.04.17. : 전문가 6차 자문회의 개최
- 2019.04.19. : 2025 대전광역시 도시재생전략계획변경(안) 도시재생위원회 심의(원안 통과)
- 2020.04.22. : 국토부 "대전역 쪽방촌 도시재생방안" 추진 발표
- 2020.06.29. : 대전역 도시재생선도지역 지정 신청
- 2020.09.25. : 대전역 도시재생선도지역 지정 고시
- 2020.10.06. : 시·자치구 도시재생 담당자 실무협의회
- 2020.10.22. ~ 11.10. : 자치구 정책수요조사 및 사전협의
- 2020.12.10. ~ 12.21. : 자치구 도시재생활성화지역 대안 협의
- 2020.12.24. : 원도심(중구·동구) 활성화계획 변경 고시
- 2021.01.08. : 대전역 도시재생선도지역 활성화계획 고시
- 2021.01.19. : 대전광역시 도시재생전략계획 변경 및 활성화계획 수립 용역 중간보고회
- 2021.03.04. : 대전광역시 도시재생전략계획 변경(안) 주민공청회
- 2021.03.18. : 대전광역시 의회 의견청취(의견 없음)

제2장

정책동향 및 현황분석

1. 국내외 정책 동향 분석

2. 대전시 일반 현황 분석

3. 관련 계획 및 사업현황

4. 정책적 함의

1. 국내외 정책동향 분석

1.1. 제4차 산업혁명 시대 도시의 위기 및 기회

(1) 제4차 산업혁명의 도래 및 의미

- 제4차 산업혁명은 지난 2016년 1월 세계경제포럼(WEF, 다보스포럼)의 회장인 클라우스 슈밥(Klaus Schwab)에 의해 주창됨
- 정보통신기술(ICT) 혁명이라 불리는 제3차 산업혁명에서 진화하여 디지털, 생명과학, 물리학의 경계가 무너져 제조업과 다른 분야 간 접목 및 융합을 통해 실생활이 혁신적으로 바뀔 것으로 기대
- 국내에서는 인공지능, 데이터기술(사물인터넷, 클라우드, 빅데이터, 모바일)이 전 산업 분야에 적용되어 경제, 사회구조의 근본적 변화를 촉발시키는 기술혁명으로 제4차 산업혁명을 정의하고 있음
- 제4차 산업혁명의 초기 개념은 헤닝 카거만(Henning Kagermann)에 의해 정립된 독일의 제조업 혁신 Industry 4.0에서 비롯됨
- 독일의 Industry 4.0은 생산성 향상을 통한 구체적인 고객 가치의 제고가 그 변화의 시작점이었으며, 산업통합(Integrated Industry)을 의미하는 플랫폼 산업 4.0을 통해 산업간 융합과 산업간 경계를 허물어 이종간의 협력 네트워크 문화가 산업전반에 걸쳐 뿌리내릴 수 있도록 하자는 취지를 담고 있음
- ICT 기술의 개별적인 비약적 발전보다는(이는 과거의 업적), 이들 기술들이 서로 연계 및 융복합되어 새로운 성장동력 및 시너지 효과를 창출해 내는 일이 더 중요함을 강조

〈표 2-1〉 제4차 산업혁명의 광의적 의미

사회혁신	혁신을 공급하려는 사람은 많으나, 혁신을 받아주는 사람 및 공간이 없어 혁신이 싼값에 무시되는 경우가 비일비재 ⇒사회혁신을 위한 협력 생태계 마련 필요
인적혁신	자율적으로 혁신을 주도할 수 있는 문화 정착을 위한 융합교육환경 필요성 증대, 문제해결을 위한 방법론에 대한 상호 교류적 학습 필요 ⇒자율적인 혁신 주체자 및 활동가로서의 지역 인재 양성
산업/ 기술혁신	고용 및 규제의 유연성과 기술 융복합화, 사람간 협력문화가 뿌리내릴 수 있는 유연한 산업 환경 조성 필요 ⇒지속가능한 사업모델 발굴, 기술연계 및 융복합화, 사람간 상호 협력을 증진할 수 있는 기업 친화적인 산업 생태계 구축
행정/ 제도혁신	신뢰를 줄 수 있는 리더십, 타인과의 공감능력 공유, 기술진보에 따른 피해자까지 배려할 수 있는 정책 철학과 정책 일관성 및 투명성을 확보할 수 있는 포용적 리더십 요구 ⇒포용적 성장을 위한 신뢰기반의 스마트 행정 지향
공간혁신	도시형 혁신지구를 중심으로 한 플랫폼 경쟁 및 실험의 장으로서 차별화된 도시 경쟁력 확보 필요 ⇒규제 샌드박스존, 실험 및 실증 공간으로서의 도시 플랫폼 역할 요구

출처 : 정경석(2018), 대덕연구개발특구 내 도시형 혁신공간 창출방안, 대전세종연구원.

- 제4차 산업혁명을 협의적 의미에서 보자면, 산업 및 기술혁신이라 할 수 있으나, 보다 광의적 의미에서는 사회혁신이자, 인적혁신이며, 행정 및 제도혁신이기도 하고, 공간혁신으로 요약될 수 있음
- 이에 따라 도시의 공간구조 및 기능 또한 이를 수용할 수 있는 형태로 점차 진화해 갈 것으로 전망됨

(2) 도시의 위기 및 기회

■ 기술 및 직업구조 변화에 따른 일자리 감소

- 제4차 산업혁명 시대의 도래는 오늘날 도시에 있어 무한한 기회 요인을 제공해줌과 동시에 직면해야 할 당면과제 및 위협요인을 제공해 주고 있음
- 가장 큰 위협요인 가운데 하나는 직업구조의 변화에 따른 일자리 감소 문제를 들 수 있음

[그림 2-1] 미국의 고용통계를 통해서본 일자리수의 변화
출처 : US Bureau of Labor Statistics, Frey& Osborne(2013), The Future of Employment

- 단순 노무 내지 노동집약 서비스 업종은 점차 인공지능 및 로봇 등의 자동화 기기로 대체되면서 일자리수의 급감이 예상되기 때문임
- 각 직업 업종의 자동화 비중을 추정한 Frey & Osborne(2013)의 분석결과에 따르면, 검은색 영역의 업종들(단순 노무, 노동집약의 저임금 서비스 업종)은 자동화로 대체될 가능성이 높은 반면, 흰색 영역(전문직, 관리직 등)은 그대로 남아 있을 가능성이 높은 업종 영역들임

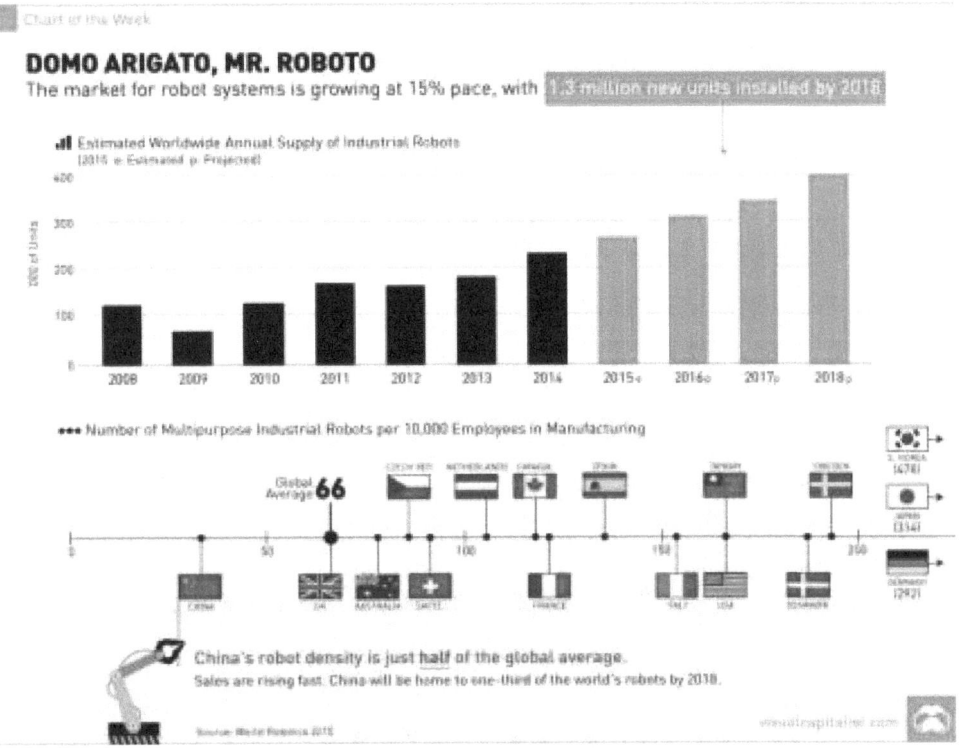

[그림 2-2] 산업용 로봇의 보급 확대 전망

출처 : World Robotics, 2015.

[그림 2-3] 전문직 및 제조업 부문에서의 직업수 변화(런던, 영국)

출처 : Centre for London, Space to think : Innovation Districts and The Changing Geography of London's Knowledge Economy.

- 서비스 업종 뿐 아니라, 전통 제조업 부문에서도 자동화 시스템 및 스마트 공장의 도입에 따른 일자리 감소 현상은 두드러지게 나타날 것으로 예상됨

- 이에 반해, 전문직, 부동산, 예술 및 과학, 기술 분야 등 자동화 또는 인공지능으로 대체될 수 없는 영역에서의 일자리 수는 꾸준히 증가할 것으로 예측되고 있음

■ 인구구조 변화에 따른 고령화 추세 가속 및 생산가능인구의 감소

- OECD 국가 대상 65세 이상 고령자 인구 비중은 지난 2010년 17.8%에서 2050년에는 25.1% 까지 가파르게 상승할 것으로 예상됨(OECD, 2015)
- 65세 이상 고령자 중 약 43.2%는 현재 도시에 거주하고 있는 것으로 보고됨
- 도시지역에서의 인구고령화 문제 선제적 대응 필요
- 특히, 한국은 OECD 국가들 가운데 일본, 스페인, 포르투칼에 이어 네 번째로 65세 이상 고령자 비중이 가장 높은 국가가 될 것으로 예측되고 있음

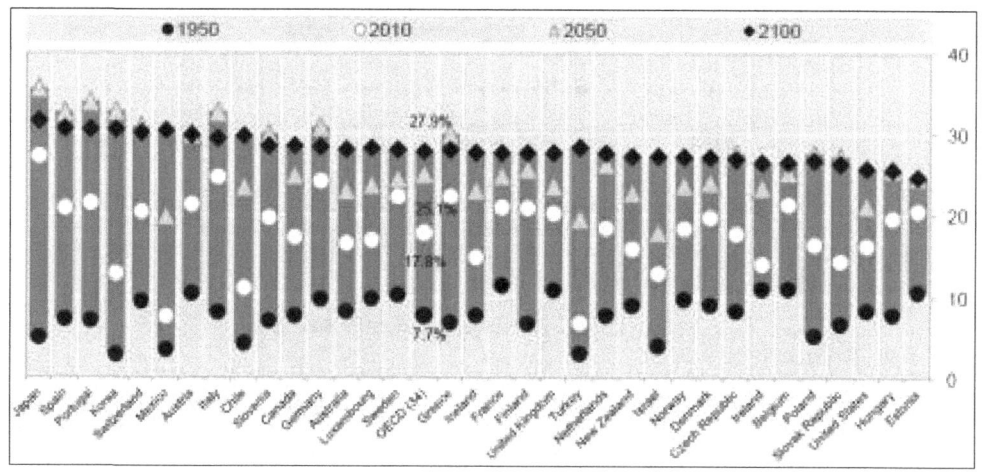

[그림 2-4] OECD 국가 전체 인구 대비 65세 이상 고령자 비중 추세 변화

- 이에 반해, 저성장, 저출산 등 초고령화 사회의 도래로 인해 생산가능인구는 꾸준히 감소할 것으로 예측되고 있으며, 전통 산업 영역에서의 일자리수 감소 현상과 맞물려, 청년실업률 문제는 범국가적 차원에서 대응해야 할 주요 정책 우선과제로 등장하고 있음
- 이처럼 초고령사회, 저출산에 따른 생산가능인구 및 일자리수가 동시에 감소하는 동조화 현상이 가속화됨에 따라 일자리수에 대한 양적 및 질적 제고를 위한 각 도시간 경쟁은 날로 심화될 것으로 예측됨
- 청년실업률이 높은 유럽의 많은 도시들 및 경제 여건이 상대적으로 좋은 미주의 여러 도시들에서도 청년 창업 중심의 스타트업 도시를 표방하는 도시들이 점차 늘고 있음
- 이들 도시들은 하나같이 실업률의 저하 및 지속가능한 고용 창출을 주요 도시 및 사회문제로 정의하고, 이러한 도시문제 해결을 위해 스마트 도시(Smart City) 개념 도입과 스타트업 도시(Startup City) 접근 방식을 공통적으로 취하고 있음

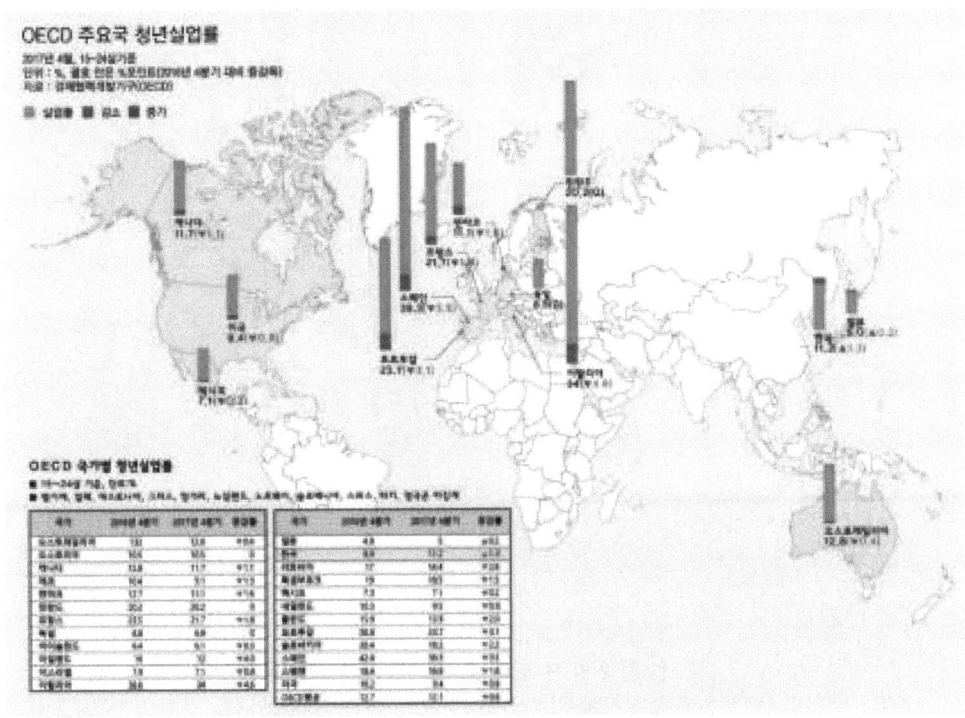

[그림 2-5] OECD 주요국 청년실업률 현황

도시화 현상 및 대도시권의 장소 경쟁력 심화

- 제4차 산업혁명 시대의 도래는 오늘날 도시에 있어 무한한 기회 요인을 제공해줌과 동시에 직면해야 할 당면과제 및 위협요인을 제공해 주고 있음

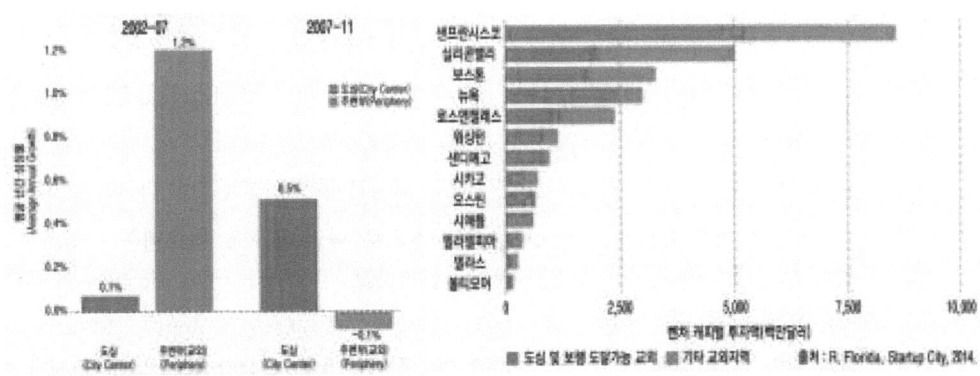

[그림 2-6] 미국내 도심지역과 교외지역간의 직업 성장 집중도 변화

[그림 2-7] 미국 주요 도시별 도심 및 교외지역간의 벤처투자 자금 비교

- 기존 도심 지역으로의 엔젤 및 벤처캐피탈(VC, Venture Capital) 투자 금액 흐름도 보다 집중 될 것으로 예측되고 있음

[그림 2-8] 전 세계 벤처캐피탈 투자 금액의 집중도
출처 : Richard Florida&Karen M.King(2016), Rise of The Global Startup City : The Geography of Venture Capital Investment in Cities and Metros across the Globe, Rotman.

- 대도시권을 중심으로 보다 적극적인 일자리 창출 정책들이 추진 중에 있음을 반증
- 기업가정신에 기반한 창업도시(Startup City)를 표방하는 대도시들이 점차 늘고 있음

▌지식기반의 도시 혁신경제체계로 전환 가속화

- 지식기반 서비스 산업은 숙련된 인적자본 및 시장과의 접근성이 매우 중요한 고려요인이 되기 때문에 대도시로의 입지 지향적 특성이 강하게 나타나고 있음
- AI, 로봇 등 자동화로 대체될 수 없는 지식기반 서비스 산업 부문에서의 새로운 일자리 창출 정책이 필요
- 생계형 창업보다는 아이디어 및 기술 창업 분야 중점 육성을 통한 차별화 전략 마련이 필요함
- 편리한 도시생활에 대한 매력도는 창조계층을 도심으로 불러 모으고 창조계층은 창조산업의 붐을 조성해 냄으로써 창조적인 혁신도시를 실현한다고 주장한 R. Florida 교수의 주장이 점차 설득력 있게 다가오고 있음
- 이제는 일을 찾아 인재(Talents)가 가는 것이 아니라, 지역을 찾아 인재가 모이고, 그 인재를 찾아 지식기반의 산업들이 모여들게 될 것으로 전망

[그림 2-9] 리차드 플로리다 교수의 혁신기계로서의 도시 플랫폼 개념

▮ 혁신엔진으로서의 도시형 혁신지구 대두

- 대부분의 유능한 인재 및 기술자들은 도시에서 살기를 원하고, 도시에서 일하고 싶어 하는 생활방식(Lifestyle)을 지향하고 있음

- 이에 따라 기업들의 입지도 과거 전용산업단지 내지 전원형의 과학기술단지에서 기존 도심내의 혁신지구(Innovative Districts)로 집적화 되는 추세로 전환되고 있음

[그림 2-10] 젊은 인재(Talents)들의 생활패턴 변화
출처 : Boston Globe, June 2014.

[그림 2-11] 교외형 사이언스파크에서 도시형 혁신공간으로 기업입지 수요 변화

- 지식기반의 혁신경제에서 대학과 공공연구기관은 지식의 창출과 확산뿐 아니라 기술사업화 및 기업의 창업 등을 통해 경제구조 쇄신의 주체로서 역할 해야 한다는 공감대가 점차 확산되고 있음
- 대학 및 혁신 클러스터 기반의 혁신지구(Innovation Districts)는 교외지역의 사이언스파크, 또는 입지적 장점을 지니는 핵심 거점지역 뿐 아니라, 쇠퇴하거나 낙후되어 있는 원도심지역이나 소득수준이 낮은 계층들이 거주하는 지역들의 잠재적 성장과 포용적 경제성장을 촉진 시킬 수 있는 지역에서도 그 사례를 쉽게 찾아볼 수 있음

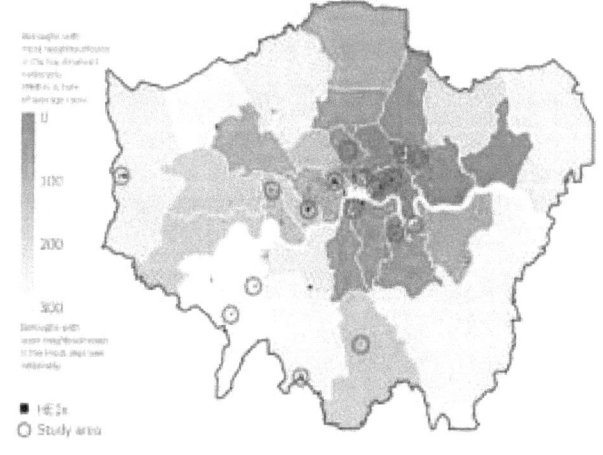

[그림 2-12] 영국 런던의 도시형 혁신지구 분포도

- 영국 런던시의 경우, 근린지구 여건이 매우 열악한 상태인 원도심내 자치구들에서 대부분의 혁신지구들이 집적화되어 있는 양상을 보이고 있음
- 특히, 최근 도심내 일자리 창출의 새로운 주체로서 대학주도형의 혁신거점 공간 개발 사례들이 점차 증가
- 청년 및 예비 창업가 양성 프로그램, 인큐베이터 및 엑셀레이터 기능, 투자가(엔젤펀드 및 벤처캐피탈 등) 및 금융자본과의 연계 망 구축 등 대학이 Anchor Tenant로서 주도적 역할을 수행하고 있음

1.2. 시민중심의 도시 혁신활동 확산

(1) 시민 주권 의식의 증대

■ 디지털 공동체 개념의 등장 및 확산

- 도시는 다양한 사람들의 경험과 지식이 오랫동안 쌓여있는 축적의 공간이자 다양한 사회적 관계망으로 얽혀 있는 흐름의 공간으로 인식
- 전통적 지역(마을)공동체 뿐 아니라, 인터넷, 모바일 등 소셜 네트워크 서비스(SNS)에 기반한 디지털 공동체의 주 활동무대이기도 함
- 특히, 사회, 문화, 기술, 과학, 예술, 정치 등 거의 모든 인간의 활동이 클라우드컴퓨팅 시스템 하에 이뤄지는 클라우드 소사이어티(Cloud Society) 형태로 점차 대체될 것으로 전망
- 도시혁신을 위해서는 정부와 주민간의 관계 뿐 아니라, 보다 다양한 이해관계자간의 신뢰 관계망 형성이 중요해지고 있음
- 정부 및 준정부기관, 공공 및 민간기업, 지역의 대학 및 연구소, 미디어, 그리고 시민간의 긴

밀한 협력적 네트워크 구축 및 활용 가능여부가 도시정책의 성패를 가늠하는 중요 요인으로 작용하고 있음
- 즉, 기존 3중 나선형 모델(대학-정부-기업)에 의한 혁신의 주체를 4중 나선형 모델(대학-정부-기업-시민)로 전환해 나가고자 하는 정책적 시도들이 점차 증가하고 있음

▌상향 방식의 시민 주도형 도시 활동 증대

- 한편, 도시개발의 주체가 점차 정부주도의 하향식(Top-down) 방식에서 시민이 주도하는 상향식(Bottom-up) 방식으로 전환
- 세계 곳곳에서 정부의 예산부족, 계획변경 등으로 무산되었던 도시개발 프로젝트가 시민 주도로 성공하는 사례가 늘고 있음
- 크라우드소싱 기반의 정책 크라우드펀딩 및 사용자 주도형의 서비스 디자인 개념1)에 기반한 리빙랩2) 사업 등이 확산되고 있음
- 크라우드펀딩은 창의적인 아이디어나 사업계획을 가지고 있는 기업가 또는 시민이 온라인상에서 다수의 소액투자자들로부터 자금을 조달하는 방식임
- 2012년 영국 남웨일스의 소도시 글린코치 사례(1977년 세워진 지역공동체센터를 정보기술시설과 직업훈련 강의실을 갖춘 시민자치센터로 재건축)는 사회기반시설 및 지역경제와 관련된 문제는 정부만이 해결할 수 있는 고정관념을 깨뜨린 첫 사례로 소개, 그 외 로테르담의 뤼흐트신헬(Luchtsingel) 공중보행교 추진사례가 대표적임
- 시민 스스로 그들이 직면한 문제를 해결할 수 있는 기회를 제공할 뿐만 아니라 과정에 직접 참여할 수 있는 민주적 방법으로서 시정(정책) 크라우드펀딩이 점차 확산되고 있으며, 특히 지역 사회와 관련된 소규모 개발사업(Micro-Regeneration)에서 정책적 활용도가 높은 것으로 보고되고 있음
- 사용자 주도형의 서비스 디자인은 예산 절감, 위험성 저감, 공공영역으로의 민간자본 유입을 강화시키는 정책적 수단이자 효율성을 증대시키는 것으로 보고되고 있음
- 서비스 디자인 개념이 지역사회 문제 해결을 위한 접근체계로서 사용자와 함께하는 디자인적 사고 중심의 문제 해결 방법론(User-Centered/Oriented Innovation)이라면, 리빙랩(Living Lab)은 사용자 주도(User-Driven Innovation)에 의해 ICT 또는 적정기술과의 접목을 통해 문제해결 수단 또는 방법론에 대한 인증 및 실용화를 위한 테스트베드 사업단계 까지를 포함하고 있다는 점에서 보다 포괄적인 의미를 담고 있음
- 최근에는 공공장소를 기반으로 한 시민 대상 공모형 혁신공간 창출 사례들도 점차 늘고 있음(예 : The Living Innovation Zone(LIZ), 샌프란시스코, 미국)

---

1) 프로젝트 전반에 걸쳐 디자이너 또는 과학기술자가 이용자의 사용자 경험(user experience) 가치를 토대로 더 나은 디자인적 해법 제시를 통해 문제를 해결해 나가는 사용자 중심의 디자인 방법론으로서 문제의식을 갖고 참여하고자 하는 시민의 역량이 매우 중요, 즉 시민의 니즈, 시민 모두에 의해 가치 있는 일로 폭넓은 공감대를 형성할 수 있는 의제를 발굴해 내는 일이 매우 중요함
2) 특정지역이나 공간에서 공공연구부문, 민간기업, 시민사회가 협력(PPPP : Public, Private, People Partnership)하여 수행하는 '사용자 주도형', '개방형' 혁신생태계를 의미, 최근에는 Living Lab에 좀 더 적극적인 의미를 부여하여 시스템 혁신을 수행하는 공간으로 정의하고 있음

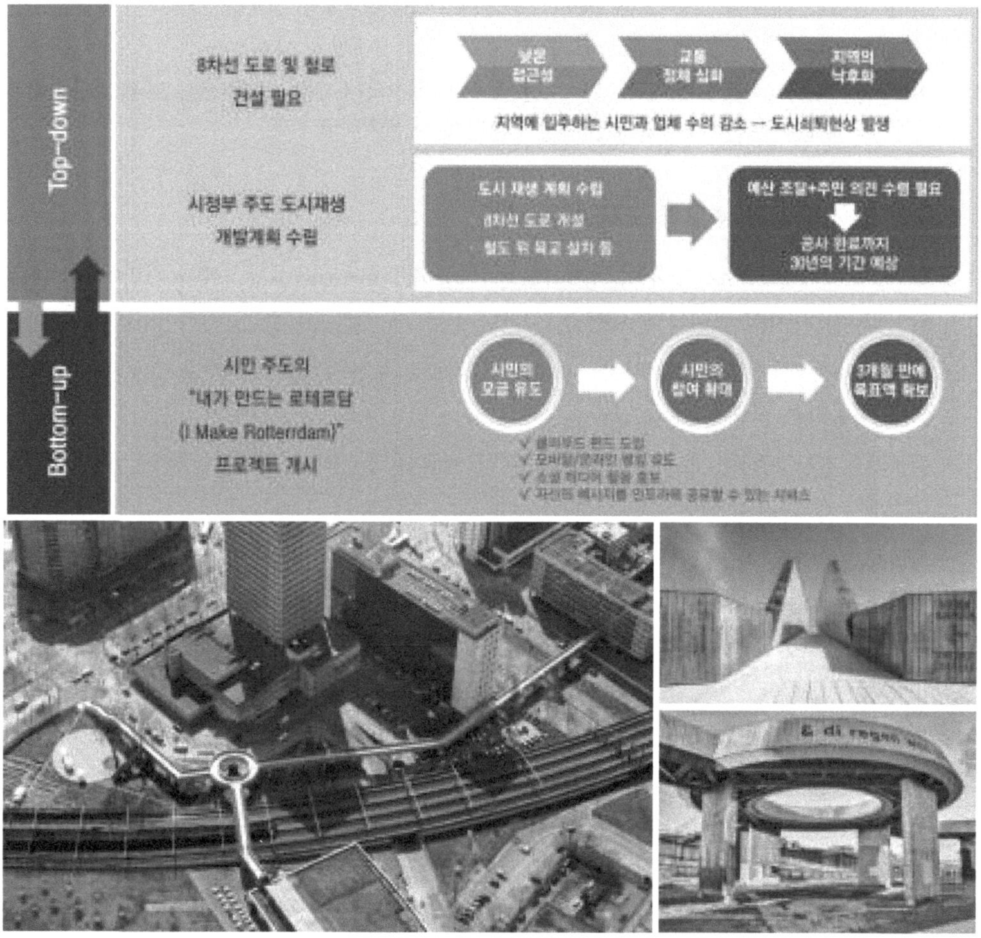

[그림 2-13] 뤼흐트신헬(Luchtsingel) 공중보행교 추진사례(로테르담)
출처 : 임두빈·박도휘·강민영(2016)

(2) 공유경제의 부상

- 자본주의의 근간 이었 던 '소유'의 시대가 막을 내리고 '연결 및 공유'가 도시 내 경제활동의 중심이 되는 공유경제 개념이 등장
  - 미국 미래학자 제레미 리프킨은 지난 2000년 자신의 저서 <소유의 종

[그림 2-14] 공유경제 플랫폼 작동원리

말>에서 "머지않아 소유의 시대가 막을 내리고 접근이 경제활동의 중심이 되는 시대가 올 것"을 예측함
- 현재 우리는 사물과 인간이 연결된 IoT 기술을 바탕으로 소유하지 않는 물건에 대한 연결과 접근성이 곧 경쟁력인 시대를 살고 있음
• 공유경제는 도시 내 시민 간 신뢰를 바탕으로 한 상호관계성 증진과 도시 유휴자원 및 공간을 필요로 하는 시민들이 보다 저렴한 비용으로 점유 내지 활용할 수 있도록 하는 대안적인 사회경제 시스템으로 자리매김 하고 있음

1.3. 똑똑한 도시(Smart City)로의 진화

▌4차 산업혁명 구현 플랫폼으로서의 스마트시티

• 첨단 기술에 의해 개인, 공간, 사물을 촘촘하게 연결시키는 초연결사회로 진입코자 하는 4차 산업혁명 시대가 도래하면서 스마트시티에 대한 관심 또한 높아지고 있음

• 스마트 도시의 핵심은 도시문제 해결 및 도시 혁신활동에 얼마나 많은 시민들을 관여 내지 참여토록 유도해 낼 수 있는가 하는 점에 있음

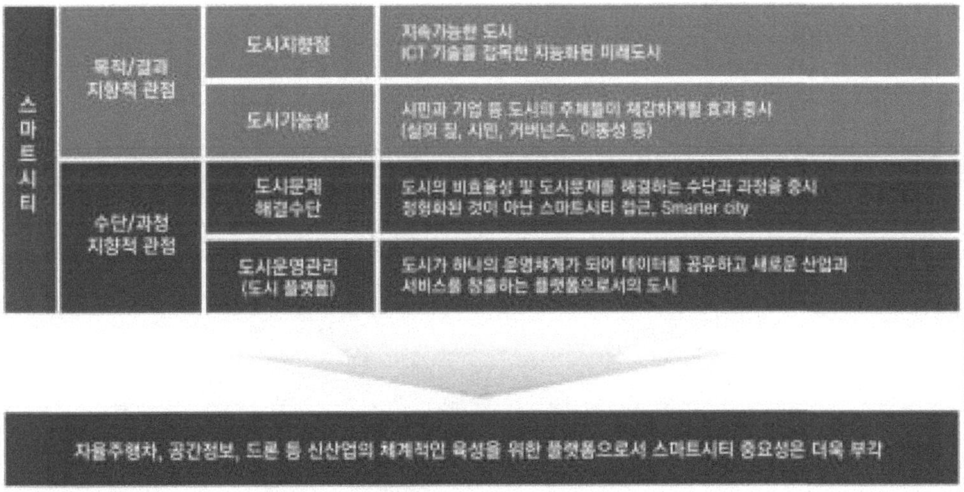

스마트시티	목적/결과 지향적 관점	도시지향점	지속가능한 도시 ICT 기술을 접목한 지능화된 미래도시
		도시기능형	시민과 기업 등 도시의 주체들이 체감하게될 효과 중시 (삶의 질, 시민, 거버넌스, 이동성 등)
	수단/과정 지향적 관점	도시문제 해결수단	도시의 비효율성 및 도시문제를 해결하는 수단과 과정을 중시 정형화된 것이 아닌 스마트시티 접근, Smarter city
		도시운영관리 (도시 플랫폼)	도시가 하나의 운영체계가 되어 데이터를 공유하고 새로운 산업과 서비스를 창출하는 플랫폼으로서의 도시

자율주행차, 공간정보, 드론 등 신산업의 체계적인 육성을 위한 플랫폼으로서 스마트시티 중요성은 더욱 부각

[그림 2-15] 관점의 차이에 따른 스마트시티의 다양한 정의

• 초기의 스마트시티는 지능화된 도시, 지속가능한 도시 등 목적 지향적 관점이 지배적이었으나, 현재는 수단, 또는 과정적 의미로 개념이 재정립되고 있으며, 특히 플랫폼으로 보는 개념이 우세
- 국외는 기후변화 협약에 따른 탄소배출저감 및 에너지 이용의 효율성 제고를 통한 지속가능한 도시성장 도모와 도시문제를 해결하기 위한 전략적 대응 수단으로 스마트 도시의 적용대상과 기법이 다양하게 제시되고 있는 반면, 국내의 경우에는 정보통신기술과 도시기반시설물의 결합을 통해 시

민의 삶의 질과 생활 편의성을 높이고자 하는 정보 서비스 제공에 주로 논의의 초점이 맞추어져 왔음

- 최근의 스마트시티는 시스템 기반 구축 중심에서 빅데이터 기반 중심의 통합 플랫폼으로 전환해 가는 추세
  - 빅데이터 활용을 통한 시민의 능동적 참여(개입) 촉진 및 도시문제 해결을 위한 의사결정 지원 사례들이 점차 확산 추세를 보이고 있음
- 스마트시티는 도시공간 및 기반시설 등에 ICT기술을 단순 접목시킨 도시로만 이해해서는 안됨
- 미래사회 및 환경변화에 따른 도시차원의 대응과 어젠다 선점이 중요
- 스마트시티는 도시와 사람이 추구하고자 하는 가치(value) 및 니즈(needs)로부터 출발해야 하는데, ICT는 결국 사람과 도시의 문제를 해결하기 위한 수단이기 때문임

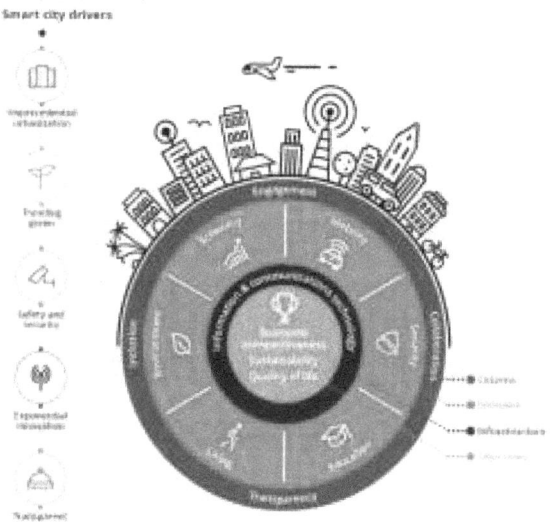

[그림 2-16] 스마트시티 적용 가능분야 및 계층구조
출처 : Smart City Smart Nation, Deloitte.

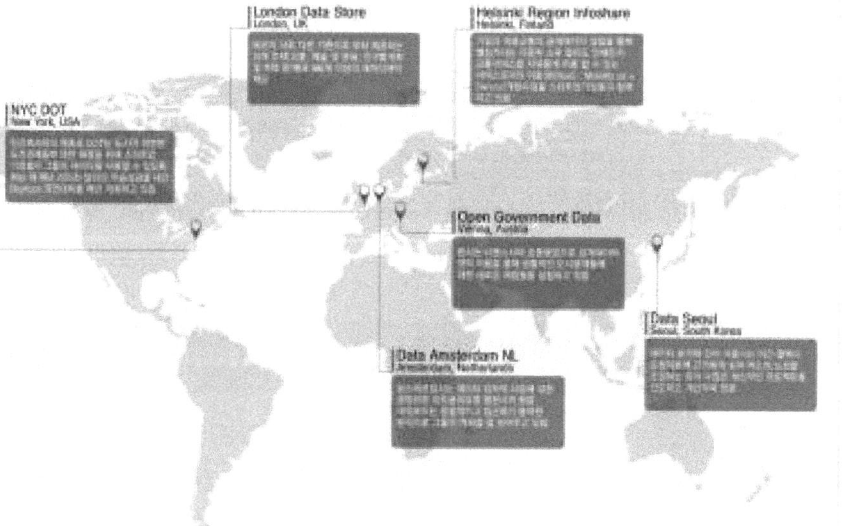

[그림 2-17] 빅데이터 기반 스마트시티 구현 사례

1.4. 모두를 위한 도시 : 포용적 도시

■ UN 해비타트 III '모두를 위한 도시'

- 지난 2016년 10월 17일부터 20일에 걸쳐 에콰도르 수도 키토(Quito)에서 개최된 제3차 유엔인간정주회의(UN 해비타트III) 에서는 '모두를 위한 도시'라는 비전을 공유하고, 모든 국가와 도시가 채택해야 할 가이드라인으로서 사회·경제·환경적 이행과제와 도시 거버넌스에 의한 이행체계를 강조하는 '새로운 도시의제'를 제시함

- 주요 이행과제로서 사회 부문에서는 사회적 포용성과 빈곤퇴치를 위한 지속가능한 도시개발, 경제부문에서는 만인을 위한 지속가능하고 포용적인 도시의 번영과 기회, 그리고 환경부문에서는 환경적으로 지속가능하고 회복력 있는 도시개발을 의제화 함

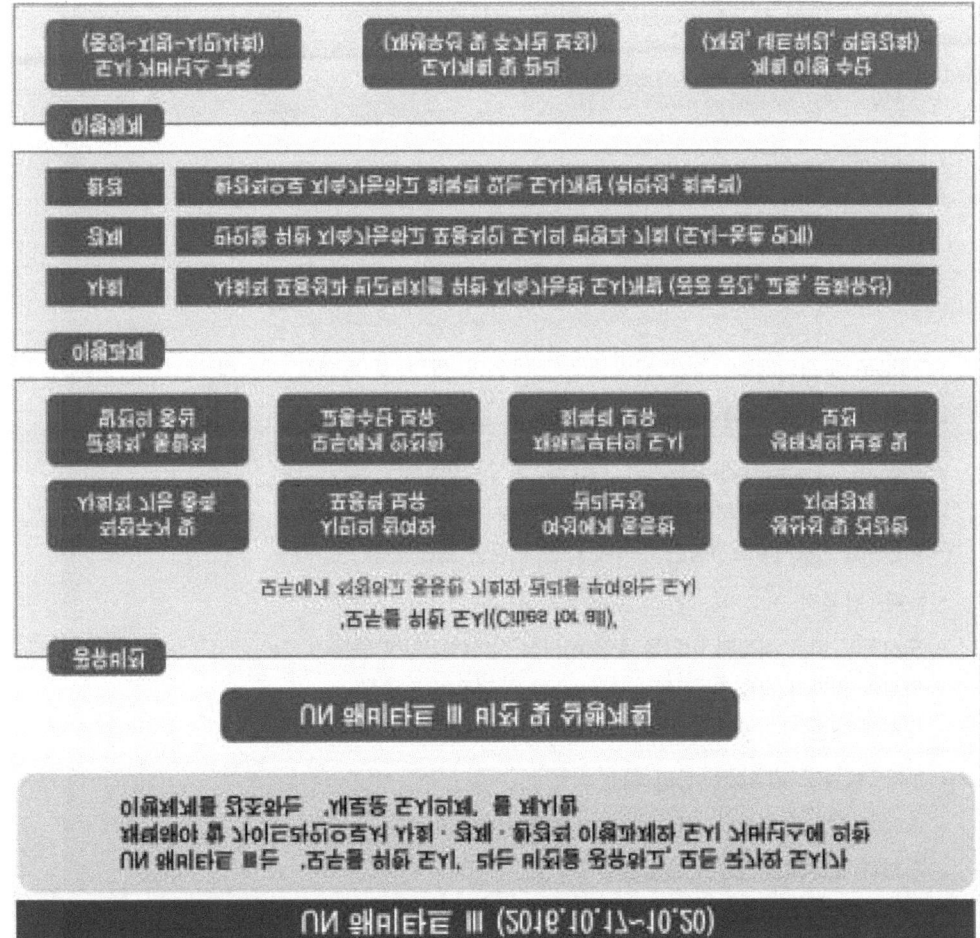

'새로운 도시의제'의 추진 원칙

사회적 다양성 및 평등한 접근성
"누구도 소외되지 않도록 한다"
- 빈곤 퇴치, 평등한 권리와 기회, 다양성, 도시공간에서의 통합
- 생활 여건·교육·식량·보건·복지향상, 안전 증진, 차별 근절
- 기반시설·기초서비스·저렴한 주택에 대한 평등한 접근성

경제적 지속가능성 및 포용성
"지속가능하고 포용적인 도시경제를 보장한다"
- 도시화에 따른 직접의 이익을 활용(생산성, 경쟁력, 혁신 등)
- 양질의 일자리 창출 및 자원과 기회에 대한 평등한 접근성
- 토지에 대한 투기방지, 안전한 토지점유 촉진, 도시축소 관련

환경적 지속가능성
"환경적 지속가능성을 보장한다"
- 청정에너지 및 토지와 자원의 지속가능한 사용증진
- 자연과 공존하는 건강한 생활방식의 도입 등 생태계 보호
- 지속가능한 소비·생산패턴, 도시회복력 구축, 재해 위험 저하

- '새로운 도시의제'의 추진 원칙으로서 다음의 세 가지 원칙을 제시함
- 첫째, 사회적 다양성 및 평등한 접근성의 보장
  - 빈곤 퇴치, 평등한 권리와 기회, 다양성, 도시공간에서의 통합
  - 생활 여건·교육·식량·보건·복지향상, 안전 증진, 차별 근절
  - 기반시설·기초서비스·저렴한 주택에 대한 평등한 접근성 등
- 둘째, 경제적 지속가능성 및 포용성의 충족
  - 도시화에 따른 직접의 이익을 활용(생산성, 경쟁력, 혁신 등)
  - 양질의 일자리 창출 및 자원과 기회에 대한 평등한 접근성
  - 토지에 대한 투기방지, 안전한 토지점유 촉진, 도시축소 관련
- 셋째, 환경적 지속가능성의 확보
  - 청정에너지 및 토지와 자원의 지속가능한 사용증진
  - 자연과 공존하는 건강한 생활방식의 도입 등 생태계 보호
  - 지속가능한 소비·생산패턴·도시회복력 구축, 재해 위험 저하

1.5. 국내 도시재생 정책 동향 분석

(1) 중앙정부 차원의 관련 정책 동향

▌기존 도시재생의 문제점

- 세계화 등에 따라 도시산업구조(전통적 제조업→지식서비스산업)가 재편되면서 기존 전통 산업 도시들의 경제기반이 쇠퇴됨으로써 도시재생이 부각
  - 저출산 및 고령화, 저성장, 기후변화 등의 환경문제들이 대두되면서 도시 외곽부로의 신도시개발보다는 도시 내부의 재생정책으로 전환 추세
  - 자치분권의 강화 등으로 민주적 의사결정에 기반한 주민참여형 재생정책이 점차 강조되는 추세임
- 국내에서도 지난 2013년 「도시재생 활성화 및 지원에 관한 특별법」제정을 계기로 도시재생 선도사업 및 일반지역 공모사업이 추진되었고, 기존 재개발·재건축, 도시 및 주거환경정비사업, 도시정비촉진사업, 취약지역 생활여건 개조사업(새뜰마을 사업), 도시활력증진지역사업 등 다양한 형태의 도시재생사업들이 추진됨
- 그러나 이들 사업 대부분이 계획수립에만 치중하여 실제 우리동네가 바뀌는 가시적인 성과를 보여주지 못함
- 뉴타운에서 해제된 지역의 노후화가 심각해져 가도 집주인(민간)에게만 맡긴 결과, 열악한 주거환경이 그대로 방치되는 악순환 반복
- 도시재생 사업 추진을 위한 전용 기금 및 특별회계 등을 각 지자체에 전가, 주로 국비 지원에만 의존하는 문제점 야기
- 지자체 주민 등이 여전히 도시재생을 하드웨어 위주의 물리적 사업으로 이해하거나, 전문성과 경험 부족 등에 따른 한계 등 호소

▌도시재생 뉴딜 정책의 추진 및 정책적 의미

- 이에 문재인 정부에서는 1930년대 미국의 재정지출 확대를 통한 대공황 극복사례와 같이 도시재생 분야에 공적재원을 집중 투자함으로써 경제위기 극복과 쇠퇴 도시의 경쟁력 회복, 국민들의 삶의 질 제고를 동시에 추구코자 도시재생 뉴딜사업을 추진함
- 단순한 주거정비 사업이 아니라 도시를 재활성화 시켜 도시의 경쟁력을 높이고자 하는 도시혁신사업으로 이해 확산
- 인구절벽, 저성장, 청년실업 등의 경제위기상황에서 도시 내 새로운 성장 동력을 찾아 일자리를 창출하고자 하는 경제적 재생이 강조
- 사업은 지자체와 공기업, 민간기업이 주도하고, 재정은 사업성 보완을 위한 마중물 역할로, 사업유형별로 차등화하여 선정토록 유도

- 4차 산업혁명 시대에 부응하여 신산업 유치를 위한 혁신공간 조성 등이 강조
- 주민참여와 협력적 거버넌스를 기반으로 한 상향식 사업으로 부정적 젠트리피케이션 등 부작용 방지대책 등을 동시에 추진

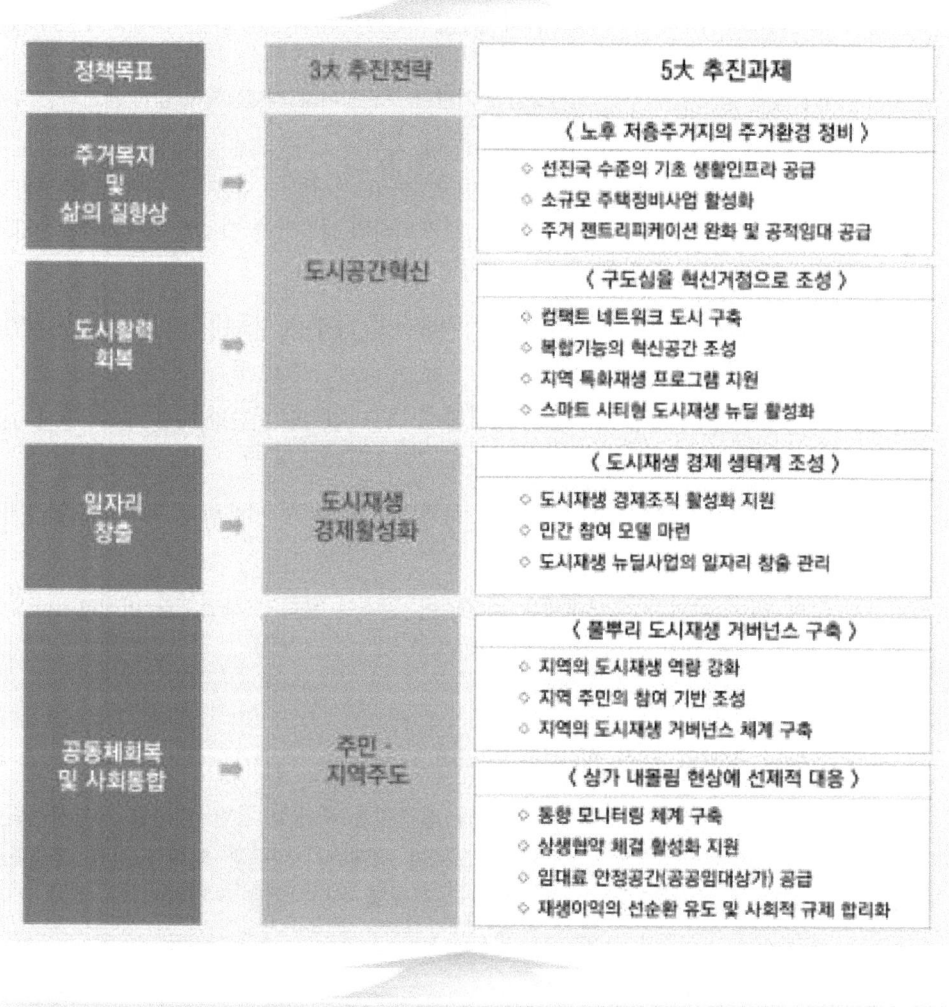

[그림 2-18] 도시재생 뉴딜정책의 비전 및 목표, 추진과제

- 지난 2017년까지 도시재생사업은 도시재생법에 근거한 도시경제기반형 재생사업과 근린재생형 사업으로 구분하여 추진되어왔으며, 「국가균형발전 특별법」에 근거한 도시활력증진지역개발사업의 일환으로 도시생활환경개선사업과 지역역량강화사업 등이 병행하여 추진되어 왔음

- 2018년부터는 도시재생뉴딜사업 유형으로 경제기반형 재생사업, 중심시가지형 재생사업, 일반근린형 재생사업, 주거지지원형 재생사업 등으로 보다 세분하여 추진 중에 있으며, 기존의 도시활력증진지역개발사업은 우리동네살리기 사업으로 전환하여 추진 중에 있음

- 한편, 2018년 하반기 부터 소규모 재생사업이 시범사업으로 추가 도입됨으로써 도시재생 뉴딜사업 유형이 보다 다양한 방식으로 추진 될 수 있도록 하는 토대를 마련함

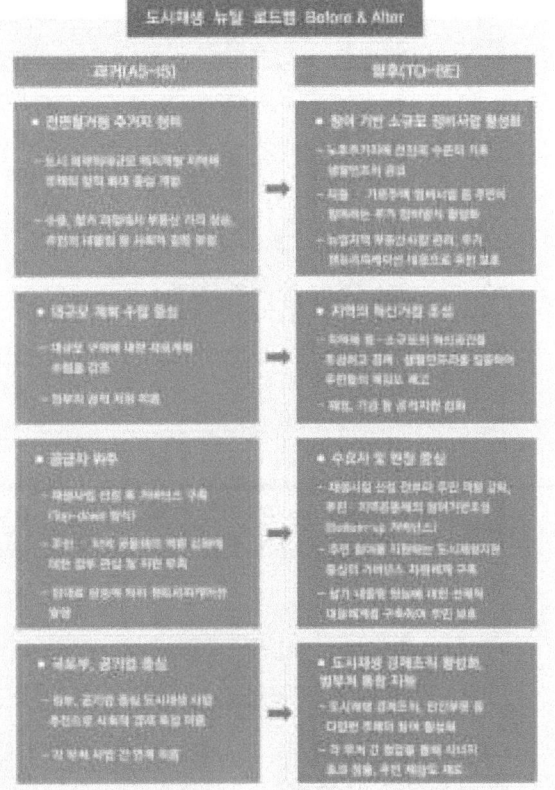

[그림 2-19] 도시재생 뉴딜 정책의 추진 방향

- 도시재생 뉴딜사업은 다음과 같은 사업규모 및 기간, 면적, 대상지역 요건 및 사업내용을 담고 있어야 함

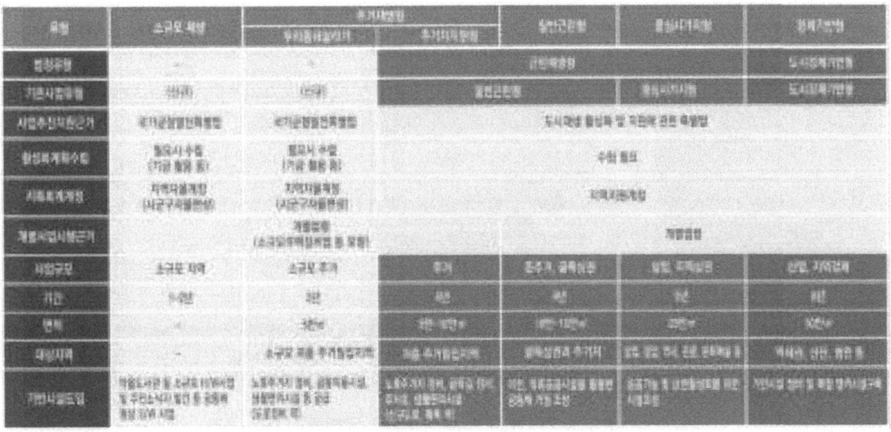

[그림 2-20] 도시재생뉴딜사업 유형별 주요 특징

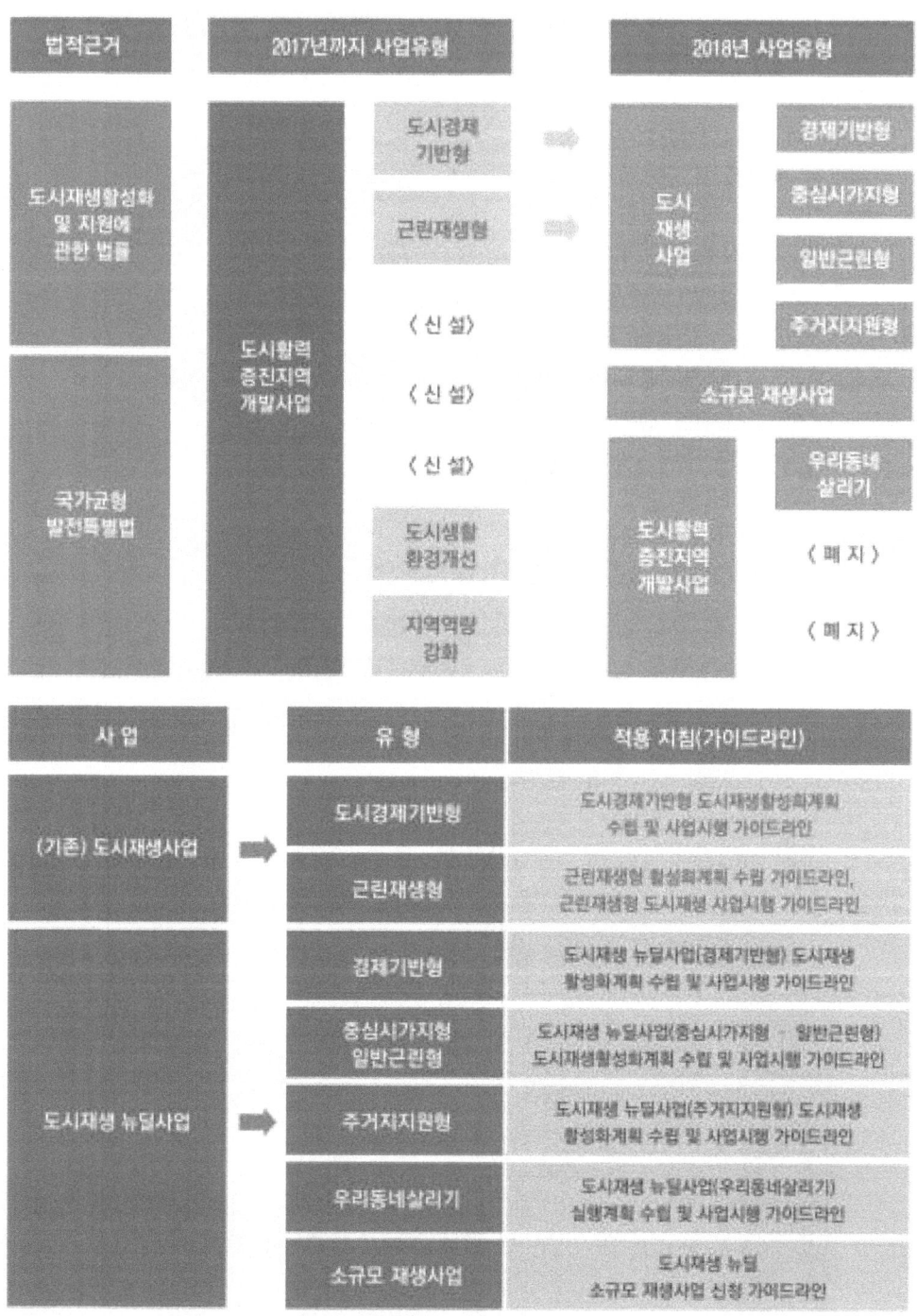

[그림 2-21] 도시재생 사업 유형별 사업 구조

- 2019년 11월 국토교통부는 도시재생뉴딜사업의 실행력 제고를 위해 도시재생법을 개정하고 도시재생 신규 제도인 총괄사업관리자, 도시재생인정사업, 도시재생 혁신지구를 도입
- 총괄사업관리자 제도는 도시재생사업을 체계적이고 효율적으로 추진하기 위하여 지자체가 공공기관 등을 총괄사업관리자로 지정하여 도시재생 계획수립 및 추진 업무의 전부 또는 일부를 대행하거나 위탁하는 제도를 말함

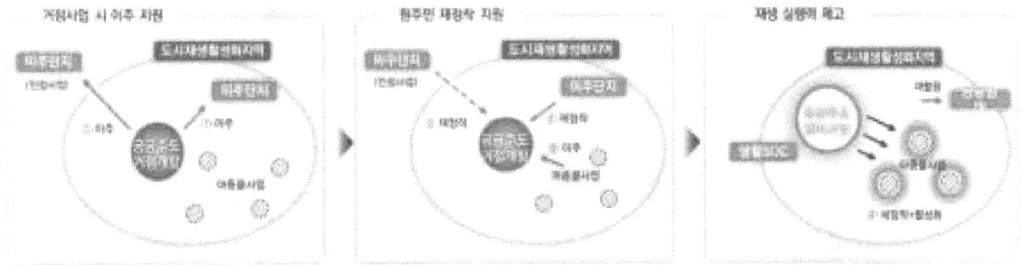

[그림 2-22] 총괄사업관리자 제도 개념

- 총괄사업 관리자는 기본적으로 거점개발사업 시행과 활성화계획 용역관리를 기본적으로 수행해야 하며, 법령상 제시된 업무 범위 내에서 지자체와 공공기관의 자율적인 협약을 통해 업무 범위를 구체화 할 수 있음

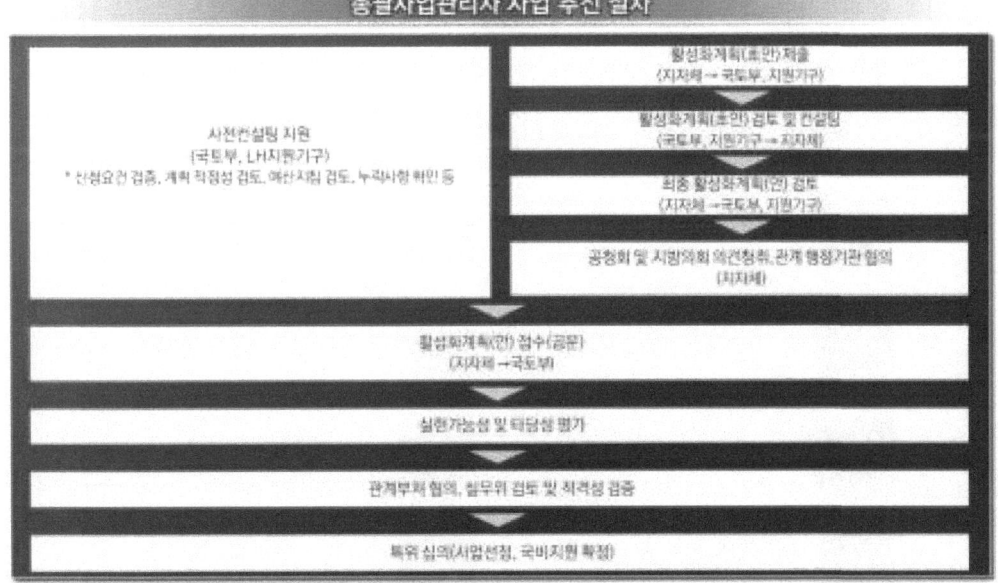

[그림 2-23] 총괄사업관리자 사업 추진 절차

- 인정사업 제도는 전략계획 활성화지역으로 지정되지 않은 지역 중 기초생활인프라의 국가적 최저기준이 미달하는 지역의 빈집정비, 공공주택사업, 긴급정비사업 등을 추진이 필요하다고 판단되는 경우 활성화계획 수립 없이 재정·기금 등 정부 지원을 실시하는 제도를 말함

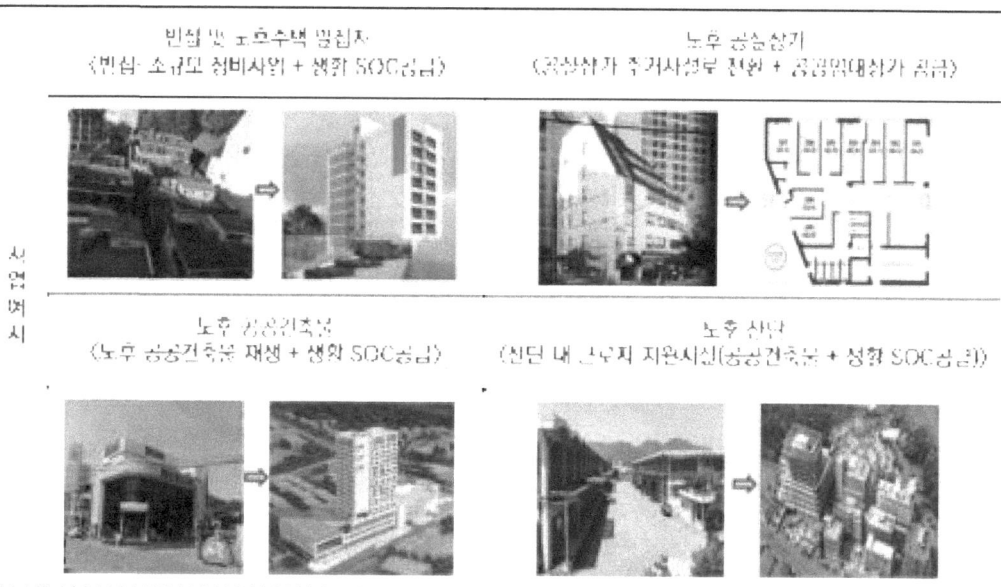

[그림 2-24] 도시재생 인정사업 예시

- 혁신지구는 도시재생 촉진을 위해 공공주도로 쇠퇴지역 내 산업·상업·주거 등 기능이 집적된 지역거점을 조성하는 지구단위 사업으로 공공이 시행 주체가 되어 신속한 지구지정과 사업시행 인가, 국비·기금 등 재정지원이 가능함
- 인구 감소 등 쇠퇴한 도시지역 중 노후·불량 건축물이 2/3 이상인 주거취약지에서 추진이 가능

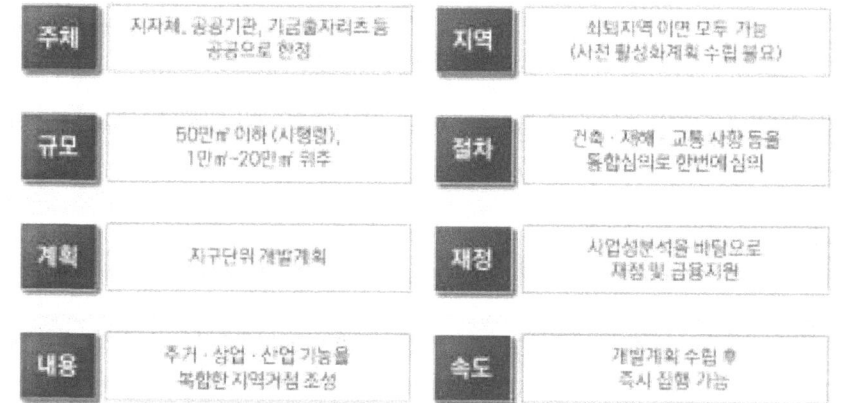

[그림 2-25] 혁신지구 특징

▮ 일자리 창출 관련 정책

- 최근 국내외적으로 청년 실업률 증가가 사회적 문제로 대두되면서 국내의 경우도 국가적 차원에서 적극적인 청년 일자리 창출 정책들이 추진 중에 있음
- 지난 2017년 10월 일자리위원회 및 정부 관계부처 합동회의에서 「일자리 5년 로드맵」을 수립 발표함
  - ① 일자리 인프라 구축, ② 일자리 창출, ③ 일자리 질 개선, ④ 맞춤형 일자리 지원 4개 분야에 대해 10대 중점과제 및 100대 세부과제 등을 선정 발표
- 관계부처 합동회의인 제5차 일자리위원회에서는 '지역주도형 청년 일자리 창출 방안' 등 각 중앙부처별 9개 사업에 대한 예비 타당성 조사를 면제하는 조치를 취함
  - 지역주도형 청년 일자리 창출 방안(행정안전부)
  - 청년 농업인 영농정착 지원방안(농림축산식품부)
  - 고교 취업연계 장려금 지원 방안(교육부)
  - 연구개발(R&D) 성과의 기업이전 촉진을 위한 청년과학기술인 육성 방안(과학기술정보통신부)
  - 혁신성장 청년 인재 집중양성 추진방안(과학기술정보통신부)
  - 산업단지 중소기업 청년 교통비 지원사업 운영계획(산업통상자원부) 등
- 한편, 2018년 3월에 일자리위원회 및 관계부처 합동회의에서는 「청년일자리 대책」을 수립 발표함
  - 7만개 이상의 제대로 된 지역 청년일자리 창출을 위한 혁신창업 붐 조성 방안을 발표함
  - ① 취업청년과 고용증대기업 지원, ② 창업활성화, ③ 취업기회 창출, ④ 역량강화의 4대 중점추진 과제와 구조적 대응 방안 등을 확립
- 산업통상자원부에서는 '청년 친화형 산업단지 추진방안'으로서 산단 내 지식산업센터의 지원시설 비중을 기존 20%에서 30~50%로 상향하고, 임대사업자의 지식산업센터 임대를 허용하는 한편, 산단 내 주거용 오피스텔 입주 등을 허용토록 함
- 또한, 산단 내 공장부지 최소분할 면적기준(900㎡)을 단계적으로 폐지하고, 산단 입주 촉진을 위해 청년 일자리 창출기업과 창업기업들에 입주 우선권을 부여토록 하며, 창업기업들에게 주변시세의 70% 수준의 임대공장을 제공하고, 지역 거점대학에 캠퍼스형 산학융합지구 신설을 허용토록 하며, 산단 내 벤처, 창업기업, 문화편의시설 등이 집적된 혁신성장촉진지구를 신설하는 안을 제안함
- 이외에도 산학연 공동비즈니스 협력모델(제품기획-R&D-생산-판매) 개발 및 확산은 물론 거점 국가산단에 스마트공장을 집중 보급하고, 산단 지원시설구역 내 입주 업종 규제를 네거티브 방식으로 전환토록 함
- 이에 국토부에서도 「국토교통 일자리로드맵」을 수립 하여 발표함
  - 일자리 5년 로드맵, 청년일자리 대책과 연계하여 주택·도시·건설·교통 등 국토교통 정책수단을 활용한 일자리 대책을 발표

- 「좋은 일자리를 위한 국토교통부의 다섯 가지 약속」으로 ① 마음껏 창업에 도전해 볼 수 있는 공간 창조, ② 우리 지역과 삶터를 일자리 창출의 기반으로 조성, ③ 국토교통분야에서 양질의 일자리를 창출, ④ 국토교통 산업의 근로여건 개선을 통해 서비스의 질 제고, ⑤ 4차 산업혁명을 선도하는 신산업과 인재를 육성 하는 것으로 주요 정책 목표로 삼고 있음

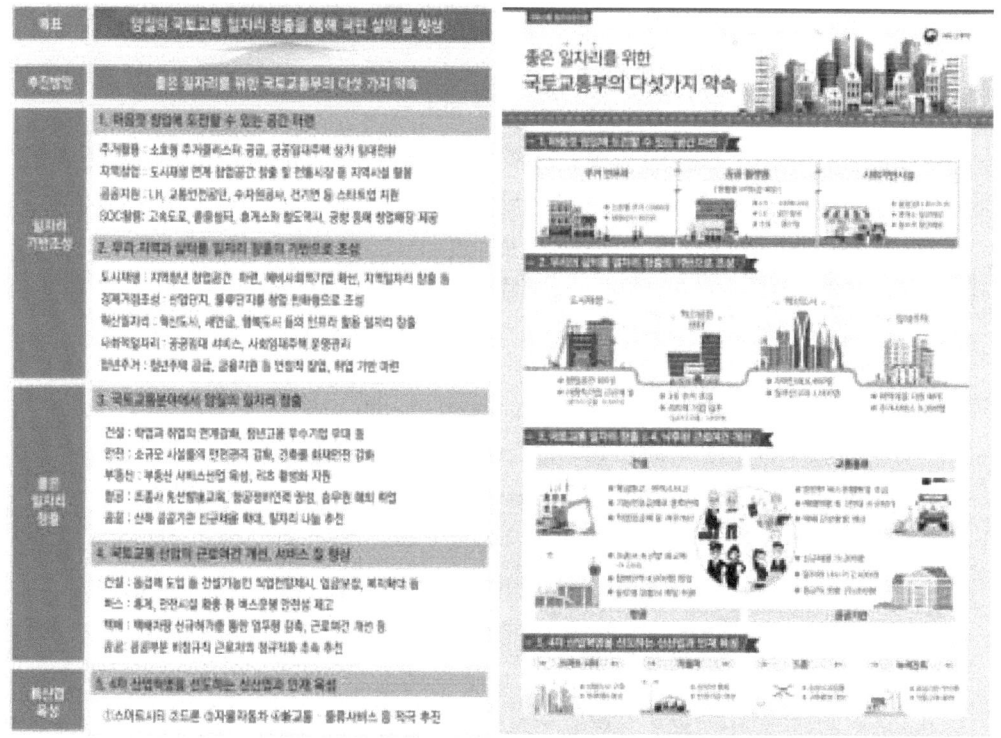

[그림 2-26] 국토교통 일자리 로드맵 주요 내용

▌주거복지 관련 정책

- 고용의 질을 높이기 위한 일자리정책 추진과 더불어 중요하게 고려되어야 할 정책은 저렴하면서도 양질의 주거공간을 확보해 주도록 하는 방안임

- 이에 정부는 지난 2017년 11월 관계부처 합동으로 「사회통합형 주거사다리 구축을 위한 주거복지로드맵」을 발표하였음

- 생애단계별·소득수준별 맞춤형 주거지원 방안으로서 ① 셰어형·창업지원형 등 맞춤형 청년주택 30만실 공급, ② 신혼특화형 공공임대 20만호 공급, ③ 무장애 설계 적용·복지서비스 연계 등 맞춤형 공공임대 5만호 공급, ④ 저소득층을 위한 공적 임대주택 41만호 등을 공급 예정

- 무주택 서민·실수요자를 위한 공적 주택 100만호 공급과 관련해서는 LH등 공공이 직접 공급하는 공공임대주택 총 65만호를 공급하고, 뉴스테이의 공공성을 강화한 공공지원주택 총

- 20만호를 공급할 예정이며, 공공임대·공공지원주택 확대를 통해 공적임대주택 재고율을 2022년까지 OECD 평균(8%)을 상회하는 9% 달성을 목표로 하고 있음
- 그 외 공공분양주택을 총 15만호 공급(신혼희망 7만호 포함)하고, 분양가상한제가 적용되는 공공택지 공급을 연 8.5만호 수준(수도권 6.2만호)으로 확대하여 저렴한 민영주택 공급확대를 유도하는 한편, 기 확보한 77만호 공공택지 외에 수도권 인근 우수한 입지에 40여개 신규 공공주택지구를 개발하여 16만호 부지를 추가 확보토록 함

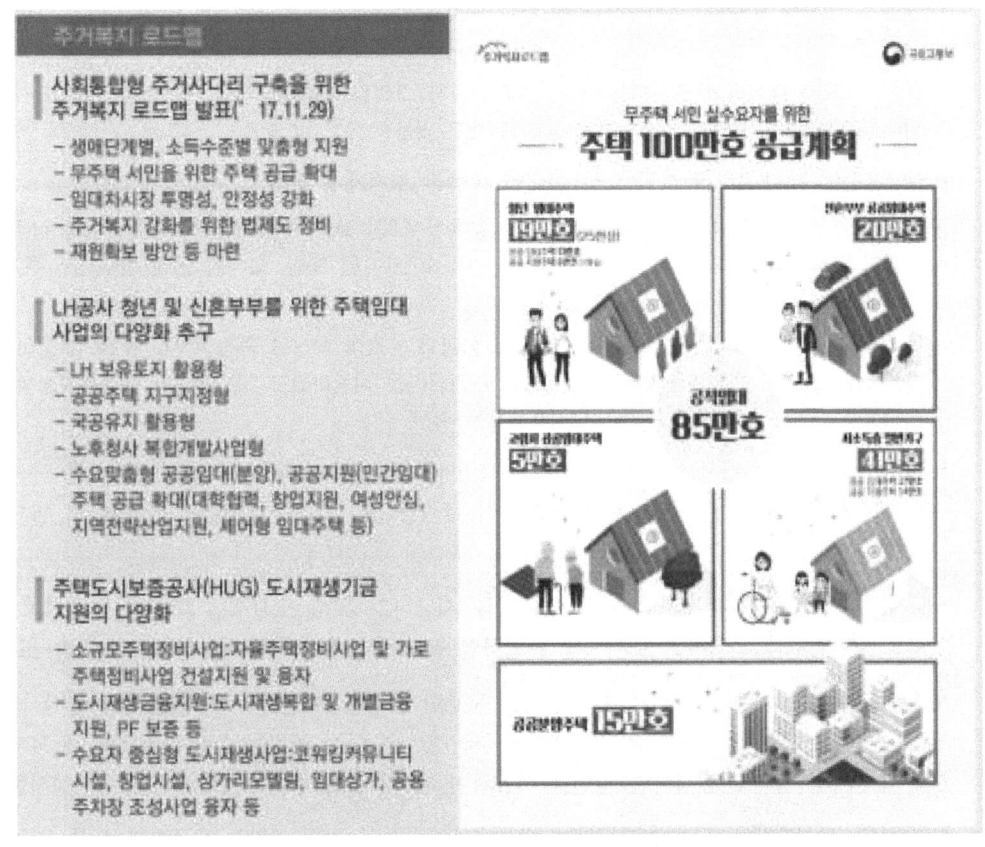

[그림 2-23] 주거복지 향상을 위한 정부 정책의 추진 방향

- 법·제도 정비 및 협력적 주거복지 거버넌스 구축과 관련해서는 주택임대차보호법을 법무-국토부가 공동소관(주거·부동산 정책과 연계 강화)하고, 공공임대주택 유형 통폐합 및 대기자 명부제도 등을 개선하는 한편, 도심내 노후 영구임대단지 재건축을 통한 도심내 공급을 확대해 나가는 정책을 추진
- 또한 지자체의 주거복지 조직 및 주거복지센터 전문인력 등을 확충하고, 지자체의 임대주택 입주자 선정권한 강화 및 투자규제 등을 합리화 하며, 사회적 경제주체의 임대주택 공급 활

성화를 위한 지원을 강화해 나갈 예정임
- 이에 맞춰, 한국토지주택공사에서도 청년 및 신혼부부를 위한 주택임대사업을 다양하게 추진 중에 있음
  - LH 보유토지 활용형, 공공주택 지구지정형, 국공유지 활용형, 노후청사 복합개발사업형, 수요맞춤형(대학협력, 창업지원, 여성안심, 지역전략산업지원, 셰어형 임대주택 등) 공공임대(분양) 또는 공공지원(민간임대)유형의 주택 공급을 확대해 나갈 예정임
- 주택도시보증공사에서도 도시재생기금 지원의 다양화를 통해 주거복지 향상을 도모하고 있음
  - 소규모주택정비사업 지원을 위해 자율주택정비사업 및 가로주택정비사업 건설지원 및 융자 프로그램을 운영 중에 있으며, 도시재생금융지원과 도시재생복합 및 개별금융지원 및 PF사업을 보증해 주고 있음
  - 또한, 수요자 중심형의 도시재생사업을 지원하고자 코워킹 커뮤니티시설, 창업시설, 상가리모델링, 임대상가, 공용주차장 조성사업 등을 융자해 주고 있음
- 취약계층에 대한 주거복지 중요성 증대와 쪽방촌 도시재생 추진
  - 정부는 2018년 목표한 공공임대주택 14.8만 호에서 1.8만 호를 추가 공급하며 청년층과 신혼부부, 노인과 사회취약계층의 주거안정을 지원하였으며, 2018년 말 쪽방, 고시원 등에 거주하는 주거취약계층에 대한 주거지지원 필요성이 대두됨
  - 2019년 주거종합계획에서는 포용적 주거복지 성과의 본격적 확산을 중점 추진 과제로 설정하고 신혼, 청년, 고령자, 취약계층에게 20.5만 호의 주거공간을 지원하였고 2020년 4월 주거복지정책과 도시재생을 연계한 '대전역 쪽방촌 도시재생'을 추진
- '공공주도 3080+'에서는 그간 도시재생 사업에서 미흡한 노후 주거지 개선효과를 근본적으로 개선하고 재생사업의 실행력을 재고하여 주거공급을 확대하기 위한 지원방안의 필요성이 제기됨
- 도시재생에서 주거지 개선 효과와 실행력을 제고하기 위해 도시재생 혁신지구 유형에 주거재생 혁신지구를 신설하고 도시재생 뉴딜사업 공모에서 주거재생 특화형 뉴딜사업을 도입
- 또한 기존 총괄사업관리자의 계획에 대한 모호한 역할을 개선하기 위해 공기업 정비사업 등 주택공급 사업과 연계하여 활성화 계획을 제안할 수 있는 권한을 부여하였으며, 도시재생지역 내 주택사업에도 인정사업 지원을 허용하여 기반시설 조성에 대한 국비지원을 실시함
- 2021년 도시재생 뉴딜사업 선정계획에서는 「공공주도 3080」주택 공급계획 등을 반영하여 노후주거지를 실질적으로 개선할 수 있는 뉴딜사업을 중점적으로 추진하여 주택공급을 적극적으로 지원하고자 함

<표 2-2> 도시재생을 통한 주택공급

◆ 5년간 서울 총 0.8만호, 경기·인천 1.1만호, 지방광역시 1.1만호 → 총 3.0만호 공급

연번	합계	'21	'22	'23	'24	'25	5년간 평균
총계	3	0.4	0.6	0.6	0.8	0.6	0.6
서울	0.8	0.1	0.1	0.2	0.2	0.2	0.2
경기·인천	1.1	0.1	0.3	0.2	0.3	0.2	0.2
지방광역시	1.1	.2	0.2	0.2	0.3	0.2	0.2

※ '25년까지 부지확보 기준 (도시재생 뉴딜사업 선정 등)

■ 스마트시티 재생 정책

- 지난 2018년 1월 4차 산업혁명위원회 및 관계부처 합동으로 「도시혁신 및 미래성장동력 창출을 위한 스마트시티 추진전략」을 발표함
  - 전 세계적으로 도시화에 따른 자원 및 인프라 부족, 교통 혼잡, 에너지 부족 등 각종 도시문제가 점차 심화될 것으로 전망되면서 그에 대한 해결책으로 도시 인프라 확충 대신 기존 인프라의 효율적 활용을 통해 저비용으로 도시문제를 해결하고자 하는 접근방식에 대한 공감대 확산
  - 도시문제의 효율적 해결과 4차 산업혁명에 선제적으로 대응하고 신 성장동력을 창출하고자 스마트시티가 빠르게 확산 중에 있음
- 이에 ICT 기술을 활용하여 도시문제를 해결하고 삶의 질을 높이며, 4차산업혁명에 대응하는 미래 성장동력으로 스마트시티 정책을 추진함
- 「세계 최고 스마트시티 선도국으로 도약」이란 비전하에 ① 사람중심, ② 혁신성장 동력, ③ 지속가능성, ④ 체감형, ⑤ 맞춤형, ⑥ 개방형, ⑦ 융합·연계형 이란 7대 혁신 변화 요인을 도출하고, 5대 추진전략 및 14개 세부과제 등을 제시함
- 국토부에서도 노후·쇠퇴 도심에 스마트솔루션을 접목해 생활환경을 개선하는 저비용-고효율의 「스마트시티형 도시재생 뉴딜」을 추진
  - 2017년 시범지구 5개(인천부평, 조치원, 부산사하, 포함, 남양주 등)를 포함, 매년 스마트시티형 도시재생사업을 선정
  - 지자체가 필요에 따라 선택·적용할 수 있도록 스마트시티를 대표하는 분야별 주초 서비스에 대해 가이드라인을 제공
- 도시재생 주민협의체를 기반으로 민간(스타트업 창업자 등), 지역 전문가(지역 대학, 연구원) 등이 참여하는 스마트 거버넌스 구축

〈표 2-3〉 스마트 도시재생 솔루션 가이드라인

안전방재	생활복지	교통
지능형 CCTV, 스마트가로등 등	헬스케어, 노약자 생활안전 모니터링	스마트파킹횡단보도, 버스정보시스템(BIS) 등
에너지환경	문화관광	주거공간
마이크로 그리드, 스마트 쓰레기통 등	공공Wi-Fi, AR 서비스, City App 등	스마트 홈, 키오스크, IoT 시설물관리 등

비전 및 목표: 세계 최고 스마트시티 선도국으로 도약 — 도시혁신 및 미래성장 동력 창출을 위한 스마트시티 조성·확산

7대 혁신변화: 사람중심, 혁신성장 동력, 지속가능성, 체감형, 맞춤형, 개방형, 융합·연계형

추진전략 / 세부 과제

- 도시 성장 단계별 차별화된 접근
  1. 신규 개발 → 국가 시범도시 + 지역 거점
  2. 도시운영 → 기존도시 스마트화 및 확산
  3. 노후도심 → 스마트시티형 도시재생

- 도시가치를 높이는 맞춤형 기술
  1. 도시에 접목 가능한 미래 신기술 육성
  2. 체감도높은 스마트 솔루션 적용 확산

- 주체별 역할
  - 민간 창의성 활용
    1. 과감한 규제혁파를 통한 기업 혁신활동 촉진
    2. 혁신 창업 생태계 조성
    3. 민간 비즈니스 모델 발굴 및 맞춤형 지원
    4. 공공 인프라 선도투자로 기업투자환경 조성
  - 시민 참여
    1. 시민참여를 위한 개방형 혁신시스템 도입
    2. 공유 플랫폼을 활용한 리빙랩 구현
  - 정부 지원
    1. 법·제도적 기반 정비
    2. 스마트 도시관리 및 추진체계
    3. 해외진출확대 및 국제협력 강화

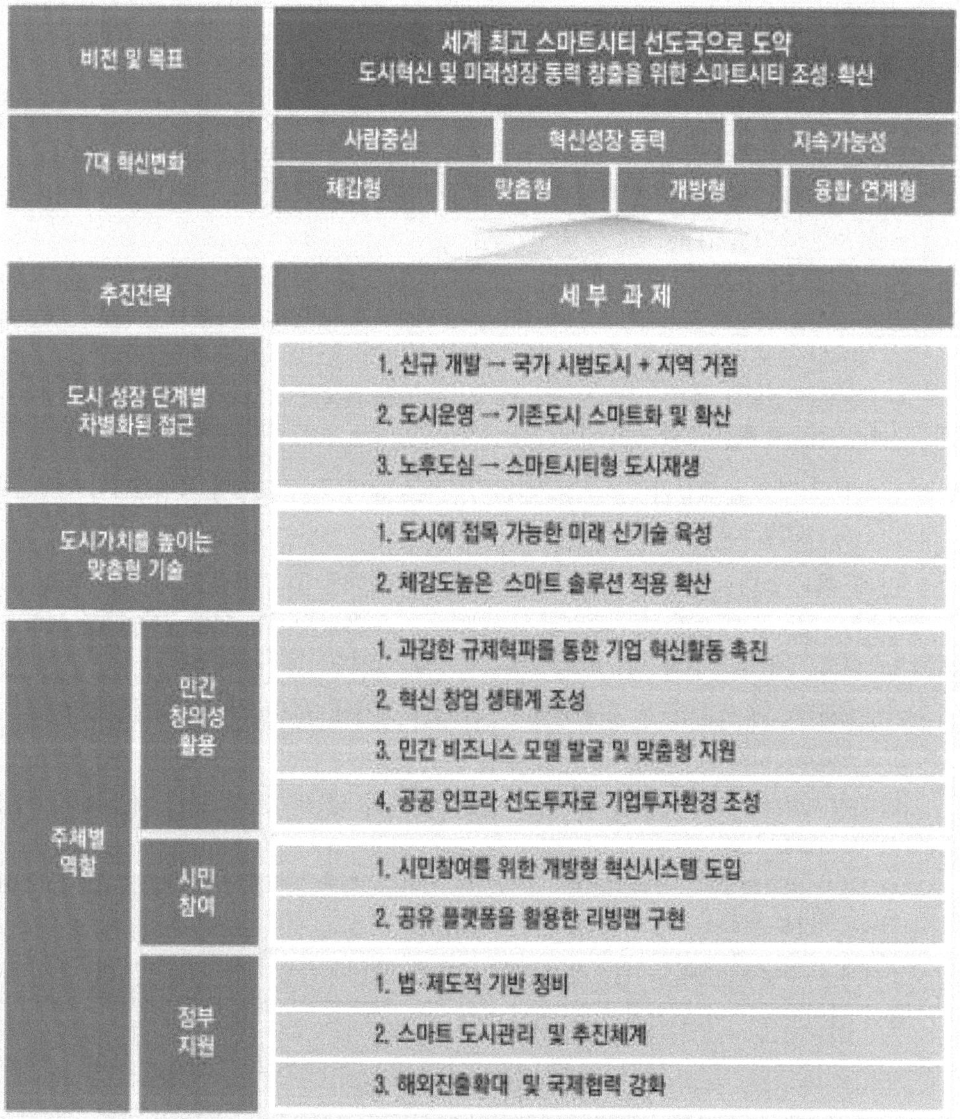

[그림 2-24] 스마트시티 추진전략 비전 및 주요 과제

- 데이터에 기반한 시민참여로 도시문제를 해결하는 리빙랩을 도입, 스타트업, 중소기업의 솔루션을 실증하는 테스트베드로 활용
- 스마트시티가 지향하는 가치를 담은 기술이 미래 신도시부터 노후 도시재생지역까지 구현되도록 기술 수준을 고려한 접근 추진
  - (상용기술) 시민체감이 높은 기술 → 노후 도심·기존 도시에 적용
  - (미래기술) 혁신성장 효과가 높은 기술 → 국가 시범도시에 적용

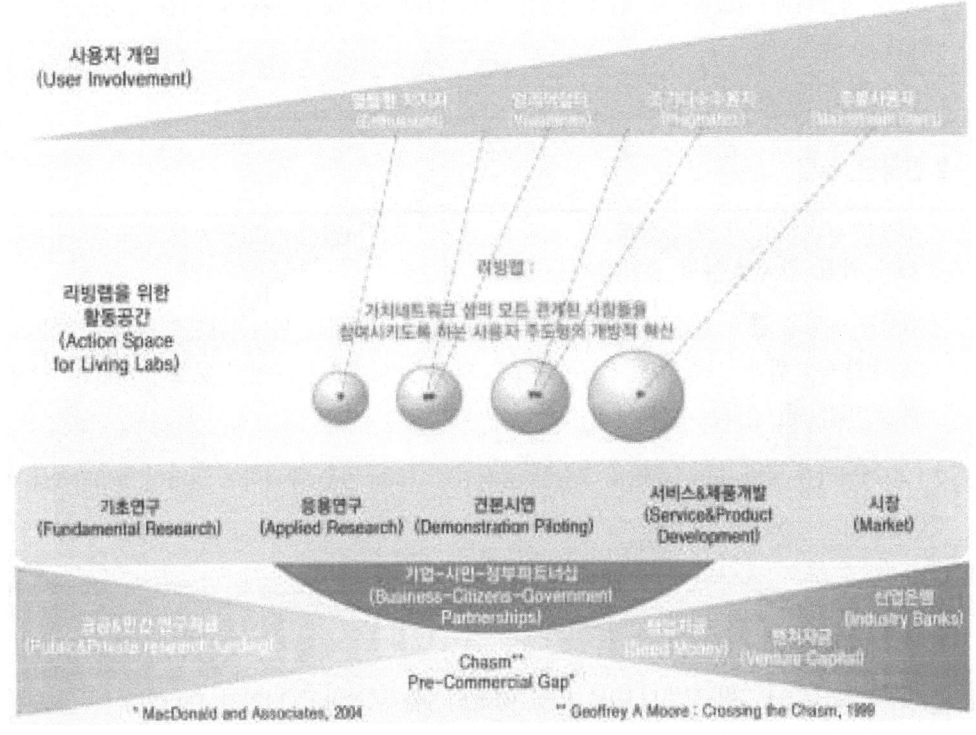

[그림 2-25] 리빙랩 개념도

▌포스트코로나

- 코로나19 이후 도시는 경제성장률 감소, 대중교통이용 감소 및 개인이동수단 증가, 유통업계 오프라인 매출 감소 및 온라인 매출 증가, 관광산업의 타격 등 문제점이 생겨나고 있음
- 전 세계적인 확산은 도시정책, 도시 계획·설계 분야에도 직접적인 영향을 미칠 것으로 예상됨
- 포스트코로나 시대의 도시재생에서는 전염병 대응책 마련과 동시에 성장하는 디지털 인프라를 적극 활용하여 지속적으로 도시 변화를 모니터링하는 대응 방안에 대한 중요성이 대두되고 있음

▌한국판 뉴딜

- 정부는 코로나19가 불러온 경제위기를 극복하고 더 나아가 대한민국의 새로운 미래를 설계하기 위해 '한국형 뉴딜 종합계획'을 발표
- 한국판 뉴딜은 경제 전반의 디지털 혁신과 역동성을 확산하기 위한 '디지털 뉴딜'과 친환경 경제로 전환하기 위한 '그린 뉴딜'을 두 축으로 하고, 취약계층을 두텁게 보호하기 위한 '안전망 강화'로 이를 뒷받침하는 전략임
- 2025년까지 국비 114.1조원을 포함한 총사업비 160조원을 투자하여 일자리 190만개를 창출할 계획

▌그린 뉴딜 정책

- 정부는 2020년 7월 코로나19로 인한 경제위기를 극복하고 나아가 대한민국의 새로운 미래를 설계하기 위해 '한국형 뉴딜 종합계획'을 발표
- 한국판 뉴딜정책의 핵심내용중 하나인 "그린 뉴딜"은 탄소의존형 경제를 친환경 저탄소 등 그린 경제로 전환하는 전략을 말함
- 도시·공간·생활 인프라 측면의 녹색 전환을 위해 인간과 자연이 공존하는 녹색 친화적 일상생활 환경을 조성하고자 하며, 2025년까지 총 30조 1천억 원을 투자하여 38만 7천 개의 일자리를 창출하고자 함

01 국민생활과 밀접한 공공시설 제로에너지화

그린 리모델링 : 공공 건물에 신재생에너지 설비·고성능 단열재 등을 사용하여 친환경 에너지 고효율 건물 신축·리모델링
그린스마트 스쿨 : 친환경·디지털 교육환경을 조성하기 위해 태양광·친환경 단열재 설치 및 전체교실 와이파이(WiFi) 구축

02 국토·해양·도시의 녹색 생태계 회복

스마트 그린도시 : 도시 기후·환경 문제에 대한 종합진단을 통해 환경·정보통신기술(ICT) 기술기반맞춤형 환경개선 지원
도시숲 : 미세먼지 저감 등을 위해 미세먼지 차단 숲, 생활밀착형 숲, 자녀안심 그린 숲 등 도심녹지 조성
생태계 복원 : 자연 생태계 기능 회복을 위해 국립공원 16개소·도시공간 훼손지역 25개소·갯벌 4.5k㎡ 복원

03 깨끗하고 안전한 물 관리체계 구축

스마트 상수도 : 전국 광역상수도·지방상수도 대상 인공지능·정보통신기술(ICT) 기반의 수돗물 공급 전 과정 스마트 관리체계 구축
스마트 하수도 : 지능형 하수처리장 및 스마트 관망 관리를 통한 도시침수·악취관리 시범사업 추진
먹는물 관리 : 수질개선 누수방지 등을 위해 12개 광역상수도 정수장 고도화 및 노후상수도 개량

[그림 2-26] 도시·공간·생활 인프라 녹색전환 전략

- 국토교통부는 17개 시·도 부단체장 간담회를 통해 기후변화 대응 그린뉴딜 협력 기반을 마련하였으며, 공공건축물 그린리모델링 사업 시행에 1,992억 원을 지원하여 생활환경 개선 및 일자리창출에 기여하고자 함

- 공공건축물 그린리모델링 사업은 민간건물의 에너지 효율 향상 유도를 위해 공공건축물이 선도적으로 태양광 설치·친환경 단열재 교체 등 에너지 성능 강화를 추진하는 사업으로 노후 건축물, 신축건축물, 문화시설, 정부청사 등의 에너지 관리를 효율화 하는 것을 중점적으로 다룸

(2) 대전시 민선7기 관련 정책 동향

- 대전시 민선7기의 시정운영 방향은 크게 「혁신과 포용」, 「소통과 참여」, 그리고 「공정과 신뢰」란 3대 정책기조를 토대로 5대 주요 과제를 제시함
  ① 개방과 혁신으로 살찌는 경제
  ② 삶의 품격을 누리는 생활
  ③ 안전하고 편리한 도시
  ④ 교육과 문화가 꽃피는 공동체
  ⑤ 시민이 주인되는 시정
- 시민과의 약속사업으로는 5대 분야 92개 공약 107개 과제가 도출됨
- 과학경제분야 공약 22건, 복지보건여성분야 공약 27건, 도시주택환경교통분야 공약 20건, 문화스포츠교육분야 공약 18건, 그리고 자치시민참여분야 공약 15건 등임
- 총 소요 예산액은 약 3조 7천5백억 원으로 추정되며, 1천억원 이상 소요될 것으로 예상되는 대규모 사업은 약 10여개 사업인 것으로 나타남

〈표 2-4〉 1천억원 이상 예산이 소요될 것으로 예상되는 주요 공약 사업

연번	사 업 명
1	동북권 제2 대덕밸리 조성
2	청년·신혼부부 「드림하우징」 3천호 공급
3	공공용 친환경차량 교체 및 인프라 구축
4	대덕R&D특구 성과사업화 「융합연구혁신센터」 조성
5	베이스볼 드림파크 조성
6	시민안전도시 구현 (안전 인프라 구축 등)
7	기술창업 강국 실현 2천개 스타트업 육성
8	고교까지 전학년 무상급식 시행
9	대세밸리
10	둔산센트럴파크 조성

- 도시형 혁신공간 창출과 관계된 주요 약속사업들로는 경제·노동 분야의 17개 (23개 세부과제)사업과 그 외 도시·환경·자치 분야에서 14개 사업이 직간접적으로 관련이 있는 사업으로 파악됨
- 대전시 민선7기의 슬로건이 '새로운 대전, 시민의 힘으로'란 문구가 의미하듯이 민선7기의 가장 큰 특징 가운데 하나는 '시민주권주의'를 표방하고 있다는 점으로 시민이 혁신의 주체자로서 능동적으로 시정 전반에 참여해 줄 것을 요구하고 있음
- 지난 민선6기 사업에서 계승해야 할 사업들과 축소 및 폐지해야 할 사업들과의 관계 정립을 비교적 명확하게 구분하여 가져가되, 전반적으로 문재인 정부의 100대 주요 국정운영 과제들과 결이 같이 하고 있음

<표 2-5> 대전시 민선7기 경제·노동분야 약속사업

연번	공약 명	소관부서
	17개 공약 (23개 세부과제)	
1	▶중부권 광역경제구상「산수도권 상생연합도시네트워크」추진 ① 대전-세종 상생프로젝트 대세밸리 조성 추진 ② 충청권 거점도시 민관네트워크 구축 및 지역연구개발기능 확충 ③ 충청권 유교문화 자원을 활용한 관광 개발	과학특구과 정책기획관 문화재종무과
2	▶미래철도 ICT 융복합산업 육성 및 철도박물관 유치 ① 미래철도 ICT 융복합산업 육성 ② 국립철도박물관 유치	4차산업혁명운영과 도시재생과
3	▶미래 신성장 동력 확충「동부권 제2대덕밸리」추진	과학특구과
4	▶미래 전략산업, 기술창업 강국 실현「2천개 스타트업」육성	경제정책과
5	▶도전과 혁신 배움터「실패박물관」건립	경제정책과
6	▶대덕 R&D 특구 성과 사업화「융합연구혁신센터」조성 ① 과학기술융합연구센터 조성 ② 벤처창업 활성화 및 대전시 벤처창업펀드 조성	과학특구과 경제정책과
7	▶중앙로「소셜벤처 특화거리」조성	경제정책과
8	▶4차산업혁명 선도기반 조성「빅데이터 시스템」구축	정보화담당관
9	▶서민 통신비 절감「공공 와이파이」확대 설치	정보화담당관
10	▶통일시대 대비「남북 과학 기술협력」으로 한반도 번영 선도 ① 남북과학기술자 교류 및 연구기관 간 합작사업 추진 ② 남북과학도시 간 교류 지원	과학특구과 국제협력담당관
11	▶좋은 일터「대전형 일자리 복지 모델」개발 ① 근로자권익보호조례, 노사민정협의회 설치, 비정규직근로자지원센터 프로그램 확충, 청소년 근로자 보호대책 강화 등 ② 가족돌봄휴가 및 휴직제도 확산	일자리정책과 여성가족청소년과
12	▶좋은 일자리 창출「중소기업 청년채용지원제도」개선	일자리정책과
13	▶삶의 질을 높이는 사회적 경제 활성화	일자리정책과
14	▶대전 소재 공공기관「지역인재 채용 30% 의무화」추진	정책기획관
15	▶자영업 근로자 대상「대전형 유급병가제도」도입	경제정책과
16	▶폐업 소상공인 자영업자를 위한「대전 재기발판」구축	경제정책과
17	▶지속가능한 먹거리 네트워크 구축을 위한「충청권 푸드플랜」수립	농생명산업과

- 대전시 민선7기 주요사업들에는 연구개발특구 뿐 아니라 원도심 지역에 대한 공간혁신을 통해 새로운 도시 성장의 동력원 확보와 경제 활성화를 도모코자 하는 의지가 강하게 투영되어 있음을 알 수 있음

<표 2-6> 대전시 민선7기 도시·환경·자치분야 주요 약속사업

연번	공약명	소관부서
1	▶사회문제 해결을 위한「리빙랩 시범마을」조성	자역공동체과
2	▶시민공유공간 100개 조성	자역공동체과
3	▶대전시「지역균형발전회계」도입	정책기획관
4	▶청년·신혼부부 위한「드림하우징」3천호 공급	주택정책과
5	▶「둔산 센트럴파크」조성	공원녹지과
6	▶먼지 먹는 히마플랜 등 미세먼지저감 프로젝트 가동	기후대기과
7	▶공공용 친환경차량 교체 및 인프라 구축 ① 친환경차량(전기차 등) 교체 및 확대, 시민캠페인 전개, 민간보조금 확대 ② 수소충전소 인프라 확대	기후대기과 에너지산업과
8	▶친환경「에너지자립 스마트도시」조성 ① 아파트 미니태양광 2만호, 공공시설 태양광 100% 도입 및 신재생에너지산업 육성 등 ② 신규공공건물 생태건축 및 자원순환형 건축설계 도입	에너지산업과 주택정책과
9	▶친환경「물 순환 도시」조성	맑은물정책과
10	▶친절하고 편리한「스마트 대중교통시스템」구축 ① 심야 공공교통서비스 확충 ② 타슈자전거 이용시 교통카드 환승을 위한 무인대여시스템 개선	교통정책과 건설도로과
11	▶스마트 주차관리로 주차공유 기반 조성	운송주차과
12	▶지역안전지수 개선을 통한 시민안전도시 구현	안전정책과
13	▶도시재생 뉴딜사업	도시정비과
14	▶빈집재생으로 안전하고 활력이 넘치는 마을 조성	균형발전과

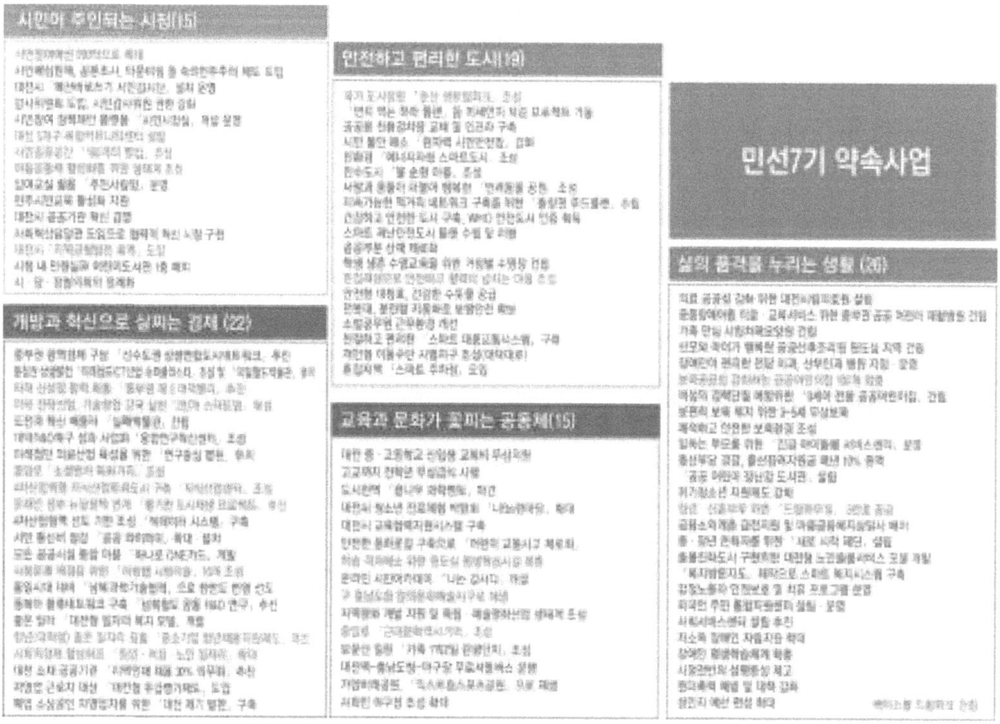

[그림 2-27] 민선7기 약속사업 중 도시재생 관련 주요 이슈

2. 대전시 일반 현황분석

2.1. 일반 현황분석

(1) 위치 및 도시세력권

▎위치

- 국토의 중심부에 위치한 대전광역시는 갑천유역의 거대한 침식분지에 위치하고 있으며, 동쪽에는 계족산(424m)·식장산(592m), 남쪽에는 보문산(457m)·만인산(537.1m), 서쪽에는 우산봉(573.4m)·도덕봉(535.2m)·금수봉(530m), 북쪽은 금병산(365m) 등이 솟아 있음

- 대전광역시는 세종특별자치시 및 충청남도의 공주시, 논산시, 금산군, 계룡시 충청북도의 청주시, 보은군, 옥천군과 접해 있고, 서울특별시까지의 거리는 167.3㎞, 부산광역시까지의 거리는 238.2㎞, 광주광역시까지의 거리는 169㎞로, 남북을 관통하는 교통축의 결절점에 입지하여, 대전광역계획권역의 중심도시로서의 위상을 지님

- 수리적 위치는 동서로 동경 127°14′54″~127°33′21″사이와 남북으로 북위 36°10′50″~36°29′47″ 사이에 위치하고 있으며, 동쪽 지점인 극동(極東)은 동구 주촌동으로 충청북도 보은군 회남면의 경계부인 동경 127°33′21″, 북위 36°23′50″이며, 서쪽 지점인 극서(極西)는 유성구 송정동으로 충청남도 계룡시 엄사면의 경계부인 동경 127°14′54″, 북위 36°17′27″로 동서 간 거리는 약 28㎞이고, 북쪽 지점인 극북(極北)은 유성구 금탄동으로 세종특별자치시 부강면의 경계부인 동경 127°23′01″, 북위 36°29′47″이며, 남쪽 지점인 극남(極南)은 서구 장안동으로 충청남도 금산군 진산면의 경계부인 동경 127°20′01″, 북위 36°10′50″로 남북 간 거리는 약 35㎞임

〈표 2-7〉 경·위도상의 위치

시청 소재지	4극단	경도와 위도의 극점		연장 거리
		지 명	극 점	
대전광역시 서구 둔산로 100	동 단	동구 주촌동	동경 127° 33′21″ 북위 36° 23′50″	28㎞
	서 단	유성구 송정동	동경 127° 14′54″ 북위 36° 17′27″	
	남 단	서구 장안동	동경 127° 20′01″ 북위 36° 10′50″	35㎞
	북 단	유성구 금탄동	동경 127° 23′01″ 북위 36° 29′47″	

출처 : 대전광역시, 한국지리지 대전광역시 대전, 2015.

▎도시 특성

- 1905년 1월 1일 경부선철도가 개통되어 대전천 동쪽의 범람원(汎濫原)에 철도역이 들어서면서 일본인 거류민이 늘어나 신흥도시로 발달하기 시작했으며, 1914년에는 호남선 철도가 완공, 1932년에는 도청이 공주에서 옮겨오고, 1935년에는 지금의 시에 해당하는 부로 승격했고, 도시의 성장은 매우 급속하게 진행됨
- 시가지는 대전역과 도청 사이의 중앙로는 일제강점기에 번화가로 발전하였고, 1960년대 이후 이촌향도(離村向都) 현상으로 농촌인구가 급격히 대전광역시로 유입되면서 1975년에는 50만명, 직할시로 승격한 1989년에는 100만명을 넘어섰고, 현재의 시가지는 산지로 가로막힌 동쪽과 남쪽을 제외하고 서쪽으로 노은동까지, 북쪽으로 호남고속국도 가까이까지 형성하고 있음
- 도시의 외연적 확산은 시청 등 공공기관의 이전으로 새로운 상업·업무중심지를 출현시키게 되어, 기성시가지의 경우 인구이탈과 노령화가 심각한 수준에 이르고 있으며, 경제·산업적으로도 저차서비스산업 중심으로 성장동력의 부재로 경제활동 침체와 고용기반의 취약함을 들어내고 있고, 물리적으로도 건축물의 노후화 등 도시환경이 열악한 상태임

(2) 자연환경

▌지형

- 대전광역시의 전체적인 지형은 차령산맥과 소백산맥 사이에 있으면서 북쪽 일부 지역을 제외하고 식장산, 보문산 등 사방이 산으로 둘러싸인 사각형 모양의 분지지형으로 산지는 동·서·남쪽 방향에서 뚜렷이 드러나 있음
- 대전광역시의 하계망은 대전분지를 둘러싸고 있는 산계를 중심으로 남북 방향으로 발달하였으며, 상류부인 시의 남쪽에서는 주로 구불구불 흐르는 곡류(曲流) 하도를 보이다가 시내 중심부에서는 나뭇가지처럼 뻗어 나간 수지상의 형태를 보이고 있음

▌수계 및 하천

- 대전광역시의 수계는 대전 분지를 둘러싸고 있는 산계를 중심으로, 남북 방향으로 분포하는 반암류 분포 지 역에서는 수계 역시 그 방향과 거의 평행한 남북 방향을 보이며, 화강암류의 분포지역인 구릉성 저지대에서는 수지상 수계를 나타내고 있음
- 대전광역시를 관류하는 가장 큰 하천은 갑천(유로연장 : 약 65.5㎞)으로서 대둔산 태고사 일대에서 발원하여 대덕구 문명동에서 금강 본류에 합류하며, 그 외, 만인산 계곡에서 발원한 대전천(유로연장 : 24.7㎞), 금산군 인대산과 월봉산에서 발원한 유등천(유로연장 : 43㎞), 계족산과 성재산 사이의 계곡에서 발원한 용호천(유로연장 : 약 8.5㎞)이 있음

▌기후 및 강수량

- 대전광역시는 차령산맥과 소백산맥 줄기와 계룡산으로 둘러싸여 있으며, 충청남도의 내륙에 위치하여 해류의 영향을 거의 받지 않는 내륙성 기후에 속하며, 연평균기온이 13.0℃, 가장 무더운 달인 8월 월평균기온이 25.6℃, 가장 추운 달인 1월의 월평균기온이 -1.0℃, 연교차는 26.6℃로, 여름은 덥고 겨울에는 추운 내륙성 기후 특성을 나타내고 있음
- 대전광역시의 과거 연평균 강수량을 보면, 1971년부터 2000년까지 30년 동안 강수량은 1,353.8㎜를 기록하였고, 1981년부터 2010년까지 30년 동안 강수량은 1,458.7㎜로 104.9㎜가 증가했음
- 대전광역시의 강수량은 하계집중형을 보이고 있는데 여름철(6, 7, 8월)의 강수량이 869.7㎜로 이는 연간 강수량의 59.6%를 차지하며, 여름철에 장마와 태풍이 집중되어 있고 기온이 높아 대류성 강우가 자주 나타나기 때문임

(3) 도시세력권

▮ 행정권
- 대전광역시는 해방과 더불어 1949년 8월 15일 면적 35.7㎢, 인구 126,704인 규모의 시(市)로 승격되었으며, 1989년 대덕군을 대전시로 편입, 직할시로 승격하였으며, 1995년에서는 대전직할시에서 대전광역시로 명칭이 변경되었음
- 대전광역시는 2015년말 현재 행정구역 539.79㎢, 인구 1,518,775인 규모의 광역시로 성장하여, 대전시 승격이후 인구는 약 12배, 행정구역은 약 15배로 증가하였음

▮ 경제 및 사회권
- 대전광역시는 국토 전 지역에 영향이 미치는 경제권 중심으로서의 잠재력을 보유하고 있으며, 국토계획상 대전·청주권 중심도시의 기능을 수행하고 있음
- 대전광역시는 대덕연구개발특구, 계룡대, 정부대전청사 등이 입지하고 있는 연구·군사·행정의 중심 기능을 수행하고 있으나, 국제적 중심 기능지로서의 위상은 미약함
- 출·퇴근 및 공공시설 이용측면에서 볼 때 세종특별자치시, 충남 공주시·논산시·금산군, 충북 옥천군·영동군 및 전북 무주군 일대까지가 대전광역시의 경제·사회권에 포함

▮ 접근성
- 대전광역도시권은 수도권과 영·호남지역을 연결하는 국토의 중심지이면서 교통의 주요 결절점을 형성하는 교통의 요충지임
  - 경부고속도로, 호남고속도로, 중부고속도로, 당진상주고속도로 등 국토 교통의 동서축과 남북축을 형성하는 중심지임

- 경부고속철도와 호남고속철도 개통 이후 교통의 결절점으로서 기능이 더욱 강화되고 있음

▎환경성

- 대전광역시는 시가지 외곽이 모두 산악으로 둘러싸인 전형적인 분지의 형태로 가지고 있으며, 전체 면적의 75%에 달하는 그린벨트와 녹지지역의 분포를 가능하게 하였고, 이에 따라 다른 대도시에 비해 비교적 청정한 자연환경을 유지하고 있음
- 대전광역시와 지리적으로 인접한 지역은 양호한 자연환경을 가지고 있는 지역으로, 인접 시·군의 중심시가지가 입지하는 지역까지 환경적 영향이 미치는 환경권을 설정

2.2. 도시성장변화 분석

(1) 인문사회적 변화추이

■ 전국대비 인구변화

- 1990년 이후 대전광역시의 인구변화는 2000년대 초반까지는 높은 성장추세를 보이고 있으나, 2003년 이후 전년도 대비 증가율이 낮아지는 경향을 보임
- 도시발전단계 측면에서 대전광역시도 성숙단계를 지나 정체기에 접어들고 있다고 볼 수 있으며, 향후 인구성장은 일정기간 둔화가 지속될 것으로 전망됨
- 전국대비 대전광역시의 인구비중은 2000년 2.96%, 2005년 3.04%, 2010년 3.07%, 2015년 2.98%, 2020년 2.86%로 전반적으로 3% 수준에서 2.8% 대 수준으로 다소 낮아지는 경향을 보이고 있음

〈표 2-8〉 대전광역시의 인구성장 변화 추이

(단위 : 명, %)

연도	대전광역시		전국		전국대비 대전인구 비중
	인구수	전년도 대비증가율	인구수(천명)	전년도 대비증가율	
2000	1,390,510	1.62	47,008	0.84	2.96
2001	1,408,809	1.32	47,357	0.74	2.97
2002	1,424,844	1.14	47,622	0.56	2.99
2003	1,438,778	0.98	47,859	0.50	3.01
2004	1,450,750	0.83	48,039	0.38	3.02
2005	1,462,535	0.81	48,138	0.21	3.04
2006	1,475,961	0.92	48,372	0.49	3.05
2007	1,487,836	0.80	48,598	0.47	3.06
2008	1,494,951	0.48	48,949	0.72	3.05
2009	1,498,665	0.25	49,182	0.48	3.05
2010	1,518,540	1.33	49,410	0.46	3.07
2011	1,530,650	0.80	49,779	0.75	3.07
2012	1,539,154	0.56	50,004	0.45	3.08
2013	1,547,609	0.55	51,141	2.27	3.03
2014	1,547,467	-0.01	51,327	0.36	3.01
2015	1,535,191	-0.79	51,529	0.39	2.98
2016	1,531,405	-0.25	51,696	0.32	2.96
2017	1,502,227	-1.91	51,778	0.16	2.90
2018	1,489,936	-0.82	51,826	0.09	2.87
2019	1,493,979	0.27	51,849	0.04	2.88
2020	1,480,777	-0.88	51,829	-0.04	2.86

출처 : 대전광역시 통계연보, 행정안전부/주민등록인구현황

■ 인구 및 세대수 변화

- 대전광역시 인구변화를 살펴보면, 2000년 1,390,510명, 2005년 1,462,535명, 2010년 1,518,540명, 그리고 2013년에 1,547,609명으로 정점을 찍은 후, 2014년부터 소폭 감소 추세로 돌아서면서 2020년 기준으로 1,463,882명으로 집계됨
- 세대수의 변화를 살펴보면, 2000년 439,312세대, 2005년 505,650세대, 2010년 555,768세대, 2015년 597,008세대, 2020년 기준으로 652,783세대까지 지속적으로 증가함
- 인구증가율 및 세대당 인구수는 점차 감소하는 반면, 세대수가 증가하고 있는 점은 1인가구의 증가에 따른 결과로 추정됨

〈표 2-9〉 대전광역시 인구 및 세대수 변화 추이

(단위 : 명, %, 세대)

년도	인구 계	남자	여자	인구증가율	세대수	세대당 인구
2000	1,390,510	698,499	692,011	1.62	439,312	3.17
2001	1,408,809	707,401	701,408	1.32	450,489	3.13
2002	1,424,844	715,300	709,544	1.14	463,270	3.08
2003	1,438,778	722,437	716,341	0.98	479,916	3.00
2004	1,450,750	728,463	722,287	0.83	492,068	2.95
2005	1,462,535	733,817	728,718	0.81	505,650	2.89
2006	1,475,961	740,425	735,536	0.92	518,039	2.85
2007	1,487,836	745,359	742,477	08.0	525,880	2.83
2008	1,495,048	748,235	746,813	0.48	531,682	2.81
2009	1,498,655	749,880	748,785	0.25	538,100	2.79
2010	1,518,540	760,409	758,131	1.33	555,768	2.73
2011	1,530,650	765,986	764,664	0.80	566,324	2.70
2012	1,539,154	770,190	768,964	0.56	575,600	2.67
2013	1,547,609	773,863	773,746	0.55	584,877	2.65
2014	1,547,467	773,412	774,055	-0.01	592,508	2.61
2015	1,535,191	766,993	768,198	-0.79	597,008	2.57
2016	1,531,405	764,812	766,593	-0.25	606,137	2.53
2017	1,502,227	750,969	751,258	-1.91	614,639	2.44
2018	1,489,936	744,338	745,598	-0.82	624,965	2.38
2019	1,474,870	736,607	738,263	-0.98	635,343	2.32
2020	1,463,882	730,699	733,183	-0.69	652,783	2.24

출처 : 대전광역시 통계연보, 행정안전부/주민등록인구현황

인구구조 변화

- 인구연령대별로 살펴보면, 15세 미만의 경우, 2000년 312,007명, 2005년 297,773명, 2010년 256,655명, 2015년 224,747명, 2010년 213,281명으로 지속적으로 감소하고 있음
- 15~64세 인구의 경우, 2000년 997,830명, 2005년 1,057,054명, 2010년 1,102,488명, 2013년 1,138,507명으로 지속적으로 증가하다 2014년 이후 점차 줄어들면서 2020년 기준으로 1,064,866명으로 다소 감소함
- 65세 이상 인구는 2000년 75,769명, 2005년 99,811명, 2010년 131,015명, 2015년 165,528명, 2020년 138,051명으로 지속적으로 증가 추세를 보이고 있음
- 15세 미만의 인구는 지속적으로 감소하고 있는 반면, 65세 이상의 인구는 지속적으로 증가하여 점차 노령화 추세가 가속화 되고 있음을 알 수 있음

〈표 2-10〉 대전광역시 인구구조 변화 추이

(단위 : 명, %)

년도	15세 미만			15~64세			65세 이상			비중	
	인구	남자	여자	인구	남자	여자	인구	남자	여자	남자	여자
2000	312,007	165,216	146,791	997,830	502,457	495,373	75,769	28,208	47,561	50.2%	49.8%
2001	310,942	164,574	146,368	1,011,894	509,801	502,093	80,328	30,114	50,214	50.2%	49.8%
2002	309,805	164,138	145,667	1,024,955	516,260	508,695	84,813	32,255	52,558	50.2%	49.8%
2003	306,393	161,992	144,401	1,036,302	522,484	513,818	89,601	34,492	55,109	50.2%	49.8%
2004	302,795	159,661	143,134	1,045,577	527,895	517,682	95,099	37,032	58,067	50.2%	49.8%
2005	297,773	156,466	141,307	1,057,054	534,212	522,842	99,811	39,140	60,671	50.2%	49.8%
2006	291,739	153,287	138,452	1,068,702	540,408	528,294	105,717	41,900	63,817	50.2%	49.8%
2007	285,434	149,491	135,943	1,076,231	544,066	532,165	113,991	45,915	68,076	50.1%	49.9%
2008	278,052	145,289	132,763	1,083,621	548,014	535,607	119,222	48,308	70,914	50.1%	49.9%
2009	268,263	139,784	128,479	1,092,397	553,525	538,872	124,520	50,812	73,708	50.1%	49.9%
2010	256,655	133,175	123,480	1,102,488	558,283	544,205	131,015	53,692	77,323	50.0%	50.0%
2011	254,839	132,154	122,685	1,125,024	570,902	554,122	135,740	56,132	79,608	50.1%	49.9%
2012	249,087	129,226	119,861	1,132,517	574,791	557,726	142,979	59,654	83,325	50.1%	49.9%
2013	243,653	126,116	117,537	1,138,507	577,746	560,761	150,651	63,447	87,204	50.1%	49.9%
2014	236,053	121,980	114,073	1,137,427	577,239	560,188	158,329	67,278	91,051	50.0%	50.0%
2015	224,747	116,019	108,728	1,128,500	572,968	555,532	165,528	70,791	94,737	50.0%	50.0%
2016	217,638	112,413	105,225	1,125,164	571,218	553,946	171,568	73,658	97,910	50.0%	50.0%
2017	209,595	108,132	101,463	1,111,965	564,620	547,345	180,667	78,217	102,450	50.0%	50.0%
2018	200,703	103,529	97,174	1,100,703	558,773	541,930	188,530	82,036	106,494	50.0%	50.0%
2019	221,584	114,605	106,979	1,067,766	540,012	527,754	132,096	54,557	77,539	49.9%	50.1%
2020	213,281	110,140	103,141	10,064,866	538,650	526,216	138,051	57,450	80,601	49.9%	50.1%

출처 : 대전광역시 통계연보, 행정안전부 / 5세별 주민등록인구

가구 및 인구이동

- 가구수의 변화에 있어서는 2000년 358,833가구, 2005년 372,544가구, 2010년 532,643가구, 2018년 602,175가구로 지속적으로 증가 추세를 보이고 있음
- 주택보급률은 2000년 96.5%, 2005년 102.0%, 2010년 100.6%, 2018년 109.9%로 2005년 이전에는 100% 미만이었으나 2005년 이후 100%를 상회한 이후 2008년 및 2009년에 다소 감소하였다가 2010년 이후 다시 회복세로 돌아서 100%를 상회하고 있음
- 인구이동 변화의 전입을 살펴보면, 2000년 312,560명, 2005년 287,835명, 2010년 262,432명, 2016년 219,252명으로 감소 추세를 보이고 있으며, 전출 역시 2000년 303,984명, 2005년 284,625명, 2010년 263,477명, 2018년 227,632명으로 감소 추세를 보이고 있음
- 특히, 세종시로의 인구 유출이 본격화 된 2014년 이후부터는 전입인구보다 전출인구가 더 많아지면서 전반적으로 인구감소 추세가 뚜렷이 나타나고 있음

〈표 2-11〉 대전광역시 가구 및 인구이동 변화 추이

(단위 : 가구, 개수, %, 명)

년도	공급대상 가구수	주택수	주택보급률	사회적 추이		
				전입	전출	순이동
2000	358,833	346,188	96.5	312,560	303,984	8,576
2001	367,449	353,598	96.2	304,985	298,145	6,840
2002	368,555	363,814	98.7	302,944	294,389	8,555
2003	375,013	369,798	98.6	304,736	298,910	5,826
2004	383,942	382,313	99.6	280,028	277,412	2,626
2005	372,544	379,897	102.0	287,835	284,625	3,210
2006	379,357	394,632	104.0	294,814	292,499	2,315
2007	385,295	404,691	105.0	283,080	284,128	-1,048
2008	530,565	491,675	98.5	263,532	269,142	-5,610
2009	548,991	499,433	97.6	252,424	258,182	-5,758
2010	532,643	536,050	100.6	262,432	263,477	-1,045
2011	546,857	560,056	102.4	264,244	260,900	3,344
2012	559,610	572,012	102.2	239,635	239,163	499
2013	572,916	580,834	101.4	230,858	230,547	311
2014	586,811	596,524	101.7	239,559	248,397	-8,838
2015	582,504	595,175	102.2	220,774	241,390	-20,616
2016	590,698	600,598	101.7	219,252	229,883	-10,631
2017	597,736	604,937	101.2	211,449	227,624	-16,175
2018	602,175	661,911	109.9	212,879	227,632	-14,753

출처 : 대전광역시 통계연보

학생수 변화

- 대전광역시의 2000년 학생수는 419,113명, 2006년 445,231명으로 정점을 찍은 후, 2010년 381,161명, 2016년 336,458명으로 감소 추세를 보이고 있으며, 2018년 기준으로 전체 인구대비 22%를 차지하는 것으로 나타남
- 2018년 기준으로 유치원 22,898명, 초등학교 82,743명, 중학교 40,732명, 고등학교 44,895명, 전문대 26,403명, 대학교 98,857명, 대학원 19,271명, 기타학교 1,183명으로 집계됨

〈표 2-12〉 대전광역시 학교별 학생수 변화 추이

(단위 : 명, %)

연도	인구	학생수									학생수/인구
		유치원	초등학교	중학교	고등학교	전문대	대학교	대학원	기타학교	합계	
2000	1,390,510	20,081	128,927	59,423	61,636	40,378	92,273	14,575	1,820	419,113	30.1
2001	1,408,809	20,203	130,998	59,748	58,804	38,793	90,838	14,841	1,698	415,923	29.5
2002	1,424,844	20,609	132,735	60,236	57,989	34,035	96,838	15,585	880	418,907	29.4
2003	1,438,778	19,551	131,906	63,037	57,617	37,280	112,152	15,980	959	438,482	30.5
2004	1,450,750	20,099	129,952	65,474	58,205	37,280	112,723	15,980	980	440,693	30.4
2005	1,462,535	21,346	127,601	67,542	58,618	35,373	115,133	17,036	1,216	443,865	30.3
2006	1,475,961	21,270	125,583	67,626	60,828	35,541	115,834	17,577	972	445,231	30.2
2007	1,487,836	21,491	120,881	67,431	63,038	23,069	106,016	17,256	923	420,105	28.2
2008	1,494,951	20,889	114,621	66,925	64,931	21,230	95,990	16,810	988	402,384	26.9
2009	1,498,665	20,323	109,013	65,904	64,794	22,421	94,307	17,110	989	394,861	26.3
2010	1,518,540	20,874	103,852	63,791	64,132	22,881	87,756	16,839	1,036	381,161	25.1
2011	1,530,650	23,179	98,665	61,598	63,496	22,488	91,006	13,795	1,274	375,501	24.5
2012	1,539,154	25,263	93,398	59,997	62,812	30,842	111,612	19,023	1,281	404,228	26.3
2013	1,547,609	25,024	91,599	56,765	61,009	30,374	113,583	18,024	1,224	397,602	25.7
2014	1,547,467	25,660	89,464	52,215	58,598	20,155	89,390	19,437	1,199	356,118	23.0
2015	1,535,191	25,921	85,939	47,646	57,087	20,807	90,283	19,996	1,168	348,847	22.7
2016	1,531,405	25,067	84,240	44,961	53,770	20,376	87,420	19,357	1,267	336,458	22.0
2017	1,502,227	24,012	83,453	42,675	49,332	27,070	87,538	19,436	1,234	334,750	22.3
2018	1,489,936	22,898	82,743	40,732	44,895	26,403	98,857	19,271	1,183	336,982	22.6

출처 : 대전광역시 통계연보

(2) 산업경제적 변화추이

▍도시경제변화

- 취업자수의 경우, 2000년 580천명, 2005년 645천명, 2010년 701천명, 2015년 777천명으로 정점을 찍은 후 2020년 780천명으로 다소 감소하는 추세를 보이고 있음
- 전국대비 대전취업자수의 비중은 2000년 2.74%, 2005년 2.83%, 2010년 2.95%, 2015년 3.0%로 다소 미약하게나마 증가 추세를 보였으나, 2020년 기준으로는 2.90% 수준으로 전국대비 인구 비중과 거의 유사한 수준을 보이고 있음

〈표 2-13〉 대전광역시의 전국대비 취업자변화 추이

(단위 : 천명, %)

연도	대전광역시 취업자	대전광역시 전년도 대비증가율	전국 취업자	전국 전년도 대비증가율	전국대비 대전취업자 비중
2000	579	-	21,156	-	2.74
2001	609	5.18	21,572	1.97	2.82
2002	642	5.42	22,169	2.77	2.90
2003	639	-0.47	22,139	-0.14	2.89
2004	649	1.56	22,557	1.89	2.88
2005	646	-0.46	22,856	1.33	2.83
2006	661	2.32	23,151	1.29	2.86
2007	680	2.87	23,433	1.22	2.90
2008	696	2.35	23,577	0.61	2.95
2009	698	0.29	23,506	-0.30	2.97
2010	702	0.57	23,829	1.37	2.95
2011	713	1.57	24,244	1.74	2.94
2012	726	1.82	24,681	1.80	2.94
2013	736	1.38	25,066	1.56	2.94
2014	765	3.94	25,599	2.13	2.99
2015	777	1.57	25,936	1.32	3.00
2016	775	-0.26	26,235	1.15	2.95
2017	766	-1.16	26,552	1.21	2.88
2018	759	-0.91	26,822	1.02	2.83
2019	772	1.71	27,123	1.12	2.85
2020	780	1.04	26,904	-0.81	2.90

출처 : 취업자(통계청_경제활동인구조사/연령별 취업자)

- 경제활동인구수의 변화를 살펴보면, 2000년 608천명, 2005년 676천명, 2010년 728천명, 2015년 805천명으로 꾸준히 증가하면서 정점을 찍은 후, 2020년에는 816천명으로 다소 증가 추세를 보이고 있음
- 경제활동참가율에 있어서는 2000년 57.6%, 2005년 58.4%, 2010년 58.6%, 2015년 61.7%로 점차 증가 추세를 보이다가 2020년 기준으로 63.4%로 다소 둔화 추세를 보이고 있음
- 실업률의 경우, 2000년 4.8%, 2005년 4.5%, 2010년 3.7%, 2015년 3.4%로 꾸준히 감소 추세를 보이면서 2020년의 경우도 4.4% 수준을 보이고 있음

<표 2-14> 대전광역시 경제활동인구 변화

(단위 : 천명, %)

년도	15세 이상 인구	경제활동인구			비경제활동 인구	경제활동 참가율	실업률
		계	취업자	실업자			
2000	1057	608	579	29	449	57.6	4.8
2001	1076	638	609	29	440	59.1	4.5
2002	1095	668	642	26	429	60.8	3.8
2003	1116	665	639	26	452	59.5	3.8
2004	1129	677	649	28	458	59.5	4.2
2005	1144	676	646	30	476	58.4	4.5
2006	1162	692	661	31	479	58.8	4.5
2007	1182	709	680	29	483	59.2	4.1
2008	1198	722	696	26	487	59.4	3.7
2009	1214	724	698	26	499	58.9	3.7
2010	1230	728	702	26	510	58.6	3.7
2011	1247	739	713	26	511	59.0	3.6
2012	1264	754	726	28	512	59.5	3.7
2013	1277	759	736	23	520	59.3	3.0
2014	1288	792	765	27	500	61.2	3.4
2015	1291	805	777	28	494	61.7	3.4
2016	1295	801	775	26	496	61.7	3.2
2017	1296	793	766	27	505	61.0	3.4
2018	1293	792	759	34	500	61.3	4.2
2019	1291	806	772	34	485	62.4	4.2
2020	1286	816	780	36	471	63.4	4.4

출처 : 취업자(통계청_경제활동인구조사/연령별 취업자), 실업자(통계청_경제활동인구조사/연령별 실업자), 15세이상 인구, 비경제활동인구, 경제활동참가율, 실업률 : 통계청 경제활동인구조사

산업구조 변화

- 2000년 기준 대전광역시의 총 사업체수는 86,832개소, 종사자수는 365,389명, 2005년에는 총 사업체수 90,366개소, 종사자수는 405,311명, 2010년에는 총 사업체수 95,650개소, 종사자수는 492,722명, 2019년에는 총 사업체수 119,628개소, 종사자수는 633,418명으로 꾸준한 증가 추세를 보이고 있음

〈표 2-15〉 대전광역시 산업별 사업체 및 종사자수 추이

(단위 : 개소, 명)

연도	1차산업		2차산업		3차산업		합계	
	사업체수	종사자수	사업체수	종사자수	사업체수	종사자수	사업체수	종사자수
2000	4	30	8,334	68,519	78,494	296,840	86,832	365,389
2001	7	56	9,127	71,976	81,364	325,842	90,498	397,874
2002	7	176	9,155	70,038	82,688	333,406	91,850	403,620
2003	8	203	8,823	69,161	82,649	328,426	91,480	397,790
2004	9	208	8,869	68,597	81,524	333,725	90,402	402,530
2005	9	218	9,024	68,249	81,333	336,844	90,366	405,311
2006	11	222	8,969	70,976	80,871	341,691	89,851	412,889
2007	14	383	9,093	68,924	81,990	359,989	91,097	429,296
2008	7	316	8,987	72,165	83,514	378,376	92,508	450,857
2009	7	338	9,078	77,028	84,091	391,135	93,176	468,501
2010	9	359	9,341	88,433	86,300	403,930	95,650	492,722
2011	11	327	9,795	89,668	90,668	419,745	100,474	509,740
2012	7	293	10,335	88,818	94,267	432,170	104,609	521,281
2013	7	289	10,692	87,688	94,977	448,204	105,676	536,181
2014	8	317	11,299	91,762	98,228	464,218	109,535	556,297
2015	12	317	11,815	100,994	99,988	484,758	111,815	586,069
2016	11	333	11,821	103,146	101,396	493,532	113,228	597,011
2017	12	354	12,154	100,093	103,257	505,295	115,423	605,742
2018	14	318	12,357	102,382	105,186	515,571	117,557	618,271
2019	18	388	12,624	108,166	106,986	524,864	119,628	633,418

출처 : 대전광역시 통계연보, 국가통계포털

■ 지역내총생산 변화

- 2000년 기준 대전광역시의 지역내 총생산은 14,394십억원, 2005년 20,442십억원, 2010년 27,632십억원, 2015년 34,062십억원, 2018년에는 41,308십억원으로 꾸준한 증가 추세를 보이고 있음
- 그러나 전국대비 인구비중에 비해 전국대비 지역내총생산 비중은 2018년 기준으로 2.2%로 다소 낮은 수준을 보이고 있음
- 2018년 기준으로 1인당 지역내 총생산액은 29,977천원으로 집계됨

〈표 2-16〉 대전광역시 지역내총생산(GRDP) 변화 추이

(단위 : 백만원, %)

연도	지역내총생산(GRDP)			경제성장률	1인당 GRDP (천원)
	당해년가격	전국대비구성비	기준년가격 (2010)		
2000	14,393,964	2.3	19,941,789	8.9	10,304
2001	15,299,415	2.2	20,437,219	2.5	10,793
2002	17,085,975	2.2	21,813,148	6.7	11,919
2003	18,551,621	2.3	22,815,275	4.6	12,766
2004	19,702,303	2.2	23,366,428	2.4	13,486
2005	20,441,706	2.2	23,848,310	2.1	13,907
2006	21,377,250	2.2	24,437,561	2.5	14,432
2007	22,775,080	2.2	25,134,763	2.9	15,245
2008	24,034,439	2.2	25,364,972	0.9	16,011
2009	25,534,667	2.2	25,929,114	2.2	16,931
2010	27,631,678	2.2	27,631,678	6.6	18,239
2011	29,683,859	2.2	28,720,537	3.9	19,422
2012	30,884,467	2.2	29,057,519	1.2	20,053
2013	31,455,721	2.2	29,425,974	1.3	20,357
2014	32,798,844	2.2	30,335,631	3.1	21,124
2015	34,061,848	2.2	30,836,267	1.7	22,084
2016	35,944,729	2.2	31,869,201	3.3	23,417
2017	37,303,243	2.2	32,501,886	2.0	24,361
2018	41,308,348	2.2	39,135,729	0.8	29,977

출처 : 대전광역시 통계연보, 통계청 지역소득/경제활동별 지역내 총생산

관광사업체 및 관광객수

- 2000년 기준 대전광역시의 유료관광객수는 총 13,037,325명, 2005년 7,075,878명, 2010년 7,083,169명, 2018년에는 7,082,357명으로 2016년에 비해 급등하는 추세를 보이고 있음
- 여행업체수의 경우, 2000년 289개소에서 2005년 337개소, 2010년 245개소, 2018년 593개소로 2010년대까지 감소추세를 보이다가 2010년대 이후부터 급격한 증가 추세를 보임

〈표 2-17〉 대전광역시 관광사업체 및 관광객 변화 추이

(단위 : 개소, 명, %)

연도	여행업				관광숙박업	유료관광객		
	소계	일반	국내	국외		소계	내국인	외국인
2000	289	2	156	131	23	13,037,325	12,551,123	486,202
2001	296	3	156	137	24	16,532,393	16,082,955	449,438
2002	289	4	128	157	24	15,713,521	15,265,669	447,852
2003	308	3	155	150	25	15,849,487	15,437,828	411,659
2004	336	3	172	161	22	16,069,922	15,658,026	411,896
2005	337	4	172	161	22	7,075,878	6,626,934	448,944
2006	364	5	176	183	22	7,839,429	7,195,046	644,383
2007	345	6	161	178	21	7,195,364	6,851,310	344,054
2008	343	8	160	175	22	9,383,418	8,940,529	442,889
2009	357	8	165	184	22	6,674,086	6,143,537	530,549
2010	245	15	114	116	17	7,083,169	6,620,224	462,945
2011	436	22	205	209	19	7,502,916	7,014,679	488,237
2012	436	31	200	205	19	6,590,465	6,165,127	425,338
2013	463	44	204	215	20	5,445,400	5,443,750	1,650
2014	542	52	241	249	23	4,936,965	4,924,784	12,181
2015	542	54	240	248	21	4,800,704	4,796,024	4,680
2016	521	67	216	238	21	4,874,373	4,870,732	3,641
2017	560	80	224	256	20	7,149,187	7,149,187	-
2018	593	88	234	271	17	7,082,357	7,082,357	-

출처 : 대전광역시 통계연보

(3) 물리환경적 변화추이

▌주택변화

- 대전광역시의 주택 변화를 살펴보면, 2000년 기준으로 단독주택 105,025호, 아파트 200,638호, 연립주택 12,733호, 다세대주택 18,902호, 비주거용 건물내 주택 8,890호로 나타났으며, 2010년 기준으로 단독주택 196,131호, 아파트 296,250호, 연립주택 10,975호, 다세대주택 28,589호, 비주거용 건물내 주택 4,105호로 나타남

- 2017년 기준으로 단독주택은 81,107호, 아파트 34,033호, 연립주택 10,208호, 다세대주택 34,590호, 비주거용 건물내 주택 5,223호로 집계되어 단독주택 및 연립주택은 점차 감소 추세를 보이고 있는 반면, 아파트와 다세대주택수는 꾸준한 증가 추세를 보이고 있음

〈표 2-18〉 대전광역시 유형별 주택 변화추이

(단위 : 호, %)

년도	단독주택	아파트	연립주택	다세대주택	비주거용건물내 주택	주택보급률
2000	105,025	200,638	12,733	18,902	8,890	96.5
2001	105,299	206,542	12,764	19,491	9,502	96.2
2002	106,195	214,316	12,925	20,934	9,444	98.7
2003	106,546	218,201	12,908	22,618	6,525	98.6
2004	107,146	228,629	13,035	24,117	9,386	99.6
2005	89,323	242,475	15,974	26,978	5,147	102.0
2006	88,932	257,416	15,977	27,113	5,194	104.0
2007	89,992	266,973	16,069	27,247	4,410	105.0
2008	175,873	266,973	16,069	27,247	5,513	98.5
2009	176,561	273,859	16,035	27,307	5,671	97.6
2010	196,131	296,250	10,975	28,589	4,105	100.6
2011	206,889	303,920	13,095	28,725	7,427	102.4
2012	219,472	309,910	13,528	29,102	-	102.2
2013	222,452	315,278	13,560	29,544	-	101.4
2014	225,825	327,075	13,820	29,804	-	101.7
2015	207,582	338,250	10,068	34,151	5,124	102.2
2016	81,384	343,223	10,156	34,413	5,017	101.7
2017	81,107	348,033	10,208	34,590	5,223	101.2
2018	-	-	-	-	-	101.6

출처 : 대전광역시 통계연보, 2016~2017년도 : 통계청(주택총조사)/주택의 종류별 주택

▌교통시설 변화

- 교통시설 중 버스 보유대수는 2000년 957대, 그리고 2005년 이후 2016년까지 965대를 유지하고 있으며, 택시보유대수는 2000년 8,514대, 2005년 8,772대, 2009년 8,874대까지 증가하였다가 이후 감차 정책을 추진하면서 2018년 8,664대까지 다소 감소하는 추세를 보이고 있음

- 교통서비스 변화를 살펴보면, 만인당 버스서비스 인구는 2000년 6.9명에서 2016년 6.3명으로 다소 감소 추세를 보이고 있고, 만인당 택시서비스 인구 역시 2000년 61.2명에서 2016년 57명으로 감소 추세를 보였으나 최근 반등하는 추세를 보이고 있음

〈표 2-19〉 대전광역시 교통시설 변화 추이

(단위 : 대, 명)

연도	교통시설		교통서비스	
	버스보유대수	택시보유대수	만인당 버스서비스인구	만인당 택시서비스인구
2000	957	8,514	6.9	61.2
2001	967	8,567	6.9	60.8
2002	967	8,684	6.8	60.9
2003	967	8,785	6.7	61.1
2004	965	8,772	6.7	60.5
2005	965	8,772	6.6	60.0
2006	965	8,757	6.5	59.3
2007	965	8,807	6.5	59.2
2008	965	8,874	6.5	59.4
2009	965	8,874	6.4	59.2
2010	965	8,859	6.4	58.3
2011	965	8,859	6.3	57.9
2012	965	8,856	6.3	57.5
2013	965	8,850	6.2	57.2
2014	965	8,847	6.2	57.2
2015	965	8,735	6.3	56.9
2016	965	8,726	6.3	57.0
2017	1,016	8,665	6.8	57.7
2018	1,016	8,664	6.8	58.2

출처 : 대전광역시 통계연보

2.3. 도시 인프라 노후도 분석

(1) 공동주택

- 2020년 기준 대전시 공동주택 현황을 살펴보면 사용연수 10년 미만의 건물이 278동 (29.5%)으로 가장 많았으며, 10년 이상 20년 미만 238동(25.2%), 20년 이상 30년 미만 232동(17.7%), 30년 이상 40년 미만 167동(17.7%), 40년 이상 27동(2.9%)순으로 나타남

〈표 2-20〉 대전시 공동주택 현황(30세대이상 주택)

(단위 : 동, %, 2020년 기준)

사용연수	10년 미만	10년이상~20년미만	20년이상~30년미만	30년이상~40년미만	40년이상	합계
합계 (전체대비 비율)	278 (29.5)	238 (25.2)	232 (24.6)	167 (17.7)	27 (2.9)	944
동구	41	36	30	32	7	146
중구	36	36	33	44	12	161
서구	74	65	95	39	2	275
유성구	110	90	28	3	1	232
대덕구	17	11	51	49	5	133

출처 : 대전시 주택정책과 (2020년 공동주택 현황)

- 대전시 공동주택 유지관리사업 예산투입현황을 보면 2017년 사업비 총액은 2371백만원으로 2015년도(729.5백만 원) 대비 1641.5백만원 증가하였음

〈표 2-21〉 대전시 공동주택 유지관리사업 예산투입현황

(단위 : 건 / 백만원)

사업명	연도	2015	2016	2017
노후 공공임대 주택 시설개선 사업	합계	466	622	2,121
	국비	326	311	251
	시비	140	311	251
	도시공사	-	-	1,619
노후 공동주택 공용시설 지원사업	합계	263.5	250	250
	시비	263.5	250	250
	도비	-	-	-
합계		729.5	872	2,371

출처 : 대전시 주택정책과

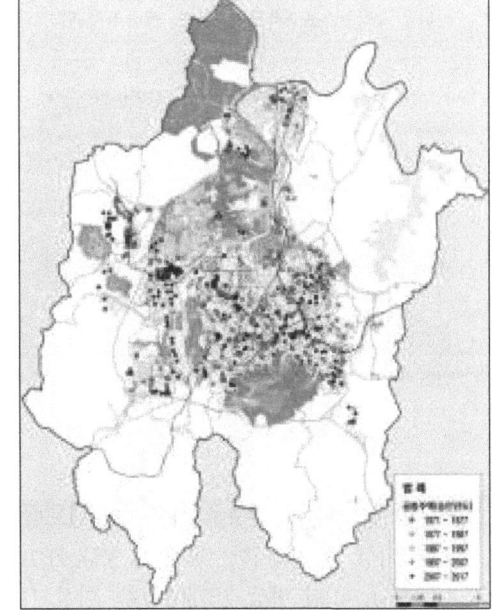

[그림 2-27] 대전시 공동주택 노후현황도

(2) 문화예술시설 현황

- 문화예술시설의 종류는 총 11가지로 공연장, 영화관, 박물관, 미술관, 화랑, 도서관, 문화원, 국악원, 전수회관, 문학관, 예술창작센터로 구분됨
- 대전시 문화예술시설은 총 423개이며, 종류별로 공연장 50개, 영화관 17개, 박물관 15개, 미술관 5개, 화랑 47개, 도서관 276개, 문화원 5개, 기타 8개가 분포되어 있음
- 문화예술시설의 지역별 분포현황을 살펴보면 유성구 120개, 중구 95개, 서구 91개, 동구 54개, 대덕구 63개 순으로 나타남

〈표 2-22〉 대전시 문화 예술 시설 현황

(단위 : 개)

구분	합계	문화시설							
		공연장	영화관	박물관	미술관	화랑	도서관	문화원	기타
합계	423	50	17	15	5	47	276	5	8
동구	54	4	4	3	-	2	38	1	2
중구	95	15	2	1	-	14	60	1	2
서구	91	13	8	1	3	13	51	1	1
유성구	120	9	3	7	2	14	83	1	1
대덕구	63	9	-	3	-	4	44	1	2

출처 : 대전의통계(대전광역시 문화예술 시설현황 2021. 3. 15기준)
기타 : 국악원, 전수회관, 문학관, 예술창작센터, 복합문화시설

[그림 2-28] 대전시 문화예술시설 설치 현황

- 문화예술시설의 건축물 사용승인 년도를 살펴보면 10년 이상 20년 미만 141개(33.6%), 20년 이상 30년 미만 98개(23.3%), 10년 미만 105개(25.0%), 30년 이상 40년 미만 33개(7.8%), 40년 이상 25개(6.0%), 미상 18개(4.3%) 순으로 나타남

<표 2-23> 대전시 문화예술시설 건축물 사용승인 연도별 현황

(단위 : 개, %)

사용연수		10년 미만	10년 이상 20년 미만	20년 이상 30년 미만	30년 이상 40년 미만	40년 이상	미상	총합
합계	개수	108	141	93	32	25	14	423
	%	25.5%	33.3%	22.0%	7.6%	5.9%	3.3%	100.00%
동구	개수	16	16	12	5	4	1	54
	%	29.63% (3.8)	29.63% (3.8)	22.22% (2.8)	9.26% (1.2)	7.41% (0.9)	1.85% (0.2)	100.00% (12.8)
중구	개수	14	20	26	14	16	5	95
	%	14.74% (3.3)	21.05% (4.7)	27.37% (6.1)	14.74% (3.3)	16.84% (3.8)	5.26% (1.2)	100.00% (22.5)
서구	개수	22	37	26	5	1	0	91
	%	24.18% (5.2)	40.66% (8.7)	28.57% (6.1)	5.49% (1.2)	1.10% (0.2)	0.00% (0.0)	100.00% (21.5)
유성구	개수	48	51	13	3	0	5	120
	%	40.00% (11.3)	42.50% (12.1)	10.83% (3.1)	2.50% (0.7)	0.00% (0.0)	4.17% (1.2)	100.00% (28.4)
대덕구	개수	8	17	16	5	4	3	63
	%	12.70% (1.9)	26.98% (4.0)	25.40% (3.8)	7.94% (1.2)	6.35% (0.9)	4.76% (0.7)	100.00% (14.9)

출처 : 대전의통계(대전광역시 문화예술 시설현황 2021. 3. 15기준)
건축물사용승인 : 새움터 건축물대장
( )는 대전시 전체 비율

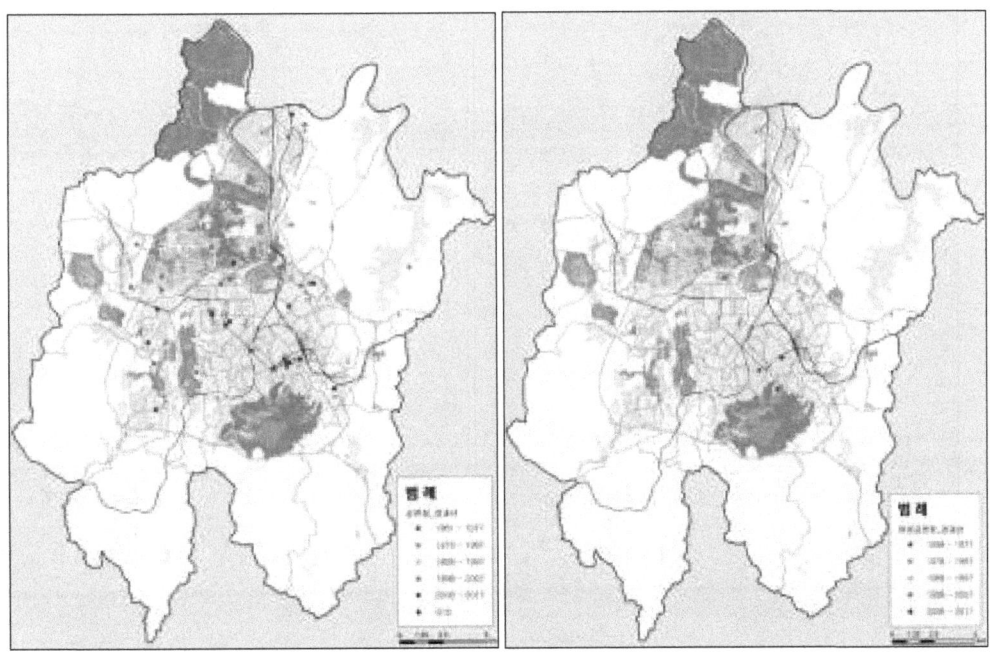

[그림 2-29] 대전시 공연장 노후현황도   [그림 2-30] 대전시 야외공연장 노후현황도

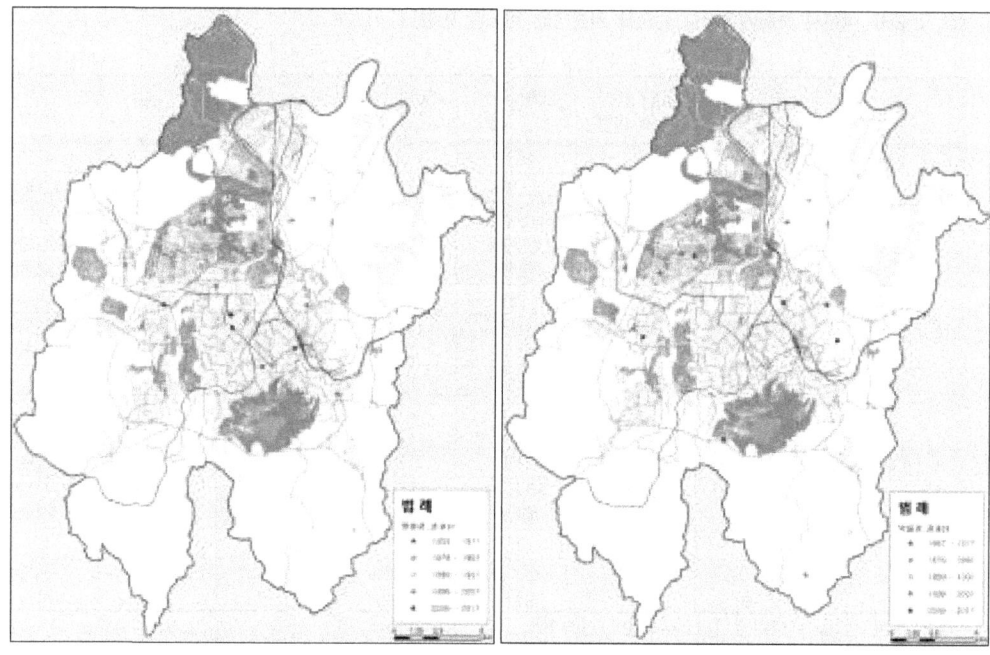

[그림 2-31] 대전시 영화관 노후현황도   [그림 2-32] 대전시 박물관 노후현황도

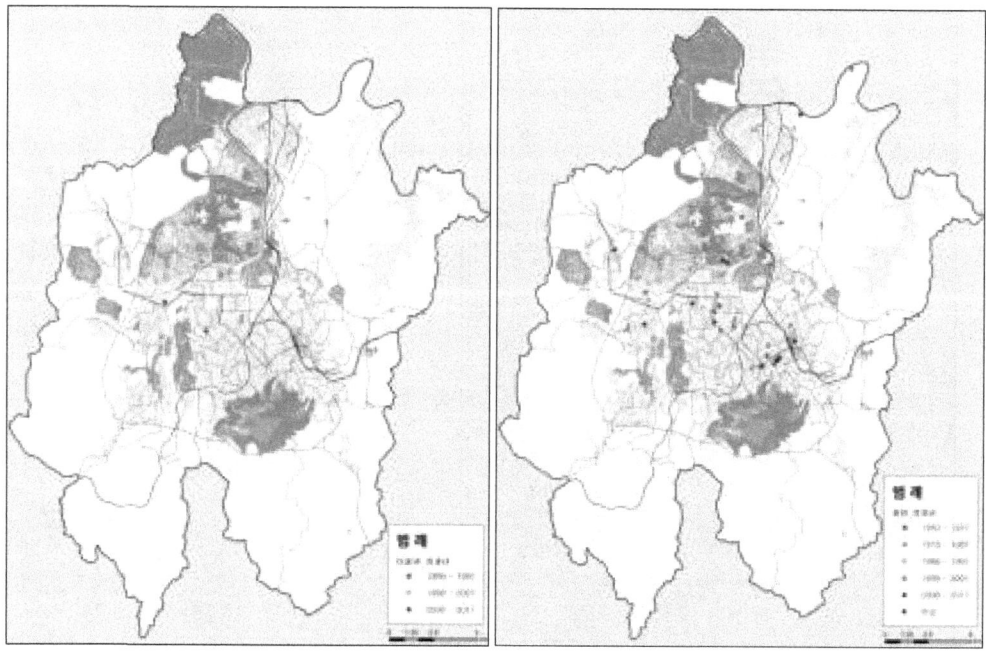

[그림 2-33] 대전시 미술관 노후현황도   [그림 2-34] 대전시 화랑 노후현황도

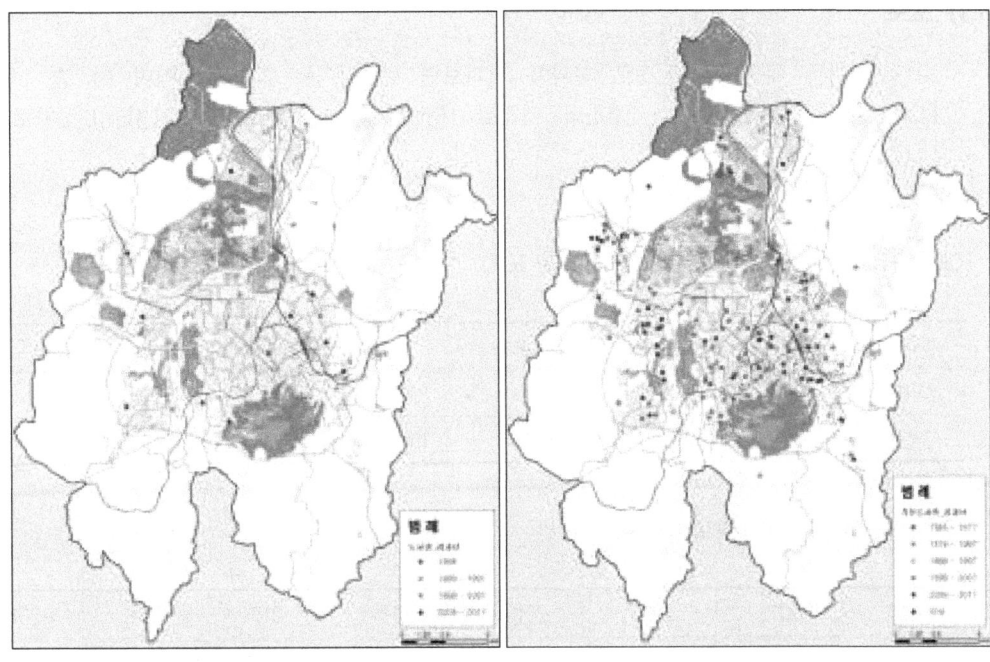

[그림 2-35] 대전시 도서관 노후현황도 [그림 2-36] 대전시 작은도서관 노후현황도

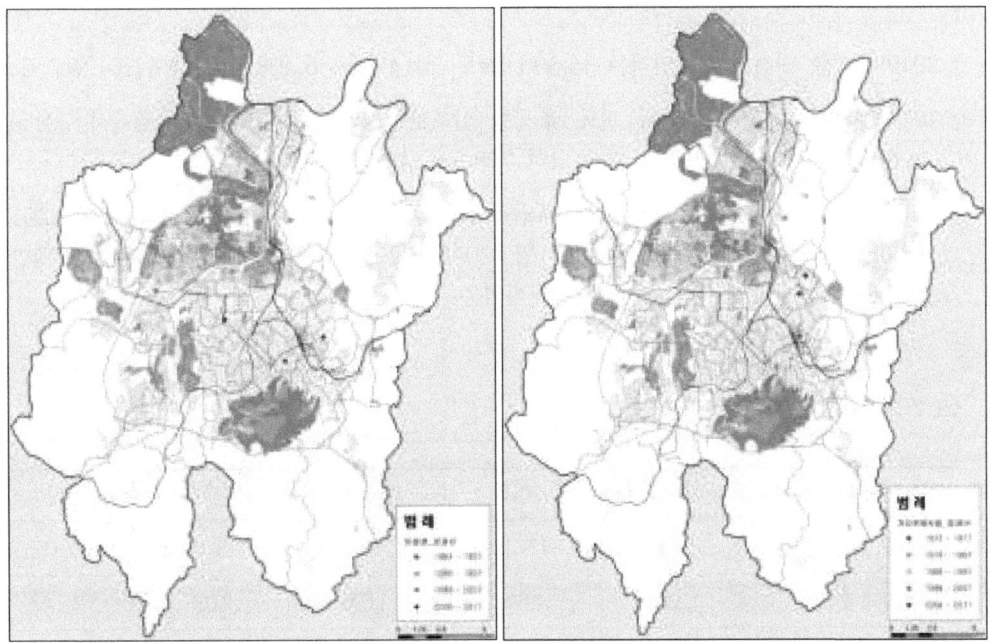

[그림 2-37] 대전시 문화원 노후현황도 [그림 2-38] 대전시 기타문화시설 노후현황도

(3) 도로

- 2019년 기준 대전시 포장도로 현황을 살펴보면 총 길이는 2,140km이며 이 중 1차로 11%(239km), 2차로 58%(1,249km), 4차로 15%(313km), 6차로 10%(213km), 8차로 이상 6%(126km)로 나타남

〈표 2-24〉 대전시 포장도로 현황 (도로법 명시된 도로)

(단위 : km, %)

구분	계	1차로	2차로	4차로	6차로	8차로	10차로 이상
길이(km)	2140	239	1249	313	213	82	44
백분율	100%	11%	58%	15%	10%	4%	2%

출처 : 국가통계포털

〈표 2-25〉 연차별 대전시 도로면적 현황

(단위 : ㎡)

구분	2013	2014	2015	2016	2017	2018	2019
도로면적 (㎡)	36,408,735	36,184,921	36,893,442	36,533,427	35,724,077	35,190,724	35,306,854

출처 : 국가통계포털

- 2019년 기준 대전시 도로면적은 35,306.9㎢로 2013년도 36,408.7㎢보다 1,101.9㎢ 감소함
- 2013년부터 4년간 도로면적 변동 추세를 살펴보면 2014년도(36,184.9㎢)에서 2015년도 (36,893.4㎢)사이가 증가폭이 가장 크며 708.5㎢ 증가하였음
- 연도별 대전시 포장도로 관리예산 투입현황을 살펴보면 2013년 8,003백만 원, 2014년 19,068백만 원, 2015년 21,832백만 원, 2016년 20,505백만 원, 2017년 40,597백만 원으로 2013년 대비 32,594백만 원 증가하였음

〈표 2-26〉 대전시 포장도로 관리예산 투입현황

(단위 : 백만원)

구분	2013	2014	2015	2016	2017
포장도로 유지보수예산	6,606	17,419	20,156	18,472	38,055
제설대책 추진예산	1,397	1,649	1,676	2,033	2,542
합계	8,003	19,068	21,832	20,505	40,597

출처 : 대전시 건설도로과

(4) 교량

• 2018년 기준 대전시 관리주체별 교량설치현황을 살펴보면, 건설관리본부 167개, 유성구청 40개, 동구청 37개, 서구청 14개, 중구청 12개, 대덕구청 8개, 천변고속화도로 5개, 차도육교 46개로 총 329개 설치되어있음

〈표 2-27〉 대전시 관리주체별 교량 현황(2018년 기준)

(단위 : 개)

관리주체	동구	중구	서구	유성구	대덕구	천변	차도육교	합계
개소	37	12	14	40	8	5	46	329

출처 : 대전시 건설도로과

• 대전시 설치연도별 교량 현황을 살펴보면 1990~1999년 84개소, 2000~2009년 82개소, 2010년 이후 74개소, 1980~1989년 40개소, 1971~1979년 31개소, 1970년 이전 18개소 순으로 나타남

〈표 2-28〉 대전시 설치연도별 교량 현황(2018년 기준)

(단위 : 개)

설치연도	1970년 이전	1971~1979년	1980~1989년	1990~1999년	2000~2009년	2010년 이후	합계
개소	18	31	40	84	82	74	329

출처 : 대전시 건설도로과

• 연도별 대전시 교량 유지보수예산 투입현황을 살펴보면 2013년 25,977백만 원, 2014년 13,540백만 원, 2015년 22,326백만 원, 2016년 59,677백만 원, 2017년 33,159백만 원으로 나타남

• 2013~2017년의 평균 투입액은 30935.8백만 원이며 가장 많이 투입된 해는 2016년으로 59,677백만 원 투입되었음

〈표 2-29〉 대전시 교량 유지보수예산투입현황

(단위 : 백만원, %)

년도별	2013	2014	2015	2016	2017	합계
총액	97,977	101,659	123,821	139,844	105,348	568,649
투입액	25,977	13,540	22,326	59,677	33,159	154,679
비율	26.5%	13.3%	18.0%	42.7%	31.5%	27.2%

출처 : 대전시 2013~2017 세출(건설도로과, 건설관리본부, 소방안전특별회계)
* 시 관리 교량(시특법 1종,2종,3종 + 20m이상 도로위의 교량)에 한함
* 총액(대전시 건설도로과, 건설관리본부, 소방안전특별회계의 그해 마지막 추경 총액)
* 투입액(대전시 건설도로과, 건설관리본부, 소방안전특별회계 상의 교량 개설·유지·보수 관련 예산)

(5) 상하수도

▍상수도

- 대전시 상수관로의 설치 현황은 2010년 4,249.8km에서 2019년 3,954.6km로 축소되었음
- 2011년(4,308.7km)을 정점으로 2014년(3,797.6km) 까지 511.1km가 감소되었으며, 그 이후 증가하고 있음
- 연도별 경년관 현황을 살펴보면 2010년 697.4km(16.4%)에서 2017년 1258.0km(31.7%)로 560.6km 증가되었으며, 경년관 비율도 16.4%에서 31.7%로 15.3% 증가하였음

〈표 2-30〉 대전시 연도별 상수관로 설치 현황(2019년 기준)

(단위 : km, %)

사용 연수	2010	2011	2012	2013	2014	2015	2016	2017	2018	2019
총 연장	4,249.8	4,308.7	3,805.0	3,836.1	3,797.6	3,851.6	3,913.0	3,966.2	3,978.2	3,954.6
경년관 연장(비율)	697.4 (16.4%)	828.7 (19.2%)	1006.2 (26.4%)	116.6 (29.1%)	1279.6 (33.7%)	1369.6 (35.6%)	1288.0 (32.9%)	1258.0 (31.7%)	604.8 (15.3%)	799.3 (20.0%)

출처 : 대전광역시 상수도사업본부 시설과
경년관 : 일정기준(약 20년) 사용연수가 지난 수도관

- 대전시 상수관로의 사용연수별 현황은 2020년 기준 사용연수 6~10년이 643.9km(16.3%), 21~25년 642.9km(16.3%), 16~20년 635.8km(16.1%), 11~15년 599.4km(15.2%), 26~30년 537.3km(13.6%), 1~5년 451.9km(11.5%), 30년 이상 133.7km(10.9%)순으로 나타남

〈표 2-31〉 대전시 사용연수별 상수관로 설치 현황(2020년 기준)

(단위 : km, %)

사용 연수	1~5년	6~10년	11~15년	16~20년	21~25년	26~30년	30년 이상
연장	452	644	599	636	643	537	430
비율	11.5%	16.3%	15.2%	16.1%	16.3%	13.6%	10.9%

출처 : 대전광역시 상수도사업본부 시설과

- 연차별 대전시 상수관로 유지관리 관련 예산 투입현황을 살펴보면 2016년 25,635백만 원, 2012년 24,160백만 원, 2011년 23,696백만 원, 2017년 22,734백만 원, 2015년 17,510백만 원, 2010년 15,577백만 원, 2014년 14,744백만 원, 2013년 14,672백만 원 순으로 나타남
- 2010~2017년 상수도 전체 예산에서 유지관리에 관련된 예산의 평균비율은 17.4%로 나타남

<표 2-32> 대전시 상수도 유지관리관련 예산투입현황

(단위 : 백만 원)

구분	2010	2011	2012	2013	2014	2015	2016	2017	합계
상수도 전체예산	106,000	101,100	110,000	113,300	109,000	114,200	120,070	139,150	912,820
유지관리	15,577	23,696	24,160	14,672	14,744	17,510	25,635	22,734	158,728
비율	14.7%	23.4%	22.0%	12.9%	13.5%	15.3%	21.4%	16.3%	17.4%

출처 : 대전상수도사업본부

- 대전시 상수도 누수발생 현황을 살펴보면, 2010년 2,147건에서 2018년 1,416건으로 누수건수가 증가했지만 2020년 1,429건으로 누수건수가 줄어드는 추세를 보임

<표 2-33> 대전시 연도별 누수발생현황

(단위 : 건)

연도	2010	2011	2012	2013	2014	2015	2016	2017	2018	2019	2020
누수건수	2,147	2,147	2,260	1,845	1,840	1,744	1,751	1,344	1,416	1,670	1,429
지상누수	1,316	1,363	1,474	1,349	1,420	924	989	778	801	904	775
지하누수	831	784	786	496	420	820	762	566	615	443	654

출처 : 대전광역시 상수도사업본부 시설과

- 대전시 2018~2022년 중기지방재정계획상의 상수도사업 특별회계 주요 투자 사업을 살펴보면, 총 6건이며 사업비는 7,773억 원, 기투자비는 2,803.3억 원으로 계획됨

<표 2-34> 대전시 상수도사업 특별회계 주요 투자 사업

(단위 : 억 원)

사업명	기간	총 사업비	기투자	중기재정계획				
				소계	2018	2019	2020	2021	2021이후
세종시 2단계 용수공급사업	'15~'18	400.0	297.7	102.2	102.2	0	0	0	0
중리취수장~월평취수장 제2도수관로 부설공사	'17~'22	780.0	51.6	728.3	104.0	156.0	156.0	156.0	156.3
월평정수장 1단계 고도정수처리사업	'14~'21	582.0	126.5	455.4	50.0	145.0	149.0	111.4	0
상수도고도정수 처리시설 (3단계)설치공사	'18~'24	1239.0	0	1239.0	32.0	169.0	135.0	117.0	786.0
노후관 개량사업	'03~'22	4590.5	2327.5	2263.0	321.0	484.0	484.0	484.0	490.0
검침업무민간위탁	매년	181.5	-	181.5	34.3	35.3	36.4	36.9	38.6
합계	-	7,773	2,803.3	4,969.4	643.5	989.3	960.4	905.3	1,470.9

출처 : 대전시 2018~2022 중기지방재정계획

▌하수도

- 대전시 하수관로 설치 현황은 2016년 기준 3,567.0km로 2010년부터 6년간 672.7km 증가하였음
- 하수도관은 매년 꾸준히 증가해 왔으며, 가장 많이 증가된 해는 2011년도(2,896.3km)에서 2012년도(3,400.8km)사이로 총 504.5km가 증가됨

〈표 2-35〉 대전시 하수관로 설치 현황

(단위 : km)

년도	2010	2011	2012	2013	2014	2015	2016	2017	2018	2019
연장	2,894.3	2,896.3	3,400.8	3,432.3	3,500.7	3,500.9	3567.0	3562.2	3563.3	3565.1

출처 : 대전시 맑은물정책과

- 2016년도 기준 사용연수별 하수관로 현황은 10년 미만 418km(11.7%), 10년 이상 20년 미만 853km(23.9%), 20년 이상 2,296km(64.4%)로 나타남

〈표 2-36〉 사용연수별 대전시 하수관로 설치 현황

(단위 : km)

사용연수	총연장	10년 미만	10년이상 20년 미만	20년 이상
연장	3,567	418	853	2,296

출처 : 대전시 맑은물정책과

- 대전시 하수관로 정비사업(불량관로 정비, 처리장) 예산투입현황을 살펴보면 2011년 29,266 백만 원에서 2015년 93,109백만 원으로 63,843백만 원(318.1%) 증가하였음
- 2011부터 5년간 하수도 정비사업 예산투입 추세를 살펴보면 2013~2014년도 사이에 대폭 (221.8%) 상승한 것으로 나타남

〈표 2-37〉 대전시 하수도 정비사업 예산투입현황

(단위 : 백만원)

구분	2011	2012	2013	2014	2015
불량관로 정비	21,914	26,159	29,080	28,153	28,533
처리장	7,352	6,554	10,377	59,400	64,576
합계 (전체예산 대비 비율)	29,266	32,713	39,457	87,553	93,109

출처 : 대전시 맑은물정책과

- 대전시 2018~2022 중기지방재정계획상의 하수도 사업 특별회계 주요 투자 사업을 살펴보면 총 14건으로 총 사업비는 855,832백만 원, 기투자 198,388백만 원으로 계획됨

〈표 2-38〉 대전시 상수도사업 특별회계 주요 투자 사업

(단위 : 백만원)

사업명	기간	총사업비	기투자	중기재정계획					
				소계	2018	2019	2020	2021	2021이후
하수관로정비 임대형 민자사업(1단계)	'11~'31	276,990	87,319	66,581	13,164	13,238	13,314	13,392	136,563
하수관로정비 임대형 민자사업(2단계)	'13~'33	226,836	39,421	55,014	10,821	10,909	11,000	11,094	143,591
하수슬러지처리시설 설치사업	'10~'18	44,286	41,880	2,406	2,406	0	0	0	0
대덕연구단지일원 하수관로 정비사업	'13~'18	6,372	4,192	2,180	2,180	0	0	0	0
가수원동 일원 하수관로 정비사업	'15~'18	5,606	3,883	1,723	1,723	0	0	0	0
장동처리분구 하수관로 정비사업	'16~'18	6,203	4,280	1,923	1,923	0	0	0	0
신탄진 처리분구 하수관로 정비사업	'16~'19	19,668	9,970	9,698	5,538	4,160	0	0	0
노후 하수관로(1단계 긴급보수) 정비사업	'17~'19	28,115	3,330	24,785	5,000	19,785	0	0	0
대전 1, 2산단 하수관로 분류화사업	'17~'20	48,451	2,061	46,390	9,070	19,111	18,209	0	0
대전천 좌안, 옥계동 상류 하수관로정비사업	'17~'20	46,105	2,052	44,053	8,050	21,900	14,103	0	0
노후 하수관로(2단계 긴급보수) 정비사업	'18~'20	24,600	0	24,600	2,500	11,300	10,800	0	0
서구 복수동 일원 하수관로 정비사업	'18~'21	23,700	0	23,700	1,667	7,340	7,347	7,346	0
서구 내동 일원 하수관로 정비사업	'18~'22	49,520	0	49,520	2,262	11,815	11,813	11,813	11,817
대덕구 오정동 일원 하수관로 정비사업	'18~'22	49,380	0	49,380	2,278	11,760	11,781	11,781	11,780

출처 : 대전시 2018~2022 중기지방재정계획

(6) 전통시장

- 대전시 전통시장은 총 44개이며, 점포수는 총 8,164개로 나타남
- 전통시장 분포를 지역별로 살펴보면 동구 19개, 중구 13개, 대덕구 6개, 서구 4개, 유성구 2개 순으로 나타났으며, 구도심인 동구(18), 중구(13)가 신도심인 서구(4), 유성구(2)보다 상대적으로 많이 분포되어 있음

〈표 2-39〉 대전시 전통시장 현황

(단위 : 개)

구분	전통시장	점포수
동구	19	2,769
중구	13	1,765
서구	4	1,234
유성구	2	358
대덕구	6	2,038
합계	44	8,164

출처 : 대전시 경제정책과 (2017년도 전통시장 현황)

- 개설연도별 현황을 살펴보면 10년 미만이 4개(9.1%), 10년 이상 20년 미만이 6개(13.6%), 20년 이상 30년 미만이 5개(11.4%), 30년 이상 40년 미만이 9개(20.5%), 40년 이상이 20개(45.5%)로 가장 많이 나타남

〈표 2-40〉 대전시 개설연도별 전통시장 현황

(단위 : 개, %)

사용연수		10년 미만	10년 이상~20년 미만	20년 이상~30년 미만	30년 이상~40년 미만	40년 이상
합계	개수	4	6	5	9	20
	%	9.1%	13.6%	11.4%	20.5%	45.5%
동구	16	3	2	-	2	12
중구	13	-	-	3	5	5
서구	4	-	1	-	1	2
유성구	2	-	-	1	-	1
대덕구	6	1	3	1	1	-

출처 : 대전시 경제정책과 (2017년도 전통시장 현황)

- 최근 2011년 ~ 2019년간 대전시 전통시장 화재발생 건수는 총 8건으로 2011년 2건, 2012년 2건, 2015년 1건, 2017년 1건으로 나타남
- 발화요인은 주로 전기적인 요인이 6건(75.0%), 화학적 1건(12.5%), 부주의 1건(12.5%)으로 나타남

<표 2-41> 대전시 전통시장 화재발생 현황

(단위: 건, 천원)

연도	계	전기적	기계적	화학적	가스누출	교통사고	부주의	기타	미상
2011	2	1	-	1	-	-	-	-	-
2012	2	1	-	-	-	-	1	-	-
2013	-	-	-	-	-	-	-	-	-
2014	-	-	-	-	-	-	-	-	-
2015	1	1	-	-	-	-	-	-	-
2016	-	-	-	-	-	-	-	-	-
2017	1	1	-	-	-	-	-	-	-
2018	1	1	-	-	-	-	-	-	-
2019	1	1	-	-	-	-	-	-	-
합계	8	6	-	1	-	-	1	-	-

출처 : 발생건수(소방청 국가화재정보센터)

2017년 대전시 소방본부에서 시행한 소방본부 관리 전통시장 30개소의 화재안전등급평가 결과 B등급 14개소, C등급 11개소, D등급 5개소 순으로 나타남

<표 2-42> 대전소방본부 관리 전통시장 화재안전등급현황(2017)

(단위 : 개소)

구분	총계	A	B	C	D	E
발생건수	30	0	14	11	5	0

출처 : 대전시소방본부(2017년도 대전시소방본부 관리 전통시장 화재안전등급)

• 2010~2017년도 대전시 전통시장 시장시설현대화 예산 현황을 살펴보면 2013년 5,494백만 원, 2014년 4,494백만 원, 2015 4,909백만 원, 2016년 3,466백만 원, 2017년 16,473백만 원으로 나타남

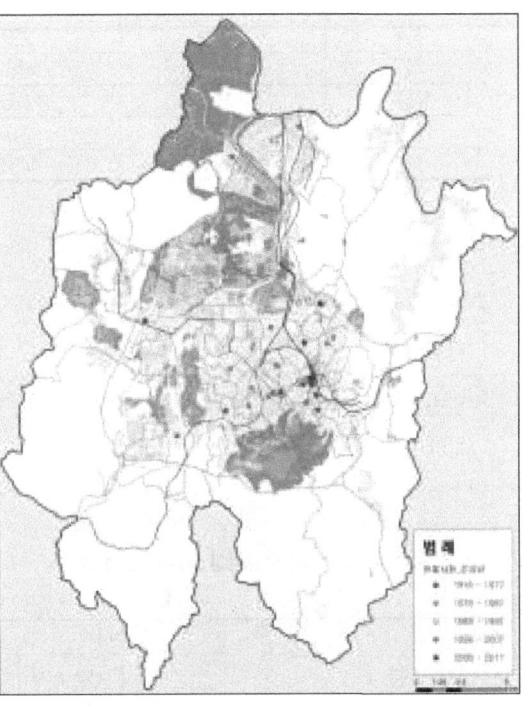

[그림 2-39] 대전시 전통시장 노후현황도

<표 2-43> 연차별 대전시 시장 시설현대화 예산 현황

(단위 : 백만원)

구분	2013	2014	2015	2016	2017
사업비 (백만원)	5,494	4,494	4,909	3,466	16,473

출처 : 대전시 예산·재정(2013~2017 경제정책과, 일자리정책과 세출)

(7) 재난 방재

- 2017년 기준 대전시 저수지 분포 현황을 살펴보면 총 13개소로 유성구 6개소, 동구 3개소, 대덕구 2개소, 중구 1개소, 서구 1개소 순으로 나타남
- 대전시 우수유출저감시설은 총 26개소로 동구 1개소, 서구 8개소, 유성구 17개소가 분포되어 있으며, 중구, 대덕구의 경우 시설이 조성되어 있지 않음

〈표 2-44〉 대전시 침수저감시설(저수지, 유수지, 저류지) 설치현황

(단위 : 개소, 천㎡)

구 분	저수지		우수유출저감시설(유수지, 저류지)	
	개수	용량	개수	용량
동구	3	46	1	1.6
중구	1	232	-	-
서구	1	15	8	123.6
유성구	6	135	17	456.0
대덕구	2	19	-	-
합계	13	446.9	26	581.2

출처 : 대전광역시 재난관리과

- 2017년 기준 사용연수 40년 이상 저수지는 대전시에 10개소이며 용량은 171,000㎥으로 나타남
- 일반적으로 거론되는 저수지의 내구연한은 50년으로 축조되는데, 2017년 대전시 저수지의 53.8%가 준공 후 50년 이상 지났음

〈표 2-45〉 대전시 침수저감시설 노후시설 현황

(단위 : 개소, 천㎡)

구 분	저수지				우수유출저감시설(유수지, 저류지)			
	개소	20년 미만	20년 이상 40년 미만	40년 이상	개소	10년 미만	10년 이상 20년 미만	20년 이상
동구	3	-	-	3	1	1	-	-
중구	1	-	1	-	-	-	-	-
서구	1	-	-	1	8	8	-	-
유성구	6	-	2	4	17	17	-	-
대덕구	2	-	-	2	-	-	-	-
합계	13	-	3	10	26	26	-	-

출처 : 대전광역시 재난관리과

- 연도별 침수저감시설 유지보수 예산을 살펴보면 2013년 91백만 원, 2014년 25백만 원, 2015년 25백만 원, 2016 37백만 원, 2017년 645백만 원 으로 집행됨

〈표 2-46〉 대전시 침수저감시설 유지보수 예산 편성 추이

(단0 : 백만원)

구분	2013	2014	2015	2016	2017
저수지	66	0	0	17	625
우수유출저감시설	25	25	25	2	2
합계	91	25	25	37	645

출처 : 대전시 재난관리과

- 대전시 연차별 풍수해 피해 현황을 살펴보면 2013년 이후 사망 및 실종, 이재민 발생건수가 없다가, 2016년도 이후 다시 피해 발생
- 2016년 이후 호우에 의한 피해액은 총 3,351.2백만 원이 발생한 것으로 나타남

〈표 2-47〉 대전시 풍수해 피해 현황

(단위 : 인, 백만원)

구분	2010	2011	2012	2013	2014	2015	2016	2017	2018
사망 및 실종(인)	-	1	-	-	-	-	-	-	-
이재민(인)	-	119	50	-	-	-	-	1	-
피해액(백만원)	-	3,507	346	-	-	-	370	1.2	2,980

출처 : 대전광역시 풍수해저감종합계획, 국민안전처 통계연보, 대전광역시 통계연보

(8) 소방시설

- 2017년 기준 대전시 소방시설(소방서 및119안전센터)은 대전소방본부 산하 5개(동부, 중부, 서부, 남부, 북부)의 소방서로 이루어져 있으며 소방서 포함 총 26개의 119안전센터가 분포되어 있음
- 119안전센터의 지역별 분포는 서구 6개소, 유성구 6개소, 동구 5개소, 대덕구 5개소, 중구 4개소로 되어 있음
- 소방시설(소방서 및119안전센터)의 사용 연수별 현황을 살펴보면 20년 이상 30년 미만의 소방서가 12개소로 가장 많이 나타났으며, 10년 미만이 7개소, 30년 이상 40년 미만 5개소, 10년 이상 20년 미만 2개소 순으로 나타남

〈표 2-48〉 대전시 소방관서 건물현황 (2017년 기준)

(단위 : 개소)

사용연수	합계	10년 미만	10년이상 ~ 20년미만	20년이상 ~ 30년미만	30년이상 ~ 40년미만
개소 (총동대비비율)	26	7	2	12	5
동구	5	1	-	3	1
중구	4	1	-	1	2
서구	6	2	1	2	1
유성구	6	2	-	4	-
대덕구	5	1	1	2	1

출처 : 대전소방본부

- 2010년도 이후 대전시 소방시설(소방관서) 신·개축 사업 건수는 총 10건이며, 총 사업비는 41,396백만 원으로 나타남
- 2009년부터 2017년 사이에 총 4개소의 소방관서가 건립되었으며 총 사업비는 10,242백만 원으로 나타남
- 아직 완료되지 않은 사업은 총 4건이며 총 사업비는 31,154백만 원으로 계획됨

〈표 2-49〉 대전시 소방관서 신·개축 사업 현황

(단위 : ㎡, 백만원)

사업명	사업기간	규모	부지	총사업비
대화119안전센터 건립공사	'11.01.01~'12.07.31	지하1/지상3층	750㎡	1,506
둔산119안전센터 건립공사	'12.11.29~'13.10.24	지하1/지상3층	820㎡	1,926
구암119안전센터 건립공사	'14.12.30~'16.01.23	지상3층	1,288.14㎡	3,129
구암119안전센터 건립공사 (기계,전기,통신,소방)	'15.02.25~'16.01.30	지상3층	1,288.14㎡	988
가수원119안전센터 건립공사	'16.12.12~'17.09.13	지하PIT/지상3층	1,337.9㎡	1,875
가수원119안전센터 건립공사 (기계,전기,통신,소방)	'16.12.12~'17.10.07	지하PIT/지상3층	1,337.9㎡	818
중부소방서	'14.10.11~'18.11.30	지하1/지상4층	3,603.0㎡	20,861
119특수구조단	'16.09.01~'18.10.31	지상2층	6,629㎡	3,592
태평119안전센터	'17.01.01~'18.12.31	지상3층	718㎡	3,558
덕암119안전센터	'17.01.01~'18.12.31	지하1층/지상3층	876㎡	3,143

출처 : 소방안전본부 소방정책과, 소방행정과

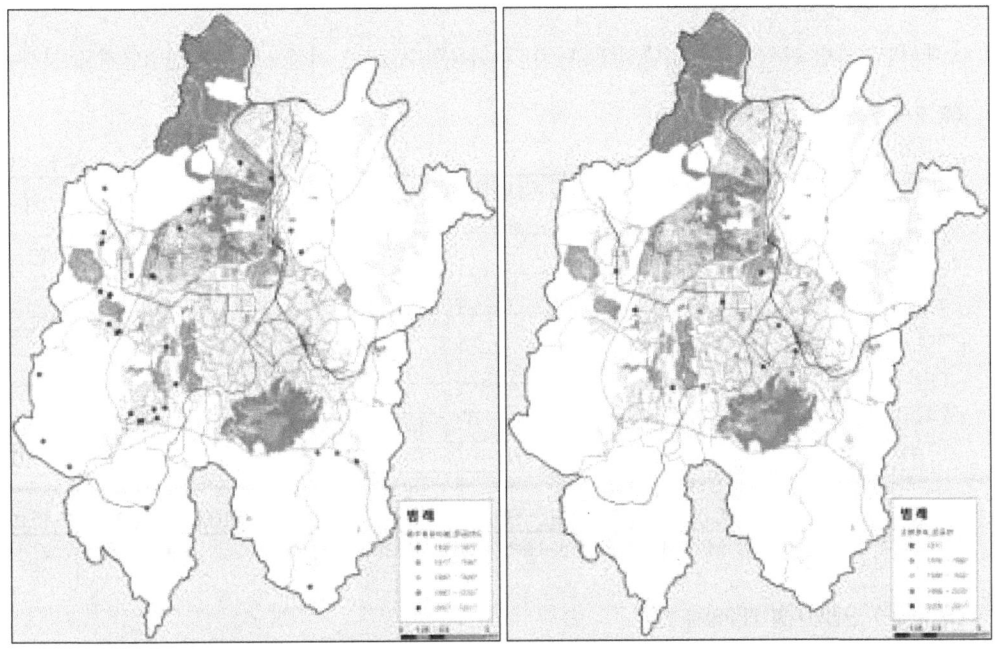

[그림 2-40] 대전시 침수저감시설 노후현황도   [그림 2-41] 대전시 소방관서 노후현황도

(9) 산업단지

- 2019년 기준 대전시 산업단지는 총 4개로 국가산업단지 1개, 일반산업단지 3개가 조성되어 있고 일반산업단지 중 평촌 일반산업단지는 2022년을 목표로 조성 중

〈표 2-50〉 대전시 산업단지 내 현황

(단위: 년, 천㎡, 개, 명)

구분	단지명		상태	조성기간	면적 (천㎡)
국가	대덕연구 개발특구	대덕특구	조성중	'01~	59,980
		대덕산업단지	완료	'89~'05	3,195
		DTV	완료	'01~'09	4,270
일반	대전산업 단지	1단지	완료	'69~'73	470
		2단지	완료	'75~'79	735
		편입지역	-	'16~	1,108
	하소천환경 일반산업단지		완료	'14~'18	306
	평촌 일반산업단지		조성중	-	-
합계			-	-	70,064

출처 : 대전시 과학경제국 기업지원과 (2019년 4분기 산업단지현황 조사서)

- 국가산업단지인 대덕연구개발특구의 면적이 63,175천㎡로 대전지역 전체 산업단지의 90.2%

를 차지함

- 대덕연구개발특구, 대전산업단지(1,2단지)가 사용연수 20년 이상으로 노후산업단지로 분류됨

〈표 2-51〉 산업단지 토지이용 현황

(단위: 천㎡)

단지별		계	산업용지	복합시설용지	지원용지	공공용지	녹지구역	주거지역	기타
대덕연구개발특구	대덕특구	59,980	1,560	-	90	-	39,070	2,723	16,537
	대덕산업단지	3,195	2,908	-	175	-	96	16	-
	DTV	4,270	1,888	-	90	-	724	1,195	373
대전산업단지	1단지	470	395			72	3	-	-
	2단지	735	676			59	-	-	-
	편입지역	1,108	564	59	91	215	141	28	10
	소계	2,313	1,635	59	91	346	144	28	10
하소친환경산단		306	152	-	8	90	52	4	-
합계		70,064	8,143	59	454	436	40,086	3,966	16,920

출처 : 대전시 과학경제국 기업지원과 (2019년 4분기 산업단지현황 조사서)

〈표 2-52〉 산업단지별 입주업체 현황

(단위 : 개사, 명, 억 원, 백만 불)

단지별		등록업체	가동업체	가동율(%)	근로자	생산액(억원)		수출액(백만불)	
						분기	누계	분기	누계
대덕연구개발특구	대덕특구	1,025	985	96.1	22,205	14,066	42,552	170	483.7
	대덕산업단지	299	288	96.3	12,083	17,675	70,527	638.6	2,361
대전산업단지	1단지	135	128	94.8	1,401	1,341	5,374	29.5	127.4
	2단지	100	98	98	2,151	7,877	30,311	112.2	468.5
	편입지역	130	130	100	829	553	2,037	5.3	18.4
하소친환경산단		28	28	100	315	192	370	0.3	0.3
합계		1,717	1,657	96.5	38,984	41,704	151,171	955.9	3,459.3

출처 : 대전시 과학경제국 기업지원과 (2019년 4분기 산업단지현황 조사서)

- 산업단지의 토지이용 현황을 살펴보면 2019년 4분기 기준 총 면적 70,064천㎡ 중 산업용지 8,143천㎡, 지원용지 454천㎡, 공공용지 436천㎡, 녹지구역 40,086천㎡, 주거지역 3,966천㎡, 기타 16,920천㎡로 조성되어 있음
- 대전지역 산업단지의 입주업체 현황을 살펴보면 총 등록업체 수는 1,717개, 가동업체 1,657개이며, 가동율은 96.5%로 나타남
- 2019년 4분기 총 근로자수는 38,984명이며, 생산액 41,704억 원, 수출액 955.9백만 불로 집계됨

(10) 교육시설

- 2018년 3월 기준 대전시 학교시설 현황을 살펴보면 1,542동으로 유치원 10동(0.6%), 초등학교 687동(44.6%), 중학교 414동(26.8%), 고등학교 407동(26.4%), 특수학교 24동(1.6%)으로 나타남

〈표 2-53〉 대전시 학교시설 현황

(단위 : 동, %)

구분	총계	유치원	초등학교	중학교	고등학교	특수학교
전체	1,542 (100.0%)	10 (0.6%)	687 (44.6%)	414 (26.8%)	407 (26.4%)	24 (1.6%)
동구	244 (15.8%)	3	86	69	77	9
중구	335 (21.7%)	3	153	65	114	-
서구	397 (25.7%)	1	172	133	85	6
유성구	323 (20.9%)	3	135	72	112	1
대덕구	243 (15.8%)	-	141	75	19	8

출처 : 대전시교육청 교육시설과

- 지역별 학교시설 분포는 서구 397동(25.7%), 중구 335동(21.7%), 유성구 323동(20.9%), 동구 244동(15.8%), 대덕구 243동(15.8%) 순으로 나타남
- 연차별 학교시설 노후현황을 살펴보면 10년 미만 523동(33.9%), 10년 이상 20년 미만 408동(26.5%), 20년 이상 30년 미만 311동(20.2%), 30년 이상 40년 미만 184동(11.9%), 40년 이상 50년 미만 102동(6.6%), 50년 이상 14동(0.9%)순으로 나타남

〈표 2-54〉 대전시 학교시설 노후현황

(단위 : 동, %)

사용연수	합계	10년 미만	10년이상~20년미만	20년이상~30년미만	30년이상~40년미만	40년이상~50년미만	50년이상
건물동수 (%)	1542 (100.0%)	523 (33.9%)	408 (26.5%)	311 (20.2%)	184 (11.9%)	102 (6.6%)	14 (0.9%)

출처 : 대전시교육청 교육시설과

- 대전시 학교시설 안전평가현황을 살펴보면 A등급 665동(43.1%), B등급 809동(52.5%), C등급 67동(4.3%), D등급 1동(0.1%)로 나타남

〈표 2-55〉 대전시 학교시설 시설물 안전평가현황

(단위 : 동, %)

구분	합계	A등급	B등급	C등급	D등급	E등급
건물동수 (%)	1542 (100.0%)	665 (43.1%)	809 (52.5%)	67 (4.3%)	1 (0.1%)	-

출처 : 대전시교육청 교육시설과

- 대전시 학생안전사고 발생현황을 살펴보면 2010년도부터 2016년도 까지 학생안전사고가 꾸준히 증가하다가 2017년에 약간 감소하였음
- 2017년 2,488건으로 2010년(1,723건) 대비 약 44% 증가한 추세를 보임

<표 2-56> 대전시 학생안전사고 발생현황

(단위 : 건)

연도	2010	2011	2012	2013	2014	2015	2016	2017
발생건수	1,723	1,822	2,057	2,191	2,371	2,498	2,505	2,488

출처 : 대전시교육청 안전총괄과

- 대전시 학교시설 유지 보수 관련 사업 집행 예산 현황을 살펴보면 2012년 54,618백만 원에서 2017년 150,036백만 원으로 95,418백만 원 증가함
- 2017년 기준 학교별 예산 현황은 초등학교 58,978백만 원(39.3%), 고등학교 56,561백만 원(37.7%), 중학교 30,453백만 원(20.3%)순으로 나타남

<표 2-57> 대전시 학교시설 유지 보수 사업 집행 예산 추이

(단위 : 백만원)

구분		2012년	2013년	2014년	2015년	2016년	2017년
연도별 예산		54,618	41,525	24,033	43,294	74,125	150,036
학교별	초등	23,875	17,306	4,851	14,242	29,879	58,978
	중학	12,525	8,022	2,765	7,357	12,688	30,453
	고교	16,962	13,821	11,445	18,174	24,728	56,561
예산별	본예산	34,570	17,594	10,591	18,546	34,125	67,221
	추경예산	20,048	23,930	13,441	24,748	39,999	82,814
	특별 교부금	3,534	4,310	4,580	3,342	2,118	10,795
	도지원금	-	-	-	-	-	2,000
	예비비	-	-	300	-	-	3,700

출처 : 교육청 교육시설과
* 학교시설유지보수사업: 학교교육환경개선사업을 대상으로 자료 작성
* 학교별예산 중 유치원, 특수학교, 기관 및 기타사업은 제외
* 특별교부금, 시지원금, 예비비예산은 본예산, 추경예산과 별도로 분리 작성

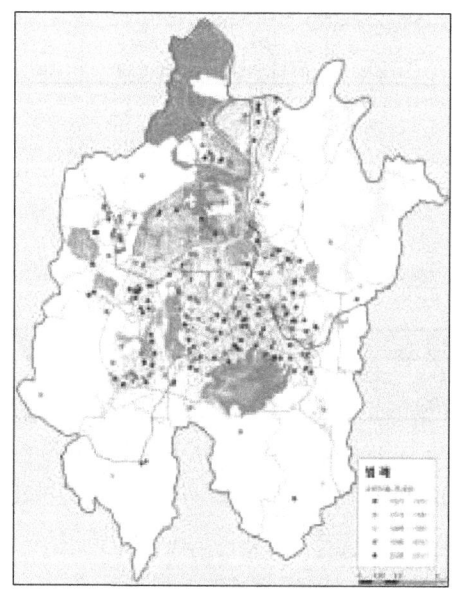

[그림 2-42] 대전시 학교시설 노후현황도

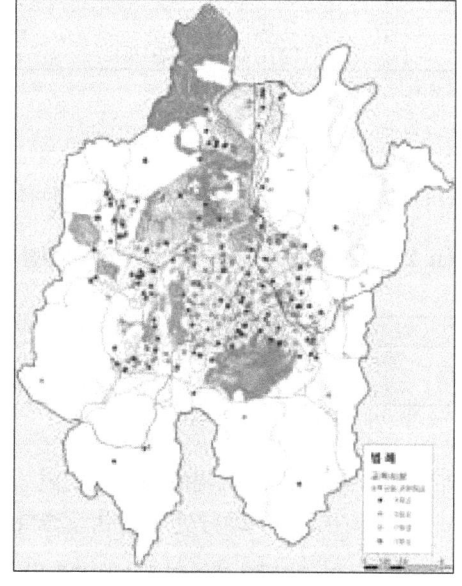

[그림 2-43] 대전시 학교시설 안전등급도

3. 관련계획 및 사업현황

3.1. 관련계획 검토

(1) 국토종합계획

▮ 제5차 국토종합계획

- 현재 국토연구원에서 제5차 국토종합계획(안)(2020~2040)을 수립하였으며, 국가주도의 성장·개발시대의 관성에서 벗어나 성숙시대에 부합한 새로운 국토발전 비전과 전략을 제시

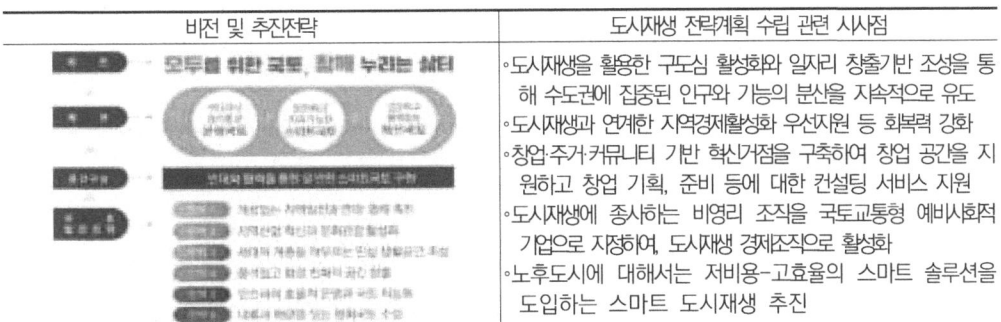

출처 : 국토교통부, 제5차 국토종합계획(안)

(2) 국가도시재생기본방침(2019)

- 지난 2013년 12월에 최초 국가도시재생기본방침이 공고된 이후, 지난 2018년 12월 및 2019년 1월에 국가도시재생기본방침 일부개정 및 재공고함
- 최근 일부개정된 국가도시재생기본방침은 도시재생법 시행령 제6조에 따라 「국가도시재생기본방침 일부개정(기초생활인프라 국가적 최저기준 개정)을 제외하고는 최초의 공고 내용 틀을 그대로 유지

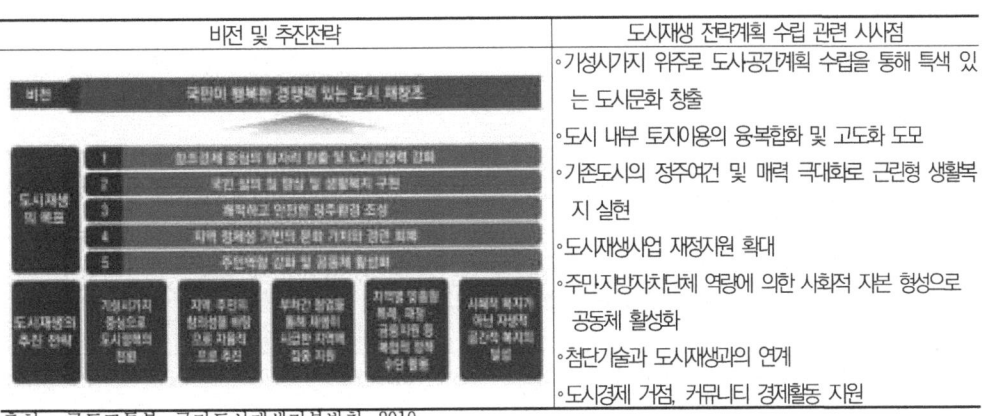

출처 : 국토교통부, 국가도시재생기본방침, 2019.

(3) 대전도시기본계획

▍2030년 대전도시기본계획(2013)

- 중부권 문화거점 강화 : 문화산업 클러스터 조성을 통한 경쟁력 있는 문화산업 육성
- 문화복지 기반 구축 : 생활권별 문화거점 및 육성 등 지역자원을 활용한 문화공간 창출
- 기존 역사문화자원의 보전·활용 : 도심내 유휴공간의 발굴과 유휴공간의 적극적 활용
- 원도심의 도시기반시설 정비 및 확충
  - 원도심 재생 : 유휴공간 활용을 통한 지역재생력 제고, 보행자 중심의 테마거리 조성
  - 역세권 중심의 토지이용 효율화 : 역세권 주변의 우선 정비 및 대중교통시설 정비
- 노후산업단지재생 : 대규모 노후산업단지 관리, 소규모 산업시설 정비
- 지역커뮤니티 활성화 : 지역문화자원을 활용한 문화공간 조성, 주민참여를 통한 커뮤니티 활성화
- 대중교통 결절점 주변 기반시설 정비 : 역세권 중심의 토지이용 고도화를 통해 다양한 기능 도입 및 복합적 이용 확대
- 건강한 도시환경 조성 : 저소득층 주거환경 개선, 노인복지 인프라 확충, 안전한 도시환경 조성
- 미래 신산업 육성 : 고용창출형 신특화산업 육성, 융합기술 활용 신성장동력산업 발굴 육성
- 국제적인 과학도시 이미지 제고 : 과학도시 대전의 특성을 반영한 문화 콘텐츠 육성

비전 및 추진전략	도시재생 전략계획 수립 관련 시사점
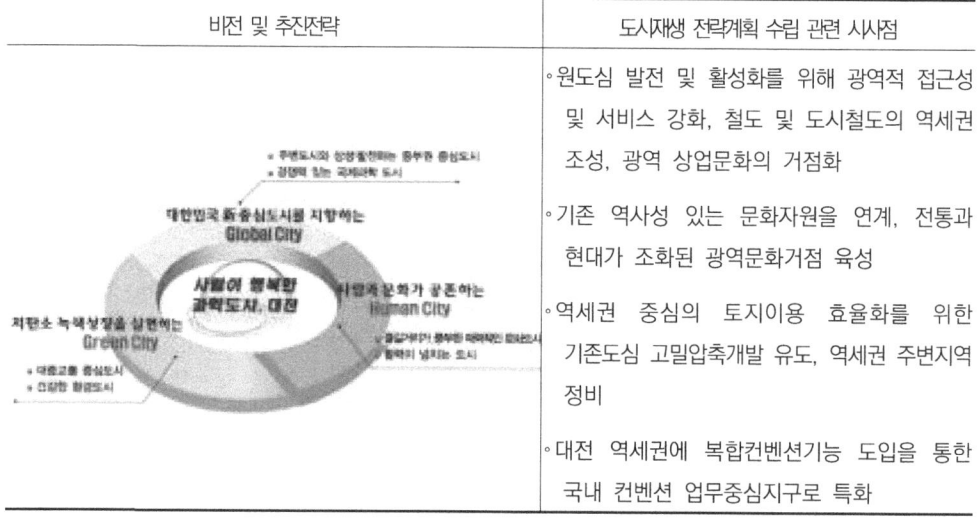	◦ 원도심 발전 및 활성화를 위해 광역적 접근성 및 서비스 강화, 철도 및 도시철도의 역세권 조성, 광역 상업문화의 거점화 ◦ 기존 역사성 있는 문화자원을 연계, 전통과 현대가 조화된 광역문화거점 육성 ◦ 역세권 중심의 토지이용 효율화를 위한 기존도심 고밀압축개발 유도, 역세권 주변지역 정비 ◦ 대전 역세권에 복합컨벤션기능 도입을 통한 국내 컨벤션 업무중심지구로 특화

출처 : 대전광역시, 2030년 대전도시기본계획, 2013.

2030년 대전도시기본계획 일부변경

- 기존계획의 연속성을 유지하되, 문재인 정부 출범에 따른 공약이행을 고려한 「2030 대전도시기본계획」의 합리적 정비 필요성 제기
- 공간적 및 시간적 범위, 목표인구, 단계별 계획 부문 등은 변경 없이 기존 계획의 틀 및 내용을 따르되, 일부 토지이용계획, 환경보전, 공원녹지, 도심 및 주거환경 등 일부 내용 등을 변경 추진
- 토지이용계획 : 주거용지(0.31㎢), 상업용지(0.16㎢), 공업용지(1.15㎢) 등 시가화용지 증가에 따른 시가화예정용지 감소
- 교통계획 : 정부 예비타당성조사 면제사업 확정에 따른 트램 계획노선 반영, 도시교통정비기본계획 수립에 따른 도시 BRT 계획노선 및 유형별 환승센터 반영
- 물류계획 : 제3차 물류기본계획 수립에 따른 화물터미널, 공영차고지 반영
- 정보·통신계획 : 정보격차 해소, 통신가계비 절감을 위한 빅데이터 시스템, 공공 WiFi 반영
- 도심 및 주거환경계획 : 주거복지 실현, 지역경제 활성화를 위한 임대주택 공급, 도시재생뉴딜 반영
- 환경 보전 및 관리계획 : 하수도 정비 기본계획(부분변경) 수립에 따른 하수처리장 이전 반영, 미세먼지 등 환경오염문제 대두에 따른 친환경 정책 수소차, 미니태양광 반영
  - 공원·녹지계획 : 2020공원녹지기본계획(변경)의 수립에 따른 공원녹지 지표 반영 등

(4) 2025 도시재생전략계획 변경(2019)

- 지난 2013년 12월 도시재생법 시행에 따라 국가도시재생기본방침과 연계한 대전광역시 도시재생전략계획을 수립하였으나 도시재생 뉴딜사업 등 정부 국정과제에 대한 효과적인 대응 전략을 마련하고자 2019년 변경계획을 수립
- 도시재생 뉴딜사업의 시행과 도시재생활성화지역에 제공되는 인센티브, 기금 활용 등 혜택을 다양한 계층에 제공하여 시민들의 삶의 질을 제고하고자 위해 기존 20개의 도시재생활성화지역을 146개로 확대
  - 각각의 도시재생활성화지역의 쇠퇴정도를 기반으로 도시재생뉴딜사업 권장 유형과 우선순위를 제시

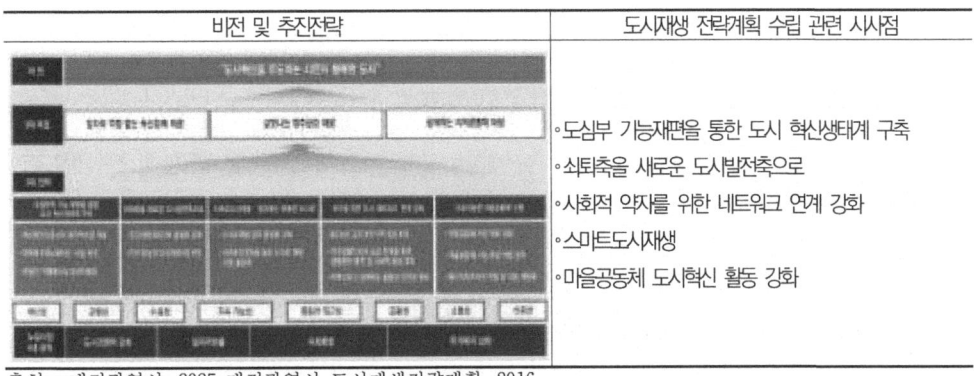

출처 : 대전광역시, 2025 대전광역시 도시재생전략계획, 2016.

(5) 2030 도시 및 주거환경정비 기본계획(2020.06)

- 2020년 06월까지 지정된 정비예정구역 총 125개 구역 중 추진 중 69개 구역(55.2%), 기해제 23개 구역(18.4%), 사업준공 5개 구역(4.0%), 향후추진 28개 구역(22.4%)으로 조사됨
- 이중 정비사업 일몰제 적용 14개 구역, 기해제 23개 구역 등 37개 구역을 해제하고 준공지역 5개 지역을 반영하여 총 42개 정비구역이 감소함
- 노후도 기준, 주민사업 추진의지 등으로 7개 재건축구역, 2개 재개발 구역을 신규 지정함

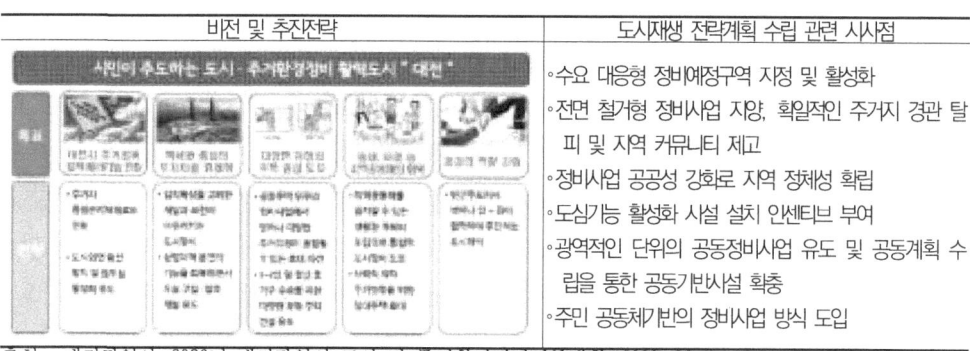

비전 및 추진전략	도시재생 전략계획 수립 관련 시사점
	◦ 수요 대응형 정비예정구역 지정 및 활성화 ◦ 전면 철거형 정비사업 지양, 획일적인 주거지 경관 탈피 및 지역 커뮤니티 제고 ◦ 정비사업 공공성 강화로 지역 정체성 확립 ◦ 도심기능 활성화 시설 설치 인센티브 부여 ◦ 광역적인 단위의 공동정비사업 유도 및 공동계획 수립을 통한 공동기반시설 확충 ◦ 주민 공동체기반의 정비사업 방식 도입

출처 : 대전광역시, 2030년 대전광역시 도시 및 주거환경정비기본계획, 2020. 06

- 지역성장 거점개발을 통한 지역간 균형발전 및 도시경쟁력 제고와 노후·불량주택 주거환경개선으로 안전하고 질 높은 주거복지 실현을 위해 현재 도정계획 변경 용역을 재수립 중에 있음

(6) 2025 대전광역시 경관계획(2015)

- 기존 2020 대전광역시 기본경관계획에 대한 재검토 및 재정비 필요에 의해 관련 상위계획의 변경 사항을 반영하고, 경관설계지침 및 경관사업 등을 포함한 단계별 추진계획 등에 대한 보완 및 재정비 필요
- 본 계획의 목적은 도시 공간구조 및 여건변화를 고려한 기존의 대전시 기본경관계획을 정비하고 경관법 및 관련 법제도를 연계한 경관관리체계를 마련하는 한편, 단계별 사업계획 등 구체적인 경관의 보전·관리·형성 실현방안을 마련하는데 있음

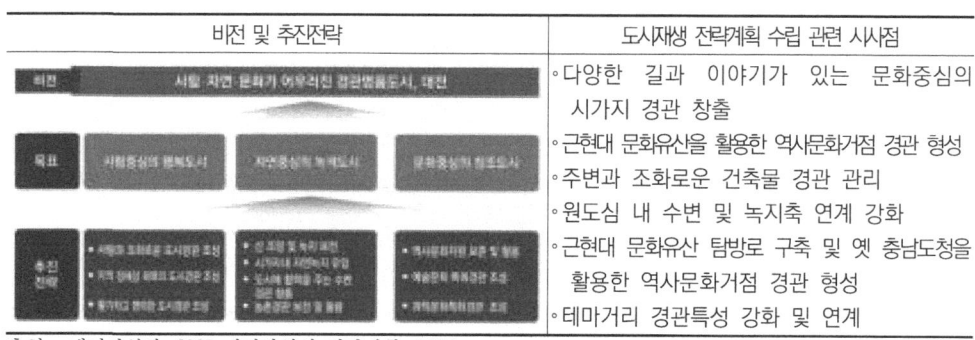

비전 및 추진전략	도시재생 전략계획 수립 관련 시사점
	◦ 다양한 길과 이야기가 있는 문화중심의 시가지 경관 창출 ◦ 근현대 문화유산을 활용한 역사문화거점 경관 형성 ◦ 주변과 조화로운 건축물 경관 관리 ◦ 원도심 내 수변 및 녹지축 연계 강화 ◦ 근현대 문화유산 탐방로 구축 및 옛 충남도청을 활용한 역사문화거점 경관 형성 ◦ 테마거리 경관특성 강화 및 연계

출처 : 대전광역시, 2025 대전광역시 경관계획, 2015.

(7) 2020 대전광역시 도시교통정비 중기계획(2014)

비전 및 추진전략	도시재생 전략계획 수립 관련 시사점
(도표)	◦ 대중교통기반 중심의 도시공간구조 재편 및 도시재생 사업 추진 ◦ 원도심 지역내 자동차 이용 억제를 위한 교통수요 관리적 접근 지향 ◦ 보행자 중심의 거리환경 개선 및 공공공간의 질 제고 ◦ 도시 이동성 증진을 위한 멀티모달(도보, 자전거, 버스, 트램 등)의 친환경 교통수단간 연계)적 교통연계 방안 강구 필요 ◦ 도로의 기능적 위계를 고려한 교통환경 개선 및 정비사업 추진

출처 : 대전광역시, 2020 대전광역시 도시교통정비 중기계획, 2014.

(8) 제3차 대전광역시 물류기본계획(2017)

비전 및 추진전략	도시재생 전략계획 수립 관련 시사점
(도표)	◦ 수요자 중심의 물류시설 확충 및 교통·물동량 저감 대책 마련 ◦ 불법화물 주정차 단속 강화 및 화물차 조업 주차장 확보

출처 : 대전광역시, 제3차 대전광역시 물류기본계획, 2017.

(9) 2030대전 공원녹지기본계획(2020)

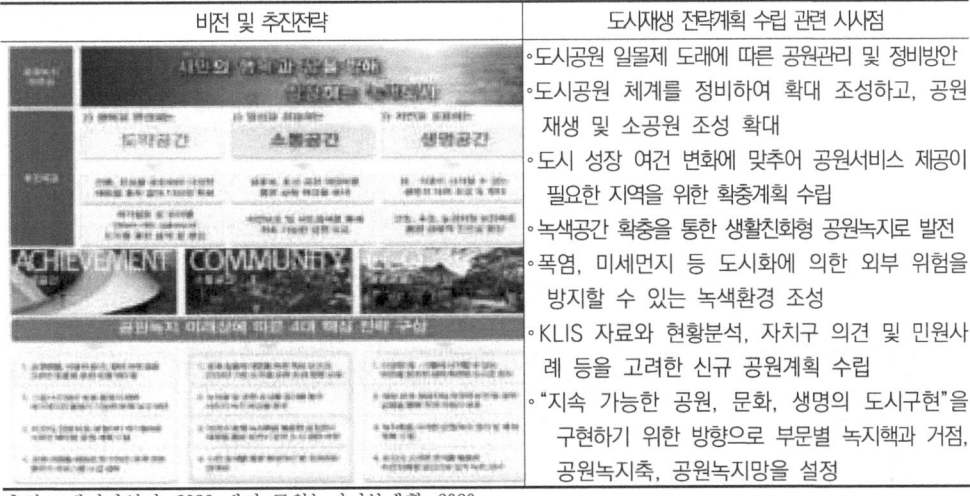

비전 및 추진전략	도시재생 전략계획 수립 관련 시사점
(도표)	◦ 도시공원 일몰제 도래에 따른 공원관리 및 정비방안 ◦ 도시공원 체계를 정비하여 확대 조성하고, 공원 재생 및 소공원 조성 확대 ◦ 도시 성장 여건 변화에 맞추어 공원서비스 제공이 필요한 지역을 위한 확충계획 수립 ◦ 녹색공간 확충을 통한 생활친화형 공원녹지로 발전 ◦ 폭염, 미세먼지 등 도시화에 의한 외부 위험을 방지할 수 있는 녹색환경 조성 ◦ KLIS 자료와 현황분석, 자치구 의견 및 민원사례 등을 고려한 신규 공원계획 수립 ◦ "지속 가능한 공원, 문화, 생명의 도시구현"을 구현하기 위한 방향으로 부문별 녹지핵과 거점, 공원녹지축, 공원녹지망을 설정

출처 : 대전광역시, 2030 대전 공원녹지기본계획, 2020.

(10) 대전 근대문화예술특구 계획

비전 및 추진전략	도시재생 전략계획 수립 관련 시사점
(도표)	◦ 문화융복합형의 기초생활인프라 공급을 통한 문화향유기회 확대 및 문화 거점 공간 조성 ◦ 근현대 문화유산을 활용한 역사문화 경관 형성 및 생활문화형 창작 공간 확대 ◦ 지역공동체와 함께 하는 문화예술 활동 지원 강화 및 문화공동체 의식 형성 ◦ 문화유산의 체계적 발굴 및 시민의 문화 참여 활성화

출처 : 대전광역시, 대전 근대문화예술특구 계획, 2018.

(11) 제6차 대전권 관광개발계획(2017)

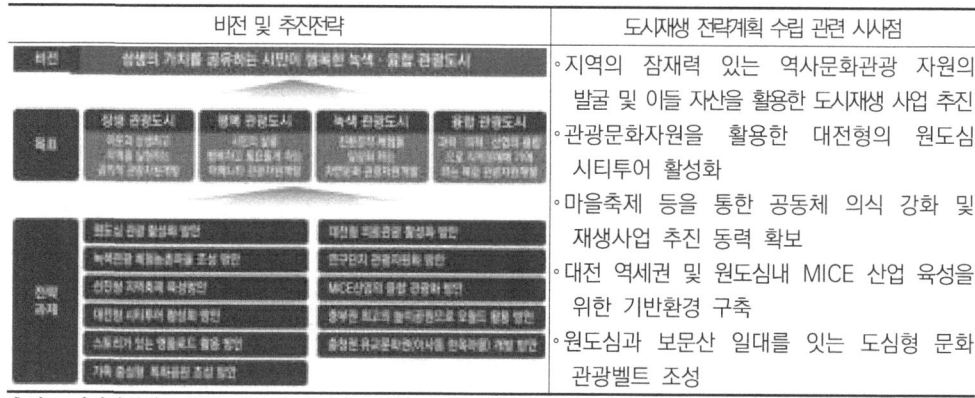

출처 : 대전광역시, 제6차 대전권 관광개발계획, 2017.

(12) 대전 문화예술 중장기 발전계획(2018)

- 국정과제와의 정합성 확보와 지역의 문화 자치권을 확고히 하고, 안정적으로 문화정책을 추진하기 위해 새로운 문화정책의 필요성 대두
- 대전지역의 문화여건 현황 분석을 통해 대전시의 문화정책 추진에 활용할 수 있는 근거자료 마련과 중장기 문화예술 정책 방향을 제시하기 위한 목적으로 수립

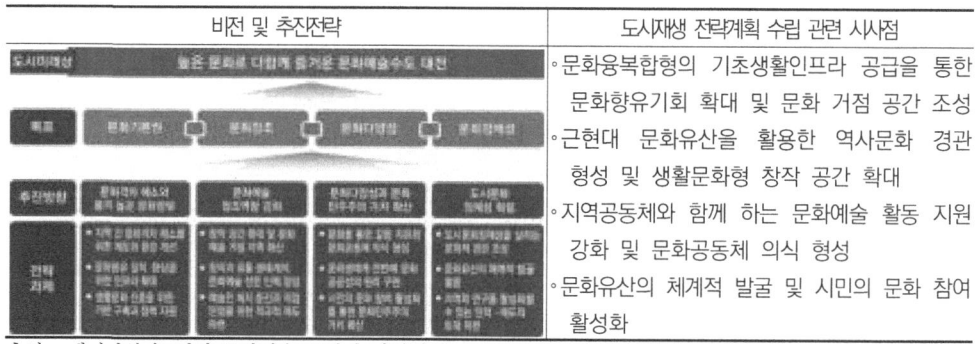

출처 : 대전광역시, 대전 문화예술 중장기 발전계획, 2018.

3.2. 주요사업 현황

(1) 도시 및 주거환경정비사업

- 「2030 도시 및 주거환경정비 기본계획」상 정비예정구역은 총 90개 선정되어 있음
- 「2020 도시 및 주거환경정비 기본계획(기정)」의 121개소의 정비예정구역 중
  - 42개소 정비(예정)구역 감소 : 일몰제, 준공, 해제 등
  - 11개소 정비예정구역 증가: 구역분할, 신규선정
- 정비예정구역 90개 중 구역 중 구역지정 및 추진위원회가 설립된 구역은 전체의 21.1%에 해당하는 19개 구역이며, 조합설립 20개 구역, 사업시행인가 9개 구역, 관리처분계획 8개 구역, 공사 중 13개 구역이 추진 중임
- 21개 구역 대부분은 향후 정비계획 수립이 도래하는 추진단계에 따라 추진 예정임

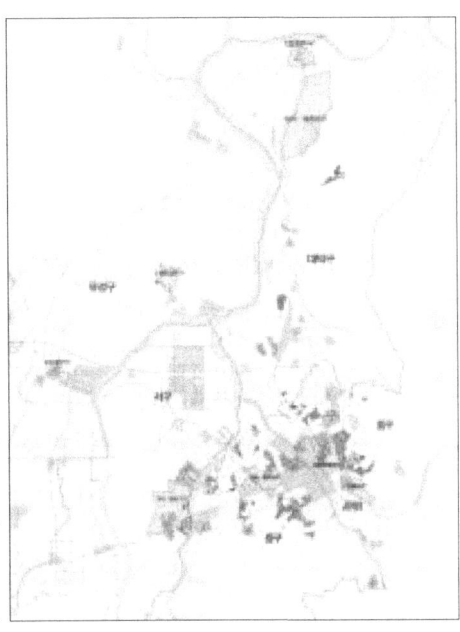

[그림 2-56] 도시 및 주거환경정비사업 지구 현황

〈표 2-58〉 대전광역시 도시 및 주거환경정비 기본계획 정비(예정)구역 추진 현황표

구분		추진중 (A+B)	소계(A)	추진단계						향후 추진 (B)
				구역지정	추진위	조합	시행인가	관리처분	공사중	
계		90	69	10	9	20	9	8	13	21
주거환경개선	정비사업	10	10	4	-	-	1	-	5	-
재개발	계	48	41	5	6	16	7	4	3	7
	촉진사업	17	17	4	-	6	2	2	3	-
	정비사업	31	24	1	6	10	5	2	-	7
재건축	계	32	18	1	3	4	1	4	5	14
	촉진사업	2	2	1	-	-	-	-	1	-
	정비사업	30	16	-	3	4	1	4	4	14

출처 : 2030 대전광역시 도시 및 주거환경정비 기본계획

(2) 도시재생 뉴딜사업

- 열악한 노후주택 정비 및 공공임대주택 공급을 통한 주거복지 실현과 도시기능 재활성화를 통한 원도심 도시 경쟁력 회복, 그리고 창업공간 등 다양한 일자리 공간 제공을 통한 지역 일자리 창출에 기여하기 위해 도시재생 뉴딜 사업을 추진 중에 있음
- 지난 2016년에 도시재생 일반공모 사업의 경제기반형 재생사업으로 대전광역시 중구 및 동구에 걸쳐 있는 원도심 지역이 선정되어 현재 마중물 사업이 추진 중에 있음
- 2017년에는 도시재생뉴딜 공모사업이 본격화 되면서 중앙공모방식의 중심시가지형 1곳, 광역공모방식의 일반근린형과 주거지지원형, 우리동네살리기형이 각각 1곳씩 총 4곳이 지정을 받아 국비와 지방비 매칭 방식으로 지원을 받아 사업을 추진 중에 있음
- 2018년에는 광역공모방식의 일반근린형, 주거지지원형, 우리동네살리기형이 각각 1곳씩 선정되어 총 3곳에서 뉴딜사업을 추진 중에 있음
- 2019년에는 중구 중촌동과 서구 도마2동이 광역공모방식의 일반근린형 도시재생뉴딜사업으로 선정되어 총 2곳에서 뉴딜사업이 추진 중
- 2020년에는 대전역 일원이 쪽방촌 도시재생 선도지역으로 지정되었으며, 서구 정림동과 동구 낭월동이 광역공모방식으로 선정되어 총 3곳에서 도시재생 뉴딜사업이 추진중에 있음

〈표 2-59〉 대전광역시 도시재생 뉴딜사업지구 지정 현황

연번	선정년도	구	유형	사업명	면적(천㎡)
1	2016	중구/동구	경제기반형	원도심, 쇠퇴의 상징에서 희망의 공간으로	2,373
2	2017	대덕구	중심시가지형	지역활성화의 새여울을 여는 신탄진 상권활력 UP	181
3	2017	유성구	우리동네살리기	어은동 일벌(Bees) Share Platform	37
4	2017	동구	주거지지원형	가오 새텃말 살리기	68
5	2017	중구	일반근린형	대전의 중심 중촌(中村), 주민 맞춤으로 재생 날개 짓	145
6	2018	동구	우리동네살리기	하늘을 담은 행복 예술촌… 골목이 주는 위로	51
7	2018	서구	주거지지원형	도란도란 행복이 꽃피는 도솔마을	100
8	2018	대덕구	일반근린형	북적북적 오정&한남 청춘스트리트	151
9	2019	중구	일반근린형	버들잎 공동체의 뿌리 깊은 마을 만들기	135
10	2019	서구	일반근린형	살기 좋은 도마실, 기분 좋을 마실길	129
11	2020	동구	중심시가지형	대전역 마을 'D-Project', 활력회복·희망복원	197
12	2020	동구	일반근린형	수밋들의 어울림 함께 그리는 숲	150
13	2020	서구	일반근린형	숲과 목재문화의 조화, 공동체 문화 중심지 낭월 포레스트 Valley	191

2016, 대전광역시 원도심(동구·중구) 도시재생사업

○ 사업 개요

- (위치) 대전광역시 동구(중앙동·삼성동), 중구(은행선화동·대흥동) 일원
- (사업기간) 마중물사업: 2016 ~ 2021년(6년간)
  중앙부처협력사업/지자체사업/민자사업: 2016 ~ 2025(10년간)
- (면적) 활성화계획지역 2.57㎢

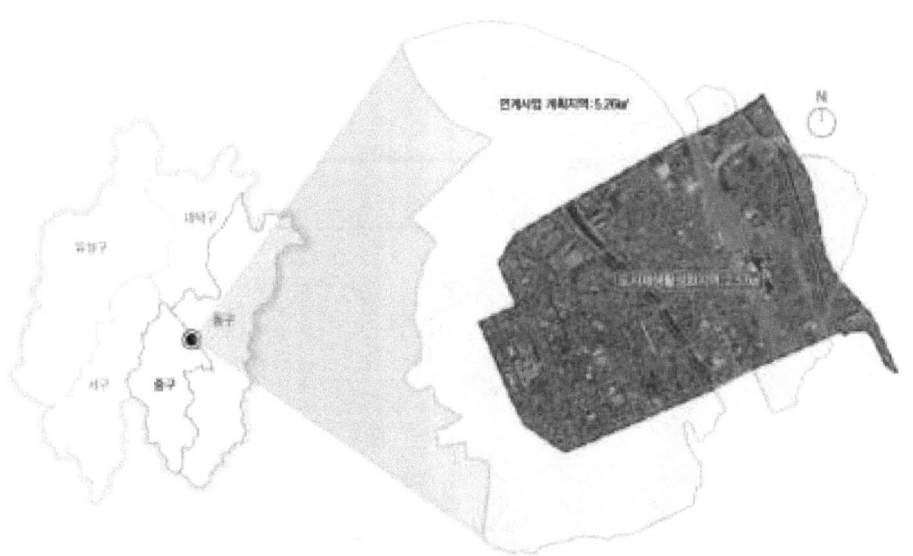

[그림 3-18] 원도심 활성화계획 공간적 범위

○ 지역 현안

- (인문·사회) 인구공동화 진행이 심각한 수준으로 경제·산업활동이 활발히 이루어질 수 있도록 경제적 재생을 기반으로 한 통합·연계적 재생사업 추진 필요
- (경제·산업) 대전의 사업체 수 및 종사자는 지속적으로 성장하고 있으나, 원도심을 상대적으로 성장동력산업 부재로 경제활동 침체와 고용기반의 취약으로 도심기능 쇠퇴 가속화 추세
- (물리·환경) 원도심 내 노후주택 및 공실률 문제가 심각함

○ 재생 잠재력

- 원도심은 대전역과 옛 충남도청으로 이어지는 중앙로 축을 형성하고 있으며, 대전역세권을 중심으로 전통시장 상권, 한의약거리, 가구거리, 으능정이 스카이로드 등이 위치하고 있어 중심상권을 형성하고 있음
- 대전시 내 근대건축유산 중 상당수가 원도심 지역이 위치한 동구(95건, 45%), 중구(57건, 27%)에 위치하고 있으며, 특히 중앙로 변으로 다수의 근대건축유산이 밀집되어 있음
- 대전시 근대도시 발상지이자 상업문화예술의 중심지로 문화유산 45개소, 문화시설 28개소, 대학교 8개소(상주 학생 수: 약 52,600명), 광역교통시설 3개소, 축제 5회, 전통시장 13개소, 복지시설 61개소, 마을공동체 3개소 등 도시재생 자원이 풍부한 지역임

○ 재생방향

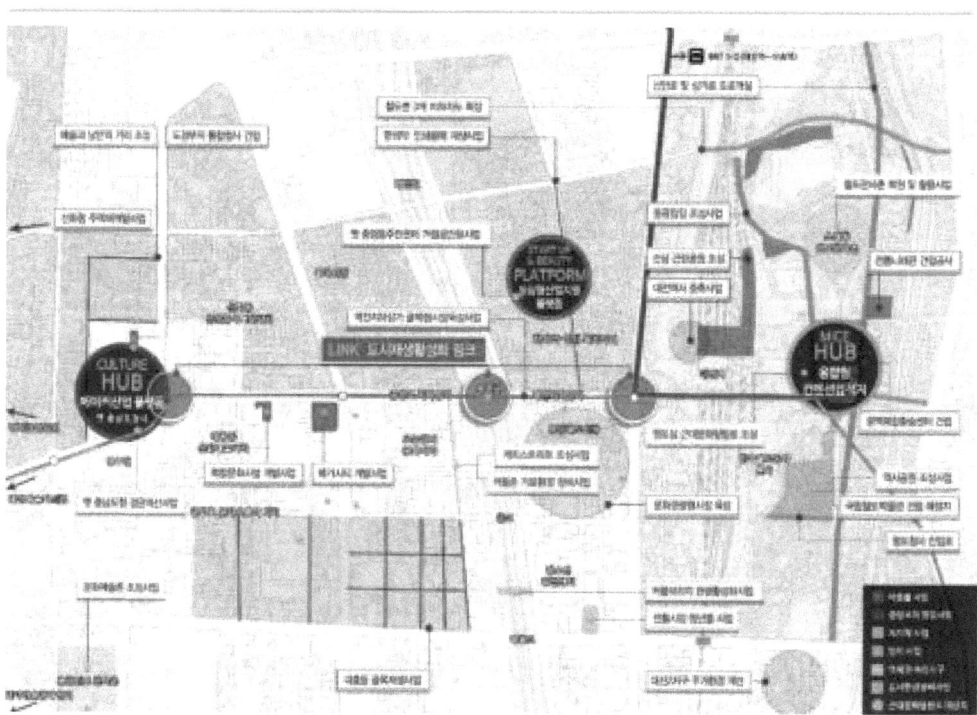

[그림 3-18] 대전 원도심 도시재생 비전 및 사업 총괄도

2017, 대덕구 신탄진동 도시재생 뉴딜사업

○ 사업 개요

- (위치) 대전광역시 대덕구 신탄진동 141-28번지 일원
- (사업기간) 2018 ~ 2022년(5년간)
- (면적) 181,754㎡

[그림 3-18] 대덕구 신탄진동 도시재생 뉴딜사업 공간적 범위

○ 지역 현안

- (상위계획) 공간구조의 효율적인 개편을 위해 대전도시기본계획상 광역교통을 중심으로 역세권 개발축으로 설정되었으며, 대덕비전 중장기 발전계획 상 상업, 문화 기능보강을 통한 신탄진 부도심권 정비를 제시하고 있음
- (물리·환경) 20년 이상 노후건축물이 대상지 전체의 79.5%이상을 차지하고 있어 노후주택 문제가 심각하며, 신탄진역 이용객과 신탄진시장으로 인해 노상주차가 과밀한 상황임
- (상업지역) 소규모 점포 중심으로 발달한 역세권 상업지역으로 상업시설은 많으나 점차 쇠퇴하고 있으며, 상업가로 내 보행환경 및 가로경관이 열악한 지역으로 보행환경개선 및 노후 상가 및 주택 정비 및 옥외광고물에 대한 정비가 필요한 지역임

○ 재생 잠재력

- 충청권 광역교통 거점, 세종시 및 청주시로부터 접근이 용이한 지역임
- 신탄진역과 신탄진시장을 중심으로 도보권 유동인구가 많음
- 상인들과 지역관계자의 사업추진의지가 강함
- 산업단지 이전적지인 (구)남한제지, (구) 쌍용양회 내 도시개발사업 완료 이후 상주인구 증가 예상
- 금강 로하스 해피로드 조성이 완료되어 친환경 도시이미지가 구축됨
- 주민참여형 경관협정사업 등 기 추진 사업으로 개발사업 공감대 형성

○ 재생방향

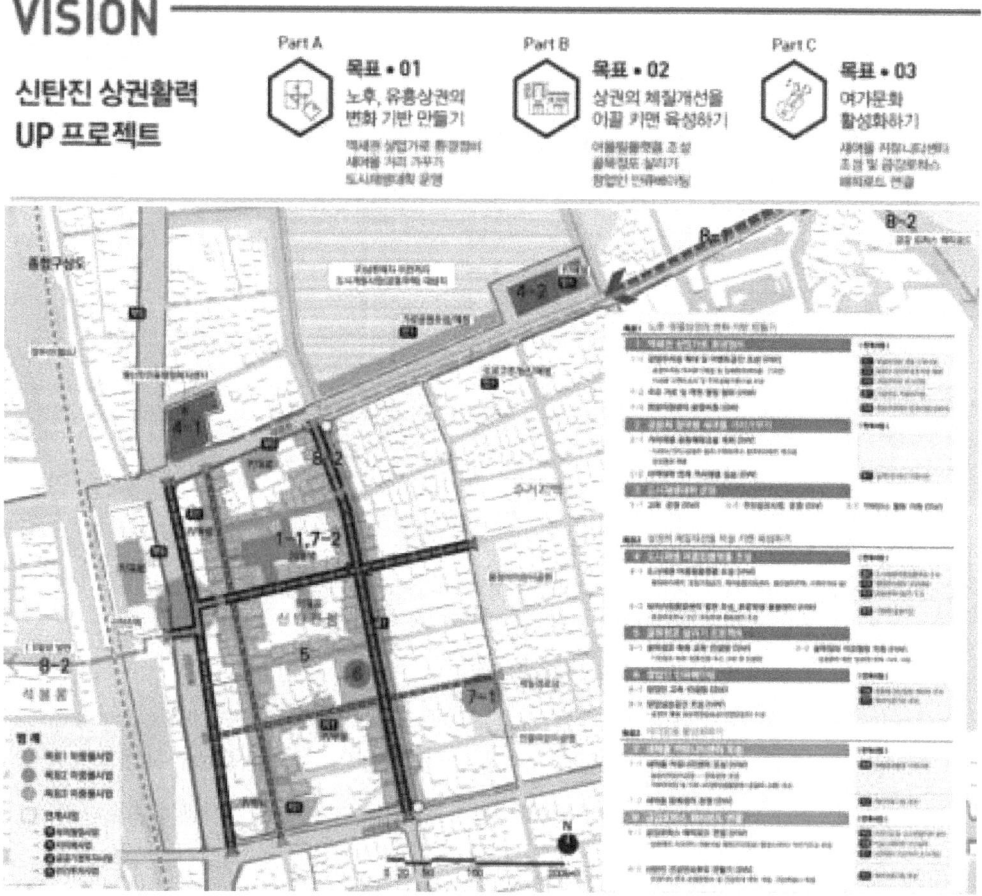

[그림 3-18] 중구 중촌동 도시재생 뉴딜사업 비전 및 사업총괄도

2017, 중구 중촌동 도시재생 뉴딜사업

○ 사업 개요

- (위치) 대전광역시 중구 중촌동 동서대로 1421번길 일원
- (사업기간) 2018 ~ 2021(4년간)
- (면적) 145,427㎡

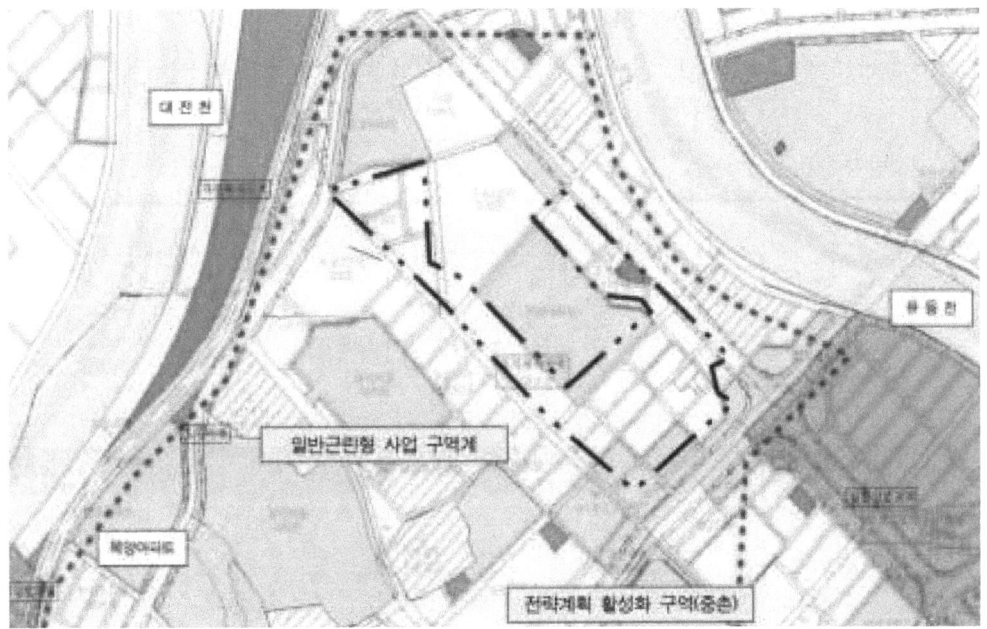

[그림 3-18] 중구 중촌동 도시재생 뉴딜사업 공간적 범위

○ 지역 현안

- (상위계획) 도시재생 활성화 및 지원에 관한 법률에 따른 도시재생 전략계획을 수립함(일부)
- (인문·사회) 중촌동 인구는 지속적으로 감소하고 있으며, 65세 노인 인구비율이 전체의 15.05%로 고령화 문제가 심각한 지역이나, 중촌마을어린이 도서관 '짜장', 중촌마을역사탐험대 '그루터기', 중촌마을 문화축제추진단 등 다양한 공동체 활동을 진행하고 있어 인적자원이 풍부함
- (물리·환경) 20년이상 노후건축물이 전체의 84.7%이며, 그 중 40년이상 건축물이 33.4%를 차지하고 있어 건축물 노후도가 심각하며, 옛날 형무소터 일원 등 범죄예방시설이 열악하여 청소년 우범지대가 생기는 등의 문제가 발생하고 있음

○ 재생 잠재력

- 원도심 역사문화, 둔산 행정복합 기능의 연결점으로써 도시발전에 있어서 거점 공간역할을 할 수 있는 지리적 여건을 지니고 있음
- 특화되고 전문화된 디자인과 수제작 기술력이 있어 맞춤형 패션산업을 통한 도심형산업 집적화 가능
- 중촌동 중심 산업인 맞춤형패션산업과 문화의 다양성을 갖는 인적자원, 청년창업 등을 연계하여 일자리 창출 가능
- 10개 마을 공동체와 시민단체, 지역전문가와 50개의 맞춤거리 상인회 등 인적자원이 풍부함

○ 재생방향

[그림 3-18] 중구 중촌동 도시재생 뉴딜사업 비전 및 사업총괄도

2018, 대덕구 오정동 도시재생 뉴딜사업

○ 사업 개요

- (위치) 대전광역시 대덕구 오정동 359-3번지 일원
- (사업기간) 2019 ~ 2022년 (4년간)
- (면적) 150,744㎡

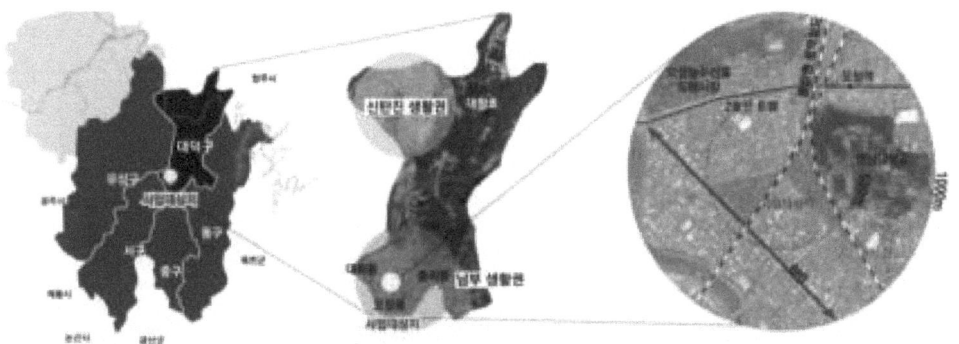

[그림 3-18] 대덕구 오정동 도시재생 뉴딜사업 공간적 범위

○ 지역 현안

- (인문·사회) 1970년대 도시의 양적인 확대와 더불어 도시의 균형발전을 위하여 오정지구 토지구획정리사업이 추진되었으나, 1990년대 대전광역시 서구, 유성구의 신시가지 개발로 인구유출로 인하여 인구유출로 인한 주거환경 쇠퇴가 진행됨
- (물리·환경) BRT 버스중앙차로제(오정로)가 시행되었으나 오정동 주민들이 느끼는 지역쇠퇴는 여전하며, 재정비촉진계획 지구로 지정되었으나 사업추진이 이루어지지 않아 촉진지구가 해제(2013.01.25.)되면서 주민들의 상실감이 커짐

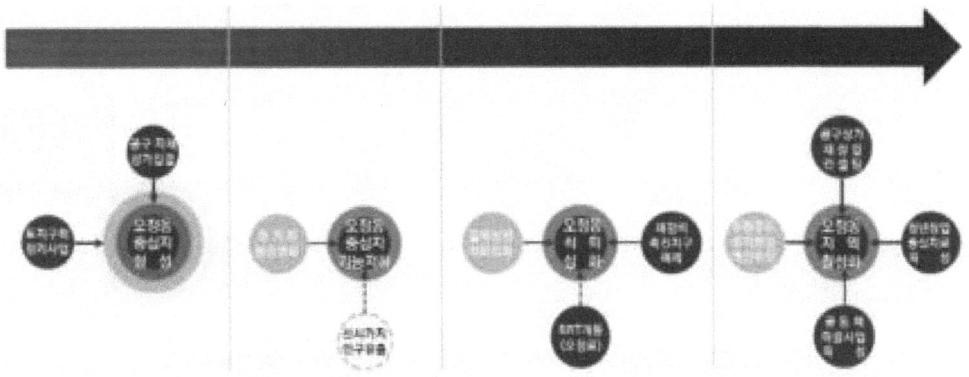

[그림 3-18] 대덕구 오정동 지역변화에 따른 계획의 필요성

○ 재생 잠재력

· 한남대학교와 인접하고 있으며, 공모 제안시부터 도시재생 뉴딜사업에 참여하고 있음
· 한남대학교의 다양한 인적네트워크와 청년 창업 관련 시스템 활용 가능
· 대상지와 인접한 오정로 및 대전로에 지역특화산업인 공구상가가 조성되어 있음
· 지역특성화 대학인 한남대학교의 창업지원역량이 높음
· 도시재생뉴딜사업에 대한 주민들의 관심이 높음
· 지역의 성격이 분명하여 맞춤형 컨텐츠 구상 가능

○ 재생방향

[그림 3-18] 대덕구 오정동 도시재생 뉴딜사업 비전 및 사업총괄도

▌2019. 중구 유천동 도시재생 뉴딜사업

○ 사업 개요

- (위치) 대전광역시 중구 당디로 124번길 일원
- (사업기간) 2020 ~ 2023년(4년간)
- (면적) 135,000㎡

[그림 3-18] 중구 유천동 도시재생 뉴딜사업 공간적 범위

○ 지역 현안

- (인문·사회) 지속된 인구감소, 고령화율 및 노령화 지수 지속증가 문제가 심각하며, 유흥업소가 증가하고 있어 대외적으로 성매매 집결지, 유흥가 이미지가 강함. 매년 행사를 시행하고 있으나 주민에 대한 홍보 및 참여가 부족하고 축제에 사용하는 물품 등을 보관할 수 있는 체계가 마련되어 있지 못하는 등 공동에 활동 기반이 열악함

- (물리·환경) 개발, 정비 부재로 기반시설, 주거, 상업 환경 등이 노후화 되었으며, 주차장 시설 및 공공시설이 부족하고 이러한 시설에 대한 인식이 낮아 불법 노상주차가 일상화 되어 있음

○ 재생 잠재력

· 계백로, 도시철도 2호선 유천역(계획) 등 양호한 교통여건 형성으로 서남부 신도시와 대전역 방향으로의 접근이 용이함
· 북측 대규모 공동주택이 입지하여 상권활성화를 위한 배후인구 보유
· 지역사회에 유흥가 이미지 탈피를 지향하는 공감대 형성
· 도시철도 2호선(유천역) 개통 예정으로 역세권 상권 형성 기대
· 2009년 성매매 집결지 해체로 새로운 상권 형성의 기회로 적용
· 대전시민의 휴식공간인 유등천이 주변에 위치하여 주거지로서의 매력도 상승

○ 재생방향

[그림 3-18] 중구 유천동 도시재생 뉴딜사업 비전 및 사업총괄도

2019, 서구 도마1동 도시재생 뉴딜사업

○ 사업 개요

- (위치) 대전광역시 서구 도마3길 46일원
- (사업기간) 2020 ~ 2023년(4년간)
- (면적) 129,000㎡

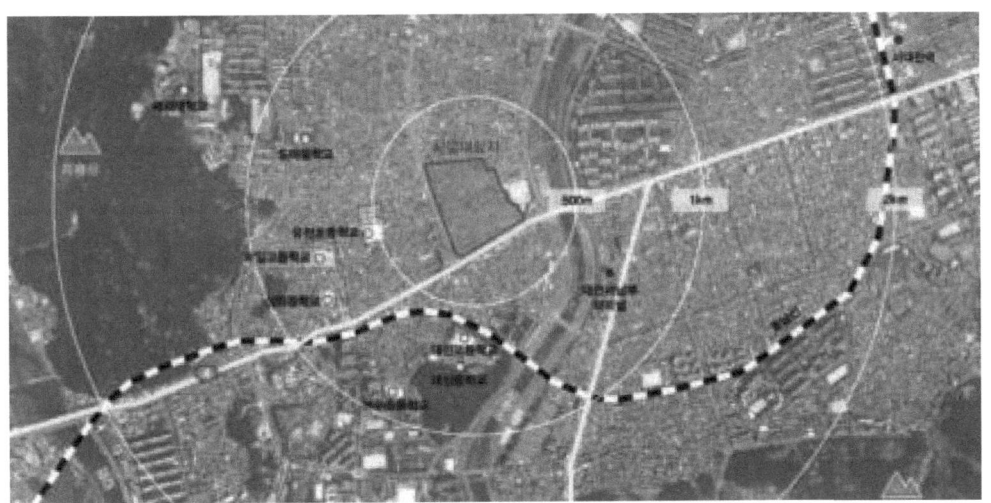

[그림 3-18] 서구 도마1동 도시재생 뉴딜사업 공간적 범위

○ 지역 현안

- (주변개발계획) 대전 도시철도 2호선 개통 및 광역철도역 개설계획에 따른 교통중심지로서의 부상이 기대되며 도마·변동 재정비 촉진계획에 따라 생활기반시설 및 인구 변화가 예상됨
- (주택 및 인프라) 과거 교육과 주거의 중심지로서 기능해왔으나, 둔산동, 관저동 등 대전 북서부 신시가지 개발로 인하여 인구와 소비가 유출되면서 쇠퇴하고 있는 지역이며, 도마1동 행정복지센터를 중심으로 지속적으로 지역 활성화 프로그램을 추진하고 있으나 주거지 노후화 및 생활인프라시설 부족으로 인해 개선이 어려운 지역임
- (주변 상권) 도마큰시장이 위치하여 전통시장의 명맥을 잇고 있으나 시장에 연결되어 있는 노후주택들이 슬럼화되어가고 있으며, 시장과 골목 근린상권 간의 단절, 주거지의 생활 인프라 부족 등 문제를 지니고 있음

○ 재생 잠재력

· 도솔산과 보문산에 둘러싸여 있으며 유동천이 인접해 있음
· 지역자산인 도마큰시장 및 자생단체와의 사업연계가 가능함
· 대상지 인근에 계획된 도시·광역철도 계획 및 재개발계획과의 시너지 효과가 기대됨

○ 재생방향

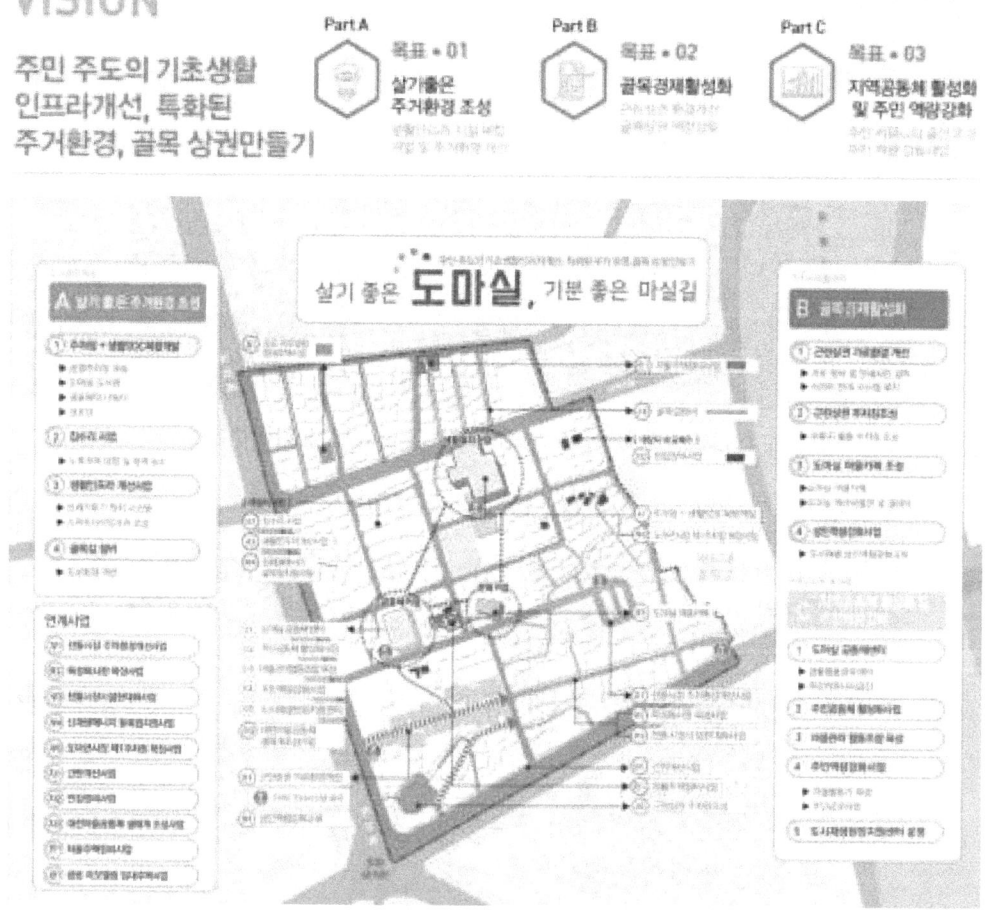

[그림 3-18] 서구 도마1동 도시재생 뉴딜사업 비전 및 사업총괄도

2020 대전역 도시재생선도지역

○ 사업 개요

- (위치) 대전광역시 동구 정동 3-4 일원
- (사업기간) 마중물사업: 2021 ~ 2025년(5년간)
  중앙부처협력사업/지자체사업/민자사업: 2021 ~ 2025(5년간)
- (면적) 활성화계획지역 197,310㎡

○ 지역 현안

- (인문·사회) 인구 2,887명(감소추세) / 세대수 1,353세대 / 기초생활수급자나 차상위계층, 70대 이상 고령층으로 구성된 쪽방촌 등 주거환경이 열악한지역으로 재생사업 추진필요
- (공동체/지원기관) 노숙인, 쪽방주민, 성평등 등 복지 관련 기관, 지역특화산업 관련 협동조합 및 사회적기업 입지해 있음
- (경제·산업) 사업체수는 2014년 이후 5년 연속 감소, 대상지 내 유동인구가 지속적으로 감소 중이고, 빈 점포 또한 곳곳에 방치되어 있음
- (물리·환경) 토지이용: 일반상업지역 90.98%/ 일반공업지역 7.9%, 제2종일반주거지역 0.9%, 제3종일반주거지역 0.3%
  토지소유: 국공유지 비율 48.45% / 대부분 도로·학교 등 기반시설

건 축 물: 근생시설 용도 30.14%, 철근콘크리트 구조 30.14%
대중교통: 대전역(광역교통, 도시철도 거점)이 입지해 있고, 시내버스 이용 여건 또한 우수(정류장 8개소, 노선 33개)
가로현황: 어두운 골목길, 보차혼용도로 위주로 보행환경 열악

○ 재생 잠재력

- (역사문화자산) 개항이후(1876)에도 인근 도시에 비해 거주인구가 적고 도시의 형태가 갖추어있지 않은 농촌지역이었지만, 1905년 경부선 대전역 개통(경부선과 호남선의 분기점 역할), 1932년 공주군에 있던 충청남도 도청의 이전으로 요충지로 성장

- (장소 및 인적자원) 한의약특화거리, 인쇄 특화거리와 같은 특화거리 존재, 한밭교육관, 삼성초, KT&G 충남아틀리 등 역사문화자원 존재
  지역특성을 살린 한의약축제, 쌍화탕 축제, 대전역 0시 축제, 철도 문화제와 같은 마을축제 진행

- (잠재력 종합) 풍부한 문화역사적 자원 및 다양한 특화산업 입지, 사회취약계층을 위한 돌봄 시설(벧엘의 집, 파랑새둥지 등) 존재, 대전역으로 인해 접근성이 우수하며, 대전역 관련 대중문화자원 활용, 사회 극빈층 주거지인 쪽방촌 주거환경 개선을 위한 공공주택사업에 대한 강한 정부의지

○ 재생방향

- 중심지 도시재생사업 위상에 부합되는 거점기능 강화로 주변지역 재생을 견인할 수 있도록 계획
- 대상지내 특화자원 및 공공주택사업의 청년유입 등 경제활력 모멘텀을 활용한 원도심 상권 활성화와 대전역 일원의 쪽방촌 등 취약계층 생활환경 개선을 위한 도심주거융합 복원을 연계하여 계획구상
- 대전광역시 청년정책사업을 추가·발굴하여 원도심 활성화방안을 보완하고, 본 사업대상지로 유입되는 청년인구의 정주환경 지원은 공공주택사업지구에서 제공가능토록 연계함
- (공공주택사업지구 → 원도심재생사업지역) 공공주택사업의 청년 유입 창업 등 경제활력 모멘텀을 활용한 원도심 상권활성화 및 청년문화활동 동력 제공
- (원도심 재생사업지역 → 공공주택사업지구) 원도심 기능 및 인프라 제공을 통한 쪽방촌 등 취약계층 자활지원 및 先이주·善순환모델 적용 가능한 상호협력 관계 형성

○ 사업구상도

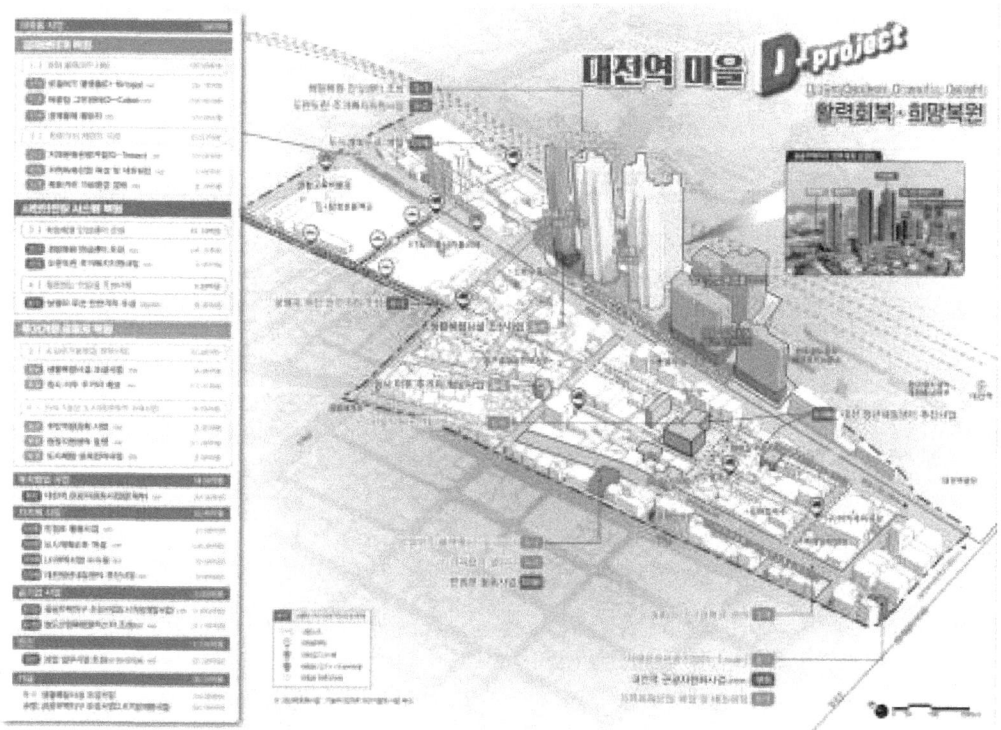

(3) 교통인프라 확충사업

▍트램건설사업

○ 사업 개요

- (사업목적) 도시철도망 확충으로 도심교통난 해소 및 지역 균형발전 도모
  사람중심의 친환경 대중교통수단 구축 및 선진 교통서비스 제공
- (노　　선) (본선 33.4㎞) 서대전역4~대동역5~중리4~정부청사역4~유성온천역4~진잠4~서대전역4
  (지선 3.2㎞) 중리4~법동~동부여성가족원~연축동차량기지
- (규모) 2019 ~ 2022년 (4년간)
- (사업비) 7,492억 원(국비 4,360, 시비 3,132)
- (사업기간) 2014~2027년

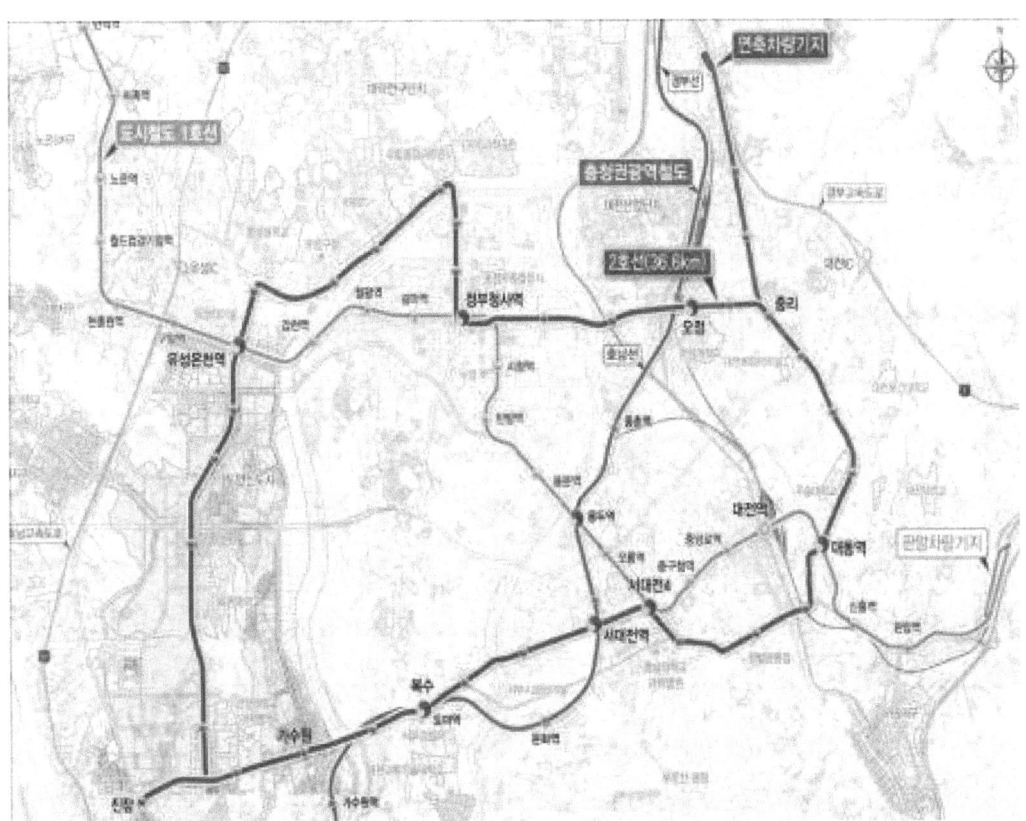

[그림 2-74] 대전 도시철도 2호선(트램) 노선도

① 트램-버스-승용차의 도로공간 점유량 비교

② 조감도 (계백로-관저동)

③ 조감도 (한밭대교-유등천)

[그림 2-75] 대전 도시철도 2호선(트램) 조감도(예상)

- 2019년 12월 기본계획 변경(안) 승인 신청 이후 2020년 12월 기본 및 실시설계용역 착수되어 2021년부터 2022년까지 기본 및 실시설계 용역 추진 예정이며, 2022년부터 2027년까지 공사 추진 및 시운전·개통 계획에 있음

- 노면방식의 트램으로 변경되면서 주요 변경사항으로는 총 연장 36.6㎞에 35개소의 정거장 설치 계획, 차량기지 1개소로 수정·보완 되었으며, 그 동안의 추진 경위는 다음과 같음
  - 2014.12. : 친환경·친경제적 교통수단 트램으로 건설방식 결정
  - 2019.01. : 예타 면제 대상사업 확정
  - 2019.05. ~ 06. : 기본계획 변경(안) 시민공청회 및 시의회 의견청취
  - 2019.08. : 사업계획 적정성 재검토 완료(기재부)
  - 2019.12. : 기본계획 변경(안) 승인 신청(국토부 대광위)
  - 2020.03. : 전문 연구기관 검토·협의 완료(철기연, 교통연, 국토연)
  - 2020.07. : 총사업비 조정 협의 완료(기재부)
  - 2020.09. : 중앙부처 관계기관 협의 완료(국토부 등 8개 기관)
  - 2020.10. : 기본계획(변경) 승인(국토부 대광위)
  - 2020.12. : 기본 및 실시설계용역 착수

- 주요 변경 내용으로는 2구간(가수원4~서대전역) 노선을 포함하고, 가수원역 구간 노선은 폐지, 서대전육교 지하화와 테미고개 지하화 사업 등은 추가 반영토록 함

트램 연계형 도시재생 활성화 전략

- 트램 도입의 핵심 목표는 사람중심도시 구현과 지역활성화임
- 대전시를 환상하는 트램 노선 주변의 도시재생과 선도 사업 추진으로 지역 양극화 해소와 지역 상생, 대중교통·보행 및 사람 중심 가로 활성화
- 환상형 트램노선의 특징을 고려하여 대전시 차원에서 생활SOC 거점 시설, ICT·사회적경제 등 특화거점·기능간 연계를 강화하고, 트램환승·연계거점 및 국공유지·빈집 등을 우선 활용하여 도시재생 촉발 거점을 확보하고 가로환경 개선으로 재생효과를 확산시키고자 함
- 원·심도심의 기존 기능 보완과 생활권별 부족·신규 기능 도입을 위해 4대 기능벨트(4차 산업 및 MICE 벨트, 산업혁신 및 고도화 벨트, 생활 SOC 벨트, 도시 여가·문화 벨트)를 트램노선 주변으로 도입·형성하며, 주요기능·시설은 도시재생 및 선도사업으로 충진하고, 주요 트램 노선 수직출(가로·보행망)을 중심으로 재생효과의 생활권 확산
- 트램과 연계된 대전시(도시철도) 및 광역권 주요환승 지역 거점화(대전역-대동, 중리-동부, 유성, 정부청사, 원양)+환승·연계시설 개선 및 확충하여 도시재생을 활용한 주민·대중교통이용자 지원기능을 강화하고 지역상권 활성화 촉발
- 트램 주변 특화재생관광자원화 및 환승거점 장소성 강화하여 광역관광거점 및 4차 산업형 정보 발신 기지를 조성하여 정체성 확보

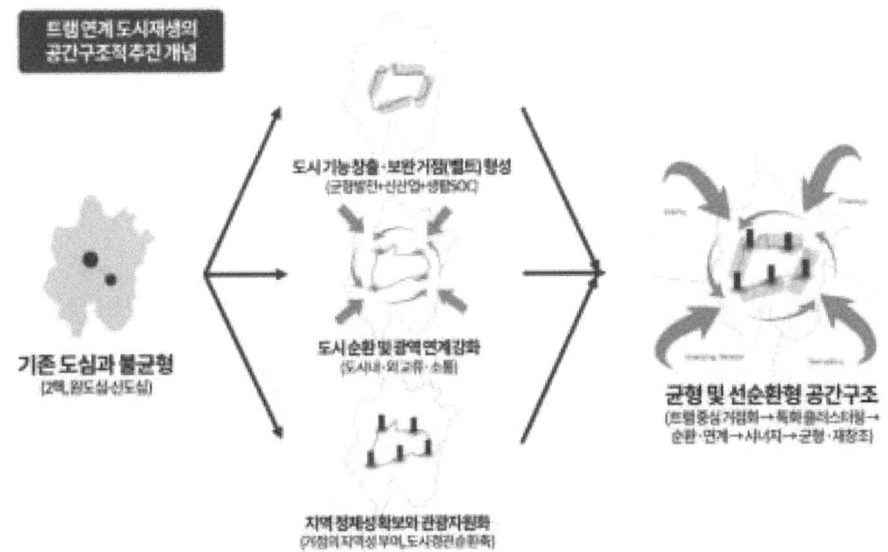

▎충청권 광역철도망 구축사업

- 도심 국철을 광역철도로 활용함과 동시에 남북축을 잇는 도시철도 3호선 역할을 수행토록하기 위한 사업임
- 충청권 광역철도 1단계 건설사업은 경부선과 호남선의 선로 여유 용량을 활용하는 사업으로 2011년 제2차 국가철도망구축계획에 반영돼 국토교통부와 대전시가 7:3의 비율로 2,307억원의 사업비를 투입하는 건설사업임
- 1단계 구간(계룡~신탄진(35.4㎞)의 경우, 2016년부터 착수하여 2024년에 개통예정
- 정거장 개량 및 12개소 신설, 10㎞의 선로용량 증설 예정으로 총 사업비는 약 2,307억원(국비 1,198, 지방비 1,109억원) 소요 예상
- 운행계획으로서 신탄진~계룡 구간은 약 35.6분 소요예상, 일편도 기준 총 65회 운행 예정
- 그 동안의 추진 경위 및 향후 계획은 다음과 같음
 - 2011.04. 제2차 국가철도망구축계획 반영 고시
 - 2013.04.~11. 사전타당성조사 실시
 - 2014.05.~2015.11. 기획재정부(KDI) 예비타당성조사 실시
 - 2016.03.~2018.11. 기본계획 추진 및 전략환경영향평가 용역
 - 2018.07. 충청권 광역철도 1단계 총사업비 조정 완료(예타 기준 2,107억원 이었으나, 재원 변경 및 부대비요율 현행화에 따라 총사업비 2,307억원으로 약 9.5% 증액)
 - 2018.11. 지방재정 중앙 투자심사위 심사 통과
 - 2018.12. 기본계획 고시
 - 2018.12.~2019. 기본 및 실시설계
 - 2020.~2023. 공사 및 시운전 / 2024. 개통예정

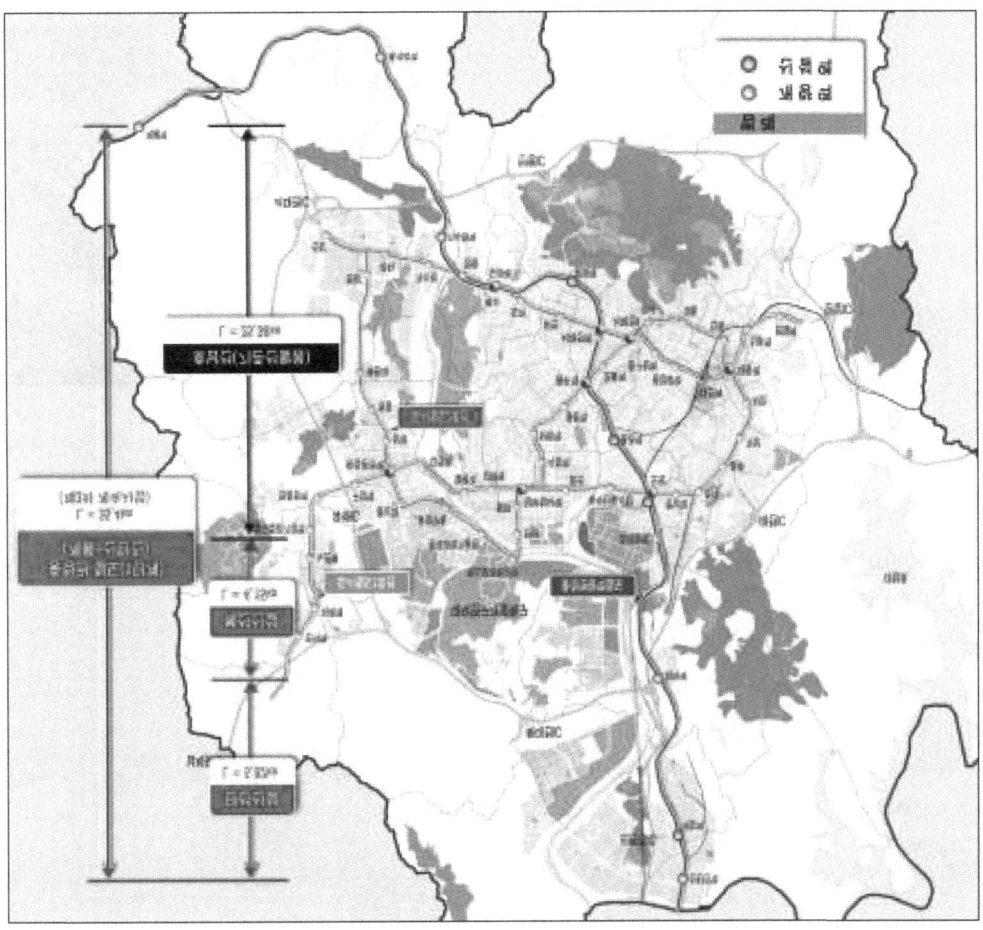

[그림 2-79] 충청권 광역철도 1단계 건설사업 노선도

▌유성복합터미널 건립사업

- 인접 도시와 연계된 쇼핑·문화레저 기능의 복합터미널 조성과 도시철도, BRT, 시내버스 등 대중교통의 통합환승센터 구축을 위해 대전광역시 유성구 구암동 119-5번지 일원을 대상으로 대전도시공사가 총 사업비 1,028억원을 투입하여 10만 2,080㎡ 규모의 단지조성공사를 실시하고, 터미널사업자가 6,337억원을 들여 광역터미널 청사건축을 담당
- 유성광역복합터미널은 올해 하반기 착공 및 2021년 말 준공을 목표로 행정절차 진행 중
- 이와 함께 대전도시공사가 광역터미널과 유성IC를 연결하는 진입도로 건설을 위해 관련 도시관리계획 변경 절차를 진행 중에 있음

[그림 2-80] 대전 유성복합터미널 토지이용계획 및 조감도

- 그 동안의 사업 추진 경위를 살펴보면 다음과 같음
  - 2007.03. 유성종합터미널 추진계획 수립
  - 2010.03 1차 공모 공고
  - 2010.06. 우선협상대상자 선정(최종 사업 포기)
  - 2010.11.~2013.7. 2차 공모공고(신청자 없음) 및 3차 공모 공고
  - 2013.11. 우선협상대상자 및 후순위 협상대상자 선정 공고
  - 2014.01. 사업협약 체결(현대증권-롯데건설-계룡건설산업 컨소시엄)
  - 2014.07. ㈜지산디엔씨 협약이행중지가처분신청 기각(1, 2, 3심)
  - 2014.08.~2016.01. 개발계획 수립 및 실시설계용역
  - 2014.12. 개발제한구역해제 중앙도시계획심의 원안통과
  - 2017.06. 롯데컨소시엄 사업 포기
  - 2017.08. 유성복합터미널 민간사업자 4차 공모공고
  - 2018.03. 후순위협상대상자 지정 통보(공사→케이피아이에이치)
  - 2018.05. 사업협약 체결
  - 2018.11. 단지조성 공사 착공
  - 2019.03. 터미널 건축공사 착공
  - 2021.12. 터미널 운영 개시(예정)

▌도시BRT 구축 및 유형별 환승센터 건립사업

- 광역경제권 중심지역을 기능적으로 연계하기 위한 「대전~세종~오송 BRT」 구축 및 유성~세종간 증가하는 교통수요에 대응하기 위한 「유성~세종 BRT」가 구축됨
- 당초 2개 노선에 대한 광역 BRT 구축과 중앙버스전용차로 5개 노선을 확충하는 사업을 계획하였으나, 기 준공된 2개 노선의 광역 BRT구축과 더불어 6개 노선의 도시 BRT구축 사업을 추진 중에 있음

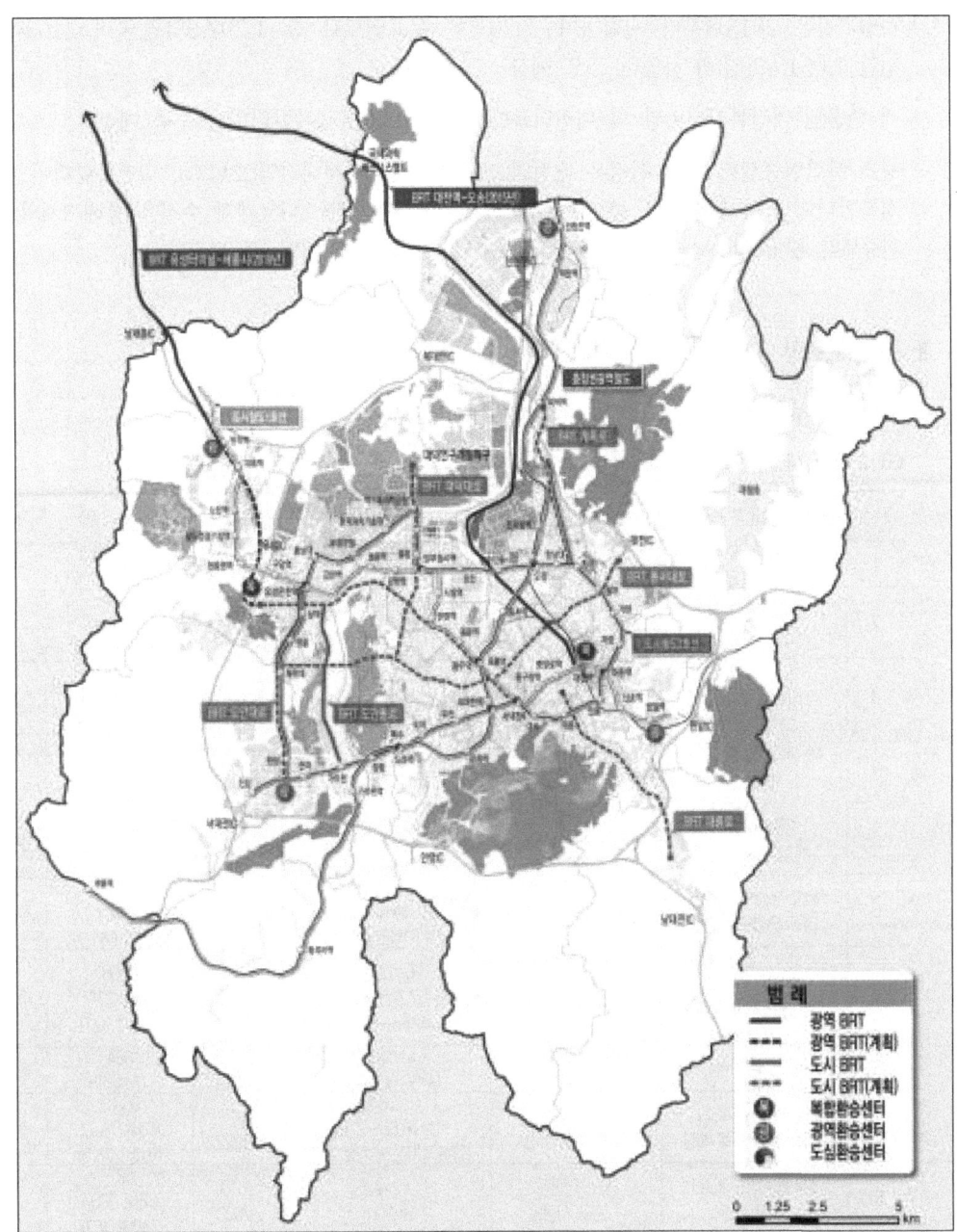

[그림 2-49] BRT구축 및 환승센터 건립사업

- 한편, 광역 대중교통 수단의 주요 결절점에 환승체계 구축 및 다양한 상업·업무·공공시설의 복합개발 필요성 대두
- KTX와 일반철도, 시외/고속버스터미널 등 광역 수요와 연계되는 지점에 복합 환승센터를 설치하여 편리한 환승체계를 구축

- 사업기간은 2013년부터 시작하여 2020년을 목표연도로 총 1,297.8억원(국비 246.4억원, 민간 1,051.4억원)의 사업비 소요 예상
- 기 준공된 대전복합터미널 외 대전역복합환승센터 및 유성복합터미널 구축 예정
- 당초 복합환승센터 입지 선정은 대전역(경부선, KTX), 서대전역(호남선), 대전복합터미널, 유성복합터미널 등 환승역을 중심으로 총 4개소를 선정하였으나, 계획 수정을 통해 2개의 복합환승센터, 8개소의 도심환승센터, 4개소의 광역환승센터 건립 사업으로 변경함

■ 기타 도로망 구축사업

- 통행량이 많은 주요 간선도로망 교통 개선을 위한 도로망 정비 사업 추진 중

〈표 2-60〉 대전시 주요 도로망 정비사업 추진 현황

구분	사업명	사업구간	사업량	사업기간	사업비(억원)	비고
1	금남~북대전IC 연결도로 건설	세종시금남면 ~ 회암동	L=7.34km B=20m(4차로)	2019 ~2023	1,970(국비) /행복청 시행	
2	와동~신탄진간 도로 개설	대덕구 와동IC ~ 신탄진 용정초교	L=5.72km B=20m	2018 ~2023	1,298 (국비 649/ 지방비 649)	
3	회덕IC 건설	대덕구 연축동 ~ 대덕구 신대동	L=0.84km(IC 산설)	2018 ~2022	721 (국비 360.5/ 지방비 360.5)	
4	대덕특구동측진입도로 개설	유성구 문지동 ~ 대덕구 신대동	L=0.99km B=25m	2020 ~2023	692 (국비 314/ 지방비 378)	
5	대전산업단지 서측진입도로 건설	서구 평송3가 ~ 대덕구 대화동 (구무리 마을)	L=0.42km B=23.9m~30.4m (교량, 양방향 4차로)	2016 ~2021	410.1 (지방비)	추진중
6	외삼~유성복합터미널 BRT 연결도로 건설	유성구 구암동 (유성복합터미널) ~ 외삼동	L=6.6km B=40m~50m (8~10차로)/2단계	2014 ~2019	1283.5 (국비 641.7/ 지방비 641.7)	추진중
7	홍도동 과선교 개량(지하화)	동구 홍도동 ~ 삼성동 지내 (동서로, 광로 3-1호선)	L=1.0km B=37.4m~45.9m (왕복 4차로→6차로 확장)	2010 ~2019	1368 (국비 397/ 지방비 971)	추진중
8	도안대로 개설	서구 관저동 ~ 목원대	L=1.9km B=50m(10차로)	2013 ~2019	884 (지방비)	추진중
9	서대전IC~두계3가 (국도4호선) 도로 확장	서구 관저동 ~ 계룡시두마면	L=5.54km B=18.5m~27m (왕복 4차로→6차로 확장)	2017 ~2022	553.3 (국비 276.7/ 지방비 276.7)	추진중
10	정림중~ 버드내교간 도로 개설	서구 정림동 ~ 중구 사정동	L=2.4km B=20m	2019 ~2023	827 (국비 360/ 지방비 467)	
계	10개 사업				10,006.9 (2017년 이후 9,500)	

출처 : 대전광역시 교통건설국 내부자료.

- 통행량이 많은 도로 중 교통이 원활하지 않은 간선도로의 정비사업은 총 10개 사업으로 사업비는 약 9,500억원으로 추정

- (추진 중) 대전산업단지 서측진입도로 건설 사업, 외삼~유성복합터미널 BRT 연결도로 건설 사업, 홍도동 과선교 개량(지하화) 사업, 도안대로 개설 사업, 서대전 IC~두계(국도4호선) 도로 확장 사업 등
- (계획) 금남~북대전 IC 연결도로 신설 사업, 와동~신탄진간 도로 개설 사업, 회덕 IC 건설 사업, 대덕특구 동측진입도로 개설 사업, 정림중~버드내교 간 도로 개설 사업 등

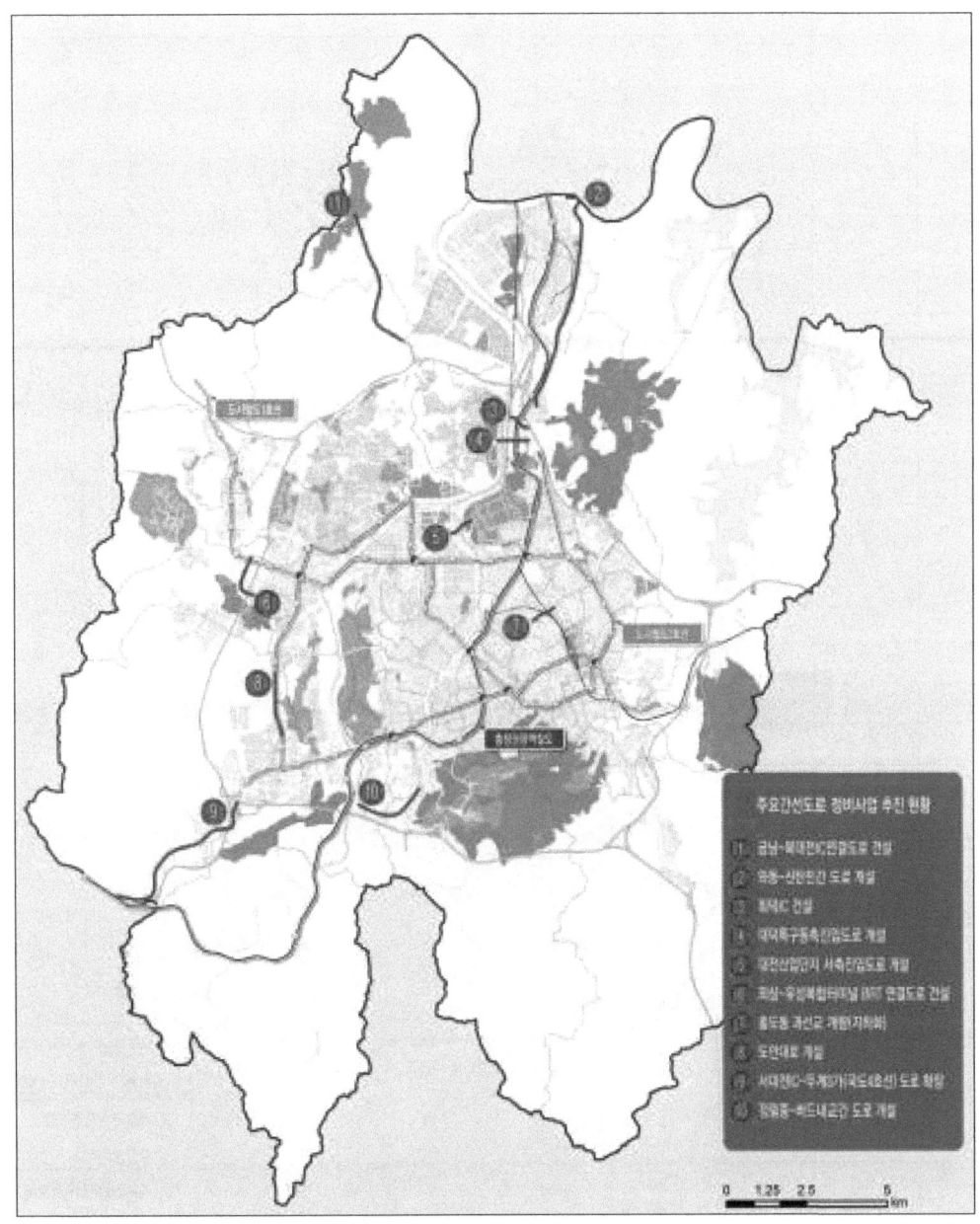

[그림 2-50] 기타 주요 간선도로망 정비사업 추진 현황

(4) 물류인프라 확충사업

▍화물터미널 건립 및 공영차고지 확충사업

• 당초 북대전 화물터미널 후보지 2개소, 화물차 공영차고지(대전, 북대전) 확충안이 제시

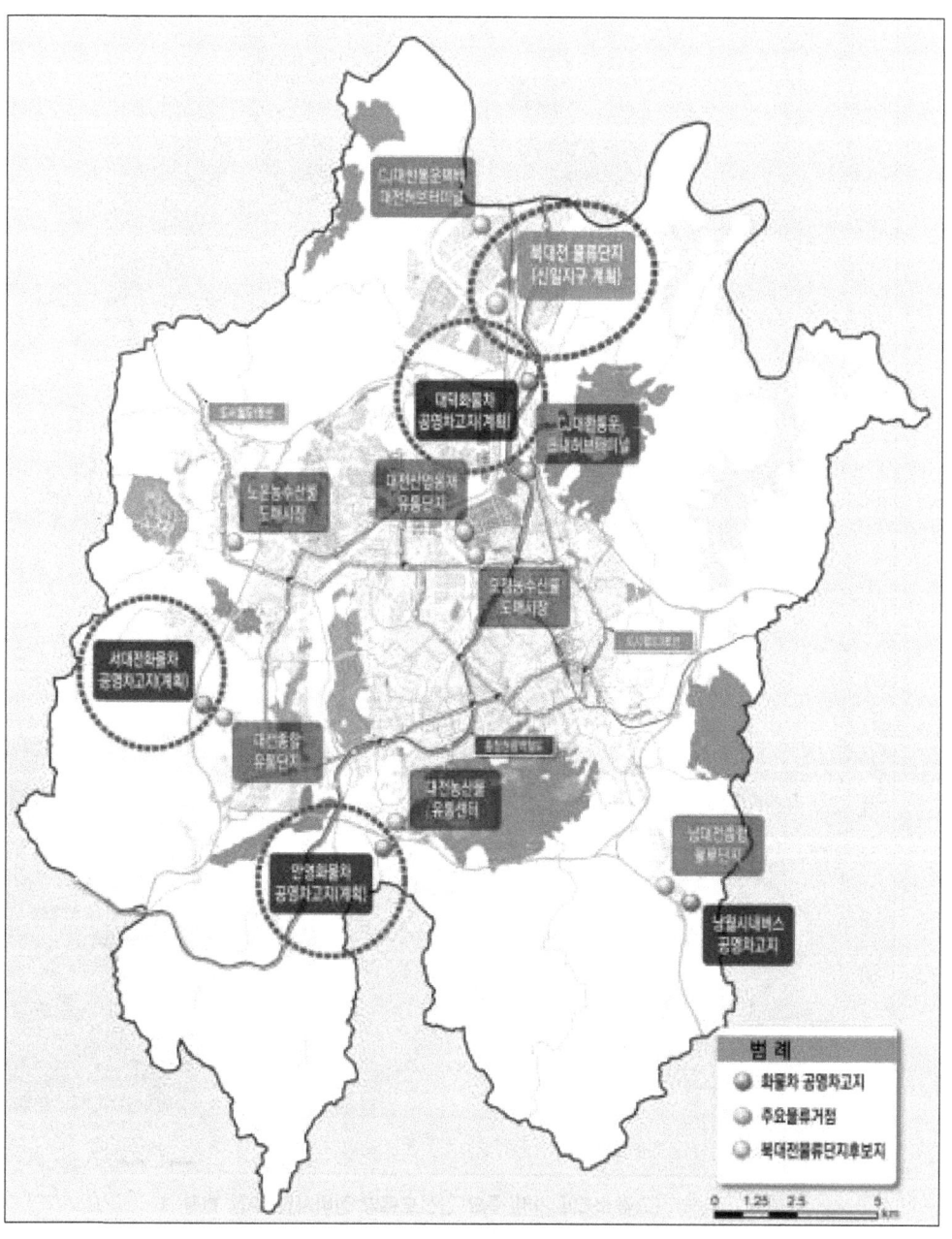

[그림 2-51] 화물터미널 및 공영차고지 조성 사업 추진 현황

- 현재는 북대전 종합물류단지(신일지구), 중소기업 공동물류센터(북대전 종합물류단지 내), 화물차 공영차고지(대덕, 서대전, 안영) 조성 등으로 물류기본계획을 변경하여 추진 중
- 북대전 종합물류단지 조성이 필요한 이유로서 북부권(대덕구 및 유성구 일부)에서 가장 많은 물동량이 발생하고 있으나, 물류활동 수요를 감당할 수 있는 종합물류단지가 인근지역에 부재
- 따라서, 원활한 화물운송체계를 마련하여 기업 물류비 절감 및 물류 경쟁력 강화를 위해 북대전종합물류단지 건설이 반드시 필요한 상황임
- (북대전 종합물류단지) 순수물류기능(집배송 및 보관 등)을 담당하는 물류시설용지와 도로 및 녹지 등의 공공시설용지로 구성, 사업면적 규모는 약 262,793㎡에 총 사업비는 967억원이 소요될 것으로 예상
- (대덕 화물차공영차고지) 대덕구 신대동 일원, 시설면적 : 81,453㎡, 화물차주차장 521면, 소형차주차장 116면, 사무실(휴게시설), 주유소, 이주자 택지 등, 총 사업비 500억원(국비 350, 지방비 150) 소요 예상
- (안영 화물차공영차고지) 중구 안영동 일원, 시설면적 : 44,772㎡, 화물차주차장 161면, 소형차주차장 65면, 사무실(휴게시설), 주유소 등, 총 사업비 250억원(국비 175, 지방비 75) 소요 예상
- (서대전 화물차공영차고지) 유성구 용계동 일원, 시설면적 : 72,751㎡, 화물차주차장 306면, 소형차주차장 165면, 사무실(휴게시설), 주유소 등, 총 사업비 400억원(국비 280, 지방비 120) 소요 예상

(5) 마을공동체 지원 사업

▌마을공동체 활성화 사업 추진 현황

- 마을공동체 사업은 급속한 도시화 과정에 따른 누적된 도시문제 해결과 공동체 의식의 회복을 통한 도시 삶의 질을 향상시키기 위한 대안으로 추진되어 왔음
  - 마을공동체 활동은 주민자치를 통한 풀뿌리 민주주의의 구체적인 실현수단이라는 점과 시민이 도시행정의 중요한 의사결정 주체(시민주권)자로서 지역사회의 문제를 해결하고 마을 및 지역을 더 살기 좋은 곳으로 바꿔나가고자 하는 사회 운동의 한 형태이기도 함
- 주민자치를 하기 위해서는 구성원 사이의 상호 신뢰관계 형성이 매우 중요하고, 호혜의식, 참여의지, 정의감 등이 요구되는데, 이는 사회가 공통으로 가지는 자본으로서 '사회적 자본'을 의미함
- 지역 또는 마을공동체는 이러한 사회적 자본을 길러내는 좋은 산실이자 학습의 장이기도 함
- 대전시는 그간 시민사회 영역에서 자발적으로 활동해 온 마을공동체 운동을 체계적으로 지원하기 위해 지난 2013년부터 '대전형 좋은 마을만들기 지원사업'을 추진해 왔음

- 지역의 사회자본 증진을 위한 정책의 일환으로 2013년부터 시민공모 방식으로 추진되어 올 해까지 총 1,276건의 마을만들기 지원사업이 공모되어 이 중 773개의 사업이 선정되어 지원을 받았음

〈표 2-61〉 대전 마을공동체 활성화 사업 추진 현황(2013~2018년)

구분	총사업(A)	선정사업(B)	총비율	선정비율	B/A비율
가꾸자	80	33	6.30%	4.30%	41.30%
공동체우선복원	2	2	0.20%	0.30%	100.00%
공유공간	12	8	0.90%	1.00%	66.70%
공유기업	3	3	0.20%	0.40%	100.00%
공유네트워크	64	23	5.00%	3.00%	35.90%
공유마을	9	7	0.70%	0.90%	77.80%
리빙랩	6	6	0.50%	0.80%	100.00%
모이자	508	408	39.80%	52.80%	80.30%
지역화폐	3	3	0.20%	0.40%	100.00%
청년거점	12	7	0.90%	0.90%	58.30%
해보자	577	273	45.20%	35.30%	47.30%
합계	1,276	773	100%	100%	

- '대전형 좋은 마을만들기 지원사업'의 유형은 크게 3개의 성장단계로 구분되는데, 「모이자」단계에서는 마을의제를 발굴하는 사업으로서 소규모 사업에 해당하고, 「해보자」단계에서는 발굴된 마을의제를 사업화하는 단계로서 중규모 사업이 이에 해당됨
- 「가꾸자」단계는 1, 2단계를 통해 성장한 마을활동 및 마을사업이 지속적으로 유지되고, 공동체가 자립해 나갈 수 있는 기반을 다지는 사업으로 구분됨

〈표 2-62〉 마을만들기 진행단계별 사업 유형

구분	성장단계			분류기준
	1단계	2단계	3단계	
대전시	모이자	해보자	가꾸자	사업내용, 주민참여수준
서울시	씨앗단계	새싹단계	희망단계	사업내용, 주민참여수준
진안군	기초 형성기	기반 구축기	주민주도단계	사업내용, 참여주체
김선기 (2007)	주민참가단계	주민기획단계	주민주도단계	주민참여수준
이규선 외 (2012)	도입기	형성기	발전기	참여주체, 사업전략 및 성격 등
마쓰오 (2003)	초기단계	성숙기	발전기	참여주체별
송승현 (2008)	준비단계	구상단계	실천단계	관리단계	참여주체, 사업전략 참여주체의 지원사항 등

출처 : 박재묵 외 3인, 대전시 마을공동체의 현황과 실태조사, 2014.

- 지난 2015년 이후 민선6기 주요 공약사업의 일환으로 「대전광역시 공유활성화 지원 조례」가 제정되면서 공유(단체)기업[3] 및 공유네트워크[4] 지원 사업, 그리고 공유기반의 공동체 우

- 선 복원사업과 공유마을 지원 사업이 마을공동체 사업의 한 유형으로 추가되어 추진이 됨
- 여기에 더하여, 2017년에는 주민주도형 실험공간으로서 리빙랩 사업과 지역화폐의 보급 확대를 위한 실험적 시도로서 지역화폐 지원 사업이 추가되었고, 지역사회의 일꾼으로서 청년의 자립과 마을공동체와의 공존을 도모하기 위한 목적으로 청년거점 지원 사업이 추진됨
- 이처럼 '대전형 좋은 마을만들기 지원사업'은 시대적 변화의 요구에 따라 매우 다양한 형태의 사업들이 추가되면서 한편에서는 지원 사업에 대한 정체성에 대한 혼란과 사업관리에 있어 여러 문제점 등이 나타나기도 하였으나, 민의를 반영한 사업유형의 다양화를 통해 주민의 참여도와 이해도를 높이고자 한 점은 사업추진의 긍정적 효과라 할 수 있음
- '대전형 좋은 마을만들기 지원사업'에 지원한 단체의 유형들을 살펴보면, 개인사업자, 비영리법인, 법인, 주민모임, 협동조합 등 다양한 단체들이 참여한 가운데, 주민모임 조직이 가장 많은 공모사업 신청을 한 것으로 나타났으나, 개인사업자 및 협동조합에 비해 상대적으로 낮은 선정 비율을 보임

〈표 2-63〉 공모사업 지원 단체의 유형

구분	총단체(A)	선정단체(B)	총비율	선정비율	B/A비율
개인사업자	2	2	0.20%	0.30%	100.00%
비영리법인	161	70	12.60%	9.10%	43.50%
법인	50	22	3.90%	2.80%	44.00%
주민모임	1052	671	82.40%	86.80%	63.80%
협동조합	11	8	0.90%	1.00%	72.70%
합계	1,276	773	100.00%	100.00%	

- 세부사업 유형별로는 공모사업 신청건수 기준으로 마을의제발굴형(165건)이 가장 많았고, 그 다음으로 생활환경개선(105건), 생활문화공유(91건), 공동공간(79건), 지역봉사(73건), 마을축제(70건), 물건재능공유(65건), 마을미디어(60건), 일반교육(58건), 음식공유(54건) 등으로 신청건수가 많았음
- 그러나, 신청건수 대비 선정비율을 살펴보면, 노인복지(100%), 마을학교(90.9%), 마을자원조사(88.5%), 공유마을(87.5%), 지역화폐(80.0%) 순으로 높았던 반면, 도시농업(0.0%), 인력양성교육(23.1%), 마을기업(33.3%), 생활문화공유(38.5%) 관련 사업의 선정은 상대적으로 낮았음

---

3) '공유단체'란 공유를 통해 경제, 복지, 문화, 환경, 교통 등 사회문제 해결에 기여하고자 하는 비영리민간단체 및 법인으로서 「대전광역시 공유활성화 지원 조례」 제6조에 따라 지정된 단체 또는 법인을 의미함
 '공유기업'이란 공유를 통해 경제, 복지, 문화, 환경, 교통 등 사회문제 해결에 기여하고자 하는 기업으로 「대전광역시 공유활성화 지원 조례」 제6조에 따라 지정된 기업을 의미함
4) '공유네트워크'란 공유를 위한 협력적 공동체인 사회관계망으로 「대전광역시 공유활성화 지원 조례」 제6조에 따라 지정된 사회관계망을 의미함

<표 2-64> 공모사업 세부사업 유형(2013~2018)

구분	총단체(A)	선정단체(B)	총비율	선정비율	B/A비율
공동공간	79	46	6.2%	6.0%	58.2%
공동육아돌봄	32	23	2.5%	3.0%	71.9%
공동텃밭	38	22	3.0%	2.8%	57.9%
공유마을	8	7	0.6%	0.9%	87.5%
교육상담	5	3	0.4%	0.4%	60.0%
노인복지	4	4	0.3%	0.5%	100.0%
도시농업	3	0	0.2%	0.0%	0.0%
독서공유	42	23	3.3%	3.0%	54.8%
마을기업	9	3	0.7%	0.4%	33.3%
마을미디어	60	32	4.7%	4.1%	53.3%
마을벽화	16	8	1.3%	1.0%	50.0%
마을의제발굴	165	112	12.9%	14.5%	67.9%
마을자원조사	26	23	2.0%	3.0%	88.5%
마을축제	70	40	5.5%	5.2%	57.1%
마을학교	22	20	1.7%	2.6%	90.9%
물건재능공유	65	39	5.1%	5.0%	60.0%
반려동물	10	6	0.8%	0.8%	60.0%
부모교육	19	11	1.5%	1.4%	57.9%
생활공예	25	16	2.0%	2.1%	64.0%
생활문화공유	91	35	7.1%	4.5%	38.5%
생활환경개선	105	53	8.2%	6.9%	50.5%
역사보전	4	3	0.3%	0.4%	75.0%
육아교육	39	28	3.1%	3.6%	71.8%
음식공유	54	38	4.2%	4.9%	70.4%
이야기발굴	12	9	0.9%	1.2%	75.0%
인력양성교육	13	3	1.0%	0.4%	23.1%
일반교육	58	36	4.5%	4.7%	62.1%
지역봉사	73	43	5.7%	5.6%	58.9%
지역안전	17	12	1.3%	1.6%	70.6%
지역화폐	5	4	0.4%	0.5%	80.0%
청년거점	12	7	0.9%	0.9%	58.3%
청년모임	26	20	2.0%	2.6%	76.9%
체험교육	8	4	0.6%	0.5%	50.0%
층간소음	11	7	0.9%	0.9%	63.6%
환경보전	50	33	3.9%	4.3%	66.0%
합계	1276	773	100.0%	100.0%	

연도별 마을공동체 지원사업의 유형

- 각 연도별 마을공동체 지원사업 유형을 살펴보면 다음 표와 같음
- 공동체우선복원사업의 경우, 2015년도에 중앙정부의 주거재생형으로 '우리동네살리기' 공모사업이 추진됨에 따라, 대전시에서 제안공모 사업으로 추진했던 세 곳의 후보지역(석교, 정림, 회덕)들과 연계하여 추진될 수 있도록 하기 위해 기존 가꾸자 공모사업 대신 공동체우선복원사업으로 지정하여 한시적으로 지원하였으나, 세 후보지역이 모두 최종 선정되지 못함

으로서 그 이후년도부터 중단됨

- 공유네트워크 지원 사업은 지난 2015년 2월 「대전광역시 공유활성화 지원 조례」가 제정됨에 따라 2015년과 2017년에 한해, 한시적으로 추진되었으나, 2018년에 중단되었고, 공유공간 지원사업의 경우에는 2016년에 추진 후, 2017년에 중단되었다가 2018년에 재추진이 됨

〈표 2-65〉 연도별 지원사업 구분(2013~2018)

구분		2013		2014		2015		2016		2017		2018		총합계
		건수	비율	건수	비율	건수	비율	건수	비율	건수	비율	건수	비율	
가꾸자	사업수	22	27.5	22	27.5	0	0.0	7	8.8	12	15.0	17	21.3	80
	선정수	5	15.2	4	12.1	0	0.0	4	12.1	10	30.3	10	30.3	33
공동체 복원	사업수	0	0.0	0	0.0	2	100.0	0	0.0	0	0.0	0	0.0	2
	선정수	0	0.0	0	0.0	2	100.0	0	0.0	0	0.0	0	0.0	2
공유 공간	사업수	0	0.0	0	0.0	0	0.0	2	16.7	0	0.0	10	83.3	12
	선정수	0	0.0	0	0.0	0	0.0	2	25.0	0	0.0	6	75.0	8
공유 기업	사업수	0	0.0	0	0.0	0	0.0	3	100.0	0	0.0	0	0.0	3
	선정수	0	0.0	0	0.0	0	0.0	3	100.0	0	0.0	0	0.0	3
공유네 트워크	사업수	0	0.0	0	0.0	58	90.6	0	0.0	6	9.4	0	0.0	64
	선정수	0	0.0	0	0.0	20	87.0	0	0.0	3	13.0	0	0.0	23
공유 마을	사업수	0	0.0	0	0.0	0	0.0	4	44.4	2	22.2	3	33.3	9
	선정수	0	0.0	0	0.0	0	0.0	2	28.6	2	28.6	3	42.9	7
리빙랩	사업수	0	0.0	0	0.0	0	0.0	0	0.0	2	33.3	4	66.7	6
	선정수	0	0.0	0	0.0	0	0.0	0	0.0	2	33.3	4	66.7	6
모이자	사업수	211	41.5	157	30.9	66	13.0	30	5.9	24	4.7	20	3.9	508
	선정수	169	41.4	99	24.3	66	16.2	30	7.4	24	5.9	20	4.9	408
지역 화폐	사업수	0	0.0	0	0.0	0	0.0	0	0.0	3	100.0	0	0.0	3
	선정수	0	0.0	0	0.0	0	0.0	0	0.0	3	100.0	0	0.0	3
청년 거점	사업수	0	0.0	0	0.0	0	0.0	0	0.0	12	100.0	0	0.0	12
	선정수	0	0.0	0	0.0	0	0.0	0	0.0	7	100.0	0	0.0	7
해보자	사업수	165	28.6	100	17.3	89	15.4	101	17.5	67	11.6	55	9.5	577
	선정수	50	18.3	44	16.1	45	16.5	51	18.7	43	15.8	40	14.7	273
합계	사업수	398	31.2	279	21.9	215	16.8	147	11.5	128	10.0	109	8.5	1,276
	선정수	224	29.0	147	19.0	133	17.2	92	11.9	94	12.2	83	10.7	773

- 공유(단체)기업 선정 지원사업의 경우, 2015년 8월에 관련 조례(제6조)의 개정을 통해 공유단체, 공유기업 및 공유네트워크 지정이 가능해 지면서 2016년 초 공유활성화위원회 개최를 통해 이들 공유(단체)기업을 선정하였으나, 2016년 이후 연도에 지속적인 선정은 이뤄지지 못했음

- 리빙랩 사업은 지난 2010년도 이후부터 학계 및 관련 주요 연구기관들에서 사회문제 해결형 과학기술혁신정책에 대한 다양한 논의들이 전개되고, 정부차원에서도 지난 2015년부터 사회문제 해결형 기술 R&D 사업이 본격화됨에 따라 연구단지 내 지역의 과학기술인을 중심으로 자생적인 논의가 이어지는 계기가 마련됨

- 이에 따라, 마을의 문제를 해결하기 위한 효율적인 수단으로서 리빙랩 사업에 대한 관심이 높아졌고, 지난 2017년부터 마을공동체 지원사업의 한 유형으로 실험적으로 도입된 이후, 점차 확대해 나가는 양상을 보이고 있음

- 지역화폐 지원사업의 경우도, 대전시는 지난 1999년 10월부터 한밭렛츠를 중심으로 '두루'라는 지역화폐가 자생적으로 활용되고 있으나, 한밭렛츠의 회원에 한해 재능과 물품을 나눠 쓰는 공동체 화폐로서의 역할에만 머물러 있어 지역화폐를 보다 활성화 시키고자 하는 지역의 요구가 끊임없이 제기되어 왔음

- 이에 따라 지난 2017년에 마을공동체 사업에 신규로 추가하여 시범사업을 추진했으나, 기대 이상의 성과를 올리지는 못하였음
  - 실제 지역화폐를 보급 및 유통시키기 위한 사업의 성격보다는 지역화폐에 대한 사전 연구 차원의 지원 사업 형태로 추진이 됨

- 이에 반해, 지난 2013년부터 추진되어 온 「모이자」,「해보자」,「가꾸자」 사업의 경우, 사업의 성격에 큰 변화 없이 2018년까지 지속적으로 추진이 됨
  - 그러나 「모이자」 사업의 경우, 점차 신청건수 및 선정건수가 점차 감소하는 경향을 보이고 있는 반면, 「해보자」 및 「가꾸자」 사업은 점차 감소하고 있는 신청건수 대비 선정건수는 일정 수를 유지하고 있어 최근 년도일수록 상대적으로 선정비율이 높아지는 경향을 보이고 있음
  - 초기 마을공동체 지원 사업이 기존 광역단위의 공모사업 위주로 추진이 되었으나, 최근에 자치구별로도 마을공동체 공모사업이 추진됨에 따라, 광역단위의 공모사업 신청건수가 점차 감소하고 있음

▌자치구별 지원사업의 유형

- 지난 6년간 마을공동체 지원사업의 자치구별 신청건수 및 선정 비율을 살펴보면, 2015년까지는 서구 및 중구에서 신청건수가 많았던 반면, 2016년 이후부터는 대덕구에서의 신청 및 선정 비율이 높아짐

- 이는 유성구 및 서구 등이 자체적으로 마을공동체 지원 사업을 추진하게 되면서, 광역단위의 신청건수 자체가 감소하면서 나타난 일종의 착시 현상으로 대덕구의 신청 건수 자체가 절대적으로 증가하여 나타난 결과는 아님

- 그 외 중구 및 동구의 경우에는 신청건수 및 선정 비율에 있어 큰 차이를 보이고 있지는 않으나, 유성구는 최근 신청건수 및 선정 비율이 점차 낮아지는 경향을 보이고 있음

- 과거 광역공모사업에 지원했던 많은 주민자치 조직 및 공동체들이 기초단위 공모사업 쪽으로 전환하여 지원했음을 추정해 볼 수 있는 대목임

- 이러한 결과는 지역별 선정건수에 대한 어느 정도의 지역 안배를 고려하여 재정자립도가 낮은 자치구에 대한 정책적인 우선 배려의 결과로도 이해해 볼 수 있음

- 자치구별로 주요 지원사업 유형을 살펴보면, 비록 선정건수는 많지는 않으나, 공유네트워크 및 공유마을 지원사업의 경우, 중구 유성구, 서구 순으로 선정 비율이 높게 나타난 반면, 리빙랩 사업은 대덕구와 동구에서 주로 선정되었고, 지역화폐 및 청년거점 사업 등은 중구, 서구, 동구 등에서 선정이 됨

- 「모이자」,「해보자」,「가꾸자」사업은 초기 공모사업 내용의 구체성 및 실행가능성, 소요예산

의 적절성 등을 우선적으로 고려하되, 지역안배 등에 대한 정책적 배려도 어느 정도 고려되었으나, 2016년 이후부터는 광역공모사업의 신청건수가 줄어들고 있는 상황에서도 보다 많은 자치조직 및 공동체들이 지원을 받을 수 있도록 선정 기준을 보다 완화하여 적용함으로써 전체적인 선정 비율을 높여주는 쪽으로 정책 추진방향이 바뀜

〈표 2-66〉 자치구별 공모사업 신청건수 및 선정건수 현황

구분	자치구	합계		비율		
		사업수(A)	선정수(B)	신청비율	선정비율	B/A비율
2013	소계	398	224	100.0	100.0	56.3
	대덕구	54	35	13.6	15.6	64.8
	동구	61	39	15.3	17.4	63.9
	서구	129	59	32.4	26.3	45.7
	유성구	65	32	16.3	14.3	49.2
	중구	89	59	22.4	26.3	66.3
2014	소계	279	147	100.0	100.0	52.7
	대덕구	51	29	18.3	19.7	56.9
	동구	53	29	19.0	19.7	54.7
	서구	78	33	28.0	22.4	42.3
	유성구	48	35	17.2	23.8	72.9
	중구	49	21	17.6	14.3	42.9
2015	소계	215	133	100.0	100.0	61.9
	대덕구	34	22	15.8	16.5	64.7
	동구	28	16	13.0	12.0	57.1
	서구	56	32	26.0	24.1	57.1
	유성구	47	28	21.9	21.1	59.6
	중구	50	35	23.3	26.3	70.0
2016	소계	147	92	100.0	100.0	62.6
	대덕구	41	29	27.9	31.5	70.7
	동구	22	14	15.0	15.2	63.6
	서구	38	24	25.9	26.1	63.2
	유성구	30	15	20.4	16.3	50.0
	중구	16	10	10.9	10.9	62.5
2017	소계	128	94	100.0	100.0	73.4
	대덕구	35	26	27.3	27.7	74.3
	동구	17	15	13.3	16.0	88.2
	서구	32	21	25.0	22.3	65.6
	유성구	23	14	18.0	14.9	60.9
	중구	21	18	16.4	19.1	85.7
2018	소계	109	83	100.0	100.0	76.1
	대덕구	31	21	28.4	25.3	67.7
	동구	18	14	16.5	16.9	77.8
	서구	20	18	18.3	21.7	90.0
	유성구	18	14	16.5	16.9	77.8
	중구	22	16	20.2	19.3	72.7
총합계		1276	773			60.6

▌사회적경제 조직의 지정 현황

- 대전광역시에 사회적 협동조합으로 지정받아 활동하고 있는 단체는 총 547개로 집계됨

<표 2-67> 대전광역시 사회적 협동조합 지정 현황(2018.6월 기준)

구분	사회적협동조합	사회적협동조합연합회	일반협동조합	일반협동조합연합회	총합계
건설업	1	0	12	0	13
교육 서비스업	21	1	65	0	87
농업 어업 및 임업	1	0	30	1	32
도매 및 소매업	0	0	141	1	142
보건업및 사회복지서비스업	9	0	12	1	22
부동산업 및 임대업	0	0	3	0	3
사업시설관리및 사업지원 서비스업	2	0	27	0	29
숙박 및 음식점업	1	0	17	0	18
예술스포츠및 여가관련 서비스업	1	0	45	0	46
운수업	0	0	13	0	13
전기 가스 증기 및수도사업	0	0	2	0	2
전문과학및 기술 서비스업	2	0	33	1	36
제조업	2	0	61	0	63
출판 영상 방송통신 및 정보서비스업	1	0	14	0	15
하수 폐기물 처리 원료재생 및 환경복원업	0	0	3	0	3
협회및단체수리 및 기타 개인 서비스업	3	1	18	1	23
총합계	44	2	496	5	547

- 한편, 대전광역시에서 활동하고 있는 마을기업수는 총 51개로 파악되었으며, 예비사회적기업은 30개, 그리고 사회적기업은 총 54개 기업이 활동하고 있는 것으로 집계됨

<표 2-68> 대전광역시 마을기업 지정 현황(2018년 기준)

마을기업유형	영농조합	주식회사	협동조합	총합계
도시마을공동체형		6	4	10
생태농업및로컬푸드형	9	3	2	14
생활여가문화형		5	5	10
제조유통공장점포형	1	6	10	17
총합계	10	20	21	51

<표 2-69> 대전광역시 예비사회적기업 및 사회적기업 지정 현황(2018년 기준)

사회적기업유형	선정수	비율	예비사회적기업유형	선정수	비율
사회서비스제공형	1	1.9%	농업법인	1	3.3%
일자리제공형	35	64.8%	법인	12	40.0%
지역사회공헌형	2	3.7%	사단법인	1	3.3%
혼합형	11	20.4%	협동조합	16	53.3%
기타	5	9.3%	합계	30	100.0%
합계	54	100.0%			

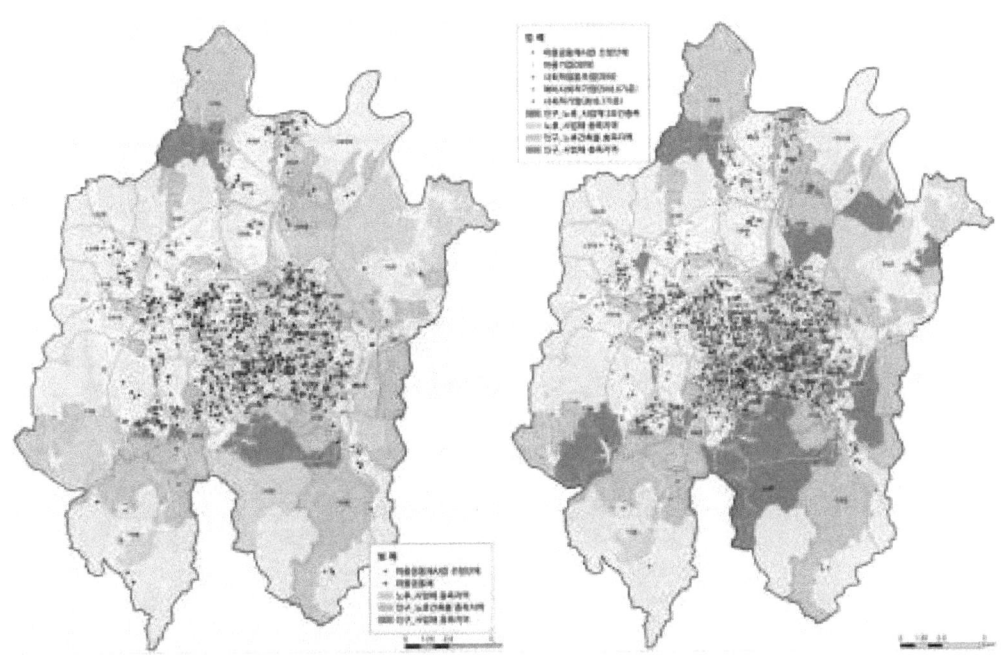

[그림 2-52] 마을공동체 및 사회적 경제 주체 활동 거점 현황

(6) 기타 주요 사업

- 도시공원 일몰제로 인한 도시공원의 효율적 대응 및 관리를 위해 지난 민선 6기에 적극적으로 추진되었던 민간공원 특례사업 등은 전면 재검토 과정 중에 있음
- 원촌 하수처리장은 장래 시설 확충 및 이전의 경제성 등을 종합적으로 고려하여 2025년에 금고동으로 이전 예정이나, 현재 기본구상 및 타당성 검토 과정에서 이전적지에 대한 활용방안에 대한 구체성 결여와 특구법과 산입법 상의 용지배분 비율 문제 및 사전 도시관리계획 상에 선반영 시켜야 하는 행정 절차 상의 이행 단계를 밟아 나가야 하는 선결 과제가 남겨져 있는 상황임

- 그 외 대전산단 재생사업, 갑천친수구역 개발사업, 서남부권(도안) 2단계 사업, 대전교도소 이전과 이전적지 개발, 대덕지구(용산지구) 공공지원 민간임대주택 조성사업, 서구 평촌동 일반산업단지 조성, 엑스포공원 재창조사업 등이 추진 중에 있으며, 대덕특구 리노베이션 조성사업 등이 검토 중에 있음

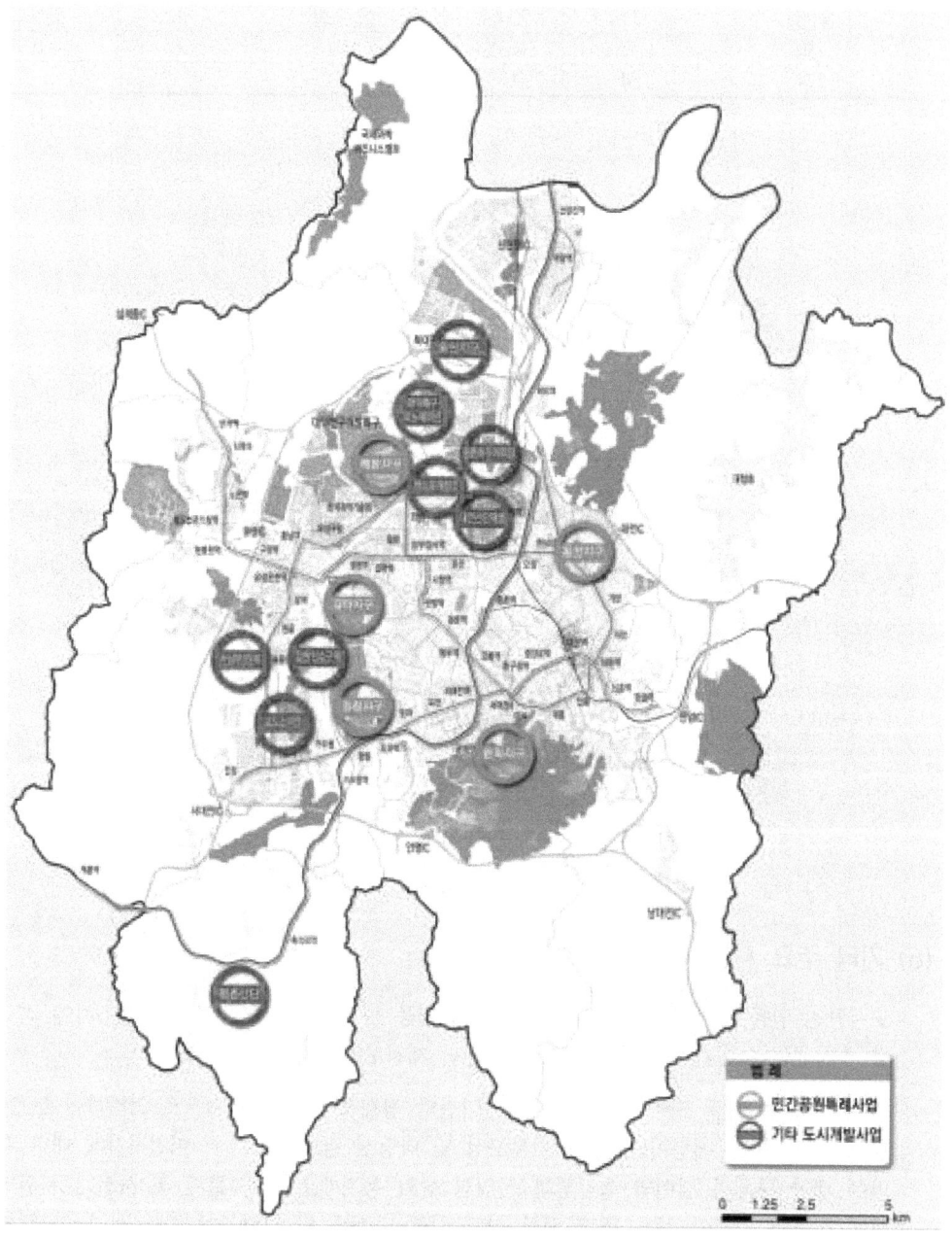

[그림 2-53] 기타 주요사업 현황

4. 정책적 함의

- 지금까지 국내외 도시정책의 변화흐름을 주요 산업혁명 시기별로 정리해 종합해 보면, 다음 그림과 같이 요약될 수 있음

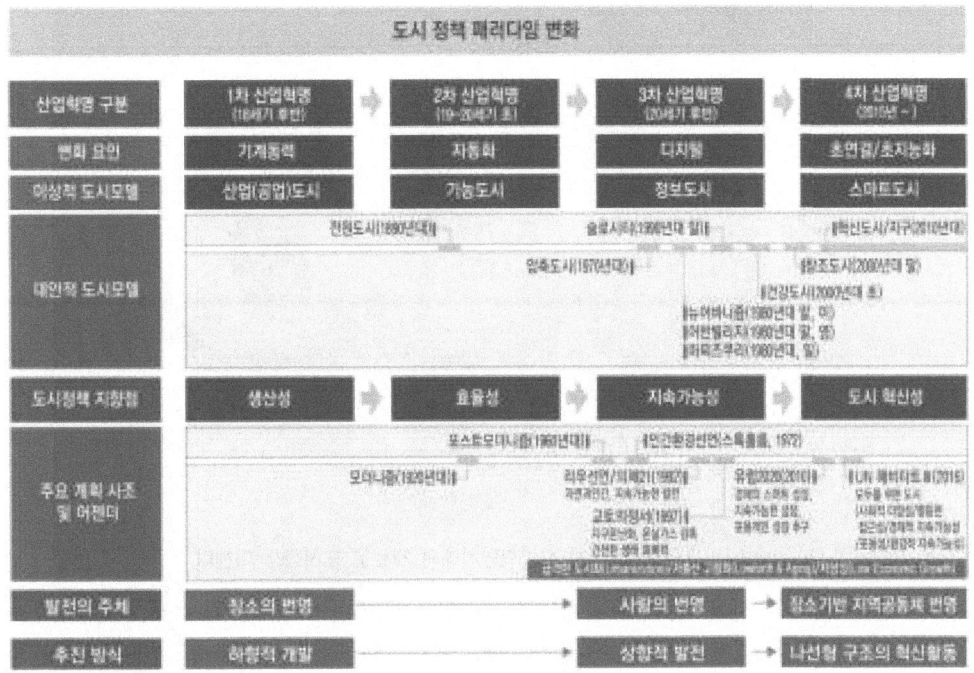

[그림 2-54] 주요 산업혁명 시기별 도시 정책의 패러다임 변화

- 과거 1차 산업혁명시기에서는 기계동력이 변화의 주요 요인이었다면, 2차 산업혁명에서는 자동화가, 3차 산업혁명에서는 정보화 및 디지털화가, 그리고 4차 산업혁명에서는 초연결성 및 초지능화 사회의 도래가 변화를 이끌어 내고 있음
- 이에 따라, 과거에는 생산성, 효율성, 지속가능성 등이 도시정책의 주요 지향점이 되어 왔으나, 최근에는 도시 자체를 하나의 혁신 플랫폼으로 이해하고 이를 변화시키고자 하는 정책적 노력들이 국내외적으로 활발히 추진되고 있음
- 또한, 과거에는 혁신의 주체자로서 정부, 대학, 기업의 역할이 중요하게 강조되어 왔다면, 최근에는 여기에 시민주체를 포함하여 시민의 주도적 역할이 보다 강조되고 있는 경향을 보이고 있음
- 따라서, 미래의 도시는 크라우드펀딩 내지 리빙랩에 기반한 시민 주도형의 사회 혁신 활동이 보다 확산될 것으로 전망되고 있음

[그림 2-55] 4차 산업혁명시대의 새로운 도시정책 아젠다

- 디지털공동체와 신뢰자본의 축적에 따른 협력 소비 기반의 공유경제 또한, 좀 더 확산될 것으로 예상되며, 첨단 과학기술에 의해 개인, 공간, 사물을 촘촘하게 연결시키는 초연결 사회로의 진입이 가속화 될 것으로 예상됨
  - 즉, 원가절감 및 대량생산 방식에 의한 값싼 시대(the Era of Cheap)는 가고, 스마트한 시대(the Era of Smart)가 도래함에 따라 지적능력(Brainpower)을 공유하기 위한 개방적 환경에 대한 변화 요구가 증대되고 있음
- ICT 등의 혁신기술은 도시환경을 변화시키는데 있어 시민 참여 기회를 보다 증대시킬 것으로 예상되는 바, 시민의 욕구(Needs)와 가치를 충족시킬 수 있는가 하는 여부가 도시정책을 결정하는데 있어 가장 중요한 고려요인이 될 것으로 예측되고 있음
- 이러한 시대적 변화 속에서 도시에 새로운 활력을 불어넣고자 하는 도시재생 방안에 대한 새로운 접근 역시 지속적으로 논의되고 확대될 것으로 전망됨

제3장
쇠퇴지역 분석 및 도시재생활성화지역 변경

1. 쇠퇴지역 분석

2. 도시재생활성화지역의 변경

1. 쇠퇴지역 분석(변경없음)

1.1. 분석진단 방법 및 절차

(1) 법적 근거

- 도시발전 과정상에서 제기되고 있는 도시쇠퇴 현상은 매우 다양하고 복합적인 요인으로 나타남에 따라 도시의 쇠퇴실태를 파악하기 위한 쇠퇴지표는 인구·사회, 산업·경제, 물리·환경 측면의 각 영역별 쇠퇴를 합리적이고 객관적으로 설명할 수 있어야 함
- 도시재생 활성화 및 지원에 관한 특별법 제2조(정의)①항1에 의하면 "도시재생"이란 인구의 감소, 산업구조의 변화, 도시의 무분별한 확장, 주거환경의 노후화 등으로 쇠퇴하는 도시를 지역역량의 강화, 새로운 기능의 도입·창출 및 지역자원의 활용을 통하여 경제적·사회적·물리적·환경적으로 활성화시키는 것을 말함
- 대전시의 쇠퇴지역 분석을 실시함에 있어「도시재생 활성화 및 지원에 관한 특별법」시행령 제17조의 도시재생활성화지역 지정의 세부 기준인 인구, 산업, 건축물 지표를 적용하여 쇠퇴지역 분석을 실시함

〈표 3-1〉 도시재생특별법상 도시재생활성화지역 지정의 세부기준

지표	요건	측정 내용	판단기준
인구	인구가 현저히 감소하는 지역	① 최근 30년간 인구가 가장 많았던 시기대비 현재 인구가 20% 이상 감소한 지역	1개 지표 이상 해당시 요건 충족 판정
		② 최근 5년간 3년 이상 연속으로 인구가 감소한 지역	
산업	총사업체 수의 감소 등 산업의 이탈이 발생되는 지역	① 최근 10년간 총 사업체수가 가장 많았던 시기 대비 현재 총 사업체수가 5% 이상 감소한 지역	1개 지표 이상 해당시 요건 충족 판정
		② 최근 5년간 3년 이상 연속으로 총 사업체 수가 감소한 지역	
건축물	노후주택의 증가 등 주거환경이 악화되는 지역	전체 건축물 중에서 준공된 후 20년 이상이 지난 건축물이 차지하는 비율이 50% 이상인 지역	-

출처 : 도시재생활성화 및 지원에 관한 특별법 시행령 제17조

(2) 분석방법 및 과정

- 지난 2016년에 수립된「2025 대전광역시 도시재생전략계획」에서는 자료 취득 및 분석방법의 한계 등으로 2014년 기준 행정동(77개)을 대상으로 한 쇠퇴 요건 및 측정지표를 선정하여 분석하였음

- 행정동 단위 분석에서는 보다 정교한 분석이 불가능하므로 쇠퇴지역에 대한 정확한 분석이 어려움
- 따라서 본 본 변경 계획에서는 필지, 통반, 집계구, 국가기초구역, 행정동, 법정동, 그리드 등의 공간분석 단위별 장단점을 검토한 뒤 자료 취득의 용이성 등을 고려하여 최소 집계구 및 통반 경계 단위로 쇠퇴지역을 분석함
  - 대전광역시의 경우, 2018년 기준으로 필지단위로는 총 289,521개, 통반으로는 2,719개, 집계구로는 3,070개, 국가기초구역(새우편번호)으로는 1,107개, 행정동은 79개, 법정동은 177개로 구분이 가능
  - 그리드 분석 시에는 반경 30M로 분할 할 경우, 232,680개, 50M로 분할시 84,206개, 100M로 분할 시 21,319개로 구획 구분이 가능

[그림 3-1] 공간분석 단위별 자료 취득 유무 및 분석 가능 여부

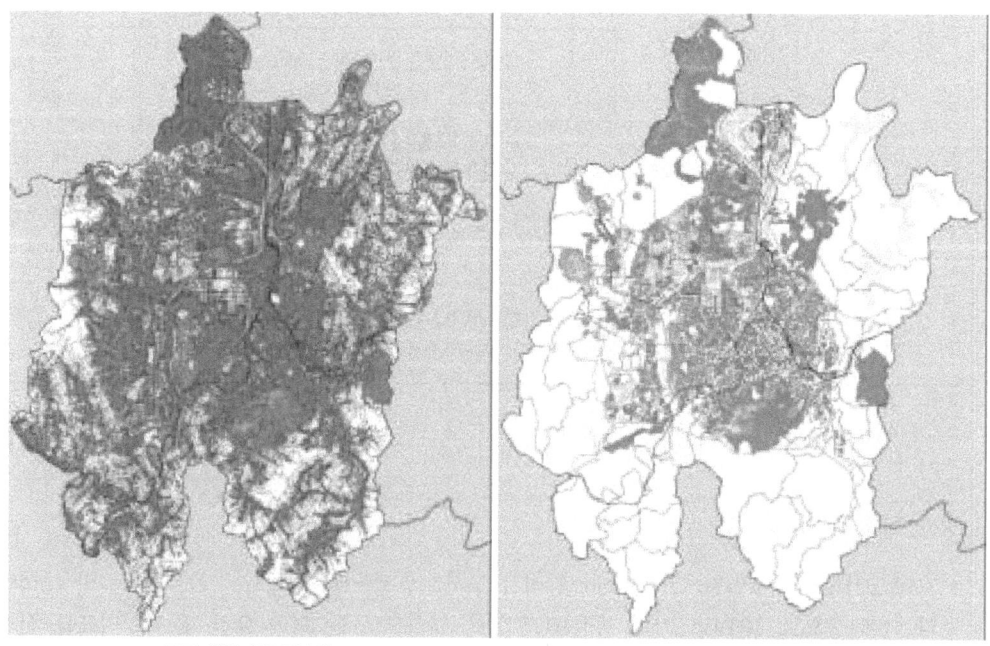

필지 현황 289,521개   집계구 현황 3,070개

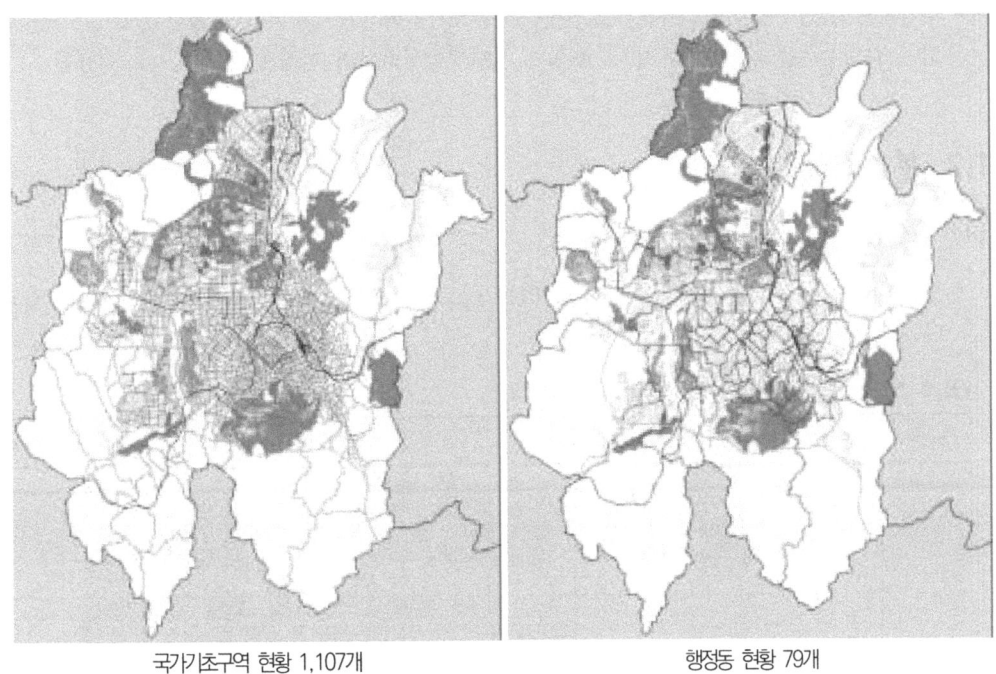

국가기초구역 현황 1,107개   행정동 현황 79개

- 판단기준은 다음 그림과 같이 3개 영역 5개 지표를 측정한 후, 인구 및 산업 요건에서 각 1개 이상 해당 시 요건 충족으로 판정하였고, 전체 3개요건 중 2개 이상을 만족하는 지역을 쇠퇴지역으로 선정하였음

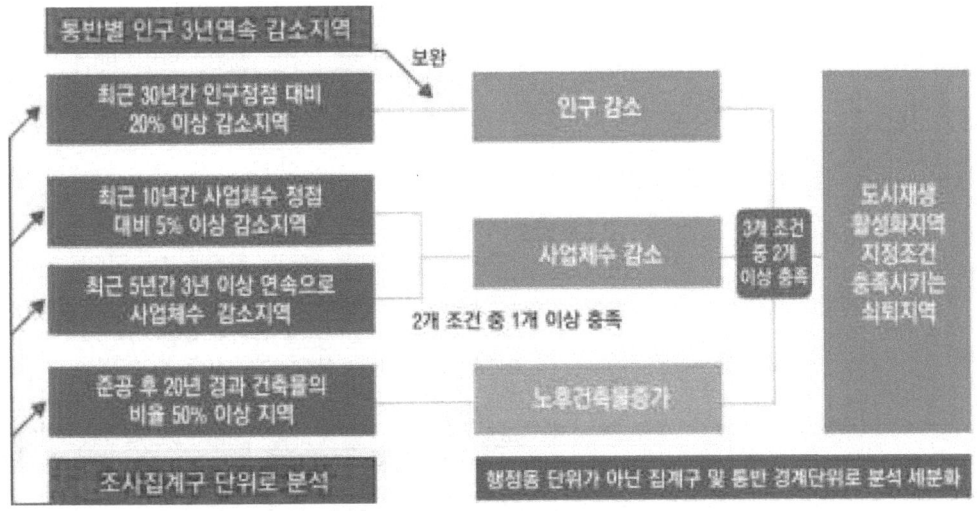

[그림 3-2] 쇠퇴지역 판단기준

- 추가적으로 인구, 산업, 건축물 요건을 모두 교차만족 하는 지역을 선정하였으며, 이는 절대적인 쇠퇴수준을 파악할 수 있어 향후 도시재생활성화지역 선정시 우선적으로 적용됨

1.2. 분석결과

(1) 행정동 단위 분석결과

- 도시재생 종합정보체계에서 제공하고 있는 자료를 토대로 분석한 쇠퇴지역의 분석 결과는 다음과 같음

〈표 3-2〉 대전광역시 행정동 단위 쇠퇴지역 분석결과

구분	측정내용	행정동	행정동수
인구	최근 30년간 인구가 가장 많았던 시기대비 현재 인구가 20% 이상 감소한 지역	노은2동, 가성동, 도마2동, 가수원동, 가장동, 용문동, 둔산3동, 월평1동, 월평2동, 변동, 도마1동, 오정동, 중리동, 법1동, 대화동, 법2동, 화덕동, 산탄진동, 판암2동, 판암1동, 가양1동, 홍도동, 석교동, 문화2동, 부사동, 유천1동, 대사동, 유천2동, 문창동, 오류동, 중촌동,	31
	최근 5년간 3년 이상 연속으로 인구가 감소한 지역	가성동, 복수동, 정림동, 도마2동, 내동, 과정동, 용문동, 탄방동, 갈마2동, 둔산3동, 둔산1동, 갈마1동, 월평1동, 둔산2동, 월평2동, 월평3동, 만년동, 관저2동, 변동, 도마1동, 오정동, 중리동, 송촌동, 법1동, 대화동, 비래동, 법2동, 화덕동, 덕암동, 산탄진동, 판암2동, 산인동, 대동, 판암1동, 중앙동, 삼성동, 용운동, 자양동, 성남동, 가양1동, 홍도동, 가양2동, 용전동, 대청동, 석교동, 산성동, 문화2동, 부사동, 유천1동, 대사동, 문화1동, 유천2동, 문창동, 오류동, 태평1동, 태평2동, 용두동, 목동, 중촌동, 산성동, 괴평동, 구즉동	62
	위 2개 요건을 충족하는 지역	가성동, 도마2동, 용문동, 둔산3동, 월평1동, 월평2동, 변동, 도마1동, 오정동, 중리동, 법1동, 대화동, 법2동, 화덕동, 산탄진동, 판암2동, 판암1동, 가양1동, 홍도동, 석교동, 문화2동, 부사동, 유천1동, 대사동, 유천2동, 문창동, 오류동, 중촌동	28
산업	최근 10년간 총 사업체수가 가장 많았던 시기 대비 현재 총 사업체수가 5% 이상 감소한 지역	도마2동, 가장동, 용문동, 갈마1동, 월평3동, 변동, 도마1동, 중리동, 산탄진동, 판암2동, 산인동, 중앙동, 삼성동, 성남동, 홍도동, 대청동, 문화2동, 대흥동, 은행선화동	19
	최근 5년간 3년 이상 연속으로 산업체수가 감소한 지역	변동, 산인동	2
	위 2개 요건을 충족하는 지역	변동, 산인동	2
건축물	전체 건축물 중에서 준공된 후 20년 이상이 지난 건축물이 차지하는 비율이 50% 이상인 지역	가성동, 정림동, 도마2동, 가수원동, 가장동, 내동, 과정동, 용문동, 탄방동, 둔산3동, 월평1동, 월평2동, 월평3동, 변동, 도마1동, 오정동, 중리동, 법1동, 대화동, 비래동, 법2동, 화덕동, 덕암동, 석봉동, 산탄진동, 효동, 판암2동, 산인동, 대동, 판암1동, 중앙동, 삼성동, 용운동, 자양동, 성남동, 가양1동, 홍도동, 가양2동, 용전동, 대청동, 석교동, 산성동, 문화2동, 부사동, 유천1동, 대사동, 문화1동, 유천2동, 문창동, 대흥동, 오류동, 태평1동, 태평2동, 용두동, 목동, 은행선화동, 중촌동, 구즉동	58
쇠퇴지역	2개 요건을 충족하는 지역	가성동, 도마2동, 용문동, 둔산3동, 월평1동, 월평2동, 변동, 도마1동, 오정동, 중리동, 법1동, 대화동, 법2동, 화덕동, 산탄진동, 판암2동, 판암1동, 가양1동, 홍도동, 석교동, 문화2동, 부사동, 유천1동, 대사동, 유천2동, 문창동, 오류동, 중촌동, 산인동	29
	3개 요건을 충족하는 지역	변동	1

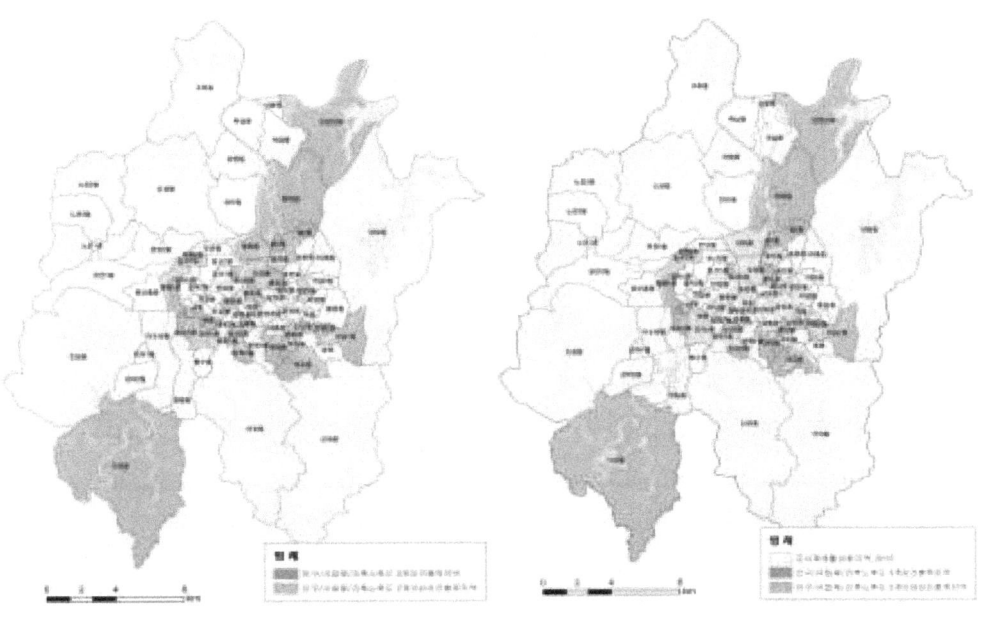

[그림 3-3] 행정동 단위 쇠퇴지역   [그림 3-4] 기존 도시재생활성화지역과의 중첩 결과

(2) 집계구 및 통반단위 분석결과

■ 인구/사업체/노후건축물별 2조건을 충족하는 쇠퇴지역 진단

- 최고 인구정점 대비 인구 20%이상 감소지역 및 최근 5년간 3년 연속 인구가 감소한 지역은 다음 오른쪽 그림과 같음
- 최고 정점 대비 사업체수 5%이상 감소한 지역과 최근 5년간 연속으로 사업체가 감소한 지역은 다음 왼쪽 그림과 같음
- 노후 건축물이 50% 이상을 충족하는 쇠퇴지역은 다음 하단의 오른쪽 그림과 같음

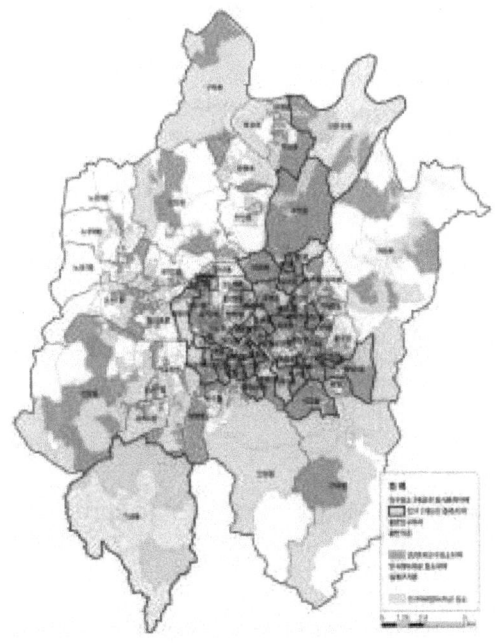

[그림 3-5 인구 2조건 충족 쇠퇴 지역

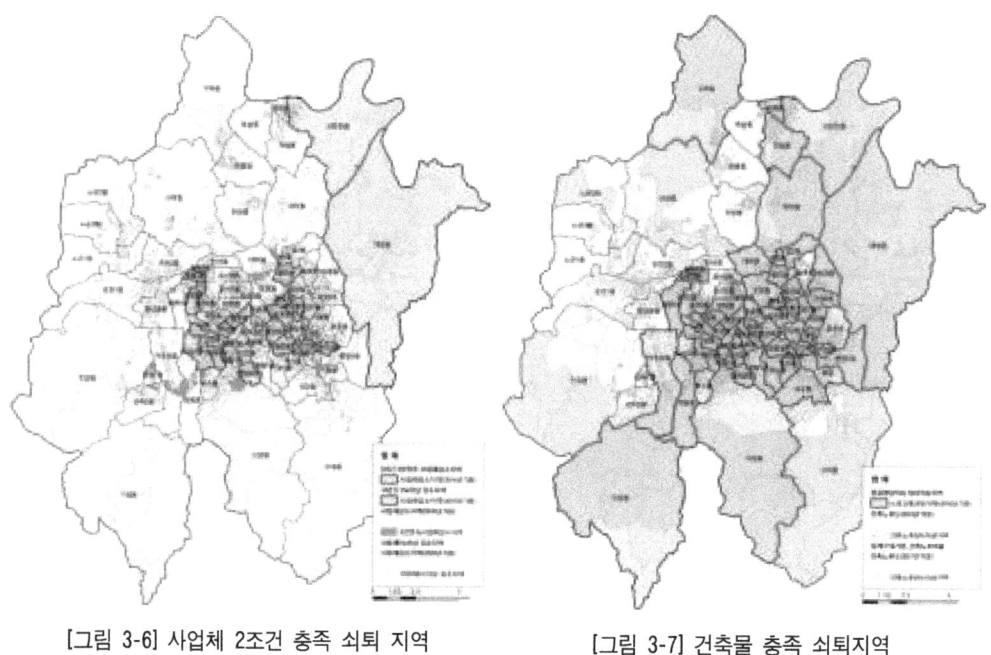

[그림 3-6] 사업체 2조건 충족 쇠퇴 지역 　　　　[그림 3-7] 건축물 충족 쇠퇴지역

▌인구 및 사업체 2개 조건을 충족하는 쇠퇴 지역

• 사업체 최소 1개 조건 충족 지역과 인구 최소 1개 조건을 동시에 충족하는 지역은 다음과 같음

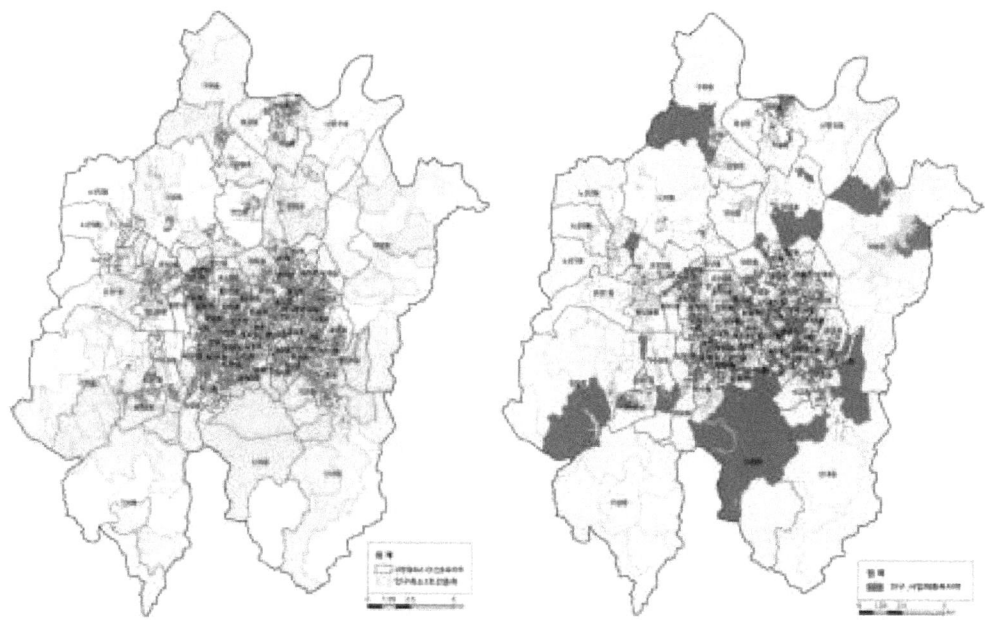

- 노후건축물 50% 이상 충족지역과 인구 최소 1개 조건을 동시에 충족하는 지역은 다음과 같음

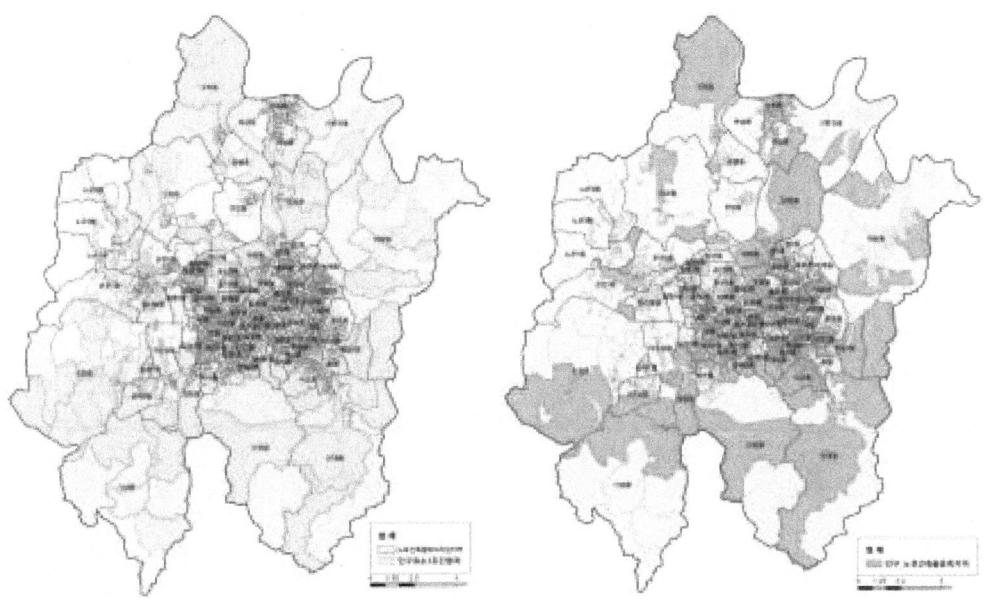

▌사업체 및 노후건축물 2개 조건을 충족하는 쇠퇴 지역

- 사업체 최소 1개 조건 충족 지역과 노후건축물 50% 이상 조건을 동시에 충족하는 지역은 다음과 같음

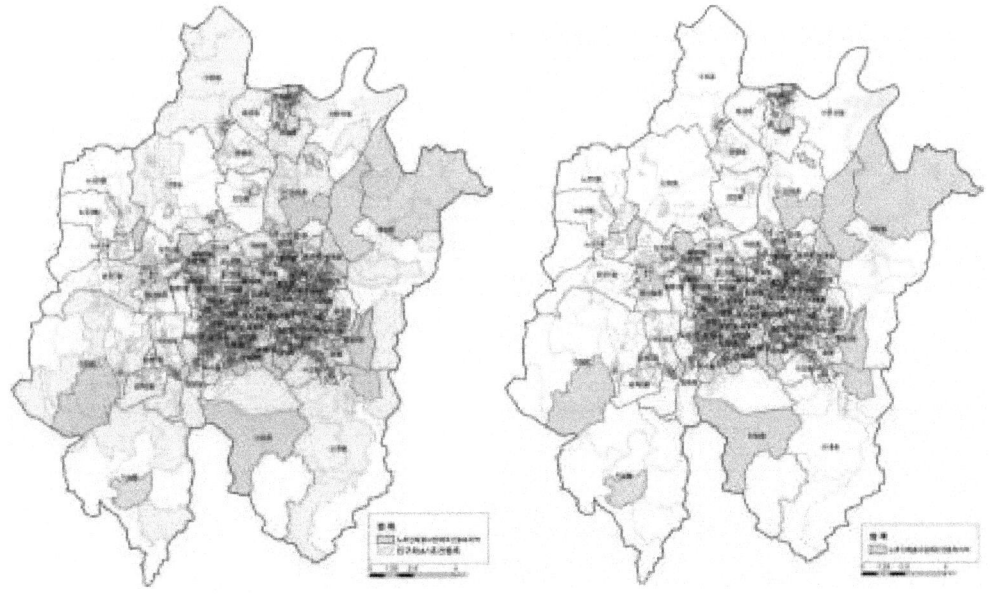

■ 인구, 사업체 및 노후건축물 3개 조건을 동시에 충족하는 쇠퇴 지역

• 인구 최소 1조건, 사업체 최소 1조건 및 노후건축물 50% 이상 충족 지역 등 3조건을 동시에 충족시키는 쇠퇴지역은 다음과 같음

[그림 3-8] 3조건 동시 충족 쇠퇴지역

(3) 쇠퇴지역 진단 분석 종합

• 집계구 및 통반 경계구역 단위로 쇠퇴지역에 대한 분석을 수행한 결과, 다음과 같은 쇠퇴지역 들이 도시재생활성화지역으로 지정이 가능한 지역으로 분류됨

〈표 3-3〉 도시재생활성화지역으로 지정 가능한 쇠퇴지역

가양1동	가수원동	가양2동	가오동	가장동
갈마1동	갈마2동	괴정동	구즉동	기성동
내동	대동	대사동	대청동	대화동
대흥동	덕암동	도마1동	도마2동	둔산3동
만년동	목동	목상동	문창동	문화1동
문화2동	법1동	법2동	변동	부사동
비래동	산내동	산성동	삼성동	석교동
석봉동	성남동	송촌동	신안동	신탄진동
어은동	오류동	오정동	온천1동	온천2동
용두동	용문동	용운동	용전동	월평1동
유천1동	유천2동	은행선화동	지양동	전민동
정림동	중리동	중앙동	중촌동	탄방동
태평1동	태평2동	판암1동	판암2동	홍도동
화덕동	효동	67개동		

제4장 도시재생 비전 및 목표 | 141

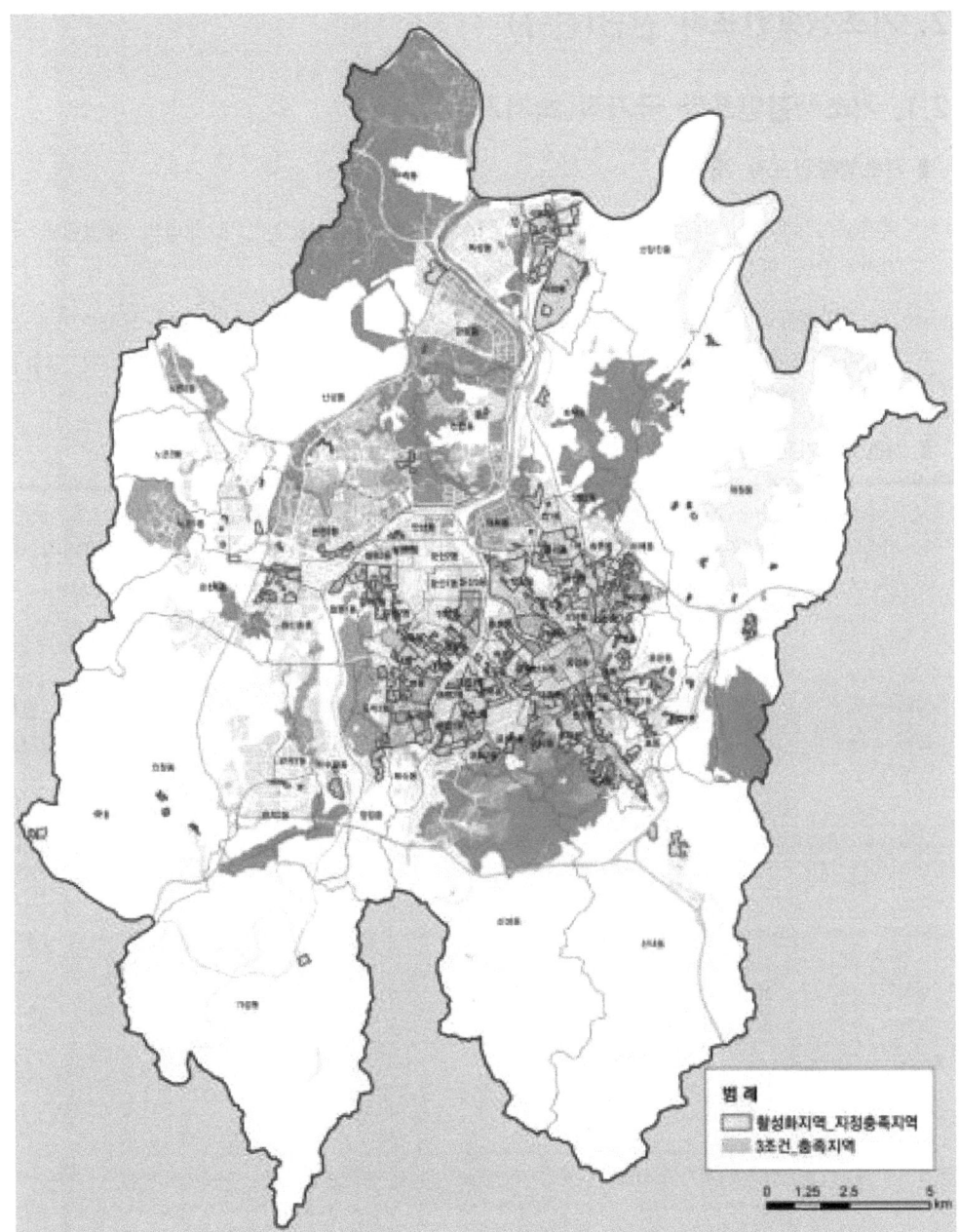

[그림 3-9] 도시재생활성화지역으로 지정 가능한 쇠퇴지역

2. 기초생활인프라 진단(신규)

2.1. 기초생활인프라 국가적 최저기준

┃ 기초생활인프라 개념

- 국가도시재생방침 개정 시행(2019년 1월)에 따라 기초생활인프라 개념의 재정립과 국가적 최저기준을 재정비를 실시함
- 기초생활인프라란 "거주지 근린에서 거주와 일상생화을 영위하는데 필요한 생활편의와 복지를 제공하는 시설"로서 공공이 공급하는 기반시설뿐만 아니라 필수적인 민간시설 및 생활밀착형 시설을 포함한 시설로 정의함

┃ 기초생활인프라 구분

- 기초생활인프라 시설은 근린 내 주민의 활동을 고려하여 15개의 시설 기능으로 구분되며, 시설의 위계와 규모를 고려하여 공간적 집약을 통해 규모화가 필요한 시설(지역거점:차량)과 접근성 제고를 위해 생활밀착형 서비스를 제공해야하는 시설(마을단위도보)로 구분함

설치단위	기능	시설	관련법	공급현황 등급	공급현황 구간한계	공급현황 시간거리	이용현황	장래수요(분) 평균	장래수요(분) 최빈값	기존기준	최저기준
지역거점 (차량)	학습	공공도서관	도서관법	(인구90%)	11.5km	27	16.8 (지자체+국립)	13.4	10	지자체립도서관 1개소/3만	10
	사회복지시설 돌봄	사회복지관 노인복지관	노인복지법	(인구90%)	16.3km	39	16.9	13.3	10		20-30
	의료	보건소 응급실 운영 의료기관	지역보건법 의료법	(인구90%) (인구90%)	8.5km 7.4km	20 18	19.7 28.3	13.8 18.7	10 10		20 30
	문화	공공문화시설 문화예술회관 전시시설	문화예술진흥법	(인구90%) (인구90%)	9.4km 8.8km	23 21	30.7 공연장 40.2	22.4 25.9	10 30		20
	체육	공공체육시설 경기장 체육관 수영장	체육시설법	(인구90%) (인구90%) (인구90%)	4.2km 7.6km 15.1km	10 18 36	- - -	- - -	- - -		15-30
	휴식	지역거점공원 (묘지공원 제외, 10만㎡ 이상)	도시공원법	(인구90%)	4.1km	10	-	-	-		10

※ 시간거리는 도보 3km/h, 자동차 25km/h로 환산   ▢ : 차량 기준 시간거리   : 도보 기준 시간거리

[그림 3-10] 기초생활인프라 국가적 최저기준(지역거점)

설치단위	기능	시설	관련법	공급현황 등급	공급현황 구간한계	공급현황 시간거리	이용현황	장래수요(분) 평균	장래수요(분) 최빈값	기존기준	최저기준
마을단위 (도보)	교육	유치원	유아교육법	9등급 (인구90%)	771m	16	12.1	9.6	10	1개소/ 2-3천 세대	5-10
		초등학교	초·중등교육법	9등급 (인구90%)	731m	15	9.5	8.5	10	1개소/ 4-6천 세대 학급당 학생수 21.5명	10-15
	학습	도서관	도서관법	4등급 (인구90%)	1.3km	27	11.2 마을도서관	10.3	10	작은도서관: 500가구 이상 1개소	10-15
	마을노인복지	어린이집	영유아보육법	9등급 (인구90%)	404m	8	9.6	7.5	5		5
		경로당	노인복지법	8등급 (인구90%)	289m	6	8.7	6.2	5	1개소/3만	
	돌봄	노인교실	노인복지법	8등급 (인구90%)	8.5km	170	11.8	8.9	10		5-10
	기초의료시설	의원	의료법	4등급 (인구90%)	1.4km	28	14.3	11.6	10	지역 보건의료 수요를 고려하여 서비스 전달추진	
		약국	약사법	4등급 (인구90%)	1.2km	24	10.9	8.4	10		
		건강생활지원센터	지역보건법								10
	생활체육시설	수영장 체육도장 체력단련장 간이운동장	체육시설법	4등급 (인구90%)	932m	19	12.8	10.8	10	생활체육 시설면적 4.2㎡/1인	10
	휴식	도시공원 (도보권 제외)	도시공원법	4등급 (인구90%)	761m	15	17.5	13.7	10	공원 면적 9㎡/1인	10-15
	주거편의 생활편의시설	폐기물 보관시설	폐기물 관리법		-	-	2.9분	3.2	5		5
		무인택배함					(초사생략)	4.2	5		
		소매점	건축법	4등급 (인구90%)	372m	8	11.4	9.7	10		10
	교통	공영주차장	주차장법	5등급 (인구90%)	2.3km	46	3.1	5.1	5	주거지내 주차장확보율 70%	주거지역 내 주차장 확보율 70% 이상

※ 시간거리는 도보 3km/h, 자동차 25km/h로 환산   : 차량 기준 시간거리   : 도보 기준 시간거리

[그림 3-11] 기초생활인프라 국가적 최저기준(마을단위)

2.2. 대전광역시 기초생활인프라 공급현황 진단

- 국가도시재생기본방침에 따라 마련된 기초생활인프라 현황자료는 도시재생전략계획 수립 시 생활SOC 현황 및 분석에 활용하여 도시재생 기본구상과 전략을 마련시 과부족 시설에 대한 공급계획을 포함하도록 권고하고 있음

- 기초생활인프라 현황조서와 GIS자료를 활용하여 국가적 최저기준 달성여부와 소외지역을 파악하고 각 활성화지역에 대한 과부족시설을 명시함으로써 활성화계획 수립시 기초생활인프라 시설의 확충과 관련된 주민 삶의 질 개선 등의 비전 및 목표를 수립과 구체적으로 기초생활인프라 시설 복합화 공급방안과 공공시설을 활용한 재생 활성화방안을 모색하도록 함

등급	초등학교 최저기준 500m		전체 유치원 최저기준 500m		전체 어린이집 최저기준 250m		도서관 최저기준 750m	
	구간거리(m)	누적인구비율(%)	구간거리(m)	누적인구비율(%)	구간거리(m)	누적인구비율(%)	구간거리(m)	누적인구비율(%)
1	154	11.0	119	10.8	58	10.8	253	39.7
2	205	24.5	165	22.7	73	24.7	448	68.7
3	253	37.3	208	34.3	88	38.4	758	85.7
4	302	49.7	252	45.6	106	50.9	1,275	91.8
5	351	60.6	301	56.3	126	62.6	1,909	94.1
6	405	70.5	354	66.5	153	73.0	2,637	95.7
7	471	79.5	424	75.8	184	82.2	3,494	96.9
8	561	87.3	525	84.6	232	89.7	4,625	98.0
9	731	94.2	724	92.9	328	95.7	8,522	99.0
10	5,897	100.0	17,104	100.0	19,342	100.0	27,753	100.0

등급	생활체육시설 최저기준 750m		경로당 최저기준 250m		노인교실 최저기준 500m		공영주차장 최저기준 500m	
	구간거리(m)	누적인구비율(%)	구간거리(m)	누적인구비율(%)	구간거리(m)	누적인구비율(%)	구간거리(m)	누적인구비율(%)
1	150	43.3	58	10.1	378	19.3	252	29.0
2	280	73.4	75	25.7	628	37.4	515	58.6
3	518	85.8	92	39.2	953	53.2	931	78.6
4	932	90.5	112	51.0	1,449	66.0	1,535	87.6
5	1,481	93.0	137	61.9	2,217	76.0	2,268	91.5
6	2,163	94.8	169	72.1	3,369	84.4	3,135	93.9
7	3,006	96.2	215	81.9	5,352	89.9	4,234	95.5
8	4,146	97.6	289	90.1	8,465	93.3	5,779	97.0
9	6,169	98.8	492	95.3	13,386	96.4	8,290	98.7
10	28,088	100.0	9,486	100.0	87,815	100.0	26,540	100.0

등급	소매점 최저기준 500m		약국 최저기준 1,000m		의원 최저기준 1,250m		근린공원 최저기준 750m	
	구간거리(m)	누적인구비율(%)	구간거리(m)	누적인구비율(%)	구간거리(m)	누적인구비율(%)	구간거리(m)	누적인구비율(%)
1	71	35.3	181	41.2	204	41.7	156	30.8
2	115	68.3	347	73.8	395	74.4	265	60.2
3	203	87.0	658	88.6	778	88.8	438	81.3
4	372	92.8	1,187	92.9	1,401	92.7	761	91.1
5	632	94.7	1,819	94.7	2,110	94.5	1,266	94.2
6	964	96.0	2,536	96.0	2,881	95.9	1,914	95.9
7	1,380	97.0	3,365	97.1	3,753	97.1	2,734	97.1
8	1,938	98.0	4,426	98.2	4,845	98.1	3,845	98.2
9	2,844	98.9	6,076	99.1	6,543	99.1	5,656	99.1
10	34,769	100.0	22,275	100.0	23,562	100.0	20,627	100.0

국가적 최저기준선을 포함하는 등급
(해당등급에 속하는 세생활권은 시설 접근거리를 참고하여 소외지역임을 판단해야 함)

국가적 최저기준선에 미달하는 등급 (해당등급에 속하는 세생활권은 소외지역임)

※ 국공립/사립 유치원, 국공립/민간 어린이집의 공급 현황 확인용 위한 참고자료로 별수를 구분하였으나 국가적 최저기준은 '전체 유치원'과 '전체 어린이집'에 대한 8A.B의 기준을 제시하고 있기에 본 표에서는 제외함

[그림 3-12] 기초생활인프라 마을단위 시설별 접근성 현황

■ 대전광역시 마을단위 기초생활인프라 공급 현황 분석 고려사항

- 본 계획에서는 마을단위시설에 대하여 국가적 최저기준 만족여부를 파악하여 기초생활인프라 과부족 시설을 도출함으로써 필요한 시설에 대한 공급 규모와 공간계획을 활성화계획에서 반영하여 사업대상지역 주민들이 보편적인 생활서비스를 제공받을 수 있도록 함

- 현황분석 도면은 대전광역시의 시설별 등급 현황(200 x 200m 격자, 전체 3,315개 지역)을 도면화한 것으로 시설별 접근성을 한눈에 파악할 수 있어 소외지역 탐색이 용이함

- 인구밀도와 접근성을 고려하여 격자별로 탐색된 쇠퇴외지역은 열지도 분석을 통해 우선공급지역을 도출함으로써 국가적 최저기준 미달을 해소하기 위한 과부족 시설 공급 방향을 설정함

- 향후 소외지역을 포함하는 도시재생활성화지역의 활성화계획 등의 구체적인 세부계획을 수립 시 효율적인 시설 마련을 위해 여러 시설들이 함께 있는 주민복합지원시설의 형태로 건립하거나 부지마련, 재원확보 등이 어려울 경우 활용 가능한 공공자산에 대한 조사 또는 기부를 받아 부지 및 건물을 확보하여 리모델링 등을 통해 시설을 공급하는 등의 소외지역에 대한 적극적인 시설 확보 방안들을 검토하여야 함

항목	필요성	생활SOC 관련 내용
기초조사	- 여건분석 및 기본구상의 기초자료 구축 - 지역의 현황 및 특성 파악 - 여건분석, 기본구상, 전략으로 이어지는 특성파악	- 상위계획 및 관련계획 내 기초생활인프라 최저기준 미달 시설 추가 공급계획 여부 설명 - 기초생활인프라 현황 파악을 통한 과부족 시설 도출 - 주민 설문 및 인터뷰를 통해 희망하는 기초생활인프라 시설 도출
쇠퇴진단 및 여건 분석	- 현황 및 특성 분석을 통한 재생필요지역 검토 - 잠재력을 활성화하고 문제점을 보완하는 계획방향 설정 - 모니터링 시 활용할 주요 평가 항목 도출	- 해당 지역 기초생활인프라의 과부족을 분석하여 인구와 연계한 인프라 확보가능성 분석
도시재생 기본구상	- 전략적 도시재생의 개념과 방향 제시 - 재생 필요지역의 재생방안 및 지역간 연계방안 등 제시	- 기초생활인프라 확충과 관련된 주민 삶의 질 개선 등의 비전 및 목표 수립
도시재생전략	- 도시재생전략의 세부전략 제시	- 기초생활인프라 시설 복합화 공급방안 수립 - 공공시설을 활용한 재생 활성화방안 모색

[그림 3-13] 도시재생전략계획 수립 시 생활SOC 반영 내용

-출처:기초생활인프라 공급 현황 자료 및 분석 안내서

▌대전광역시 마을단위 기초생활인프라 공급 현황 분석

- 03 유치원

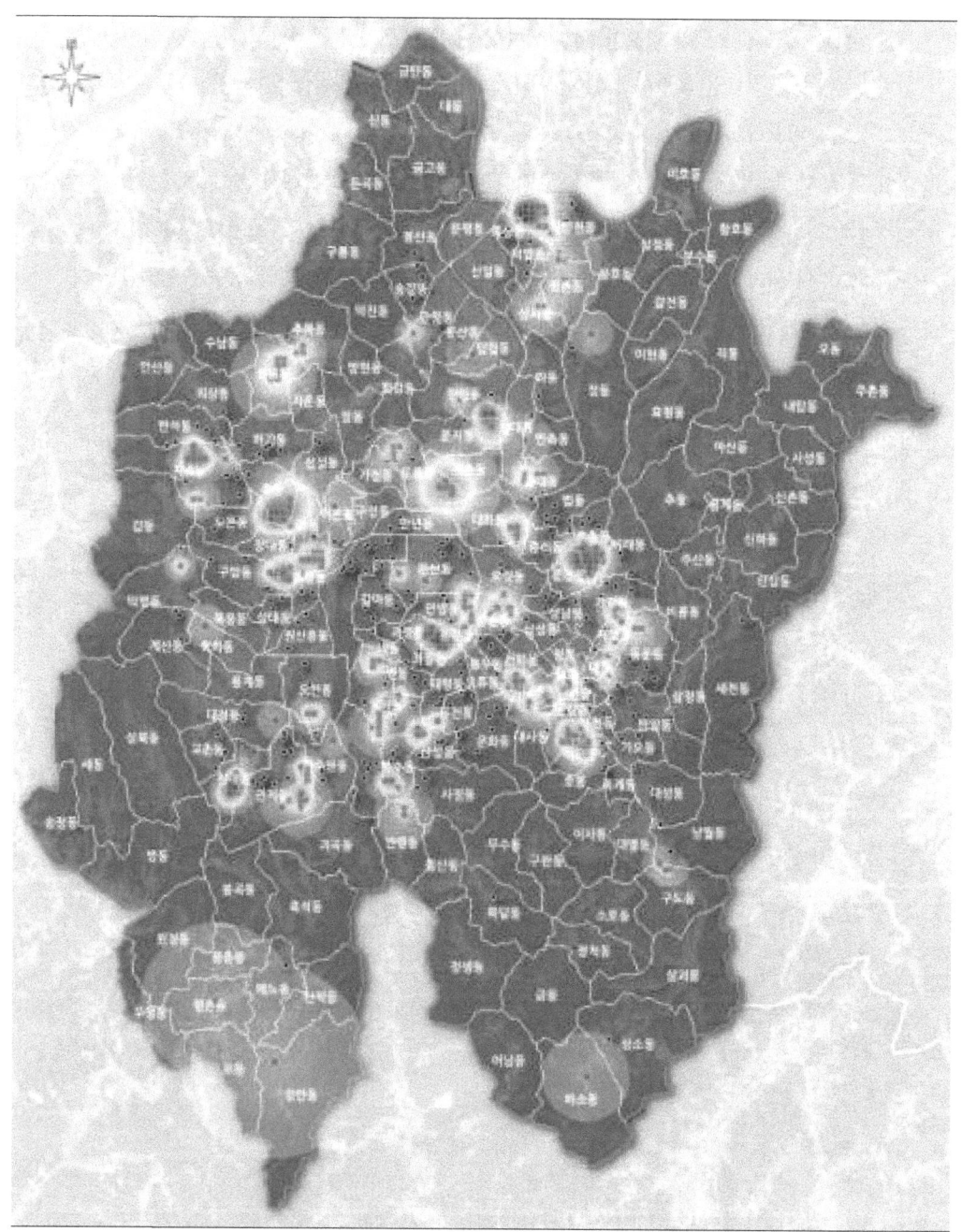

※ 대전광역시 유치원시설 과부족지역 2231개소,
※ 공급우선순위가 높은 지역 : 석봉동, 송촌동, 용전동, 용문동, 괴정동, 봉명동, 죽동, 지족동, 원내동

■ 소외지역
● 해당시설 위치
붉은색이 진할수록 공급우선순위 높음

- 04 초등학교

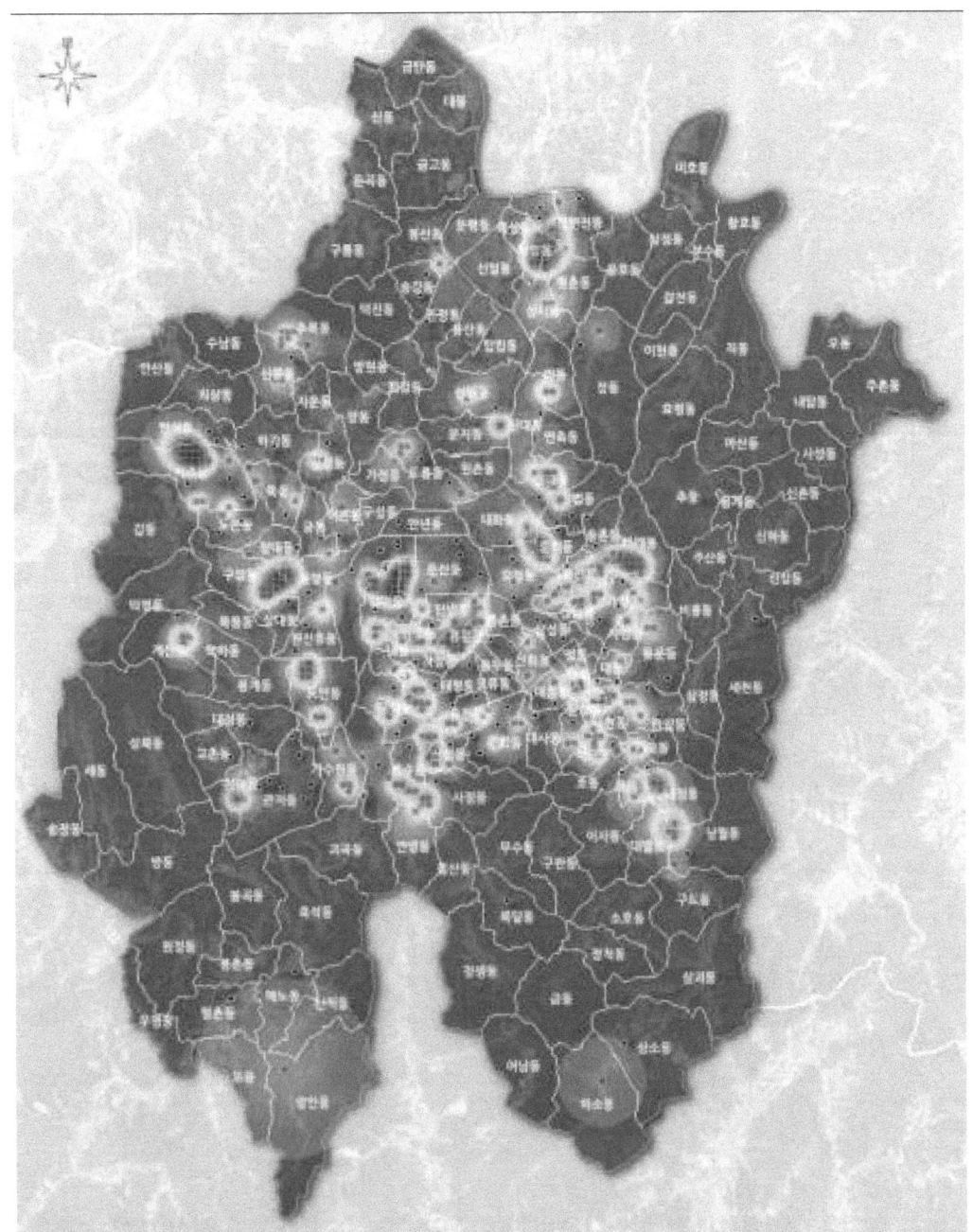

※ 대전광역시 초등학교 과부족지역 290개소.
※ 공급우선순위가 높은 지역 : 덕암동, 비래동, 중리동, 갈마동, 용문동, 봉명동, 구암동, 지족동

■ 소외지역
● 해당시설 위치
붉은색이 진할수록 공급우선순위 높음

- 05 도서관

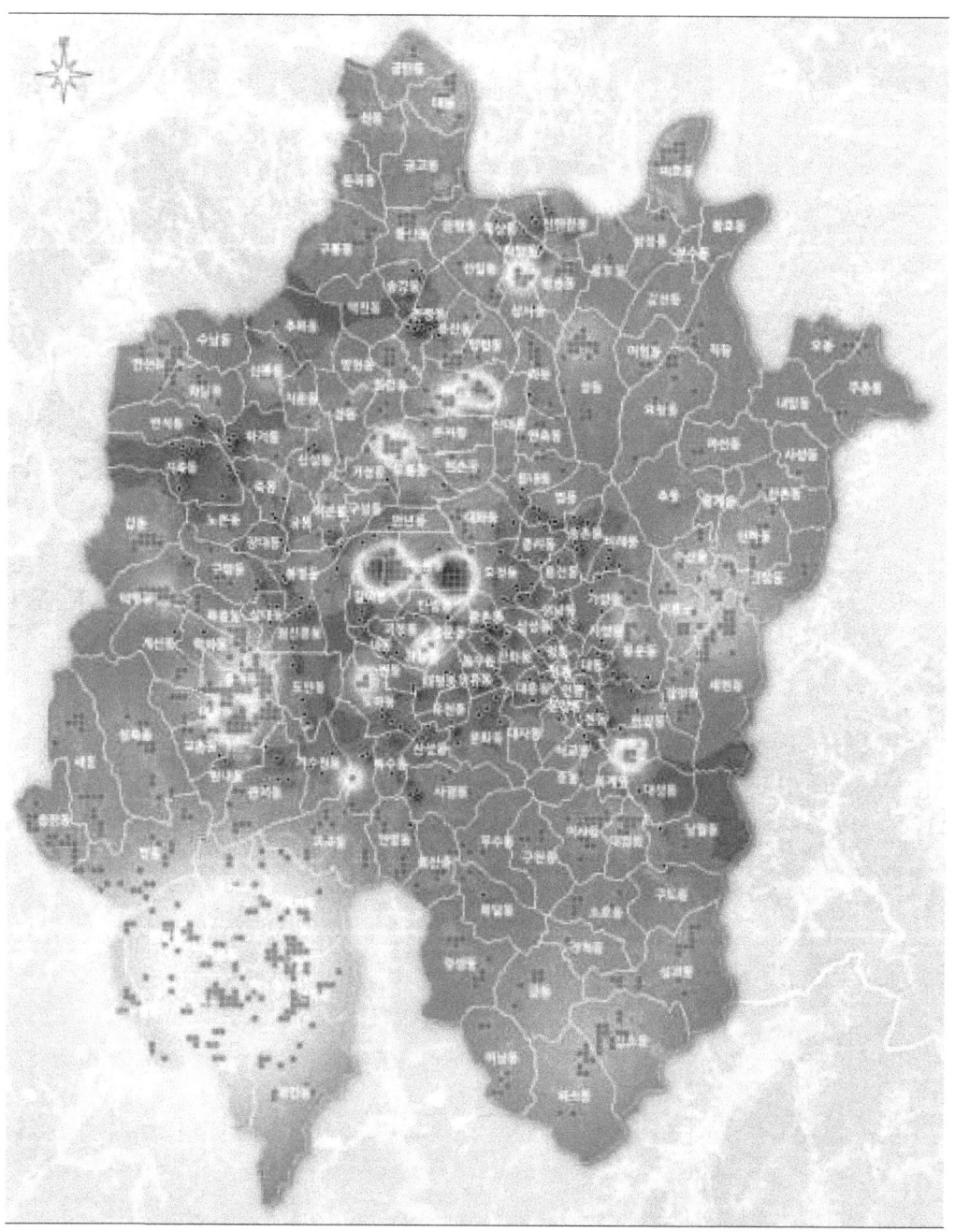

※ 대전광역시 도서관 과부족지역 884개소.
※ 공급우선순위가 높은 지역 : 둔산동, 갈마동, 대정동

- 08 어린이집

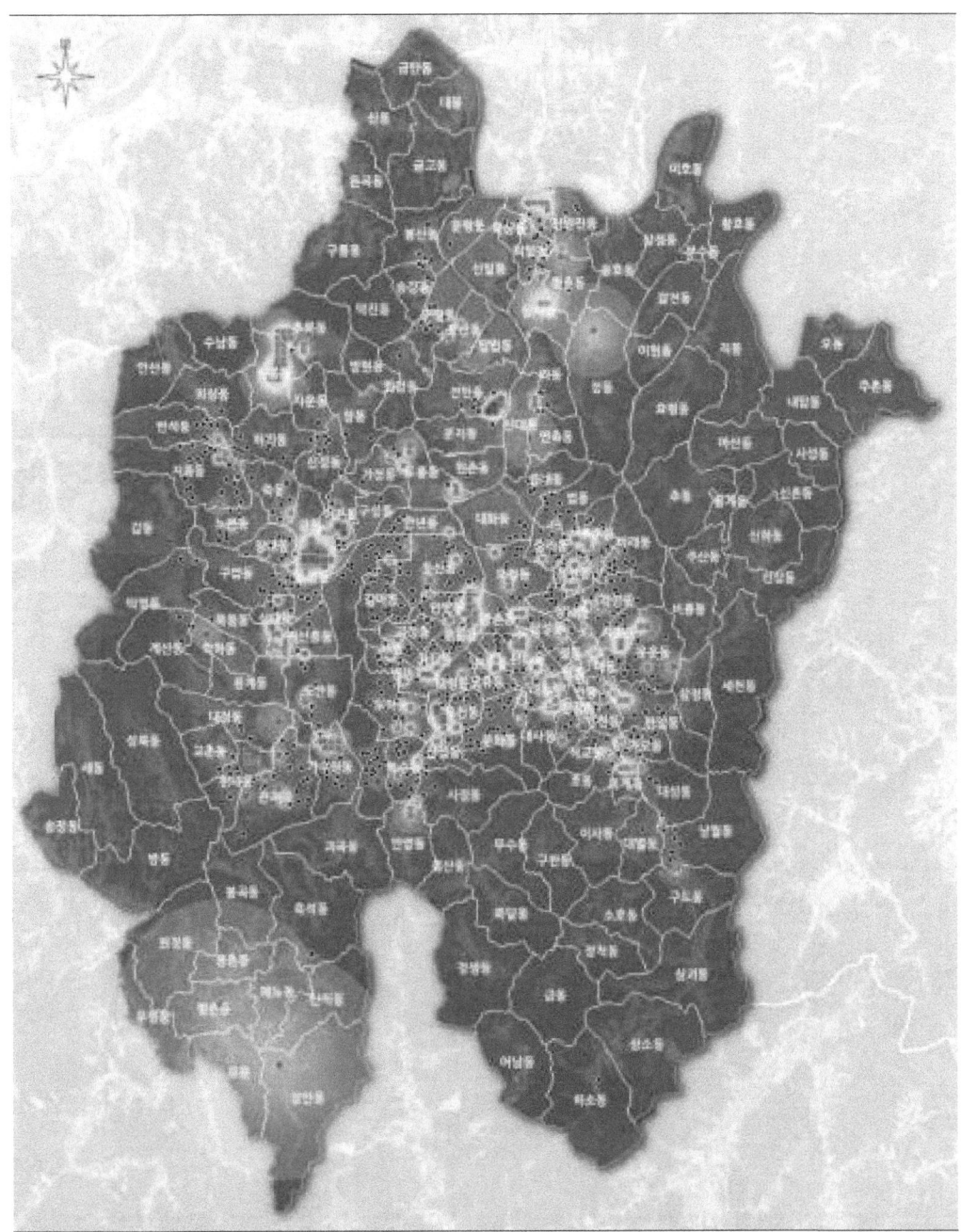

※ 대전광역시 어린이집 과부족지역 221개소.
※ 공급우선순위가 높은 지역 : 전민동, 어은동, 궁동, 봉명동, 태평동, 유천동, 내동

■ 소외지역
● 해당시설 위치
붉은색이 진할수록 공급우선순위 높음

- 09 경로당

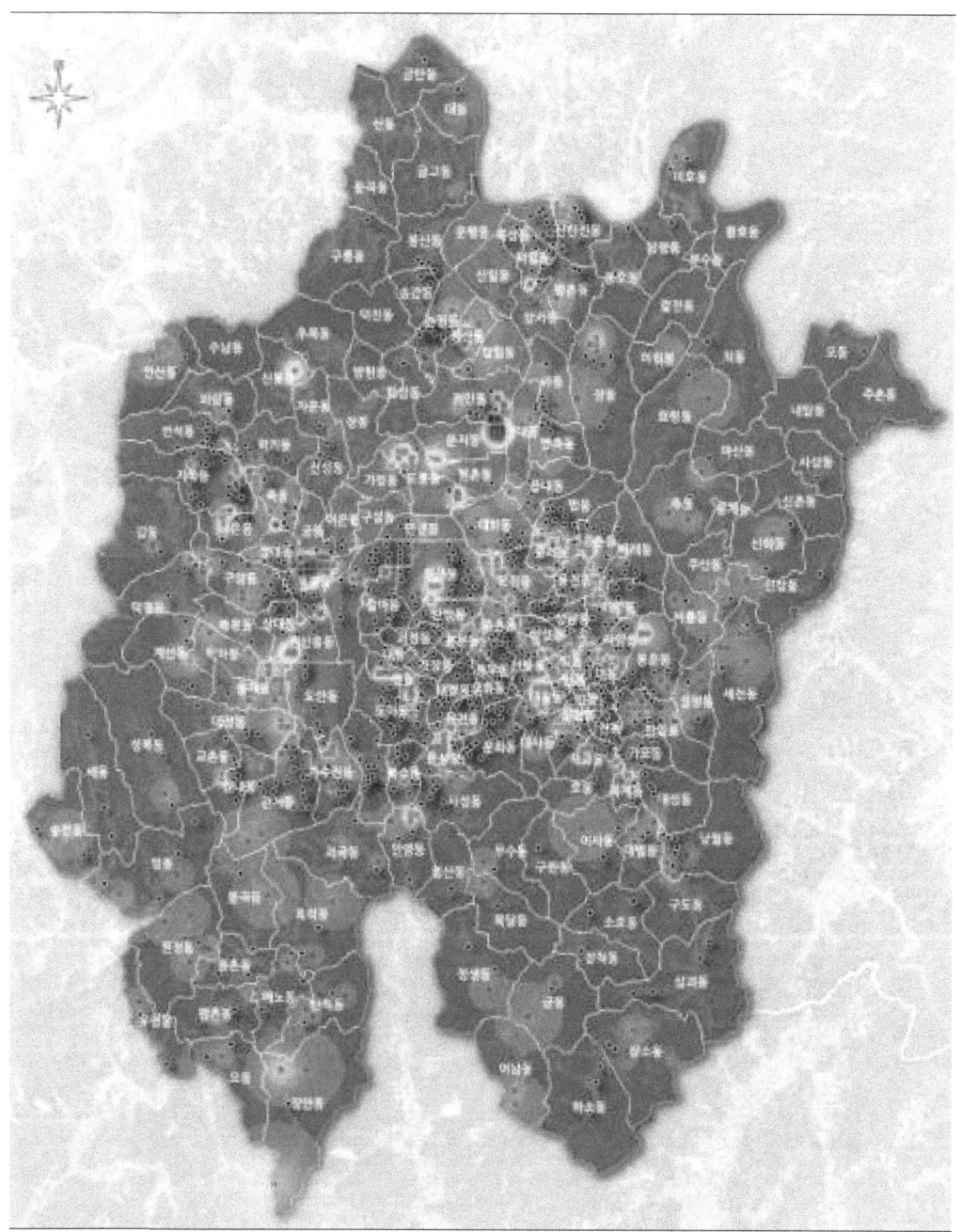

※ 대전광역시 경로당 과부족지역 419개소.
※ 공급우선순위가 높은 지역 : 봉명동, 전민동, 문지동, 선화동, 산성동, 대흥동

■ 소외지역
● 해당시설 위치
붉은색이 진할수록 공급우선순위 높음

- 10 노인교실

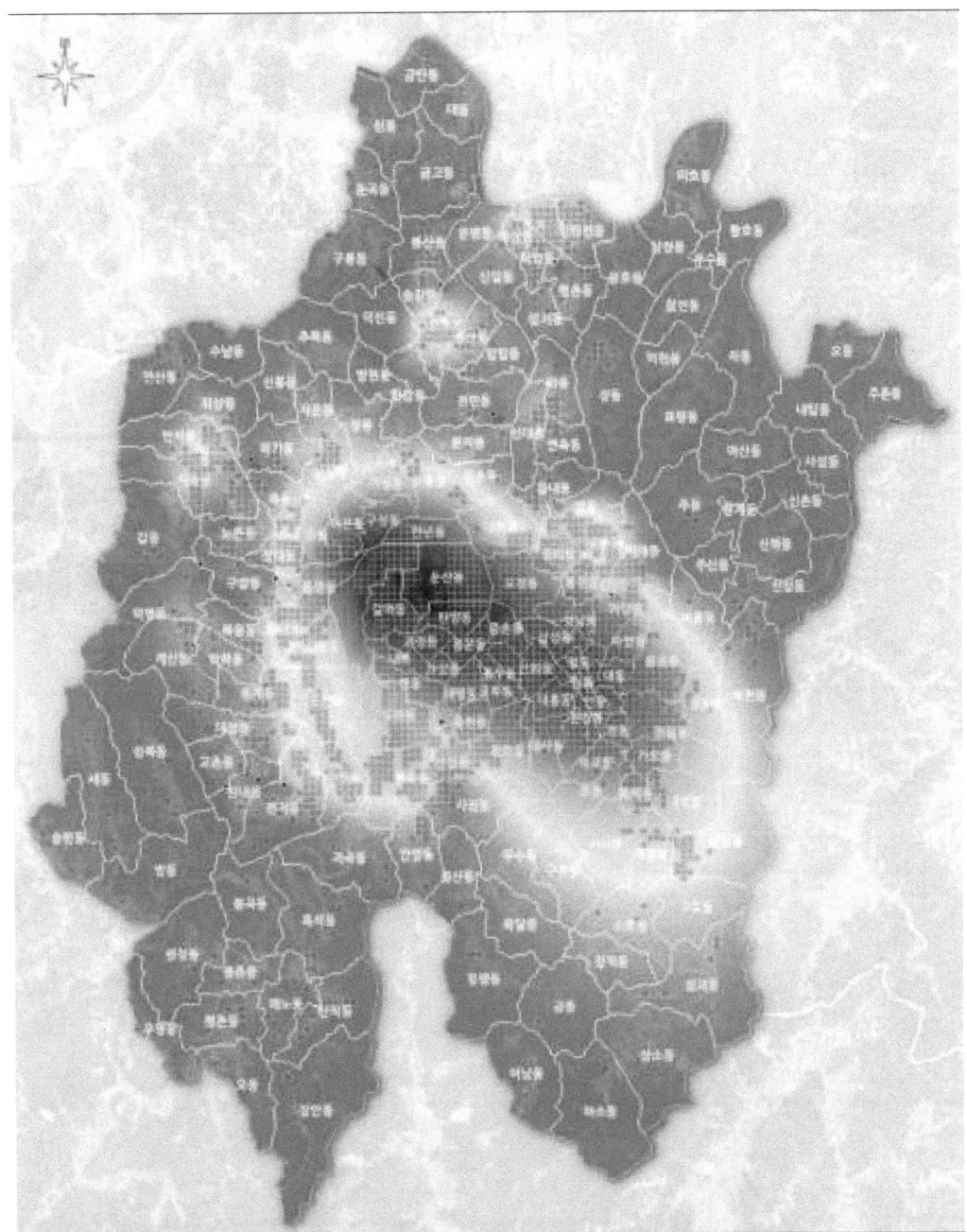

※ 대전광역시 노인교실 과부족지역 2,044개소.
※ 공급우선순위가 높은 지역 : 둔산동, 갈마동, 월평동, 구성동, 어은동, 만년동, 탄방동, 괴정동, 용문동, 가장동, 중촌동, 목동, 용두동, 선화동, 은행동,

■ 소외지역
● 해당시설 위치
붉은색이 진할수록 공급우선순위 높음

- 11 의원

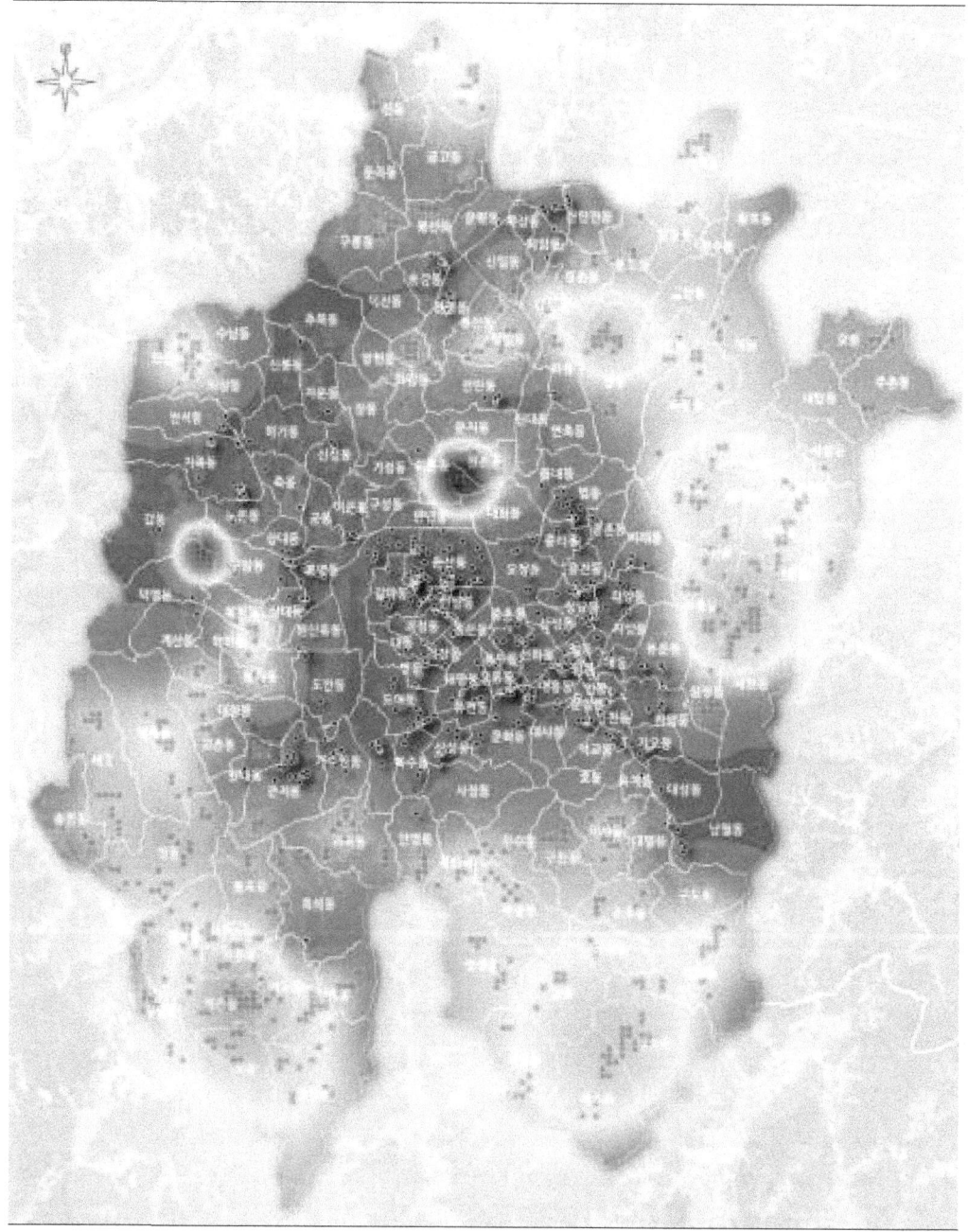

※ 대전광역시 의원(의료시설) 과부족지역 586개소
※ 공급우선순위가 높은 지역 : 도룡동, 원촌동, 구암동, 덕명동, 평촌동, 세천동, 장동, 상소동, 하소동

■ 소외지역
● 해당시설 위치
붉은색이 진할수록 공급우선순위 높음

- 12 약국

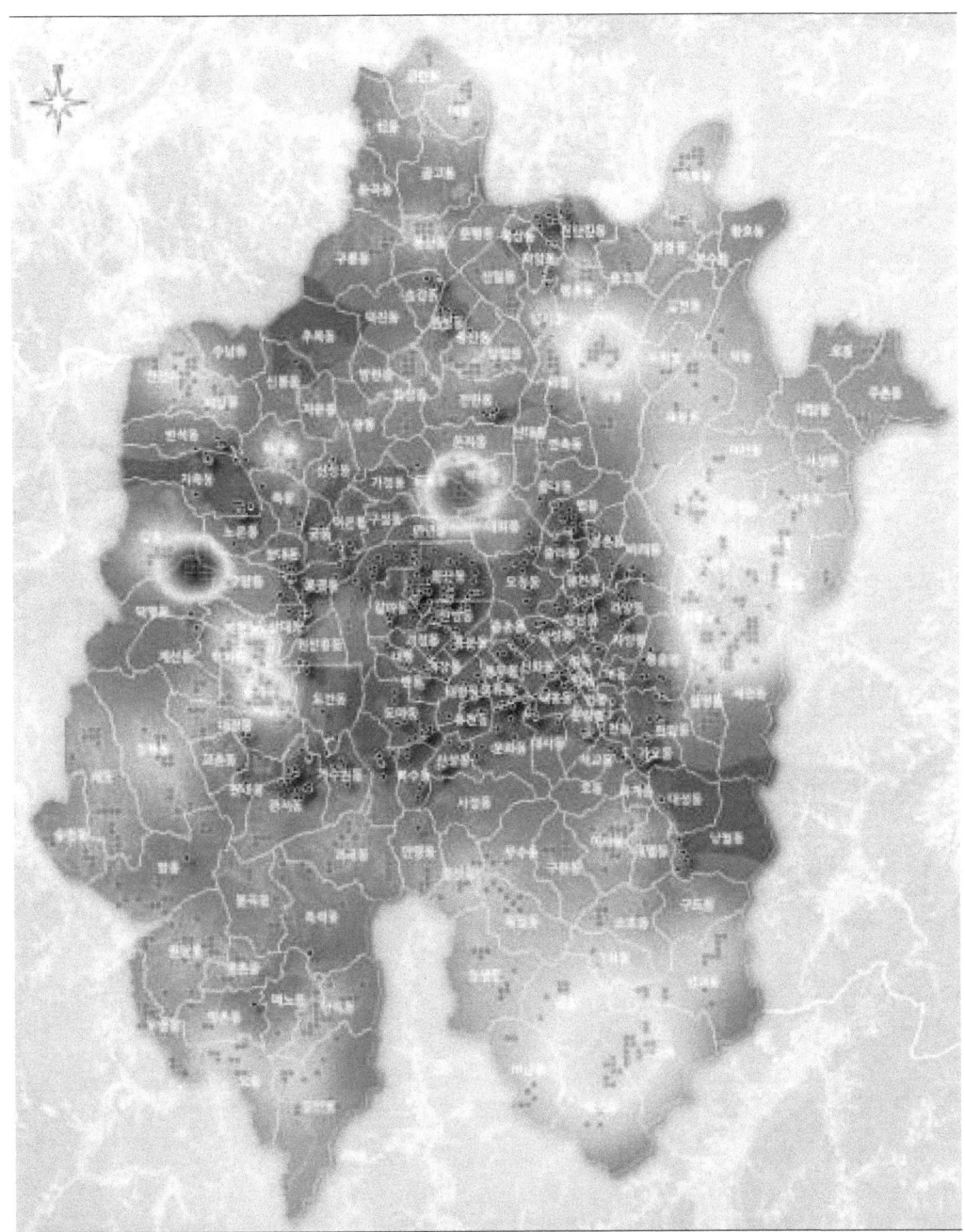

※ 대전광역시 약국(의료시설) 과부족지역 666개소.
※ 공급우선순위가 높은 지역 : 도룡동, 원촌동, 구암동, 덕명동, 평촌동, 세천동, 장동, 상소동, 하소동

■ 소외지역
● 해당시설 위치
붉은색이 진할수록 공급우선순위 높음

- 13 생활체육시설

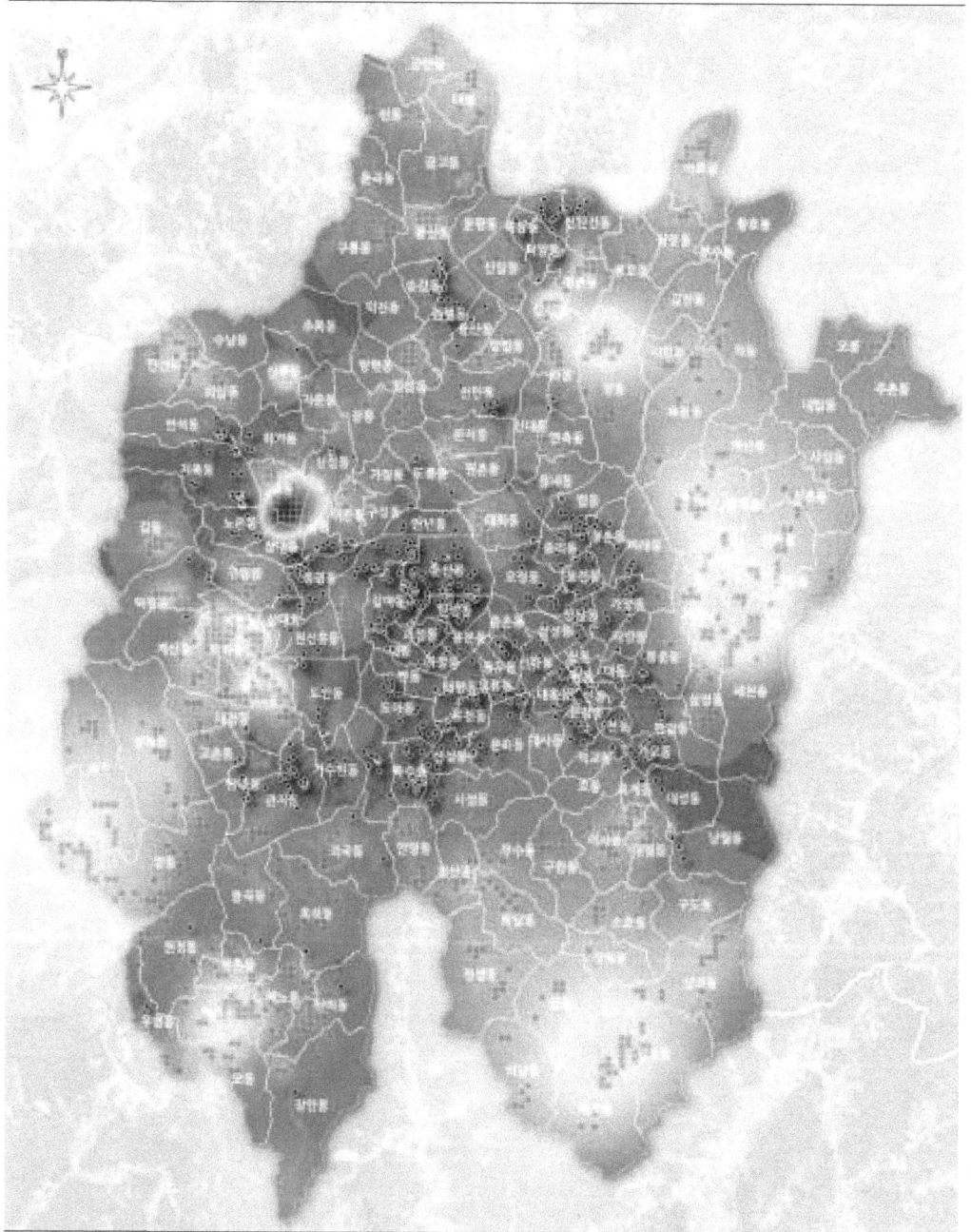

※ 대전광역시 생활체육시설 과부족지역 772개소.
※ 공급우선순위가 높은 지역 : 죽동, 송정동, 평촌동, 상소동, 하소동, 세천동, 장동, 상서동

■ 소외지역
● 해당시설 위치
붉은색이 진할수록 공급우선순위 높음

- 14 근린공원

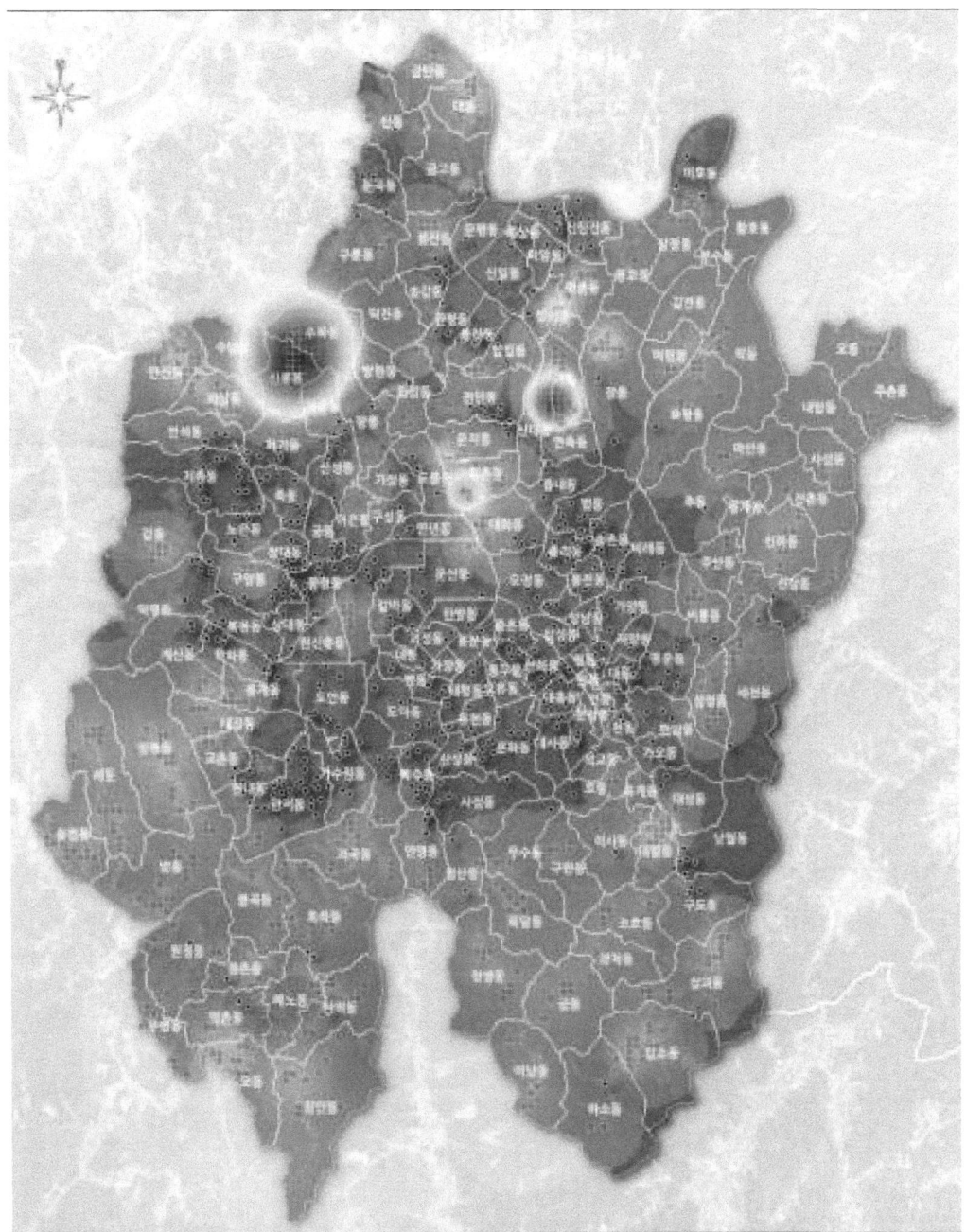

※ 대전광역시 근린공원 과부족지역 543개소.
※ 공급우선순위가 높은 지역 : 추목동, 신봉동, 와동, 연축동, 신대동

■ 소외지역
● 해당시설 위치
붉은색이 진할수록 공급우선순위 높음

- 15 소매점

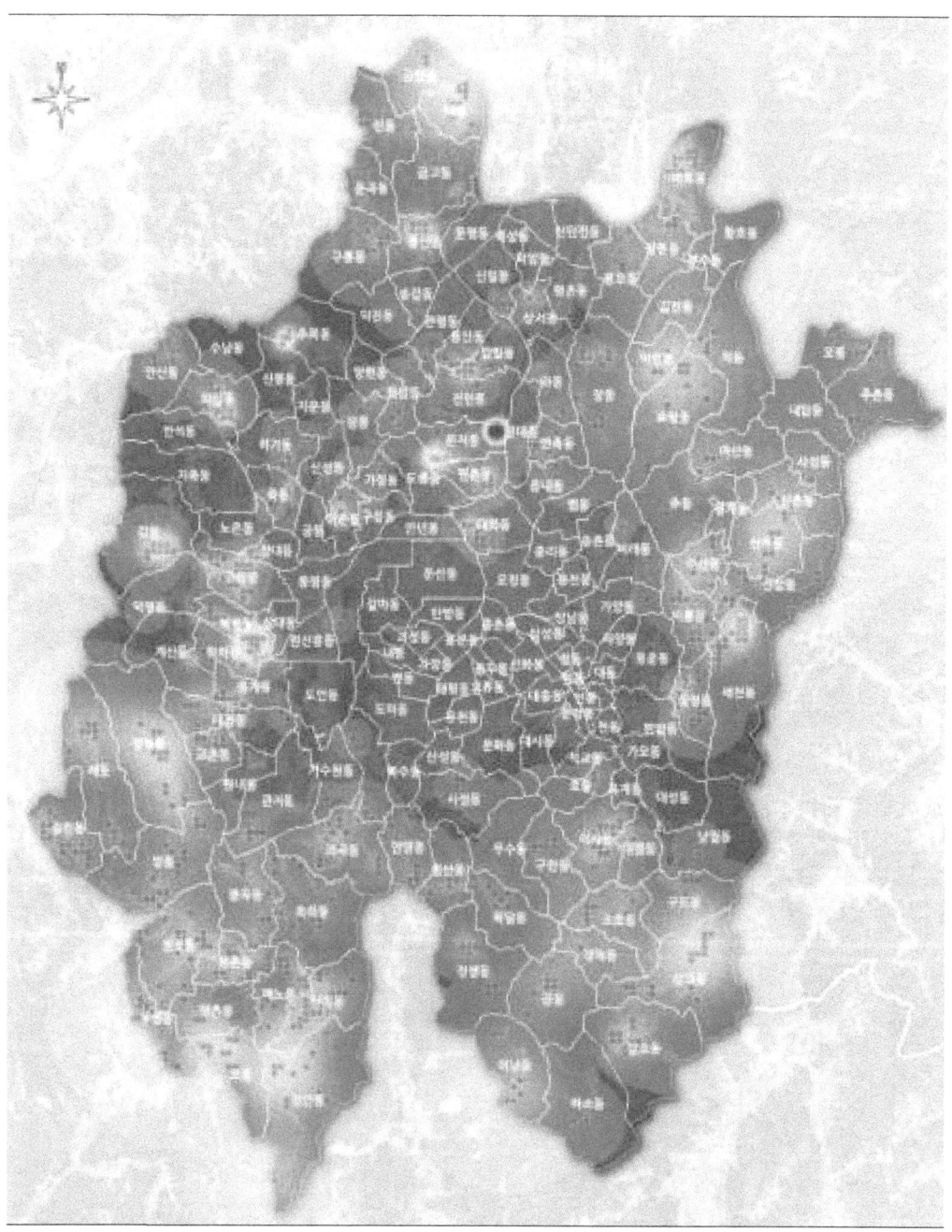

※ 대전광역시 소매점 과부족지역 669개소
※ 공급우선순위가 높은 지역 : 문지동, 복용동

■ 소외지역
● 해당시설 위치
붉은색이 진할수록 공급우선순위 높음

- 16 공영주차장

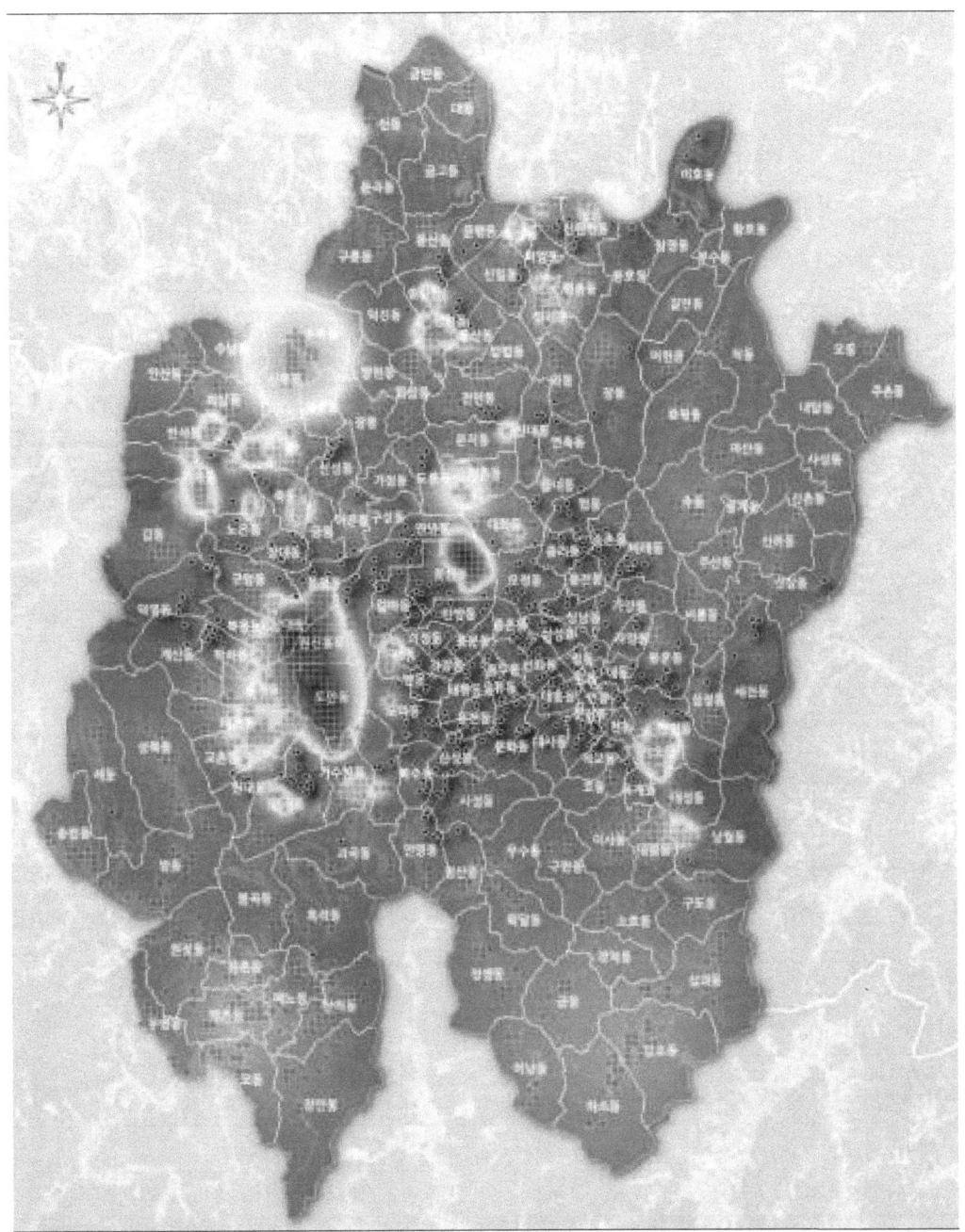

※ 대전광역시 공영주차장 과부족지역 1,167개소,
※ 공급우선순위가 높은 지역 : 상대동, 원신흥동, 도안동, 둔산동, 추목동, 하기동, 지족동, 반석동, 신봉동, 가오동

■ 소외지역
● 해당시설 위치
붉은색이 진할수록 공급우선순위 높음

진단 종합

- 대전광역시 자치구별로 마을단위 기초시설 공급현황을 분석한 결과는 아래와 같음

▨ 국가적 최저기준 미달

구분	접급성 평균(m/등급)				
	03 전체유치원	04 초등학교	05 도서관	08 전체어린이집	09 경로당
국가저 최저기준	500m	500m	750m	250m	250m
대덕구	330.9m / 6등급	398.0m / 6등급	646.2m / 3등급	166.7m / 7등급	170.4m / 7등급
동구	301.5m / 6등급	362.8m / 6등급	1,090.6m / 4등급	153.6m / 7등급	176.8m / 7등급
서구	287.4m / 5등급	346.9m / 5등급	1,344.5m / 4등급	159.2m / 7등급	168.6m / 6등급
유성구	323.1m / 6등급	345.2m / 5등급	761.7m / 3등급	176.0m / 8등급	186.2m / 7등급
중구	294.5m / 5등급	322.3m / 5등급	506.9m / 3등급	155.3m /7등급	168.7m / 6등급

구분	접급성 평균(m/등급)				
	10 노인교실	11 의원	12 약국	13 생활체육시설	14 근린공원
국가저 최저기준	500m	1,250m	1,000m	750m	750m
대덕구	1,218.9m / 4등급	661m / 4등급	584.3m / 3등급	578.4m / 4등급	396.4m / 3등급
동구	3,036.9m / 6등급	1,212.9m / 4등급	1,184.1m / 4등급	1,169.7m / 5등급	578.8m / 4등급
서구	2,464.4m / 6등급	661.1m / 3등급	525.0m / 3등급	399.4m / 3등급	410.8m / 3등급
유성구	1,288.0m / 4등급	761.6m / 3등급	707.9m / 4등급	767.6m / 4등급	523.2m / 4등급
중구	2,589.1m / 6등급	632.7m / 3등급	623.9m / 3등급	573.4m / 4등급	400.5m / 3등급

구분	접급성 평균(m/등급)		미달시설
	15 소매점	16 공영주차장	
국가저 최저기준	500m	500m	
대덕구	292.0m / 4등급	349.8m / 2등급	노인교실
동구	534.1m / 5등급	956.9m / 4등급	도서관, 노인교실, 약국, 생활체육시설, 소매점, 공영주차장
서구	369.9m / 4등급	721.7m / 3등급	도서관, 노인교실, 공영주차장
유성구	407.1m / 5등급	848.1m / 4등급	도서관, 노인교실, 생활체육시설, 공영주차장
중구	242.1m /4등급	538.0m / 2등급	노인교실, 공영주차장

3. 도시재생활성화지역의 변경

3.1. 지역지정의 계획적 및 기능적 의미

(1) 도시재생활성화지역 지정의 계획적 의미

- 도시재생활성화지역 지정은 지형도면고시 대상이 아닌, 단지 도시재생전략계획상에서 도시재생활성화계획 수립과 도시재생사업 추진 및 지원을 위한 계획지구로서 이해함이 타당
- 이에 반해, 도시재생뉴딜사업은 사업지구로서의 의미를 가짐
- 일반적으로 대부분의 도시개발 관련 사업들이 계획구역과 사업구역이 일치되고 있는 반면, 도시재생사업은 계획구역으로서의 도시재생활성화지역과 사업구역으로서의 도시재생뉴딜사업지구가 서로 달라 사업을 추진하는데 있어 많은 행재정적 문제를 야기하고 있음
- 도시재생법 상에서 규정하고 있는 다양한 도시재생관련 사업들이 도시재생활성화지역 안에서 유기적으로 추진될 수 있도록 규정하고 있으나, 실제로는 재정자립도가 열악한 많은 지자체들이 재생사업비 마련을 위한 주요수단으로 도시재생 뉴딜사업에 의존하고 있는 실정임
- 도시재생 뉴딜사업은 많은 도시재생사업의 한 유형에 지나지 않으나, 도시재생사업이 곧 도시재생 뉴딜사업이란 인식이 고착되면서 뉴딜사업 추진을 위해 역으로 도시재생활성화지역(계획구역)을 뉴딜사업지구 범위로 축소해서 대응해야 하는 상황에 직면해 있음

(2) 도시재생활성화지역 지정의 기능적 의미

- 뉴딜사업 공모를 통한 국비재원 확보를 위해서는 사업대상지가 반드시 도시재생활성화지역으로 지정되어 있어야 하고, 도시재생활성화계획이 선 수립된 전제 하에서 사업제안서가 제출되어야 함
- 도시경제기반형 재생활성화계획 및 사업을 제외하고 일반근린형 재생활성화계획 수립 및 사업시행은 각 자치구청장에 위임되어 있어 도시재생활성화지역에 대한 구역의 재조정 문제는 무엇보다도 5개 구청의 도시재생 추진 의지 및 정책적 수요에 의한 판단이 우선적으로 고려되어야 함이 타당함
- 한편, 개개의 토지소유자 및 건물주, 개인사업자 등이 빈집 및 소규모주택 정비사업을 추진 시에 도시주택보증공사(HUG)를 통해 보증이나 저리의 융자지원을 받기위해서는 해당 건물 및 토지, 사업소 등이 도시재생활성화지역으로 선정된 지역에 반드시 입지해 있어야 함
- 도시재생활성화지역을 과소하게 지정해서는 안되는 이유가 여기에 있으며, 그렇다고 너무 과도하게 지정해서도 안 될 것으로 사료됨
  - 도시재생활성화지역을 과소하게 지정했을 경우, 쇠퇴지역 거주자의 공적지원 기회를 박탈할 가능성이 큼

3.2. 도시재생활성화지역 변경을 위한 기준 및 원칙

(1) 도시재생활성화지역 지정방법

- 도시재생법에서는 인구, 사업체, 건축물과 관련한 쇠퇴지표의 분석을 통해 쇠퇴지역을 찾아내고, 관련 수립 지침에서 제시하고 있는 선정기준 등을 준용해서 우선순위를 결정 후 꼭 필요한 수만큼 지정토록 권고하고 있음
- 그 외, 복합쇠퇴지표 등을 활용해 보다 정교하게 쇠퇴지역을 진단할 것을 제안하고 있으나, 대부분의 관련 기초 자료들이 행정동 단위로만 집계되어 제공되거나 자료 확보가 어려워 활성화 지역 선정에 어려움이 따르고 있음
- 본 변경계획에서는 79개의 행정동 단위 집계 대신, 도시재생활성화지역 선정기준을 토대로 통계청에서 제공하고 있는 인구주택총조사를 위한 집계구(약 3,070개의 소조사구로 구성) 단위로 분석하였고, 중단기적 인구 관련 자료들은 통반 행정 경계 중심으로 관련 자료를 구축하여 분석에 활용함

(2) 도시재생활성화지역 구획 기준

- 분석은 조사집계구 단위로 세분화 하여 수행하되, 도시재생활성화지역 지정은 전문가 자문 및 5개 구청 실무자들과의 의견 수렴 과정을 거쳐 도시재생 종합정보체계상의 쇠퇴지역 표기 기준인 행정동 단위로 도시재생활성화지역을 포괄적으로 지정하는 것을 원칙으로 함
- 국비 중복 투자의 논쟁을 피하기 위해 기존 국비지원 사업으로 추진된 도시 및 주거환경정비구역, 재정비촉진지구, 기 지정된 도시재생 사업구역 등은 사전 제척토록 함
- 단, 재정비촉진지구에서 해제되거나 존치된 지역과 도시 및 주거환경정비구역 중 시행인가 및 관리처분 또는 공사 중이 아닌 지역 등은 중첩되더라도 활성화지역에 포함토록 함
- 그 외 각 부처별 지원사업과의 연계 및 선택과 집중을 통해 도시재생 사업의 시너지 효과 등을 극대화 할 수 있는 지역 등을 우선적으로 고려함
- 구역계 설정 기준은 하천 및 도로 경계(도로중심선 등), 필지(지적선), 행정구역 경계선, 토지용도 구획선 등을 참조하여 결정함

(3) 도시재생활성화지역 변경을 위한 기본원칙

- 하기 쉬운 지역이 아닌 꼭 필요한 지역에 선택과 집중에 의한 도시재생 사업 추진 필요 지역 우선 검토
- 경제기반형 및 중심시가지형 : 도시공간구조 위계 및 도시균형발전, 장소경쟁력 등을 감안한 사업 후보지 선정과 관의 추진 의지 등을 고려
- 일반근린형/주거재생형/소규모재생형 : 관이 기획 및 실행 주체가 되기보다는 주민 주도에 의한 기

획과 사업 추진 의지가 있는 지역을 우선적으로 고려
- 국정운영 방향과 부합되는 도시재생 사업지역 우선 추진
  - 주거복지의 실현, 도시경쟁력 강화, 사회통합, 일자리 창출 등에 기여할 수 있는 대상지역을 우선 지원
- 시대적 정신 및 사회적 가치를 실현할 수 있는 지역에 우선 지원
  - 사회적 다양성 및 포용성, 평등한 접근성, 경제적 및 환경적 지속가능성 등 사회적 가치 실현 방안에 대한 고민 필요
- 차별화된 사업 구상과 지역 자산 활용이 가능한 지역에 우선 지원
  - 경제 및 사회자본, 문화자본, 과학자본 등에 기반한 사회문제 해결형의 도시재생 사업 추진 지역을 우선적으로 지원
  - 국공유지 확보 및 임대 등의 활용이 가능한 지역을 우선적으로 검토
- 도시정체성을 살릴 수 있는 도시재생 사업지역 우선 추진
  - 과학도시로서의 도시정체성을 살릴 수 있는 스마트도시재생 구현 방안에 대한 고민 필요
  - 지식기반의 혁신지구(공간) 조성을 통한 혁신경제 생태계 구축이 가능한 지역 등 검토 (startup/scaleup을 위한 혁신 및 창의공간 등)
- 원활한 거버넌스 구축 및 운용이 가능한 지역에 우선 추진
  - 민, 관, 산, 학, 연 등이 공통의 비전 공유와 상호 협력 증진을 도모 할 수 있는 사업 지역을 우선적으로 검토

(4) 도시재생활성화지역 우선순위 선정 기준

- 도시재생활성화사업(계획) 유형별로 우선순위를 달리 적용하여 지정토록 함
- 도시경제기반형 도시재생활성화지역의 경우 다음 선정 기준을 우선적으로 고려토록 함
  - 도시 혁신을 위한 거점 공간으로서 대전시의 전체 공간구조 및 기능, 교통망축, 경제 및 산업 입지적 측면 등 고려
  - 경제적 파급효과가 큰 핵심시설 및 중추시설인 노후 산업단지, 공업지역과 그 주변지역, 항만 및 배후지, 역세권, 공공청사, 군부대, 학교 등 이전적지, 지역 고유의 역사/문화/관광자산을 활용할 수 있는 곳 등
- 근린재생형(중심시가지형/일반근린형) 도시재생활성화지역의 경우 다음 선정 기준을 우선적으로 고려토록 함
  - 5개 구청의 지역여건 및 현황 등을 고려하여 자율적으로 선정토록 유도
  - 도심 활성화가 필요한 지역으로서 생활여건이 열악하고 노후, 불량한 근린 주거지역 등을 우선적으로 고려
- 기타 선정 기준으로서 도시재생전략계획 수립 가이드라인 상의 도시재생활성화지역 지정 기준 등을 준용하고, 실현가능성, 상위계획 부합여부, 쇠퇴의 정도, 관련계획과의 연계성, 지역격차 해소 필요, 지역 자산의 활용 가능성 등을 종합적으로 고려하여 우선순위를 결정함

3.3. 도시재생활성화지역 변경

(1) 2025 대전광역시 도시재생전략계획(2016. 10. 31.)

• 지난 2016년에 수립한 2025 대전광역시 도시재생전략계획에서는 20개 지역을 도시재생활성화지역으로 지정함

〈표 3-4〉 기존 도시재생활성화지역 지정 현황

권역별	활성화지역
산업단지재생권역(5)	신탄진, 회덕, 오정, 대전산단, 중리
원도심재생권역(9)	원도심, 성남, 대동, 가양자양, 대동, 중촌, 판암용운, 부사석교, 대사
계백로 재생권역(6)	유천문화, 오류태평, 도마변동, 용문과정, 가수원정림, 가성
특별지역(1)	유성시장

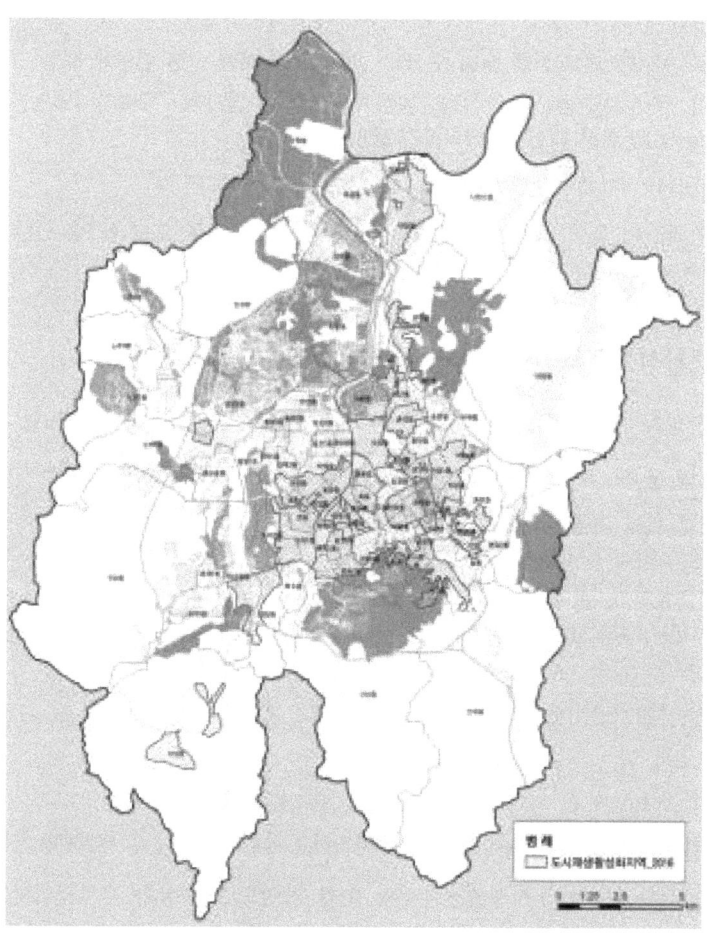

[그림 3-14] 2025 대전광역시 도시재생전략계획 도시재생활성화지역(2016)

(2) 2025 대전광역시 도시재생전략계획 변경(2019. 06. 19.)

- 67개의 행정동에 기존 일반공모 1곳, 뉴딜사업지구 7개 지역을 포함하여 총 146개의 도시재생 활성화지역을 지정함

〈표 3-5〉 도시재생활성화지역이 포함된 행정동 현황

자치구	행정동
동구 (17개동)	가양1·2동, 가오동, 대동, 대청동, 산내동, 삼성동, 성남동, 신안동, 용운동, 용전동, 자양동, 중앙동, 판암1동, 홍도동, 효동
중구 (17개동)	대사동, 대흥동, 목동, 문창동, 문화1동, 문화2동, 부사동, 산성동, 석교동, 오류동, 용두동, 유천1·2동, 은행선화동, 중촌동, 태평1·2동
서구 (16개동)	가수원동, 가장동, 갈마1·2동, 괴정동, 가성동, 내동, 도마1동, 도마2동, 둔산3동, 만년동, 변동, 용문동, 월평1동, 정림동, 탄방동
유성구 (5개동)	구즉동, 어은동, 온천1동, 온천2동, 전민동
대덕구 (12개동)	대화동, 덕암동, 목상동, 법1동, 법2동, 비래동, 석봉동, 송촌동, 신탄진동, 오정동, 중리동, 화덕동

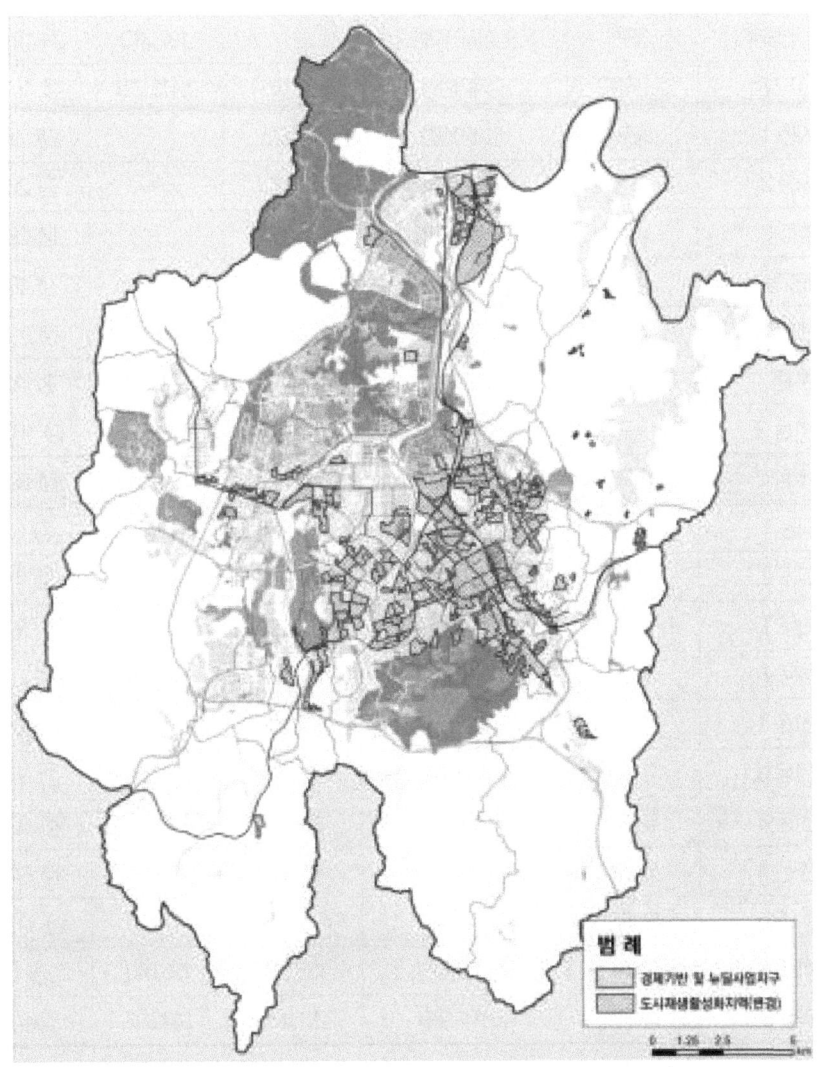

[그림 3-15] 2025 대전광역시 도시재생전략계획(변경) 도시재생활성화지역(2019)

(3) 2025 대전광역시 도시재생전략계획 변경(안)(2020)

- 대전역 일원의 선도지역 지정과 도시재생뉴딜사업 정책동향 및 자치구 여건변화에 따라 기존 146개의 도시재생활성화지역을 아래와 같이 변경하여 140개를 지정함
  - 대전역 도시재생선도지역 지정 반영
  - 대전광역시 도시재생 뉴딜사업지구 현황 반영(도시재생뉴딜사업 지역 13개)
  - 자치구 의견 및 정비구역 중복지역 검토에 따른 도시재생활성화지역 변경(변경 11개소, 해제 8개소, 신규 1개소)

활성화지역명	자치구	유형	면적(㎡) 기정	면적(㎡) 변경	면적(㎡) 증감	비고
대전역 선도지역	동구	중심시가지형	-	197,310	증) 197,310	신규
원도심 지역	동구/중구	경제기반형	2,610,531	2,413,221	감) 197,310	변경
대사동 1	중구	경제기반형	71,423	-	감) 71,423	해제
대사동 3	중구	우리동네살리기	28,672	-	감) 28,672	해제
대흥동 3	중구	우리동네살리기	28,355	-	감) 28,355	해제
태평2동	중구	우리동네살리기	48,311	-	감) 48,311	해제
온천2동 3	유성구	일반근린형	73,822	-	감) 73,822	해제
부사동	중구	경제기반형	599,490	601,956	증) 2,467	변경
가양1동 2	동구	일반근린형	240,774	133,662	감) 107,112	변경
도마2동 2	서구	우리동네살리기	147,670	57,704	감) 89,966	변경
석교동 1	중구	일반근린형	136,008	142,733	증) 6,724	변경
석교동 2	중구	주거지지원형	1,085,873	1,081,636	감) 4,237	변경
유천동 1	중구	일반근린형	134,791	134,791	-	유형
삼성동 1	동구	주거지지원형	142,081	134,078	감) 8,003	변경
온천1동 1	유성구	중심시가지형	404,248	-	감) 404,248	해제
온천1동 3	유성구	주거지지원형	27,916.8	115,858	증) 87,941	변경
온천1동 4	유성구	우리동네살리기	60,853	-	감) 60,853	해제
온천2동 4	유성구	우리동네살리기	64,498	-	감) 64,498	해제
온천,노은동	유성구	주거지지원형	-	111,637	증) 111,637	신규
대화동 1	대덕구	중심시가지형	135,011	135,543	증) 532	변경
중리동 5	대덕구	주거지지원형	251,428	244,392	감) 7,036	변경

▌대전역 도시재생선도지역 지정에 따른 활성화지역 신규 지정 및 변경

- 대전역 일원 노후불량주거지(쪽방촌)가 도시재생선도지역으로 지정됨에 따라 도시재생법 제34조에 의거 변경된 사항을 도시재생전략계획에 반영함

지역		내용
도시재생선도지역	대전역	-명칭: 대전역 도시재생선도지역 　- 면적: 197,310㎡ -유형: 중심시가지형(총괄사업관리자방식, LH) 　- 사업기간: 2021 ~ 2025(5년간), 2020년 선정  ※ 원도심(동구·중구) 도시재생활성화지역(경제기반형)에서 일부를 제척하고 대전역 도시재생선도지역으로 지정

- 선도지역 지정에 따른 중복지역 제척으로 원도심(동구·중구)경제기반형 도시재생활성화지역 면적 변경

변경사유: ※ 대전역 도시재생선도지역지정으로 인한 구역계 변경

제4장 도시재생 비전 및 목표

▌정비구역 지정에 따른 활성화지역 변경 및 해제

• 도시 및 주거환경정비 기본계획에서 지정된 정비구역과 중복 지정된 도시재생활성화지역의 경우 도시재생사업의 추진 가능 여부를 검토 후 활성화지역 해제 및 변경 여부 결정

【활성화지역 해제】

지역		내용
경제기반형	해제사유	※ 2030 대전광역시 도심 및 주거환경정비 기본계획(2020. 05)에 따른 정비구역과 중복 결정 지역으로 해제 ※ 중복되지 않는 일부지역은 부사동 도시재생활성화지역으로 편입
	대사동 1 (중구)	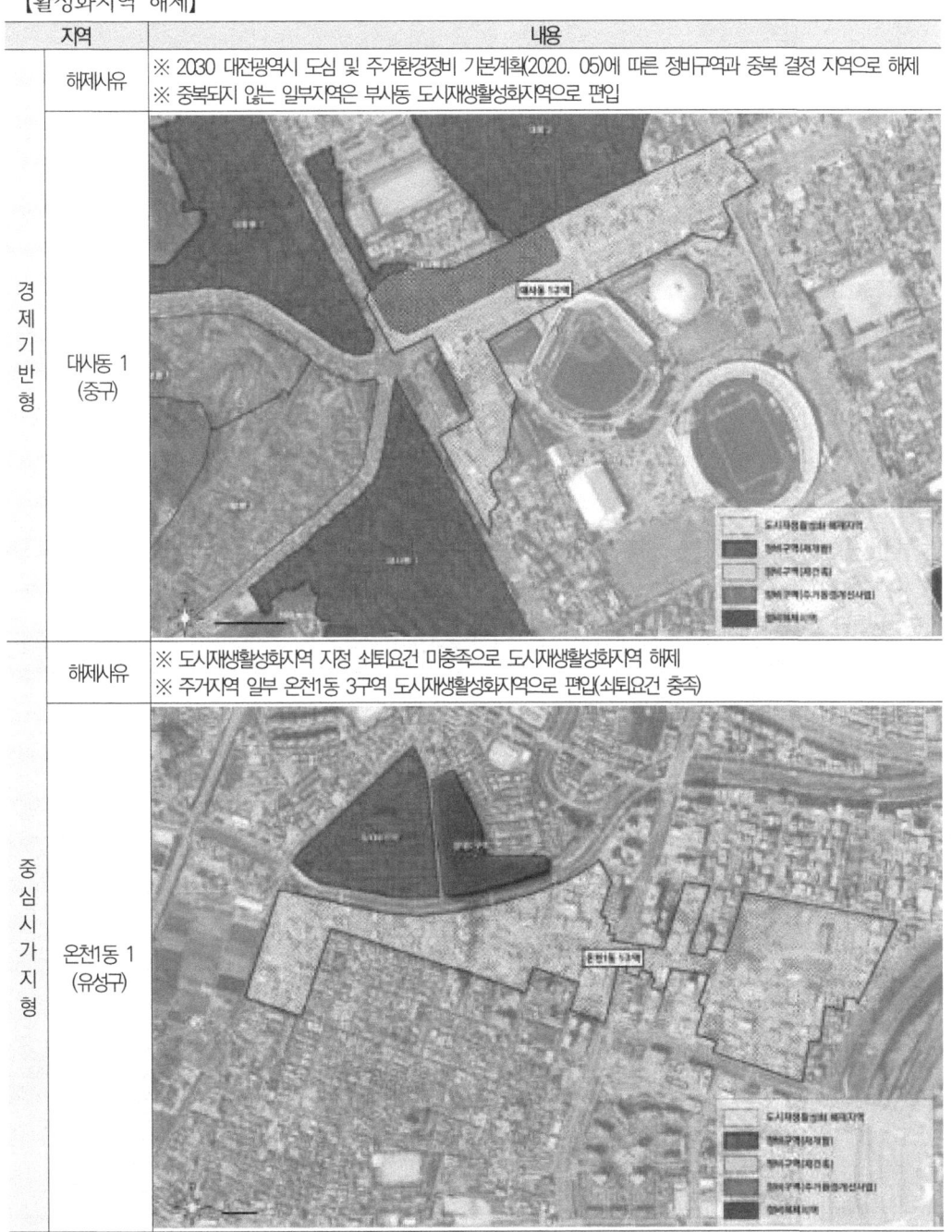
중심시가지형	해제사유	※ 도시재생활성화지역 지정 쇠퇴요건 미충족으로 도시재생활성화지역 해제 ※ 주거지역 일부 온천1동 3구역 도시재생활성화지역으로 편입(쇠퇴요건 충족)
	온천1동 1 (유성구)	

지역		내용
일반근린형	해제사유	※ 2019년 도시재생활성화지역으로 지정이후 되어 중장기적으로 도시재생뉴딜사업을 통해 쇠퇴지역을 개선할 계획이였으나 지역의 여건 변화로 촉진계획에 따른 주거환경정비를 추진하고자 도시재생활성화지역을 해제
	온천2동 3 (유성구)	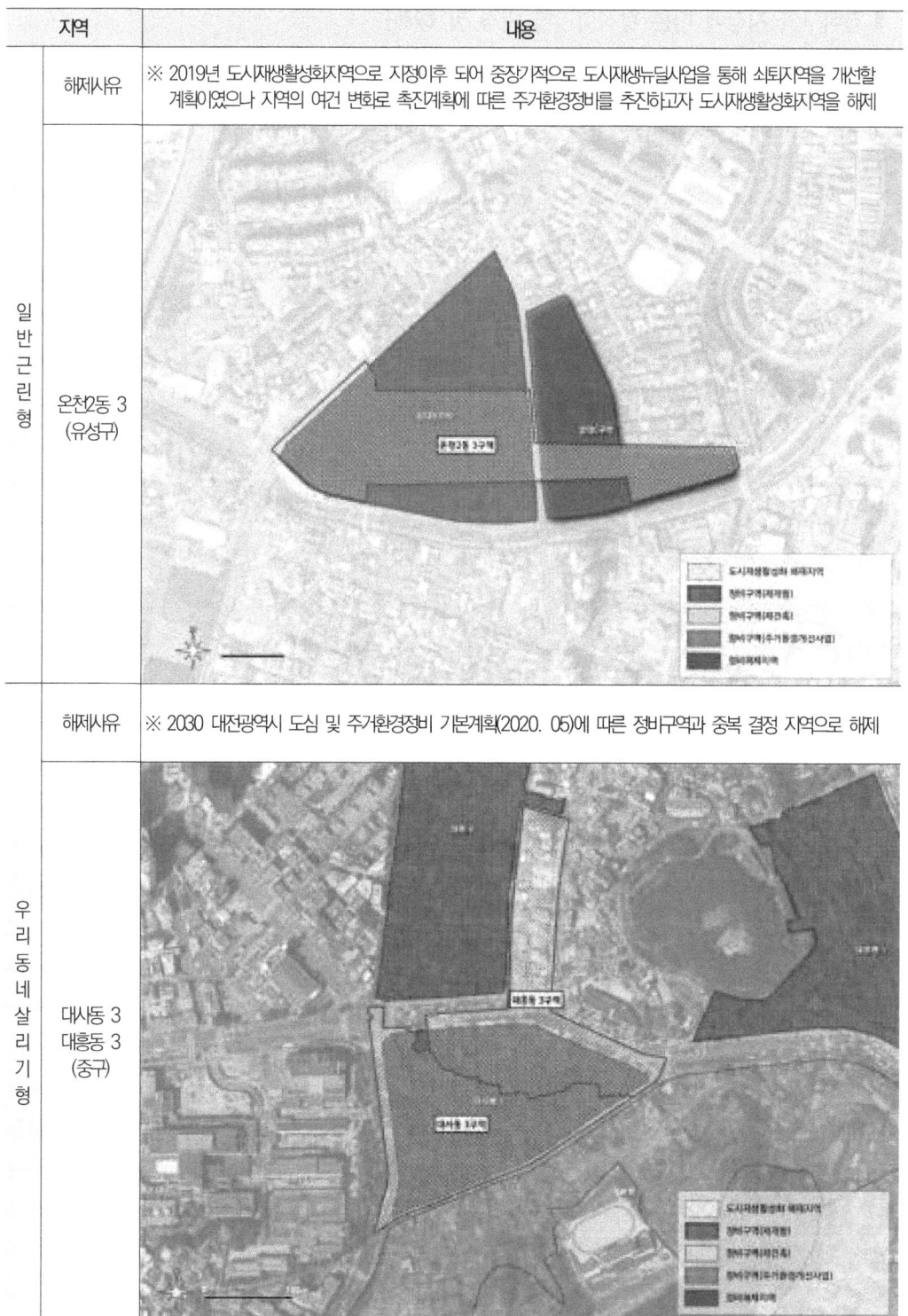
우리동네살리기형	해제사유	※ 2030 대전광역시 도심 및 주거환경정비 기본계획(2020. 05)에 따른 정비구역과 중복 결정 지역으로 해제
	대사동 3 대흥동 3 (중구)	

지역		내용
우리동네살리기형	해제사유	※ 2030 대전광역시 도심 및 주거환경정비 기본계획(2020. 05)에 따른 정비구역과 중복 결정 지역으로 해제
	태평2동 (중구)	

【활성화지역 변경】

지역		내용
일반근린형	가양1동 2 (동구)	-명칭: 가양1동 2구역 도시재생활성화지역 - 면적: (기정) 240,774.06㎡ → (변경) 133,662.43㎡ -유형: 일반근린형 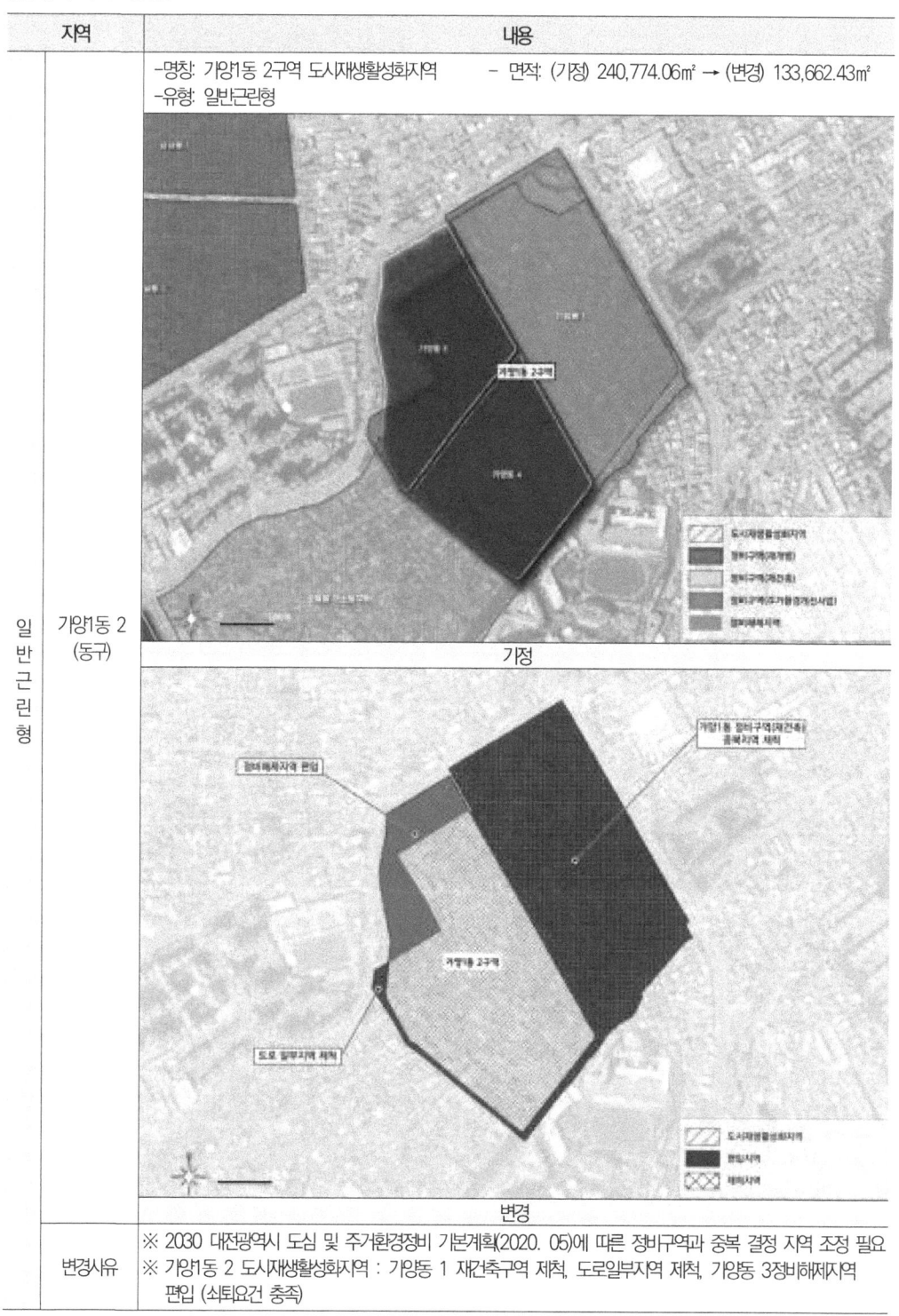 기정 변경
	변경사유	※ 2030 대전광역시 도심 및 주거환경정비 기본계획(2020. 05)에 따른 정비구역과 중복 결정 지역 조정 필요 ※ 가양1동 2 도시재생활성화지역 : 가양동 1 재건축구역 제척, 도로일부지역 제척, 가양동 3정비해제지역 편입 (쇠퇴요건 충족)

지역		내용
경제기반형	부사동 (중구)	- 명칭: 부사동 도시재생활성화지역　　- 면적: (기정) 599,489.65㎡ → (변경) 601,956.3㎡ - 유형: 경제기반형 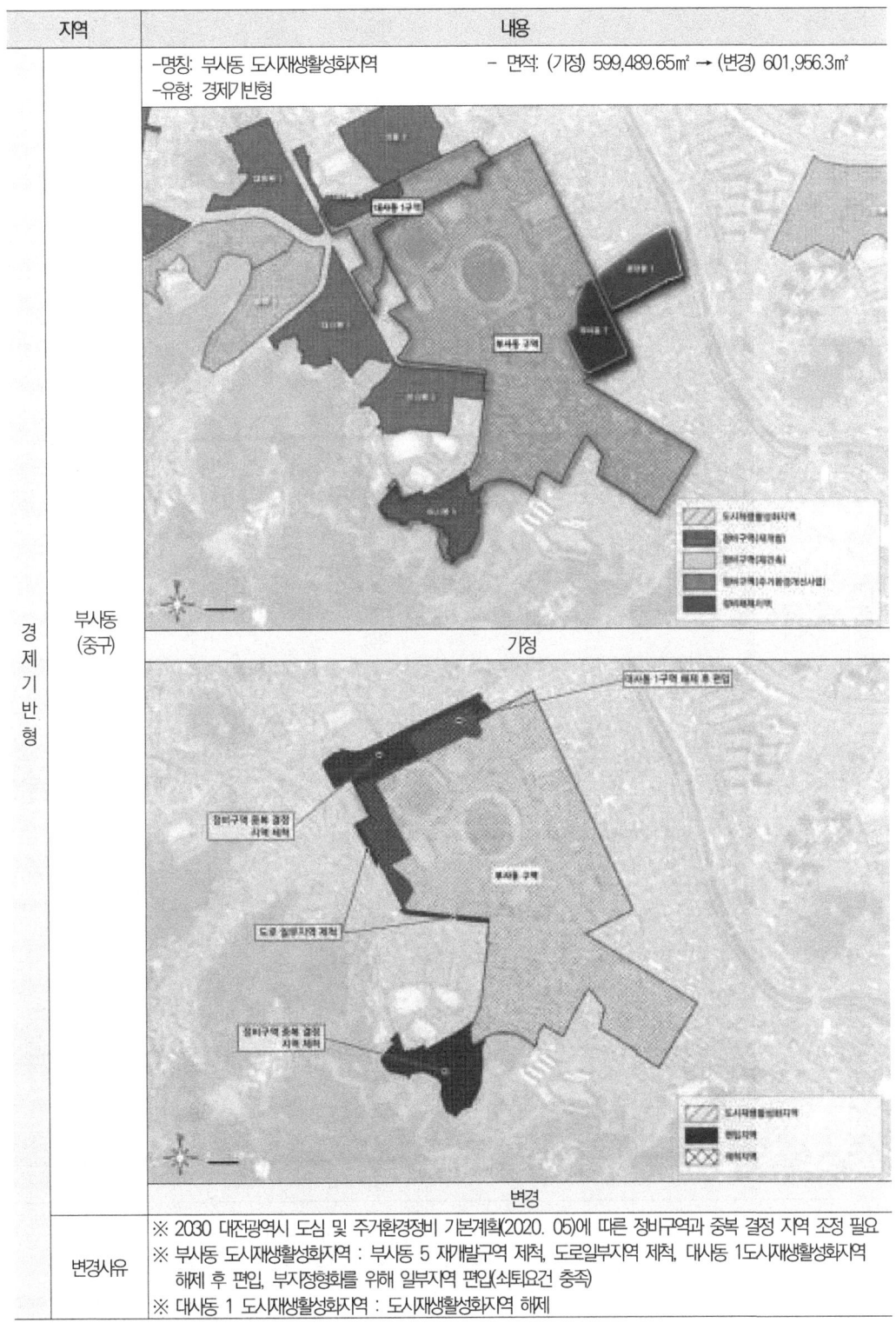 기정 변경
	변경사유	※ 2030 대전광역시 도심 및 주거환경정비 기본계획(2020. 05)에 따른 정비구역과 중복 결정 지역 조정 필요 ※ 부사동 도시재생활성화지역 : 부사동 5 재개발구역 제척, 도로일부지역 제척, 대사동 1도시재생활성화지역 해제 후 편입, 부지정형화를 위해 일부지역 편입(쇠퇴요건 충족) ※ 대사동 1 도시재생활성화지역 : 도시재생활성화지역 해제

지역		내용
우리동네살리기형	도마2동 2 (서구)	-명칭: 도마 2동 2 도시재생활성화지역 -유형: (기정)주거지지원형 → (변경)우동살 - 면적: (기정) 147,670.24㎡ → (변경) 57,704.19㎡ 기정 변경
	변경사유	※ 2030 대전광역시 도심 및 주거환경정비 기본계획(2020. 05)에 따른 정비구역과 중복 결정 지역 조정 필요 ※ 도마 2동 2 도시재생활성화지역 : 도마변동 12 재개발구역 제척, 면적감소에 따른 사업유형 변경

자치구 도시재생사업 추진 여건 및 정책 방향을 고려한 도시재생활성화지역 지정 변경

【활성화지역 신규 지정】

지역		내용
주거지지원형	온천.노은동 (유성구)	-명칭: 온천.노은동 도시재생활성화지역(병합) -유형: (기정) 우동살 → (변경) 주거지지원형 - 면적: 온천1동 4(기정) 60,852.65㎡, 온천2동 4 (기점) 64,497.75㎡ → 온천.노은동(변경) 111,636.53㎡ 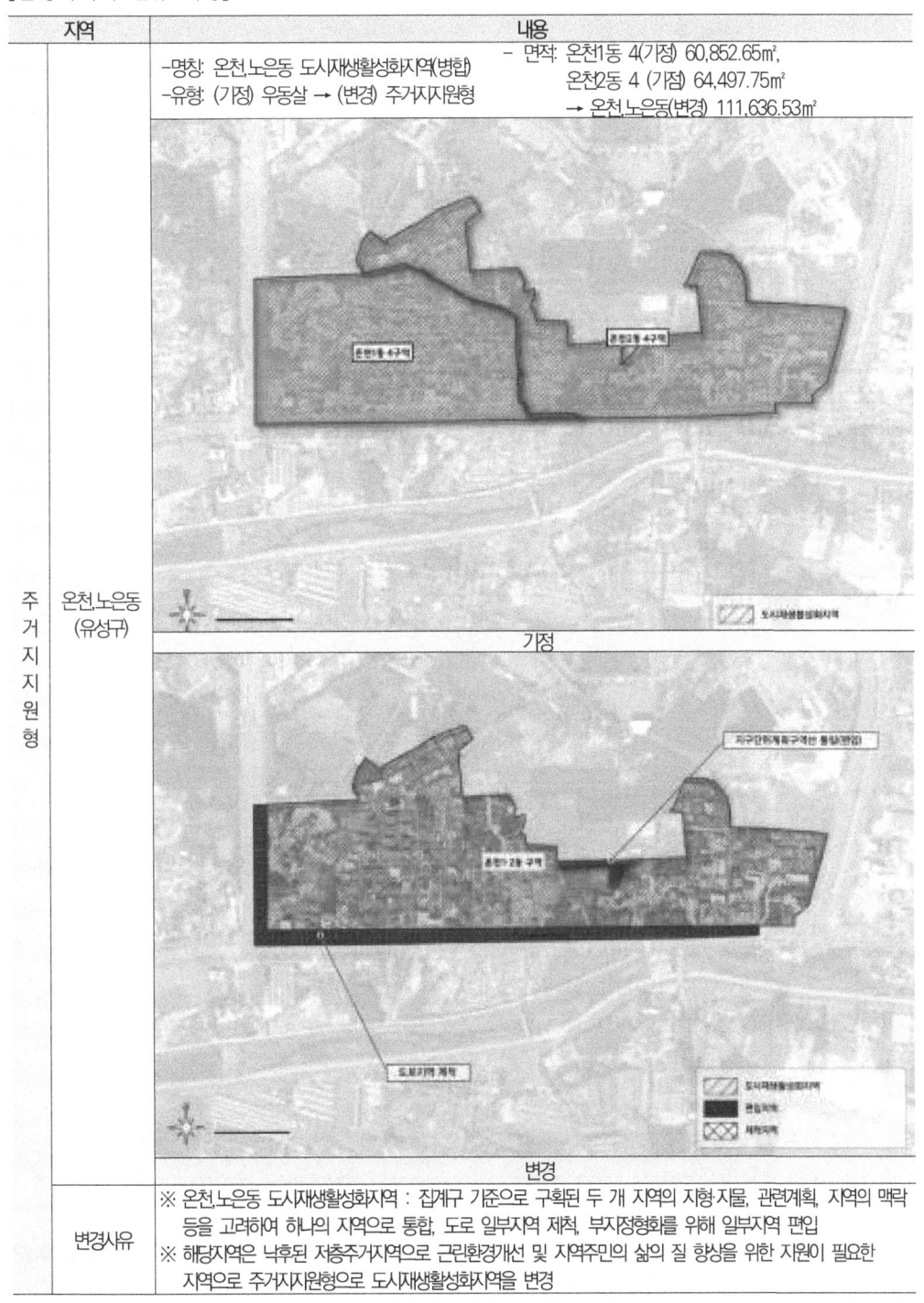 기정 변경
	변경사유	※ 온천.노은동 도시재생활성화지역 : 집계구 기준으로 구획된 두 개 지역의 지형·지물, 관련계획, 지역의 맥락 등을 고려하여 하나의 지역으로 통합, 도로 일부지역 제척, 부지정형화를 위해 일부지역 편입 ※ 해당지역은 낙후된 저층주거지역으로 근린환경개선 및 지역주민의 삶의 질 향상을 위한 지원이 필요한 지역으로 주거지지원형으로 도시재생활성화지역을 변경

【활성화지역 변경】

지역		내용
주거지지원형	삼성동 1 (중구)	-명칭: 삼성동 1구역 도시재생활성화지역 　-　면적: (기정) 142,080.71㎡ → (변경) 134,077.93㎡ -유형: 주거지지원형 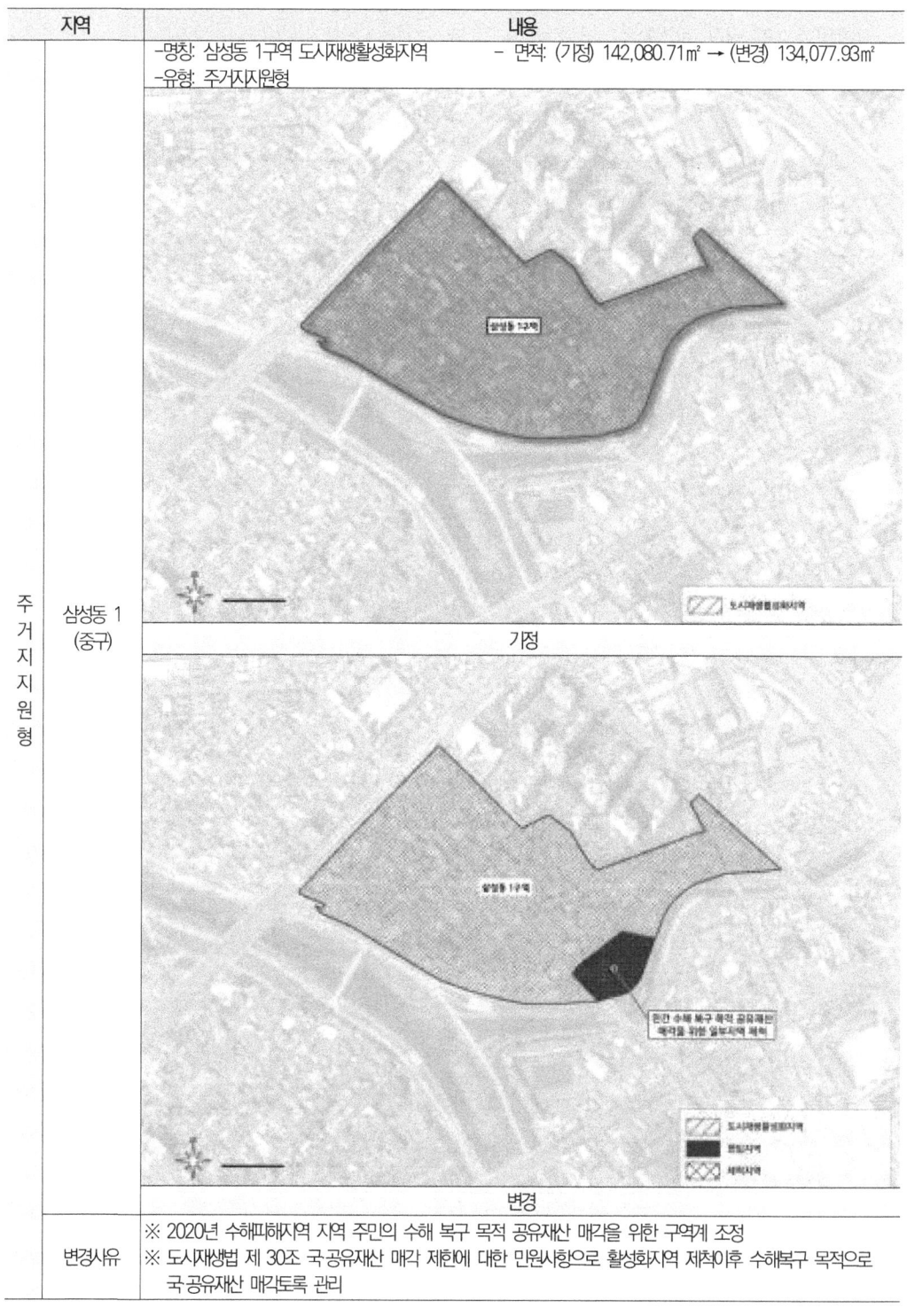 기정 변경
	변경사유	※ 2020년 수해피해지역 지역 주민의 수해 복구 목적 공유재산 매각을 위한 구역계 조정 ※ 도시재생법 제 30조 국공유재산 매각 제한에 대한 민원사항으로 활성화지역 제척이후 수해복구 목적으로 국공유재산 매각토록 관리

지역		내용
일반근린형	석교동 1 (중구)	-명칭: 석교동 1구역 도시재생활성화지역　　- 면적: (기정) 136,008.45㎡ → (변경) 142,733.2㎡ -유형: 일반근린형  기정 변경
	변경사유	※ 생활인프라 개선을 위한 맞춤형 근린지역 활성화가 필요한 지역 ※ 일반근린형 도시재생사업의 원활한 추진을 위해 인접 **석교동 2구역**의 공원 및 경로당을 편입하여 구역계 조정

지역		내용
주거지지원형	석교동 2 (중구)	-명칭: 석교동 2구역 도시재생활성화지역 - 면적: (기정) 1,085,873.6㎡ → (변경) 1,081,636.1㎡ -유형: 주거지지원형 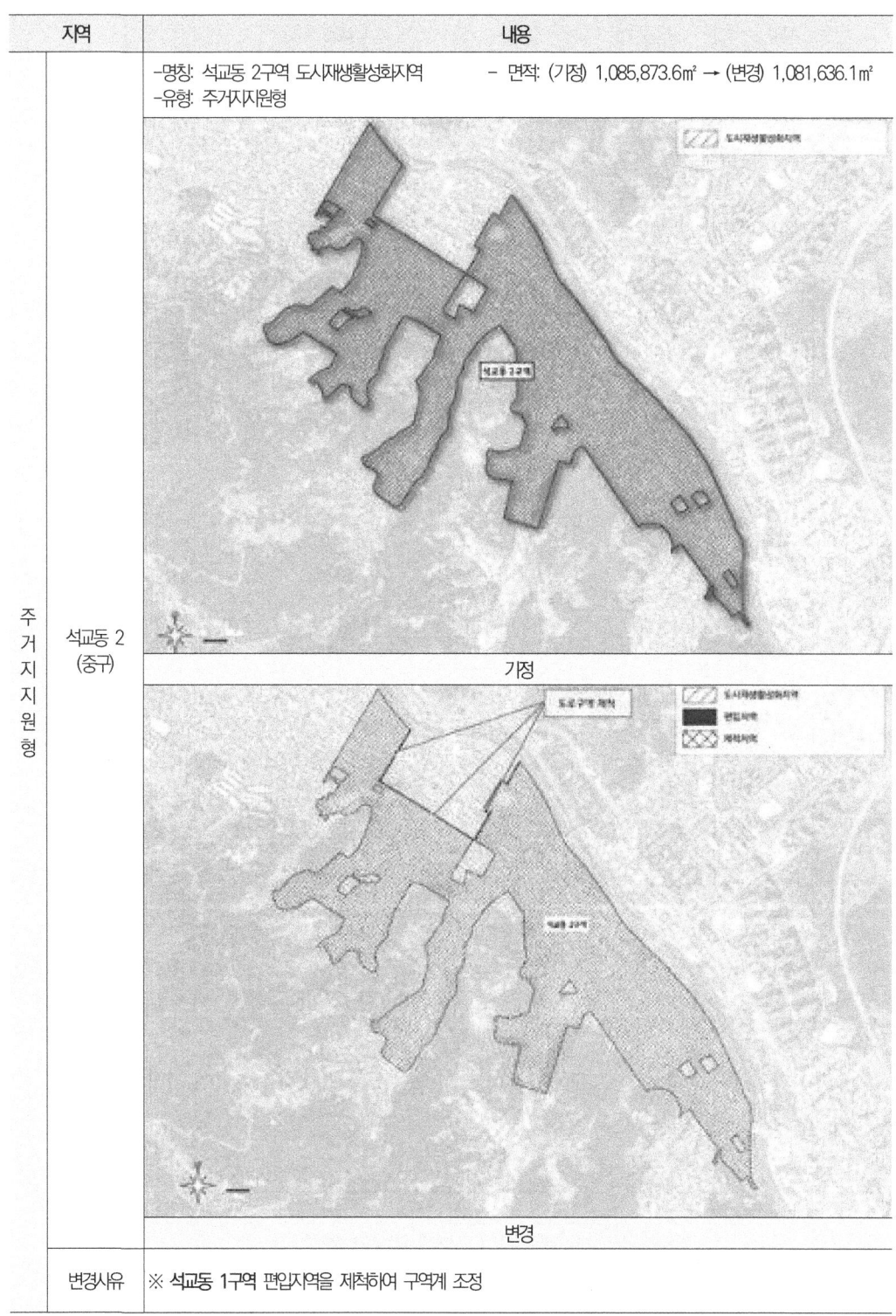 기정 변경
	변경사유	※ **석교동 1구역** 편입지역을 제척하여 구역계 조정

지역		내용
일반근린형	온천1동 3 (유성구)	-명칭: 온천1동 3구역 도시재생활성화지역 — 면적: (기정) 27,916.8㎡ → (변경) 115,857.28㎡ -유형: (기정) 우동살 → (변경) 일반근린형 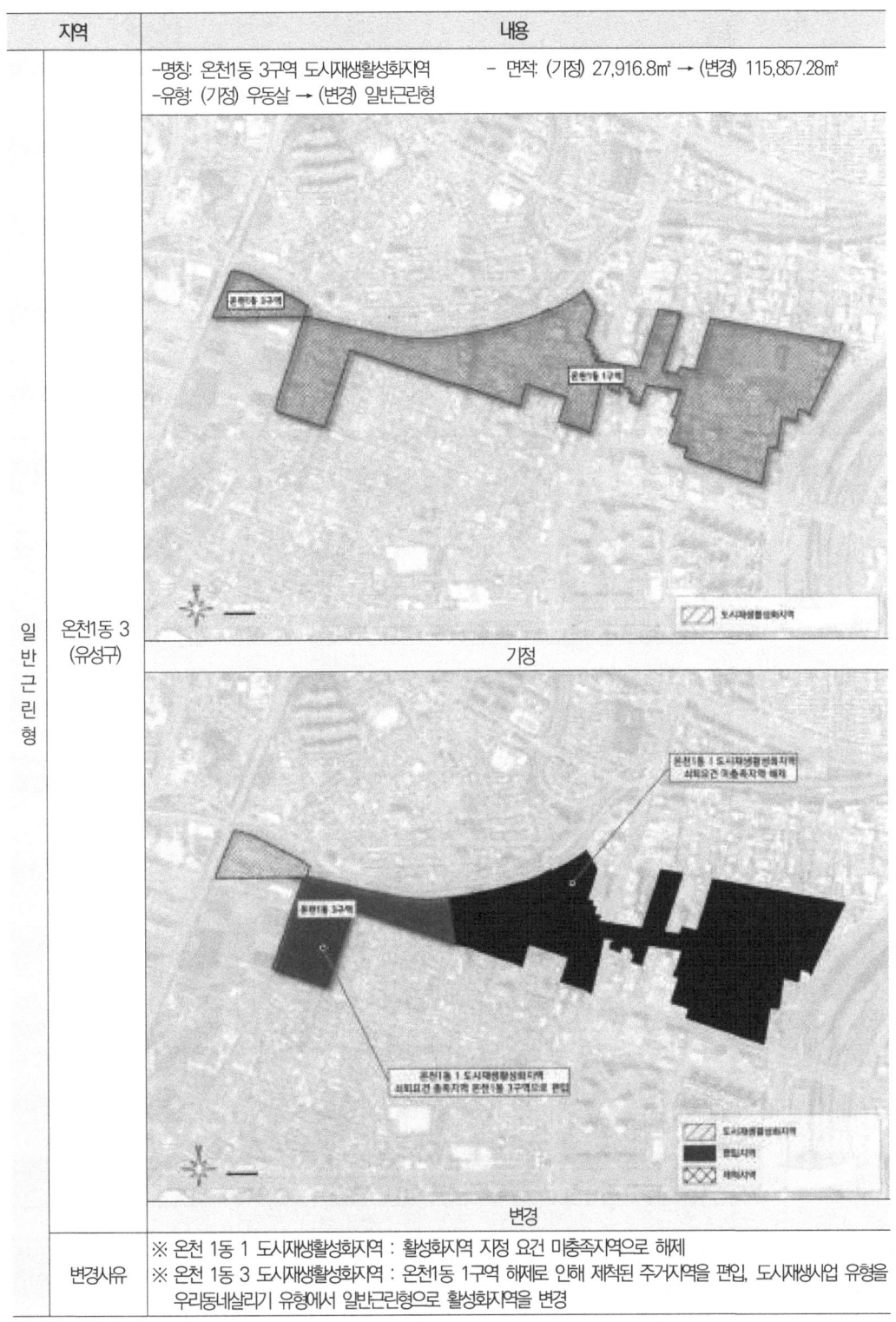 기정 변경
	변경사유	※ 온천 1동 1 도시재생활성화지역 : 활성화지역 지정 요건 미충족지역으로 해제 ※ 온천 1동 3 도시재생활성화지역 : 온천1동 1구역 해제로 인해 제척된 주거지역을 편입, 도시재생사업 유형을 우리동네살리기 유형에서 일반근린형으로 활성화지역을 변경

지역		내용
일반근린형	대화동 (대덕구)	- 명칭: 대화동 도시재생활성화지역 - 면적: (기정) 135,010.84㎡ → (변경) 135,543.23㎡ - 유형: 일반근린형 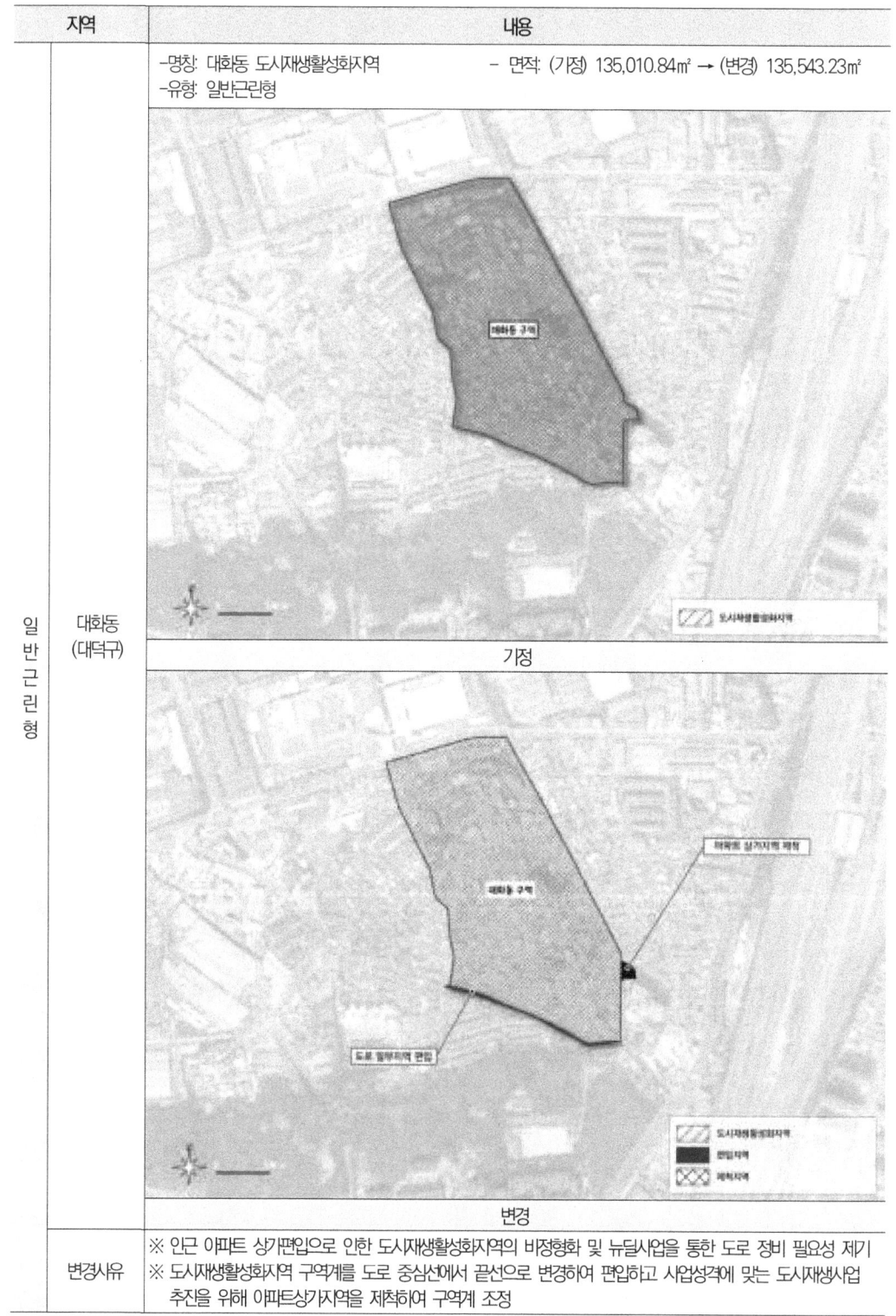 기정 변경
	변경사유	※ 인근 아파트 상가편입으로 인한 도시재생활성화지역의 비정형화 및 뉴딜사업을 통한 도로 정비 필요성 제기 ※ 도시재생활성화지역 구역계를 도로 중심선에서 끝선으로 변경하여 편입하고 사업성격에 맞는 도시재생사업 추진을 위해 아파트상가지역을 제척하여 구역계 조정

지역		내용
일반근린형	중리동 5 (대덕구)	-명칭: 중리동 5구역 도시재생활성화지역　　- 면적: (기정) 251,427.96㎡ → (변경) 244,391.68㎡ -유형: 일반근린형  기정 변경
	변경사유	※ 해당지역은 2019년 도시재생활성화지역으로 지정되어 중장기적으로 도시재생뉴딜사업을 통해 쇠퇴지역을 개선할 계획이었으나 지역의 여건 변화와 신규 도시재생사업인 인정사업을 통해 지역재생을 추진하고자 도시재생활성화지역 일부를 제척하여 구역계 조정

■ 동구 도시재생활성화지역 변경(안)

17개 동에 걸쳐 47개 구역(총 지정면적은 5,970천㎡)을 도시재생활성화지역으로 변경 지정함

〈표 3-6〉 동구 도시재생활성화지역 변경(안)

연번	동명	구역번호	면적(천㎡)	활성화유형	뉴딜유형	우선순위	비고
1	대동	0	51	일반근린	우리동네		현 뉴딜사업지
2	가오동	0	72	일반근린	주거지지원		현 뉴딜사업지
3	동구 원도심 지역	0	1,534	도시경제기반	경제기반형		일반공모 선정지역
4	대전역	0	197	중심시가지	중심시가지		선도지역('20' 1차)
5	산내동	1	169	일반근린	일반근린		일반공모('20' 2차)
6	삼성동	1	142→131	일반근린	주거지지원→일반근린	1	일부지역 제척
7	신안동	1	138	중심시가지	중심시가지	2	중앙동과연계
8	판암1동	2	44	일반근린	우리동네	3	
9	홍도동	1	167	일반근린	일반근린	4	
10	가양1동	2	241	일반근린	일반근린	5	정비구역 중복지역 제척
11	가양1동	1	162	일반근린	일반근린	중장기	
12	가양2동	3	146	일반근린	주거지지원	중장기	
13	가양2동	1	173	일반근린	주거지지원	중장기	
14	가양2동	5	77	일반근린	주거지지원	중장기	
15	가양2동	4	75	일반근린	주거지지원	중장기	
16	가양2동	2	91	일반근린	주거지지원	중장기	
17	대동	1	60	일반근린	주거지지원	중장기	
18	대청동	2	156	일반근린	우리동네	중장기	
19	대청동	3	14	일반근린	우리동네	중장기	
20	대청동	4	11	일반근린	우리동네	중장기	
21	대청동	1	11	일반근린	우리동네	중장기	
22	대청동	5	25	일반근린	우리동네	중장기	
23	대청동	6	21	일반근린	우리동네	중장기	
24	대청동	7	14	일반근린	우리동네	중장기	
25	대청동	9	7	일반근린	우리동네	중장기	
26	대청동	10	25	일반근린	우리동네	중장기	
27	대청동	12	22	일반근린	우리동네	중장기	
28	대청동	11	15	일반근린	우리동네	중장기	
29	대청동	8	17	일반근린	우리동네	중장기	
30	삼성동	2	185	일반근린	주거지지원	중장기	
31	삼성동	3	174	일반근린	주거지지원	중장기	
32	성남동	1	125	일반근린	일반근린	중장기	
33	신안동	2	104	일반근린	주거지지원	중장기	
34	용운동	2	26	일반근린	우리동네	중장기	
35	용운동	1	137	일반근린	일반근린	중장기	
36	용전동	1	614	중심시가지	중심시가지	중장기	
37	용전동	2	122	일반근린	일반근린	중장기	
38	자양동	2	97	일반근린	주거지지원	중장기	
39	자양동	1	92	일반근린	주거지지원	중장기	
40	중앙동	1	32	중심시가지	중심시가지	중장기	신안동과 연계
41	판암1동	1	56	일반근린	주거지지원	중장기	
42	판암2동	1	27	일반근린	우리동네	중장기	
43	판암2동	2	186	일반근린	일반근린	중장기	
44	홍도동	3	97	일반근린	주거지지원	중장기	
45	홍도동	2	43	일반근린	우리동네	중장기	
46	효동	1	132	일반근린	일반근린	중장기	
47	효동	2	52	일반근린	주거지지원	중장기	
합계	17개동		5,970		47개 구역		

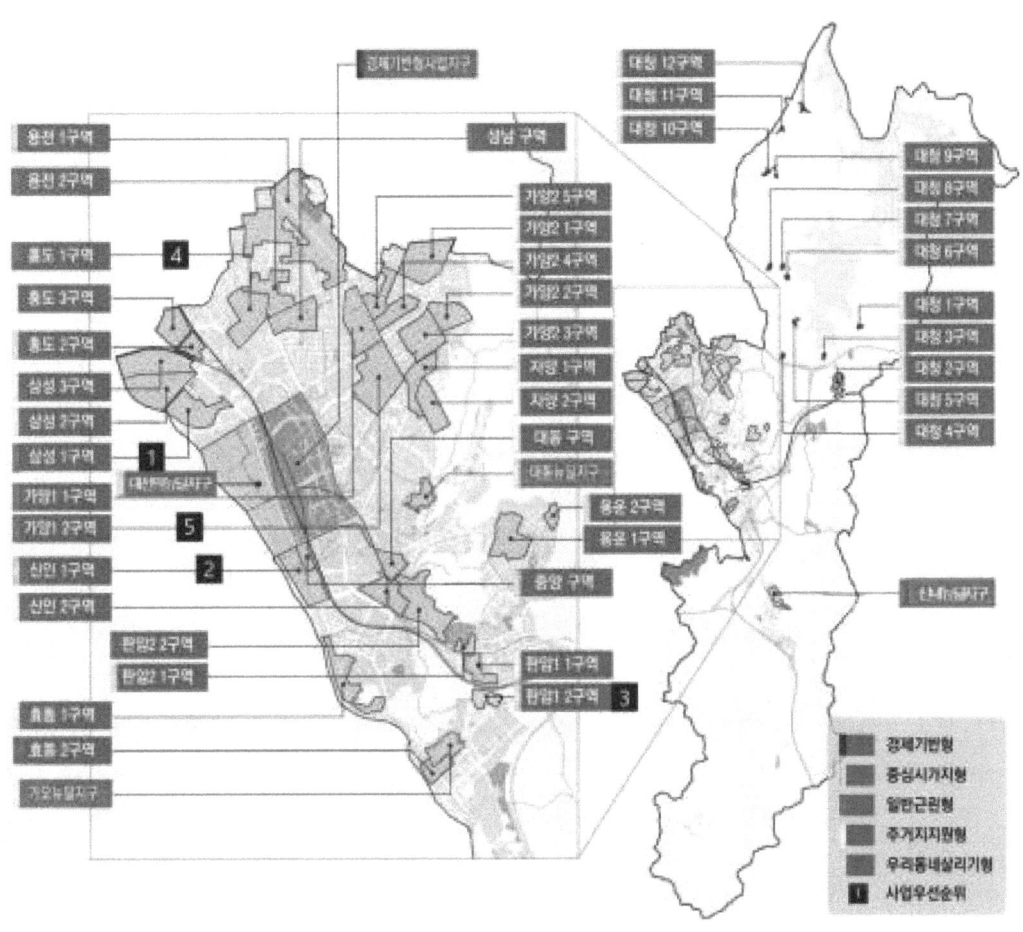

[그림 3-17] 동구 도시재생활성화지역 변경(안)

■ 중구 도시재생활성화지역 변경(안)

- 17개 동에 걸쳐 28개 구역(총 지정면적은 6,913천㎡)을 도시재생활성화지역으로 변경 지정함

〈표 3-7〉 중구 도시재생활성화지역 변경(안)

연번	동명	구역번호	면적(천㎡)	활성화유형	뉴딜유형	우선순위	비고
1	중촌동	0	170	일반근린형	일반근린형		기존 뉴딜사업구역
2	중구 원도심 지역	0	1,076	경제기반형	경제기반형		일반공모 선정지역
3	유천동	1	135	중심시가지	중심시가지→일반근린	1	구역변경 조정 필요
4	유천1동	2	329	중심시가지	중심시가지	1	유천구역과 연계
5	석교동	1	136→141	일반근린	일반근린	2	석교동2 구역 일부지역 편입
6	문창동	1	349	일반근린	일반근린	3	
7	대사동	2	106	일반근린	주거지지원	4	
해제	대사동	1	71	도시경제기반형	경제기반형	5	정비구역 중복 해제, 일부 지역 부사동 구역으로 편입
8	대흥동	1	235	도시경제기반형	경제기반형	5	부사동 구역과 연계
9	대흥동	2	93	도시경제기반형	경제기반형	5	부사 대사동과 연계
10	부사동	1	599	도시경제기반형	경제기반형	5	운동장부지 복합개발, 대사동 일부지역 편입
11	오류동	2	119	중심시가지	중심시가지	6	오류1구역과 통합
12	오류동	1	138	중심시가지	중심시가지	6	오류2구역과 통합
13	용두동	1	226	일반근린	일반근린	7	
14	석교동	2	1,086	일반근린	주거지지원형	중장기	일부지역 석교동 1구역으로 편입
15	은행선화동	1	149	일반근린	일반근린	중장기	중촌동구역과 연계
16	은행선화동	3	162	일반근린	일반근린	중장기	
17	은행선화동	2	42	일반근린	우리동네	중장기	
18	중촌동	1	144	일반근린	일반근린	중장기	은행선화1구역과 연계
19	태평1동	1	209	일반근린	일반근린	중장기	
해제	태평2동	1	48	일반근린	우리동네	중장기	정비구역 중복 해제
해제	대사동	3	29	일반근린	우리동네	중장기	정비구역 중복 해제
해제	대흥동	3	28	일반근린	우리동네	중장기	정비구역 중복 해제
20	목동	1	72	일반근린	주거지지원	중장기	
21	문화1동	1	97	일반근린	주거지지원	중장기	
22	문화2동	1	66	일반근린	주거지지원	중장기	
23	문화2동	2	216	일반근린	주거지지원	중장기	
24	산성동	1	246	일반근린	일반근린	중장기	
25	용두동	2	31	일반근린	우리동네	중장기	
26	유천1동	1	120	일반근린	일반근린	중장기	유천2동 1구역과 연계
27	유천2동	2	264	일반근린	주거지지원	중장기	
28	유천2동	1	117	일반근린	일반근린	중장기	유천1동 1구역과 연계
합계	17개동		6,913		32개 구역		

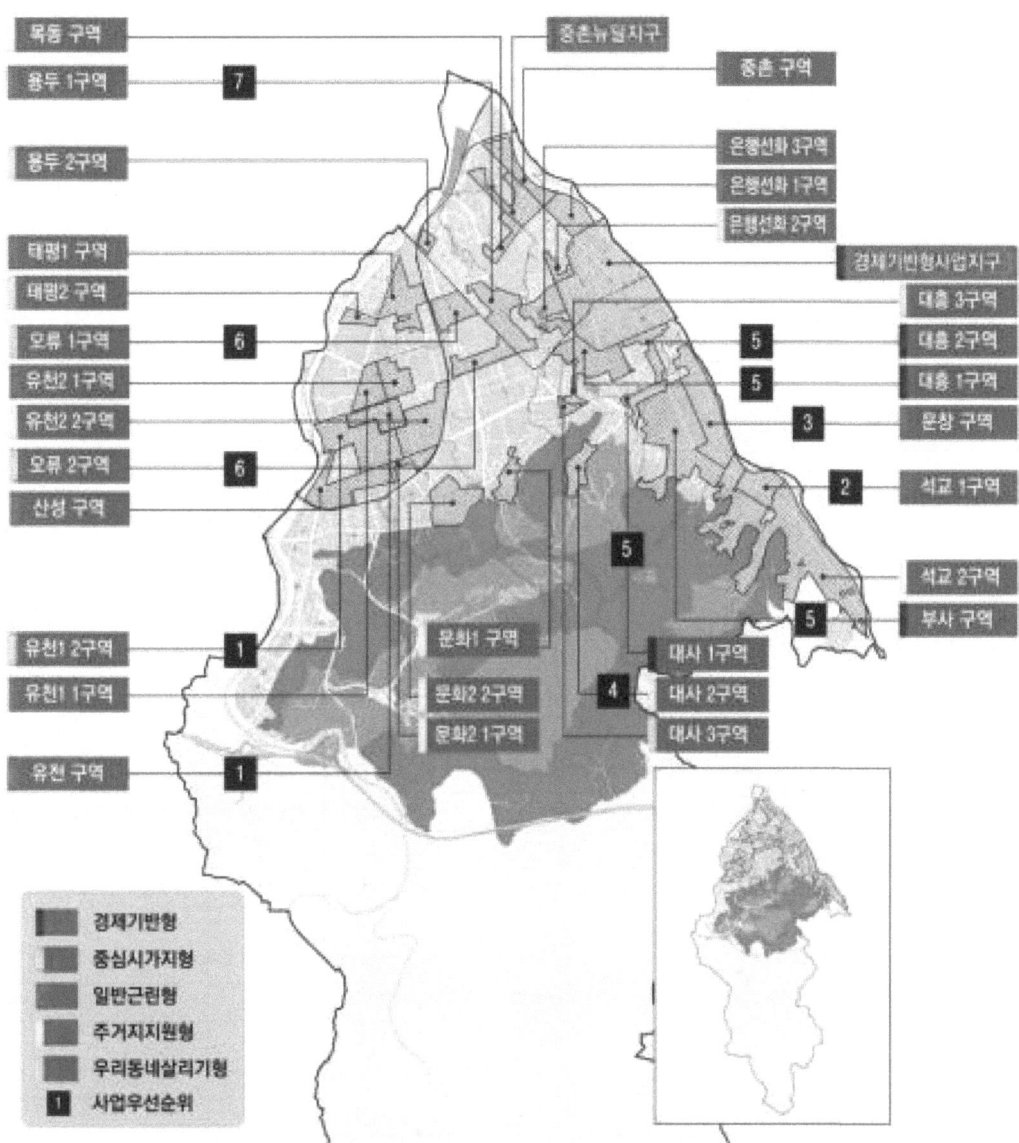

[그림 3-18] 중구 도시재생활성화지역 변경(안)

서구 도시재생활성화지역 변경(안)

- 16개 동에 걸쳐 27개 구역(총 지정면적은 5,300천㎡)을 도시재생활성화지역으로 변경 지정함

<표 3-9> 서구 도시재생활성화지역 변경(안)

연번	동명	구역번호	면적(천㎡)	활성화유형	뉴딜유형	우선순위	비고
1	도마2동	0	117	일반근린	주거지지원		기존 뉴딜사업구역
2	도마1동	0	129	일반근린	일반근린		19' 뉴딜 선정
3	정림동	2	191	일반근린	일반근린		뉴딜사업선정(20' 2차)
4	괴정동	1	194	일반근린	주거지지원	1	
5	용문동	2	149	일반근린	일반근린	2	
6	월평1동	1	350	일반근린	일반근린	3	
7	가수원동	1	218	일반근린	주거지지원	중장기	
8	가장동	1	200	일반근린	주거지지원	중장기	
9	갈마1동	2	334	일반근린	일반근린	중장기	
10	갈마1동	1	159	일반근린	주거지지원	중장기	
11	갈마2동	1	45	일반근린	우리동네	중장기	
12	괴정동	2	116	일반근린	주거지지원	중장기	
13	가성동	1	154	일반근린	주거지지원	중장기	
14	내동	1	251	일반근린	주거지지원	중장기	
15	도마1동	1	235	일반근린	일반근린	중장기	
16	도마1동	2	309	일반근린	일반근린	중장기	
17	도마2동	2	148	일반근린	주거지지원	중장기	정비구역 중복지역 제척
18	도마2동	1	305	일반근린	주거지지원	중장기	
19	둔산3동	1	107	일반근린	주거지지원	중장기	
20	만년동	1	92	일반근린	주거지지원	중장기	
21	변동	3	177	일반근린	일반근린	중장기	
22	변동	2	254	일반근린	주거지지원	중장기	
23	변동	1	83	일반근린	주거지지원	중장기	
24	탄방동	1	526	일반근린	주거지지원	중장기	
25	용문동	1	104	일반근린	주거지지원	중장기	
26	정림동	1	199	일반근린	주거지지원	중장기	
27	정림동	3	261	일반근린	일반근린	중장기	
합계	16개동		5,300		27개 구역		

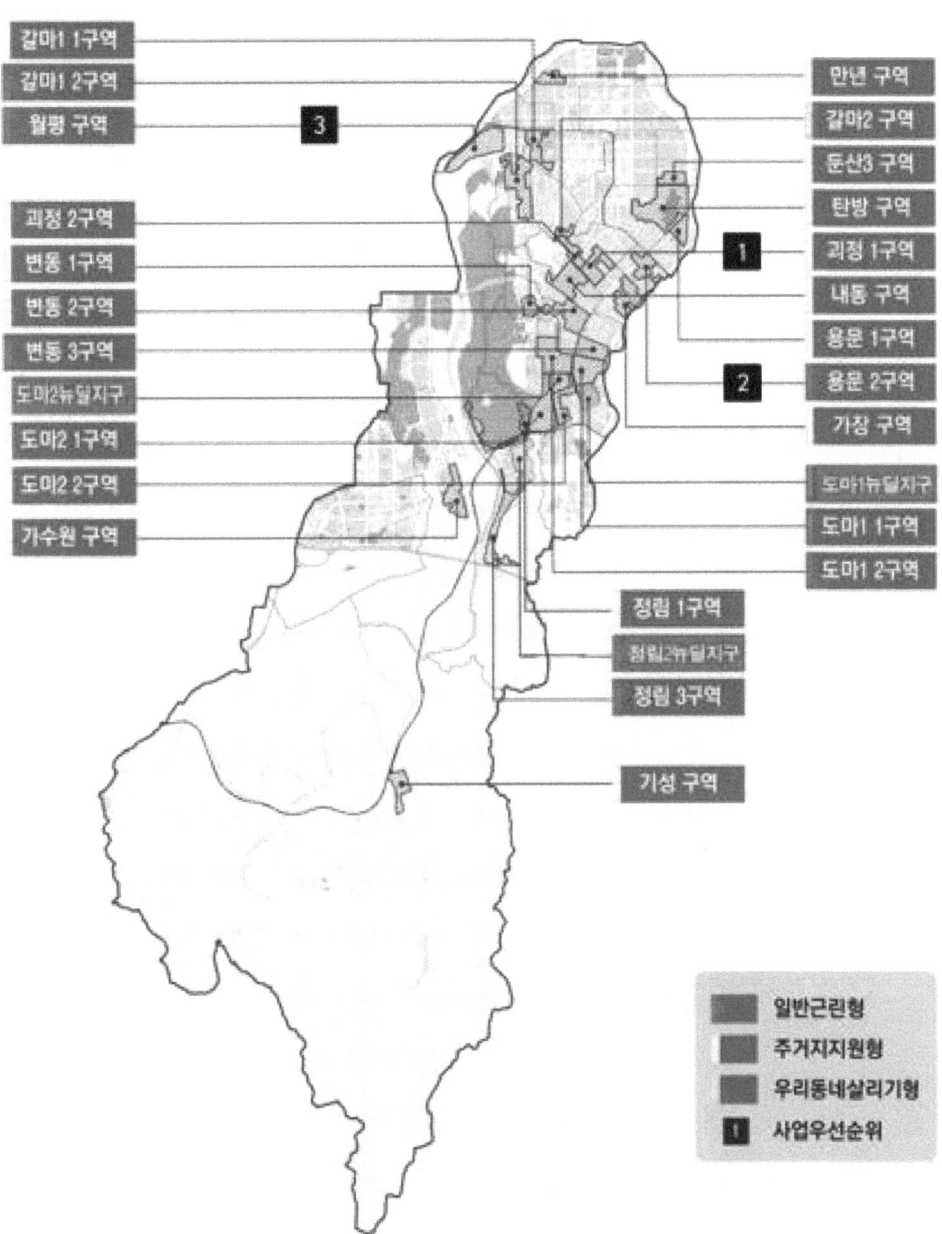

[그림 3-19] 서구 도시재생활성화지역 변경(안)

■ 유성구 도시재생활성화지역 변경(안)

· 5개 동에 걸쳐 8개 구역(총 지정면적은 1,325천㎡)을 도시재생활성화지역으로 변경 지정함

〈표 3-10〉 유성구 도시재생활성화지역 변경(안)

연번	동명	구역번호	면적	활성화유형	뉴딜유형	우선순위	비고
1	어은동	0	42	일반근린	우리동네살리기형		기존 뉴딜사업구역
해제	온천1동	1	404	중심시가지	중심시가지	-	쇠퇴요건 미충족으로 해제
2	온천2동	2	105	일반근린	일반근린	1	
3(신설)	온천,노은동	1	127	일반근린	주거지지원	2	
해제	온천1동	4	61	일반근린	우리동네	-	온천,노은동 구역으로 신설
4	구즉동	1	246	일반근린	일반근린	3	
5	전민동	1	148	일반근린	일반근린	4	
6	온천1동	2	172	일반근린	주거지지원	5	
7	온천2동	1	38	일반근린	우리동네	중장기	
해제	온천2동	3	74	일반근린	일반근린	중장기	장대B·C재정비지구 중복 해제
해제	온천2동	4	65	일반근린	우리동네	중장기	온천,노은동 구역으로 신설
8	온천1동	3	28→116	일반근린	우리동네→일반근린	중장기	온천1동 1구역 일부 편입
합계	5개동		1,325		10개 구역		

[그림 3-20] 유성구 도시재생활성화지역 변경(안)

▌대덕구 도시재생활성화지역 변경(안)

• 12개 동에 걸쳐 31개 구역(총 지정면적은 7,722천㎡)을 도시재생활성화지역으로 변경 지정함

〈표 3-8〉 대덕구 도시재생활성화지역 변경(안)

연번	동명	구역번호	면적(천㎡)	활성화유형	뉴딜유형	우선순위	비고
1	신탄진동	0	235	중심시가지	중심시가지	뉴딜사업지	기존 뉴딜사업구역
2	오정동	0	163	일반근린	일반근린	뉴딜사업지	기존 뉴딜사업구역
3	대화동	1	135	일반근린	일반근린→주거지지원	1	구역계 조정, 유형변경
4	석봉동	1	336	일반근린	일반근린	2	
5	회덕동	0	220	일반근린	일반근린	3	
6	오정동	1	225	일반근린	일반근린	4	
7	중리동	1	182	일반근린	주거지지원	5	
8	오정동	5	611	중심시가지	중심시가지	6	오정역세권개발과 연계
9	신탄진동	2	110	일반근린	주거지지원	중장기	
10	신탄진동	1	187	일반근린	일반근린	중장기	
11	오정동	6	13	일반근린	우리동네	중장기	
12	오정동	4	320	일반근린	주거지지원	중장기	
13	오정동	3	257	일반근린	일반근린	중장기	
14	오정동	2	125	일반근린	일반근린	중장기	
15	덕암동	3	2103	일반근린	일반근린	중장기	
16	덕암동	1	273	일반근린	일반근린	중장기	
17	덕암동	2	247	일반근린	일반근린	중장기	
18	송촌동	2	194	일반근린	일반근린	중장기	
19	송촌동	1	88	일반근린	주거지지원	중장기	
20	목상동	1	33	일반근린	우리동네	중장기	
21	법1동	1	12	일반근린	우리동네	중장기	
22	법2동	1	104	일반근린	주거지지원	중장기	
23	비래동	1	231	일반근린	일반근린	중장기	
24	비래동	2	35	일반근린	우리동네	중장기	
25	비래동	3	67	일반근린	주거지지원	중장기	
26	석봉동	2	165	일반근린	일반근린	중장기	
27	회덕동	1	94	일반근린	일반근린	중장기	
28	중리동	3	297	일반근린	일반근린	중장기	
29	중리동	5	251→244	일반근린	일반근린	중장기	일부지역 제척
30	중리동	2	167	일반근린	일반근린	중장기	
31	중리동	4	234	일반근린	주거지지원	중장기	
합계	12개동		7,722		31개 구역		

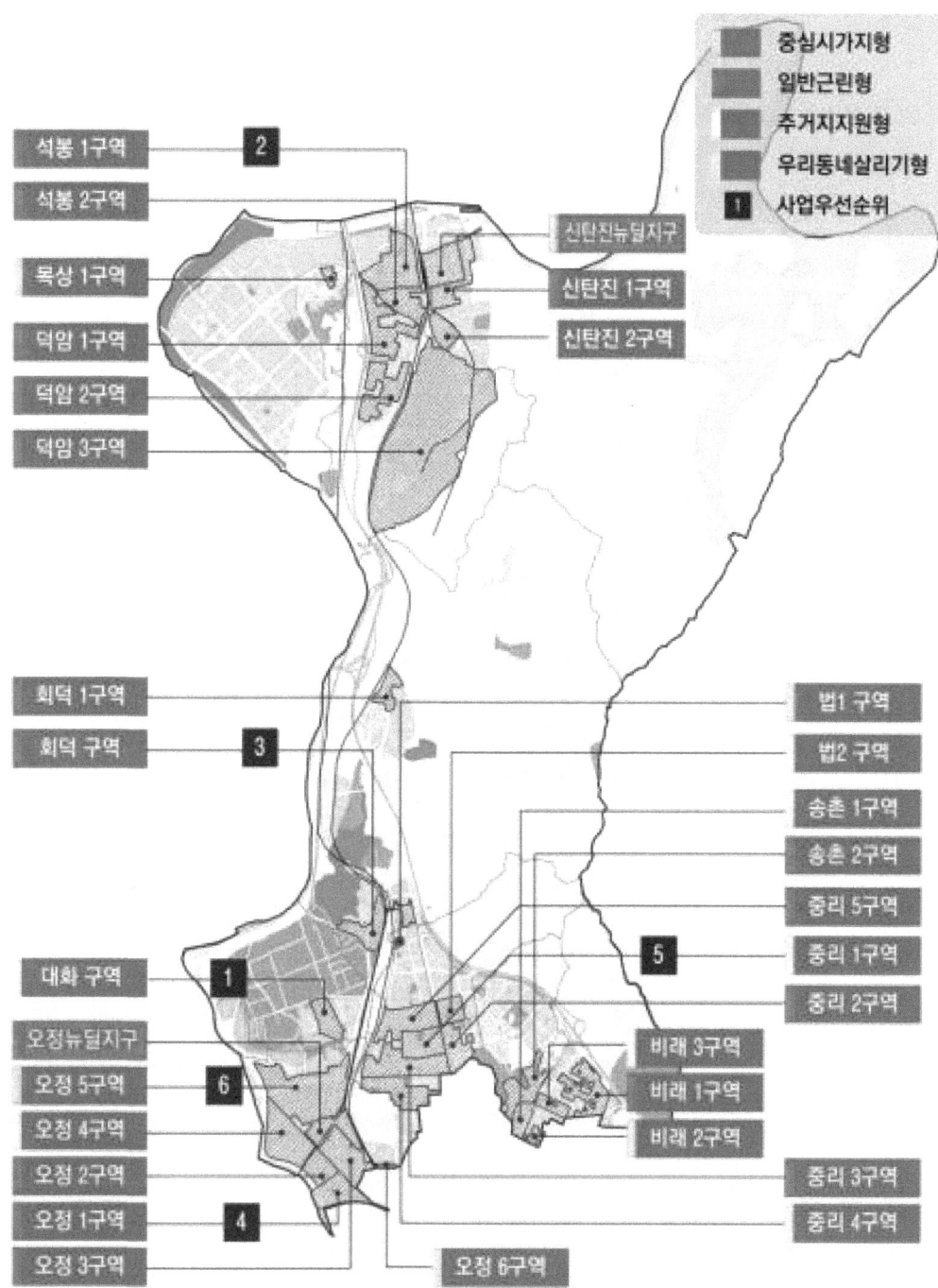

[그림 3-21] 대덕구 도시재생활성화지역 변경(안)

5개 구청별 도시재생활성화지역(뉴딜사업) 유형 구분

- 5개 구청별로 도시재생활성화지역을 뉴딜사업 유형으로 세분화 해보면, 경제기반형은 중구에 소재하고 있는 4개 동을 한 개의 사업구역으로 묶어 경제기반형 재생사업 추진이 가능

- 중심시가지형의 경우, 동구에서는 용전1구역과 신일동 및 중앙동 구역을 한 개 사업구역으로 묶어 총 2개의 중심시가지형 재생사업 추진이 가능하리라 봄

- 중구의 경우도, 유천동과 유천1동 구역을 묶어 중심시가지형으로 추진함이 바람직하며, 오류 1구역과 2구역을 묶어서도 중심시가지형 추진이 가능하리라 봄

- 대덕구의 경우, 현재 추진 중에 있는 신탄진구역 외에 오정동 일대가 오정역세권개발과 연계하여 중심시가지형으로 추진이 가능하리라 봄

- 유성구의 경우, 온천1동의 1구역을 쇠퇴요건 미충족으로 해제하고 일부지역은 온천1동 3구역에 편입하여 유성온천역 주변 역세권 개발사업과 함께 총괄사업관리자로 추진이 가능하리라 봄

- 일반근린형의 경우, 동구는 9개 지역, 중구는 11개 지역, 서구는 9개 지역, 유성구는 4개 지역, 대덕구는 18개 지역이 가능하리라 봄

- 주거지지원형의 경우, 동구 16개 지역, 중구 7개 지역, 서구 17개 지역, 유성구 1개 지역, 대덕구가 7개 지역이 가능하리라 봄

- 우리동네살리기형의 경우, 동구 내 상수원보호구역 및 개발제한구역에 속해 있는 자연취락지구 등을 포함하여 17개 지역과 중구 2개 지역, 서구 1개 지역, 유성구 3개 지역, 대덕구 4개 지역 등이 추진 가능하리라 봄

- 5개 구별 도시재생활성화지역의 총 지정 개수는 141개(기존 뉴딜사업지구 및 선도지역 13지구 포함) 지역으로 동구 47개 지역, 중구 28개 지역, 서구 27개 지역, 유성구 8개 지역, 대덕구 31개 지역으로 집계됨

〈표 3-11〉 구별 행정동 기준 도시재생활성화지역의 뉴딜사업 유형 구분

구	경제기반	중심시가지	일반근린	주거지지원	우리동네	합계
동구	1	4	9	16	17	47
중구	4	4	11	7	2	28
서구	0	0	9	17	1	27
유성구	0	0	4	1	3	8
대덕구	0	2	18	7	4	31
소계	5	10	51	48	27	141

주1 : 기존 경제기반형 도시재생 사업지구의 경우, 동구 및 중구에 걸쳐 있는 관계로 2개 권역으로 분리하여 140개가 아닌 141개로 집계됨
주2 : 기존의 일반공모 및 뉴딜사업지구, 선도지역 등 13개 지역을 제외하면 대전시 도시재생활성화지역은 총 128개 지역임

(3) 뉴딜사업지구 선정기준 및 원칙

- 도시재생활성화지역을 대상으로 한 뉴딜사업지구의 사업유형은 다음 기준 및 원칙에 의해 선정토록 함
- 2030년 도시기본계획상의 공간기능 및 공간구조, 현재의 토지이용현황 및 개발 잠재력 등을 종합적으로 검토하여 다음 기준을 토대로 각 사업유형을 정하도록 함
- (경제기반형) 공간기능상으로 산업단지, 항만, 공항, 철도(역세권), 일반국도, 하천, 대규모 이전적지 등 도시군계획시설의 정비 및 개발과 연계 가능한 지역으로 지역경제 기반의 주요 토대가 되는 곳, 공간구조상으로는 핵심권역 및 지역거점, 성장거점 지역(연구개발특구, 산단) 등에 지정, 토지이용에 있어서는 중심상업 및 일반상업지역, 유통상업지역, 일반공업 및 준공업지역, 준주거지역인 지역에 지정
- (중심시가지형) 공간기능상으로 정비사업·재정비촉진사업과 연계 가능한 지역, 전통시장 및 대규모 유통시설 인접 지역, 관광특구 등, 공간구조상으로는 지역거점 및 생활권중심 권역에 지정, 토지이용에 있어서는 중심상업 및 일반상업지역, 근린상업 및 유통상업지역, 준주거지역, 상업적 용도의 토지이용 비율이 최소 30% 이상인 지역(지역상권이 기 형성되어 있는 지역) 등에 지정 가능

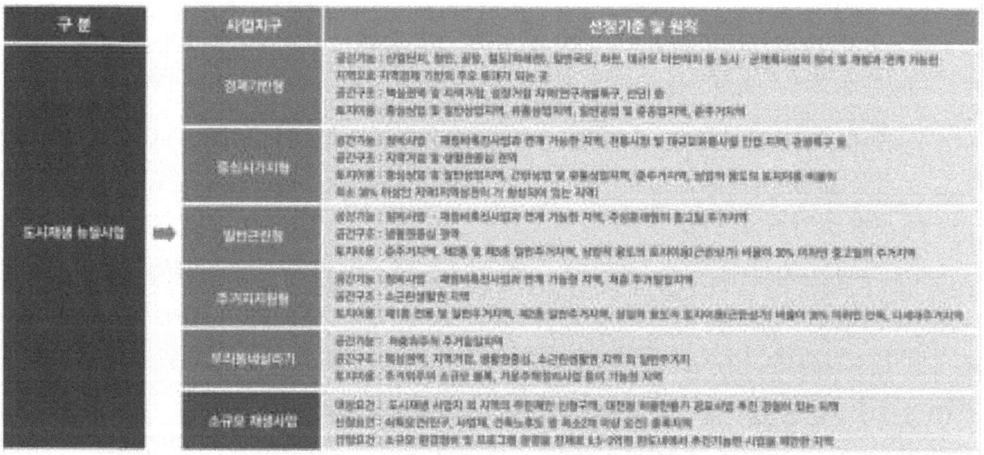

[그림 3-22] 뉴딜사업지구 선정기준 및 원칙

- (일반근린형) 공간기능상으로 정비사업·재정비촉진사업과 연계 가능한 지역, 주상혼재형의 중고밀 주거지역, 공간구조상으로는 생활권중심 권역, 토지이용상으로는 준주거지역, 제2종 및 제3종 일반주거지역, 상업적 용도의 토지이용(근린상가) 비율이 30% 이하인 중고밀의 주거지역 등에 지정 가능
- (주거지지원형) 공간기능상으로 정비사업·재정비촉진사업과 연계 가능한 지역, 저층 주거밀집지역, 공간구조상으로는 소근린생활권 지역, 토지이용상으로는 제1종전용 및 일반주거지역, 제2종 일반주거지역, 상업적 용도의 토지이용(근린상가) 비율이 30% 이하인 단독, 다세대주거지역에 지정 가능
- (우리동네살리기형) 공간기능상으로 저층위주의 주거밀집지역, 공간구조상으로는 핵심권역, 지역거점, 생활권중심, 소근린생활권지역 외 일반주거지, 토지이용상으로는 주거위주의 소규모 블록, 가로주택정비사업 등이 가능한 지역에 지정 가능

제4장

도시재생 비전 및 목표

1. 기본이념 및 정책방향

2. 비전 및 목표

1. 기본 이념 및 정책방향

1.1. SWOT 분석

- 대내외적 환경분석과 정부정책동향분석, 민선7기의 주요 정책기조, 기존계획 및 사업분석, 일반현황 및 쇠퇴진단 분석 결과 등을 토대로 대전시의 강점과 약점, 기회요인과 위협요인 등을 도출함

▌강점 요인

- 시민주권 및 숙의민주주의에 기반한 시정 구현에 대한 요구가 점차 증대되고 있으며, 균형발전과 도시재생 정책에 대한 정부의 강한 추진 의지 등은 기회 요인으로 작용
- 사회적 약자에 대한 다양한 배려 및 우선 정책이 강조됨에 따라 마을만들기 및 공동체 지원 사업에 대한 다양한 축적된 경험들이 도움이 될 것으로 기대됨
- 첨단제조업 비중 증가 및 지식기반 서비스업의 높은 성장 잠재력과 다양한 혁신주체 및 풍부한 R&D 자원 및 인프라를 확보하고 있는 점, 우수한 광역교통 접근성과 양호한 도로 인프라 등을 확보하고 있는 점은 대전시의 강점이라 할 수 있음

▌약점 요인

- 중장기적 관점에서의 도시비전 공유 미흡 및 도시공간 정책 부재
- 토지이용계획과 교통계획간의 정합성 및 통합적 접근이 미흡
- 실질적 주거 및 복지수요 대응 및 구체적인 재원확보 방안 미흡
- 도시 및 주거환경정비 사업 추진 지체
- 특화자원 및 문화관광 상품 부재로 낮은 도시브랜드 역시 약점으로 인식되고 있음
- 관주도방식의 사업추진 방식 탈피 노력 부족과 자치구의 뉴딜사업에 대한 행정지원 역량 미흡
- 거버넌스 구축 및 운영관리(조정·조율) 역량 부족과 보다 다양한 주체(민간 및 공기업 등)의 참여 및 협업이 부족한 실정임
- 마을공동체와 사회적 경제조직간의 소통 및 연계성이 부족하고, 도시재생 정책에 대한 일관되고 통합적인 접근이 미흡함(지나친 국비지원 의존성 등)
- 스마트도시재생 적용에 대한 고민 또한 부족하며, 자치구의 낮은 재정자립도와 선투자가 부족한 실정임
- 활용가능한 국공시유지 확보가 절대적으로 부족하고, 대중교통분담률 저하 및 높은 자동차

이용률도 도시발전에 걸림돌로 작용하고 있음
- 혁신주체간 공유문화 및 협업활동이 부족(공유 및 협업 증진을 위한 행·재정적 지원 부족)하고, 동서간 지역불균형 문제와 인구정체 및 둔화가 지속되고 있는 점도 약점으로 인식되고 있음
- 원도심지역의 사업체수 감소와 고용성장 잠재력 또한 저하되고 있는 점과 기초생활인프라의 지역적 편중 및 부족 현상, 그리고 빈집 및 노후건축물 증가 문제 등도 시급히 해결해 나가야 할 당면 과제로 남겨져 있음

▎기회 요인

- 4차 산업혁명의 도래 및 지식경제 기반의 도시혁신성 강조, 과학기술기반의 혁신성장 등이 최근 강조되고 있음은 대전시가 오랜 기간 동안 축적해온 자산 및 인프라 환경을 잘 활용할 수 있는 도시임을 반증
- 자치분권 및 지역균형발전 정책 중요성이 부각되고 민·관·산·학 협력체계 강화를 위한 대전시 차원의 대응노력 또한 가속화되고 있음
- 도시경쟁력 차원에서의 도시재생사업이 도시혁신사업으로 확장되고 있고, 수요자 및 현장 중심의 도시재생 사업이 보다 중요하게 부각되고 있을 뿐 아니라, 범부처 주거복지 및 스마트시티 실현을 위한 다양한 정책방안 등이 도출되고 있음은 민선7기의 약속사업 들과도 정책적 부합성이 높은 것으로 나타남
- 트램 예타면제로 2호선 건설 사업이 탄력을 받을 것으로 예상되며, 대덕특구 리노베이션에 관한 대내외적 공감대 역시 확산되고 있는 추세임

▎위협 요인

- 저출산 및 고령화, 저성장에 따른 지속가능성에 대한 위협 및 성장동력이 약화되고 있는 점은 위협요인이라 할 수 있음
- 이 외에도 직업구조의 변화에 따른 일자리 감소 문제와 수도권으로의 지속적인 두뇌유출 및 일자리 집중 현상이 심화되고 있는 점도 위협요인으로 작용
- 미세먼지 저감 및 지구온난화 방지 등을 위한 기후변화 대응 요구가 증대되고 있으며, 한정된 예산 지원 및 법·제도 운용의 경직성과 도시재생을 단지 뉴딜사업으로만 인식하는 경향이 고착되고 있는 점, 그리고 지속적인 안전위협요인 증가와 재정부담이 증대되고 있는 점 등이 위협요인으로 작용하고 있음

[그림 4-1] SWOT 분석 결과

1.2. 시사점 및 정책방향

주요 어젠더 도출

- 상기 SWOT 분석 결과를 토대로 대전광역시의 도시재생 전략의 지향점을 도출해 보면 다음과 같으며, 도시재생 비전 및 목표에 투영되어야 할 핵심 가치 요소로서 균형성, 수용성, 혁신성, 평등한 접근성, 포용성, 지속가능성, 소통성, 신뢰성 등을 도출해 낼 수 있었음
  - 도시재생을 넘어 도시혁신으로
  - 지식기반의 도시 혁신 생태계 조성
  - 도시혁신을 위한 자생력 확보 및 협업 강화
  - 사회적 약자의 연결성 강화를 통한 포용적 도시 지향
  - 공동체 번영을 위한 사회적 경제 선순환구조 확립

- 생활SOC 확충을 통한 편리한 삶 향유 및 사회적 통합 유도
- 대중교통중심의 도시공간구조 재편 및 도시재생 사업 추진
- 빈 공간의 재발견 및 업사이클링 전략 추진
- 스마트도시재생을 통한 똑똑한 도시 만들기
- 퍼실리테이터로서의 도시 서비스 기능 강화
- 회복력 있는 지속가능한 도시환경 조성
- 지식 공유 기반의 시민 혁신 활동 증진 등

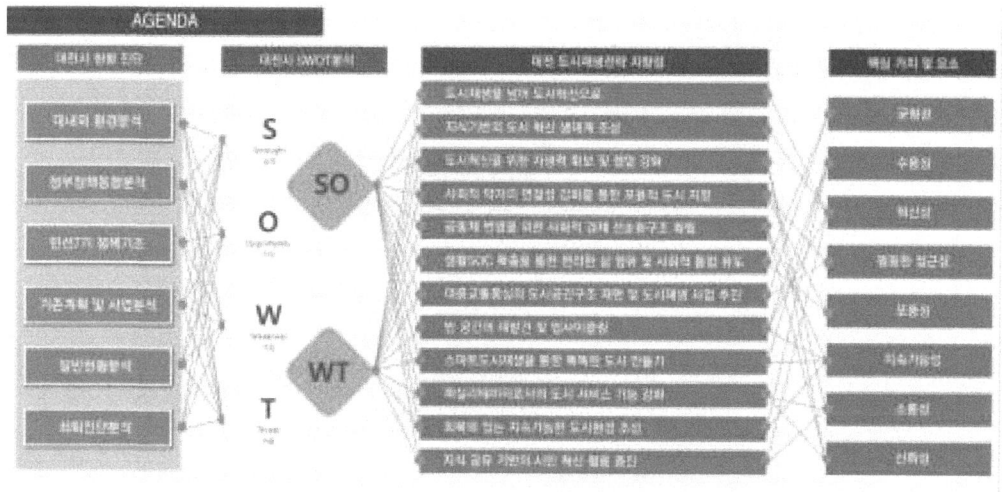

[그림 4-2] 주요 시사점 및 정책방향 도출

2. 비전 및 목표

2.1. 비전 도출 절차

▌비전 도출 절차

- 비전 도출 과정으로서 먼저 관련계획 검토를 통한 비전 체계를 비교 검토하고, 국내외 정책동향 분석을 통해 주요 핵심가치 등을 도출해 내는 한편, 주요 시책 사업 등의 검토 과정을 통해 주요 이슈 및 정책의 방향성 등을 도출해 냄으로써 본 변경 계획의 비전을 설정토록 함

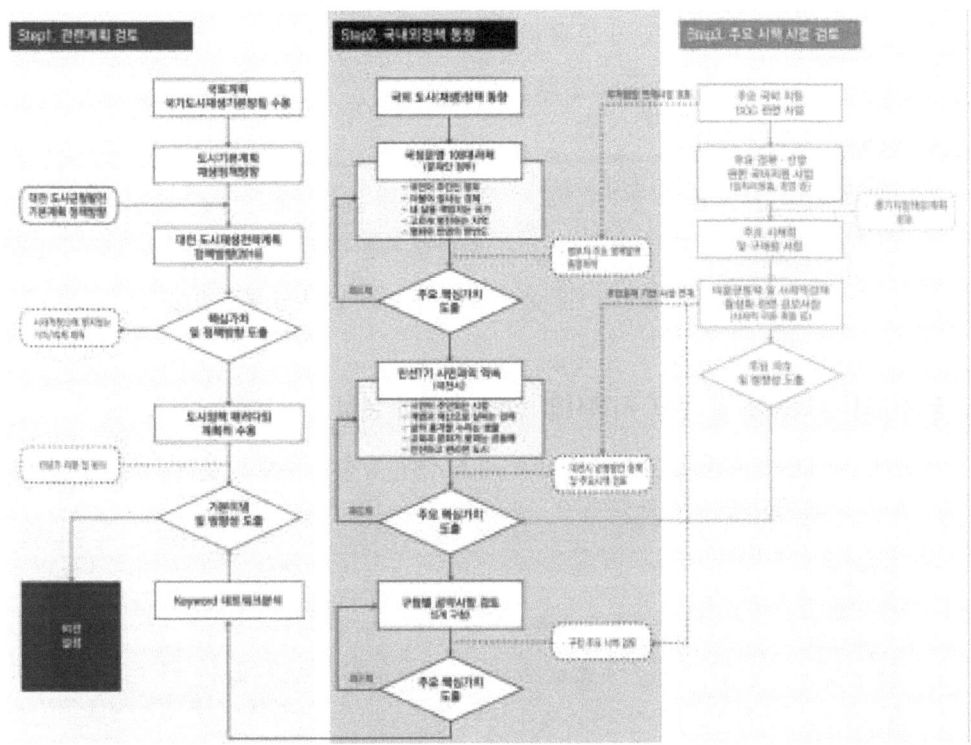

[그림 4-3] 비전 도출 절차

▌관련 계획상 비전 체계 비교

- 관련 계획상의 비전 체계 비교를 위해 X축 상에는 수단지향형 vs 목표지향형 비전축을 Y축 상에는 사업지향형 vs 가치지향형 비전축을 각각 설정하고 관련계획 상의 비전 문구들이 어떤 위치에 마킹되고 있는지를 포지셔닝 분석을 통해 고찰해 보고자 함
  - 국토 및 광역계획, 도시기본계획, 경관계획, 도시 및 주거환경정비기본계획, 건축기본계획, 도시교통정비 중기계획 등의 법정계획과 도시균형발전기본계획, 도시디자인 기본계획 등의 비법정 계획 등을 모두 포괄하여 비전 문구에 대한 포지셔닝 맵 분석을 수행

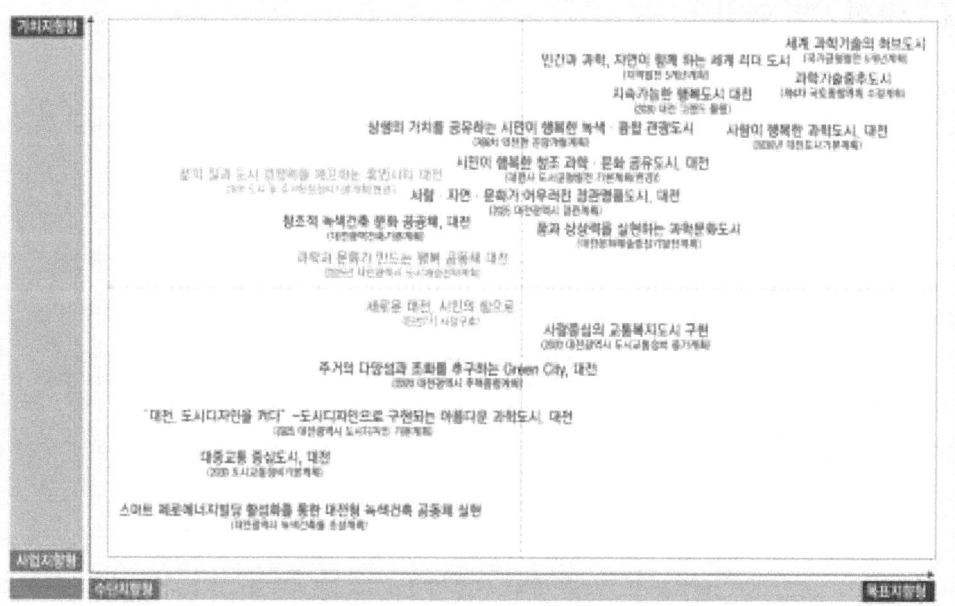

[그림 4-4] 기존 관련 계획상의 비전 포지셔닝 분석 결과

국내외 정책동향 및 주요 시책사업 상의 주제어 분석

- 한편, 관련계획 비전 및 주요 정부정책 기조 등에 활용된 주제어 분석과정을 통해 포지셔닝 맵으로 표현해 보면 다음과 같음

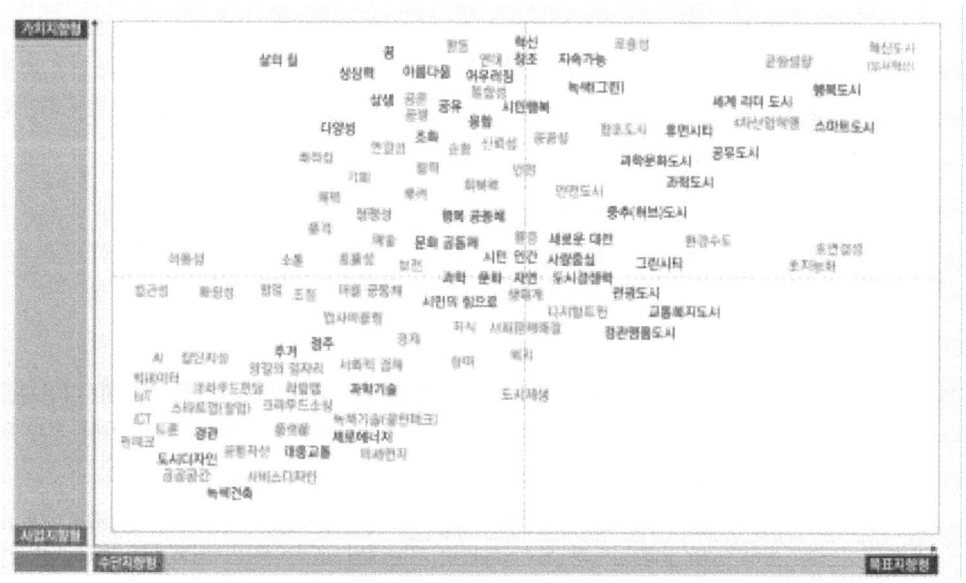

[그림 4-5] 주요 키워드 포지셔닝 분석 결과

■ 대안별 비전 검토

• 이러한 검토 과정을 통해 본 변경계획의 비전 설정을 위해 도출된 각 대안별 비전 문구 중 다수의 전문가 자문 및 의견수렴 과정을 통해 도출된 최종안은 "도시혁신을 주도하는 시민이 행복한 도시"로 설정함

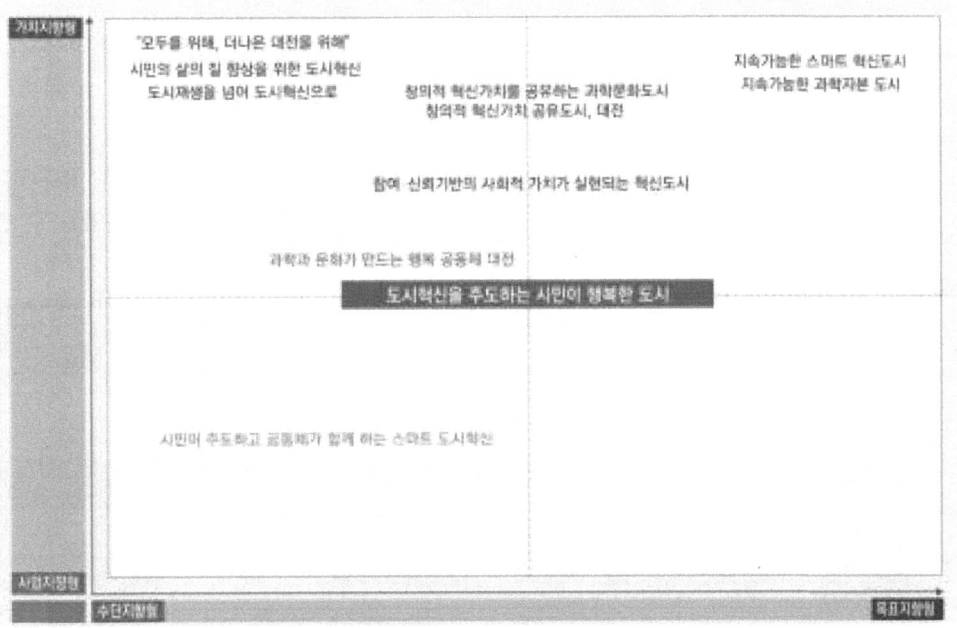

[그림 4-6] 비전 대안별 포지셔닝 맵 분석 결과

2.2. 비전 및 목표, 추진전략

• 2025 대전광역시 도시재생전략(변경) 계획의 비전은 「도시혁신을 주도하는 시민이 행복한 도시」로 설정하고, 3대 목표로서 "일자리 걱정 없는 혁신경제 재생", "살맛나는 정주환경 재생", "함께하는 지역공동체 재생"으로 설정함

• 5대 추진 전략으로서 ① 도심부의 기능 재편을 통한 도시 혁신생태계 구축, ② 쇠퇴축을 새로운 도시발전축으로, ③ 사회적 약자를 위한 네트워크 연계성 강화, ④ 스마트도시재생을 통한 「공유하는 똑똑한 도시로」, ⑤ 마을공동체 도시혁신 활동 강화를 제시함

• 도심부의 기능 재편을 통한 도시 혁신생태계 구축과 관련해서는 혁신엔진으로서의 대전 역세권 개발, 대덕특구 리노베이션사업 추진, 빈공간저활용시설 업사이클링 사업 추진 등을 통해 구체화 하도록 함

• 쇠퇴축을 새로운 도시발전축으로 전환함은 공간축 결절점 강화와 TOD 중심의 도시재생사업 추진을 통해 실현해 나가도록 함

- 사회적 약자를 위한 네트워크 연계성 강화와 관련해서는 주거복지 강화를 위한 공공 임대주택공급 확대와 기초생활인프라 공급 확대를 통한 생활편의 증진 및 사회적 통합 유도, 그리고 지역공동체 기반의 촘촘한 사회안전망 확보 등을 통해 실현해 나가도록 함
- 스마트도시재생을 통한 「공유하는 똑똑한 도시로」 전략은 스마트재생 공유 플랫폼 구축과 크라우드펀딩을 통한 소규모 재생 사업 활성화를 통해 구체화 해나도록 함
- 끝으로 마을공동체 도시혁신 활동 강화 전략과 관련해서는 마을공동체 자립역량 증진, 중간지원조직의 역할 및 기능 재정립, 마을공동체 사업 추진의 다각화 등을 통해 구체적으로 실현해 나가도록 함
- 이들 5대 전략 및 세부 추진 과제들은 앞서 도출된 핵심 가치로서의 혁신성, 수용성, 균형성, 평등한 접근성, 포용성, 지속가능성, 소통성, 신뢰성 등이 정책에 고루 반영될 수 있도록 고려됨
- 제시된 5대 전략 및 세부 추진 과제는 뉴딜사업의 4대 원칙이라 할 수 있는 도시경쟁력 강화, 일자리 창출, 사회통합, 주거복지 실현과도 부합되는 정책방향이라 할 수 있음

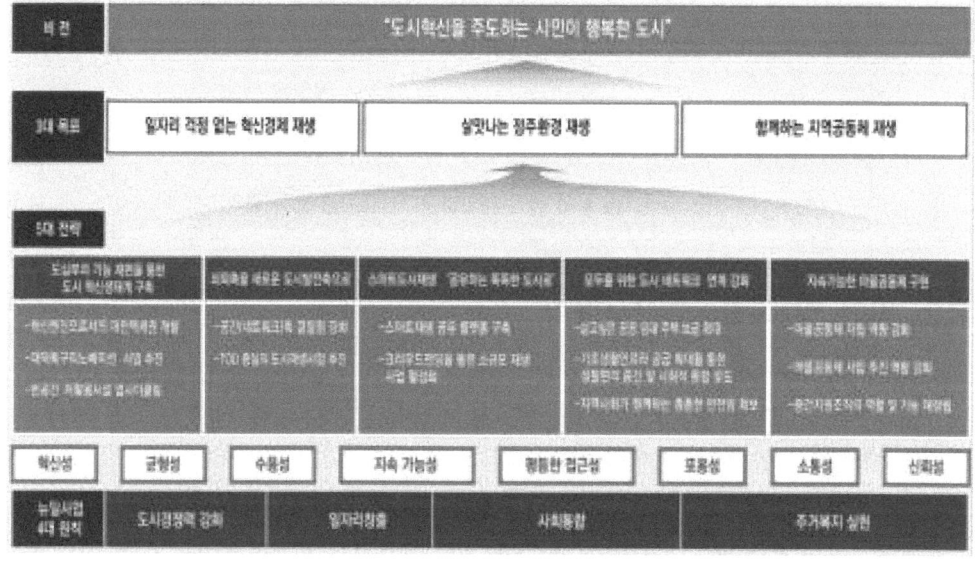

[그림 4-7] 비전 및 목표, 5대 추진전략

제5장

도시재생 추진전략 및 과제

1. 도심부 기능재편을 통한 도시 혁신생태계 구축

2. 쇠퇴축을 새로운 도시발전축으로

3. 사회적 약자를 위한 네트워크 연계 강화

4. 스마트도시재생, 「공유하는 똑똑한 도시로」

5. 마을공동체 도시혁신 활동 강화

1. 도심부 기능 재편을 통한 도시 혁신생태계 구축

- 성장관리형 스마트 도시재생 정책 추진, 도시 수용력 고려, 지속가능한 도시발전 추구를 위한 원칙 설정 필요
- 도심 토지이용 고도화(복합용도) 및 빈공간·저활용시설(Porous Space) 등에 대한 업사이클링 전략 추진 필요
- 도시형 혁신지구를 중심으로 한 플랫폼 경쟁 및 실험의 장으로서 차별화된 도시 경쟁력 확보 요구

1.1. 혁신엔진으로서의 대전 역세권 개발

(1) 대전 역세권 개발 사업개요

- (위   치) 대전역 주변(원동 ~ 대동 ~ 성남동 ~ 성남사거리)
- (사업개요) 면적 992,942㎡, 시행방식 민간개발, 사업기간 2007 ~ 2025
- (촉진계획) 재정비촉진지구 지정('06.12.29.) 촉진계획 수립('15.10.30.)
  - 도입시설 : 상업, 업무, 주거, 문화, 컨벤션기능, 교통환승센터
  - 토지이용 : 상업·업무 163,280㎡, 주거 215,888㎡, 기반시설 472,032㎡, 기타 35,800㎡

■ 그 동안 추진사항

- '08. 8. 18. : 민간 사업자 공모(1차) / 응모업체 없음
- '15. 10. 30. : 재정비촉진계획(변경) 수립
- '15. 11. 30. : 민간 사업자 공모(2차) / 응모업체 없음
  - 원인 : 기반시설(도로, 공원) 설치 부담, 전통시장과 상생협력 계획 미 수립
- '18. 7. 18. : 전통시장 및 상점가 상인과 상생협력 협약 체결
  - 시, 동구, 중구, 한국철도공사, 23개 전통시장 및 상점가 상인
- '18. 12. 18. : 복합2구역 민간 사업자 공모(3차) 실시
  - 공모기간 : '18. 12. 18. ~ '19. 3. 27.
  - 사업신청 : 단독 법인 또는 컨소시엄
  - 개발방향 : 판매, 업무, 환승센터 등의 복합용도 개발
- 기반시설 선도사업 등 추진
  - 전통나래관 주변도로 확장(L=0.57㎞, 118억원) / 준공(' 13. 12.)
  - 신안동길·삼가로 확장(L=1.57㎞, 865억원) / 공사 중(공정 83%), 준공(' 19. 12.)

- 동광장길 확장(L=1.03km, 539억원) / 지장물 조사 중, 보상계획공고(' 19. 3.)
- 신안2역사공원 조성계획(A=13,115㎡, 300억원) 수립 / 금년 추경예산 확보 노력
- 소제 중앙공원 조성(A=35,185㎡, 560억원 투자 계획 / '19년 국비 20억 확보)
• 그 외 철도박물관 (신안2역사공원 조성) 유치 부지 확보 노력 / 도시재생과
- 2019년 추경예산(공사 50, 보상 250) 확보 노력 및 집행
- 토지 및 지장물 先 보상 후 철도박물관 유치계획에 따라 탄력적 공원조성 계획 마련 등
• 대전 역세권 내 민간 지식산업센터 건립 추진 협업 / 투자유치과
- 지식산업센터 유치 계획에 따라 촉진계획 변경 추진
• 철도 보급창고(등록문화재) 및 관사촌 이전 협업 / 문화유산과
- 보급창고 및 관사촌 이전 계획에 따라 촉진계획 변경 추진
• 복합2구역 민간사업자 재공모 추진, 촉진계획 변경 등 지원 / 코레일
- 민간 사업자 개발계획에 따라 촉진계획 변경 수립 권한 허용
- 전통시장 및 상점가 상인회와의 상생협력 계획 조정 협의 등 추진

(2) 대전 역세권 개발의 핵심 쟁점

• 그 동안 대전 역세권개발의 기본 전제는 대규모 민간 자본 유치를 전제로 한 민영개발방식이었으나, 부동산 경기의 장기 침체 영향 등으로 사업 추진 방식에 대한 실효성 문제가 지속적으로 제기
• 대전 역세권 일대 토지를 대부분 소유하고 있는 코레일로 하여금 대규모 선투자를 요구하기에 앞서 시가 독자적으로 사업 추진이 가능한 공공부지를 확보하는 전략이 우선되어야 함
• 즉, 민자유치를 촉진시키기 위한 공공 목적의 공공부지 확보 및 공영개발방식으로의 전환 요구
- 코레일 부지 활용방안만으로는 민자 유치의 동인 유인 미흡
- 원도심 활성화와 동·서 균형발전 촉진을 위해 민자유치가 필수라고 하나, 민자유치에 앞서 공공의 선투자가 우선적으로 고려되어야 함
• 대형 쇼핑몰, 호텔 등의 상업, 업무 및 컨벤션 기능 중심의 기존 민간개발 컨셉에 대한 전면 재검토 필요
- 어떤 새로운 도시개발의 철학 및 원칙, 그리고 비전을 갖고 대전 역세권 개발에 접근할지에 대한 좀 더 심도 있는 논의과정이 필요
• 4차 산업혁명 특별시로서의 도시 위상 확립과 지식기반의 혁신경제 생태계 구축을 위한 핵심 거점 권역으로서 대전 역세권 일대의 기능을 재정립해 나갈 필요가 있음
- 기존 철도중심의 교통기능 거점구역에서 새로운 지식기반 서비스 산업의 핵심 거점 구역으로서 대전 역세권 일대의 기능 재편 필요
- 원도심 내 젊은 인재(Talents) 및 일자리가 모여들고 흘러들 수 있는 창업혁신 특구(파리 Station F, 로테르담 캠브릿지 혁신 센터 및 벤처카페, 런던 테크시티 등)로 조성

'La French Tech'의 일환으로 추진된 세계 최대 스타트업 캠퍼스, Station F(프랑스, 파리)

□ 조성 배경 및 목적
○ 'La French Tech'는 지난 2013년 말 시작된 프랑스 정부의 디지털 비즈니스 스타트업 육성 정책임
○ 프랑스 내 또는 해외에서 프랑스인 창업자를 위해 일하는 모든 사람들을 위한 이니셔티브로서 기 존재하는 전문성과 성공 요인들의 눈덩이 효과를 창출하자는 철학적 취지에서 시작됨
○ 'Station F'는 'La French Tech'의 일환으로 지난 2017년 6월 파리 13구에서 설립된 세계 최대의 스타트업 캠퍼스임
○ 프랑스 정보통신업체 Free의 CEO 자비엘 닐(Xavier Niel)이 개인 비용 2.5억 유로를 투자하여 조성
○ 주요 조성 목적은 프랑스의 스타트업 생태계를 지원하고 세계로 뻗어나갈 수 있도록 지원하는 것임

□ 주요 사업 추진 내용
○ 1920년대의 기차역을 개조해 만들어진 'Station F'는 총 34,000㎡의 면적에 3,000여 개의 스타트업들을 지원하기 위한 전용 공간 및 프로그램 등이 제공
 - 총 3개의 존으로 나뉘어져 있는데, 'Create zone'은 3천개의 스타트업들을 위한 사무공간 및 업무시설(60여개의 회의실, 컨퍼런스 홀, 제작 실험실, 팝업스토어) 등을 갖추고 있고, 'Share zone'은 비즈니스 미팅, 네트워킹, 각종 이벤트와 행사를 위한 전용공간을 구비, 그리고 'Chill zone'은 유일하게 외부인 출입이 가능한 휴식공간 및 식당가로 구성,
 - 그 외 'Station F'로부터 십여 분 거리에 창업자를 위한 별도의 주거공간(피트니스센터와 휴식공간이 포함된 백여 개의 공동 거주 스튜디오 등)도 제공할 예정
○ 'Station F'의 주요 기능 가운데 하나는 록산느 바르자(Roxanne Varza)가 이끄는 엑셀러레이션 프로그램인 '파운더스 프로그램(Founders Program)'으로 공간 당 매달 195유로의 창업 지원 기금을 제공
 - 국내와 달리 전담 멘토나 반드시 의무적으로 참석해야 하는 미팅 없이 전문가 자문을 선택적으로 취하거나 창업 지원 서비스 등을 자유롭게 제공받을 수 있도록 스타트업의 독립성을 보장하고 있다는 점에서 차별성이 있음
○그 외에도 페이스북의 '스타트업 개라지(Startup Garage)', 프랑스 최대 인터넷 쇼핑 업체 방트 프리베(Vente-privee)의 '임펄스(Impuse)', MS사와 프랑스 국립정보과학자동화연구소(INRIA)가 공동으로 개발한 인공지능 특화 프로그램 등도 함께 제공

(3) 국정과제와의 연계 강화 전략 필요

▍국가혁신클러스터 정책과의 기능 연계 강화

- 국가혁신클러스터 정책 추진은 올해 초 개정된「국가균형발전특별법」제11조(지역산업 육성 및 일자리 창출 등 지역경제 활성화 촉진)와 동법 제18조의2(국가혁신융복합단지의 지정), 제18조의3(국가혁신융복합단지의 육성), 그리고「산업기술혁신촉진법」제11조(산업기술개발 사업)에 법적 지원 근거를 두고 산업통상자원부에서 추진하고 있는 지역 혁신성장거점 육성 사업임

- 지역별 특성에 따른 신기술개발 및 전후방 연계산업 육성을 위해 대규모 투자가 필요한 R&D 프로젝트 및 사업화를 지원

- 지원대상은 기업, 대학, 연구소, 지역혁신기관5) 등이 참여하는 컨소시엄으로서 14개 시도별 매년 30억원 내외로 지원할 예정(단, 금년은 10.71억원 규모)이며, 지원기간은 3차년에 걸쳐 총 27개월로 계획됨

- 대전시는 현재 연구개발특구 및 대전역 역세권 일대를 포함하여 국가혁신클러스터지구(법령 용어상으로는 국가혁신융복합단지) 지정을 제안하였으며, 특화 혁신분야로 복합생활공간 생활안전 서비스 지능형플랫폼 구축을 제안함

〈표 5-1〉 시도별 혁신프로젝트(안)

구분	시도	혁신 프로젝트
미래차 항공	울산	초소형 전기차용 전장 의장부품 개발
	세종	도심형 자율주행셔틀 서비스 기반 구축
	경북	전기차 5대 핵심부품 개발
	경남	민수항공기 부품 설계/제작 기술 개발
바이오 헬스	대구	지능형 맞춤의료기기 개발 및 의료산업생태계 조성
	강원	개인맞춤형 홈케어 시스템 구축
	전북	스마트팜 및 고부가가치 전략식품 상용화
	제주	개인맞춤형 기능성 화장품 개발
에너지 신산업	광주	분산전원을 연계한 발둥용 전력시스템 개발
	충북	에너지 효율향상 첨단부품 개발
	충남	수소연료전지 시스템 제조기술 개발 및 실증
	전남	산업단지를 중심으로 분산전원 및 마이크로그리드 실증
ICT융합	부산	스마트해양 플랫폼 및 서비스 개발
	대전	복합생활공간 생활안전 서비스 지능형플랫폼 구축

※ 혁신프로젝트는 1단계('18-'20년) 사업기준
출처 : 2018년도 국가혁신클러스터사업(R&D) 지원계획 공고, 산업통상자원부 공고 제2018-463호

---

5) 지역혁신기관으로는 시도별 TP 등 기업지원기관, 시도연구원, 지역특화센터, 지자체 연구소 등 기술혁신역량을 보유하고 있는 해당 지역 내 기관이 이에 해당.

국가혁신클러스터(법명칭: 국가혁신융복합단지) 육성방향 및 주요 지원내용

□ 육성방향
○ 지리적 근접성을 갖춘 기존의 산업·혁신거점들을 연계하여 지역의 혁신성장을 견인하는 구심점으로 육성하는 것을 사업목적으로 하고 있음
○ 신규 거점 개발은 최대한 지양하고, 혁신도시, 산업단지, 연구특구 등 기존에 조성된 거점(12개 유형)을 최대한 복합하여 구성
- ①행복도시, ②혁신도시, ③기업도시, ④경제자유구역, ⑤외국인투자지역, ⑥연구개발특구, ⑦첨복단지, ⑧과학기술벨트, ⑨산업기술단지, ⑩지역개발사업구역·투자선도지구·지역활성화지역, ⑫벤처기업육성촉진지구·벤처기업집적시설·신기술창업집적지역 등
○ 국가혁신융복합단지내 거점 상호간 시너지 창출을 위해 거점간 물리적 거리(특광역시 경우, 반경 10㎞내, 광역도는 15㎞내) 및 전체 면적을 일정 범위(15㎢ 이하)로 제한

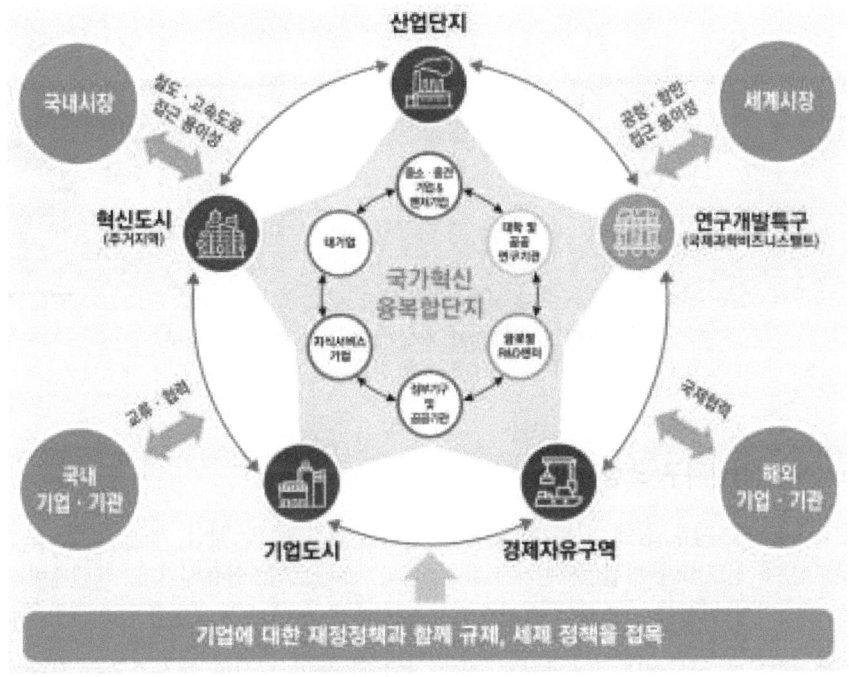

[국가혁신융복합단지 개념도]

□ 지원내용
○ 기업투자 활성화를 위한 다양한 지원을 통해 국가혁신융복합단지 거점육성 및 산업 집적화 촉진
- (혁신프로젝트) 신산업 프로젝트 등 지원예산 약 4,650억원(국비+지방비) 투입
- (규제특례) 현 정부 5대 규제혁신 제도 중 하나인 「지역혁신성장특구」제도를 국가혁신융복합단지에 적용하여 규제 샌드박스로 활용
- (금융지원) 대출금리 우대, 시설자금 융자비율 확대, 사업화 자금 저리융자 지원 등 융복합단지내 입주기업에 대한 금융지원 수행
- (보조금·세제) 지방투자 촉진보조금 우대지역으로 지정 및 지방투자를 촉진하는 세제우대 제도를 적극 활용

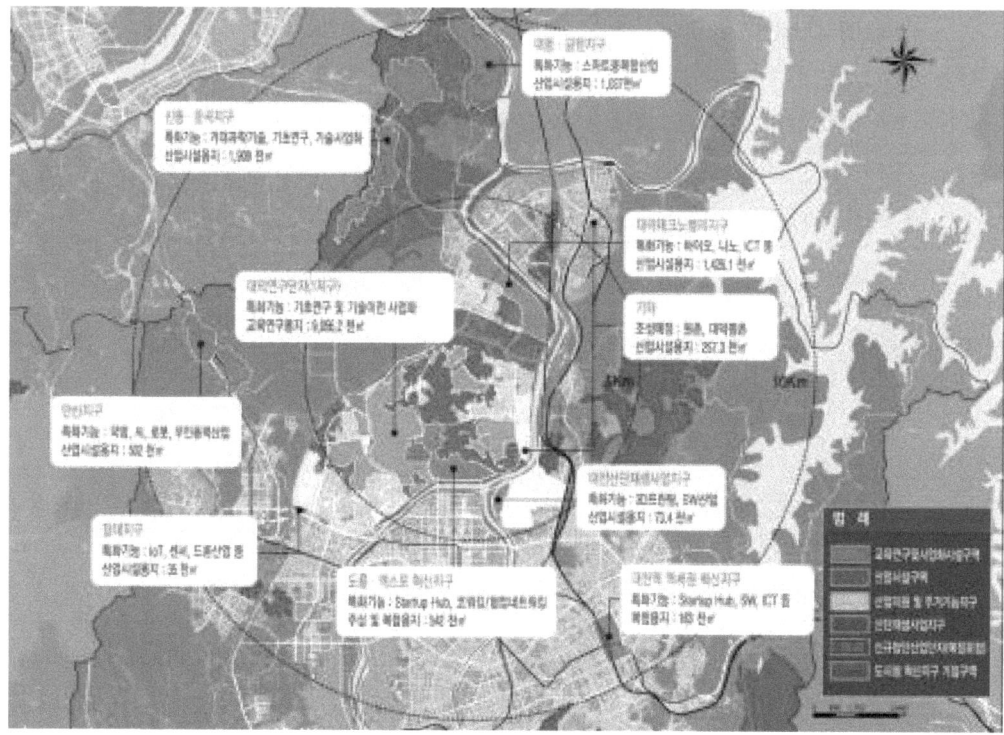

[그림 5-1] 대전시 지식기반형 혁신클러스터 지구
출처 : 정경석, 대전 국가혁신클러스터 지구지정을 위한 혁신사례 및 지구현황 조사, 대전테크노파크, 2018.

■ 도시재생 혁신지구 조성사업과 연계

- 현재 국회에 계류 중에 있는 도시재생법 개정(안)의 주요 핵심 개정 내용으로서 도심(혹은 부도심)에 선도적인 기업, 지원기관 뿐 아니라, 스타트업, 인큐베이터, 엑셀레이터 기능이 상호 연계되어 혁신을 창출하는 공간으로서 도시재생 혁신지구 제도를 도입하고자 하고 있음

- 전세계적으로 구도심내 저활용부지, 또는 유휴지 등이 도시형 혁신지구로 전환되고 있는 사례들이 늘고 있음
  - 스톡홀름 사이언스 시티(Hagastaden, 스웨덴), 보스톤 혁신지구(Innovation District), 시애틀 아마존 캠퍼스 등

- 국토교통부는 '2019년도 업무계획'에서 구도심과 철도역 등 거점지역을 대상으로 주거·상업·산업 기능이 어우러진 '도시재생 혁신지구'를 올해 안에 3곳 안팎으로 시범 지정할 방침을 밝힘

- 도시재생사업 중심지에 지정하는 도시재생 혁신지구는 「국토의 계획 및 이용에 관한 법률」의 '입지규제 최소구역'이 받는 특례를 적용해 다양한 규제를 풀어주고 인센티브를 부여해 사업성을 높이되, 공영개발 방식을 따르는 사업임

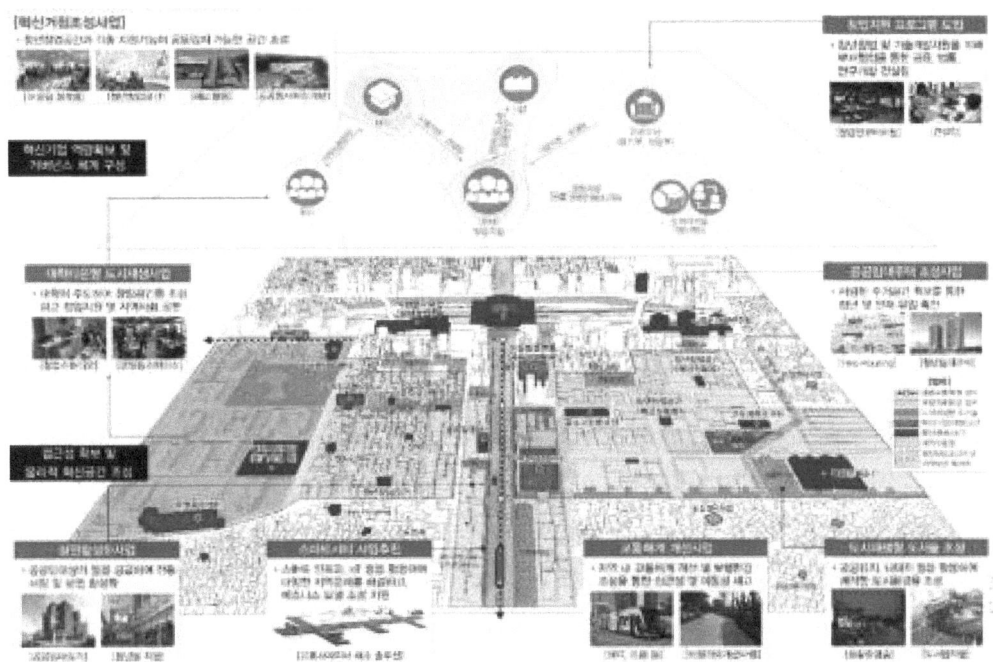

[그림 5-2] 도시재생 혁신지구 개념도

출처 : 서민호, 국가도시재생기본방침 개정(안), 국토연구원. 2018.

- 이를 통해 창출된 개발이익은 원주민 재정착을 위해 재투자하는 방식으로 환수해 공공성을 확보한다는게 국토부 구상임
- 대전 역세권 일대(복합1,2구역)를 도시재생 혁신지구로 개발함으로써 기존 도심형의 새로운 혁신지구 모델 적용이 가능

혁신도시 시즌2 조성을 통한 대전 역세권 개발 촉진

- '수도권 공공기관 지방이전 기본협약'에 따라 대전시를 제외한 12개 시·도에 153개 공공기관 지방 이전(예정)

〈표 5-2〉 혁신도시법 이후 이전공공기관 현황

구분	총계	부산	대구	광주전남	울산	강원	세종	충남	충북	전북	경북	경남	제주
이전기관	153	13	12	16	9	13	20	8	16	13	14	11	8

- 대전은 혁신도시 지정에서 제외되어 공공기관 이전, 지역인재 채용의 혜택을 받지 못했으며, 인구 유출 등 역차별이 심각한 상황임
- (대상지 여건) 대전역 주변 일원, 923천㎡(28만평)

교통여건	· 대전 IC, BRT(정부세종청사), 도시철도 1호선(지하철) · 도시철도 2호선 대동역(트램 / '25년)

개발여건	· 재정비촉진지구 지정('06.12)
	  - 촉진지구 내 재개발사업 추진(조합설립·추진위 구성)
	  - 복합2구역(복합환승센터) 민자사업 공모 추진('09.3)
	· 도시 취약지역 생활여건 개조사업(동구 정동) 선정('19.3~)
	· 역세권 민간 지식산업특화단지 착공('21)

- **(혁신지구 지정 의의)** 낙후된 지역에 업무·상업·산업·주거 등의 복합용도 개발을 통해 원도심의 도시경쟁력 제고에 이바지
  - 재정비촉진지구 등 도시재생과 연계한 혁신도시 개발로 원도심 공간구조 틀을 새롭게 마련하고, 도심권 활성화를 통한 지역 균형발전 도모
  - 기반시설 旣 확충에 따른 혁신도시 개발 사업비 절감 및 조기완공 가능
- **(공공기관 활용부지)** 174천㎡*(5.3만평, 전체 대상면적의 19%)
  - 환승센터부지 1.5천㎡ 포함(토지보상비 약 2,770억원 / 공시지가 3배 계상)
- **(이전대상 공공기관)** 과학기술, 지식산업, 금융, 코레일 관련 기관 등 유치

과학기술	한국건설기술연구원, 한국과학기술연구원 등 10개 기관
지식산업	한국특허전략개발원, 한국발명진흥회 등 4개 기관
금 융	한국수출입은행, 대한무역투자진흥공사 등 4개 기관
코 레 일	코레일 관광개발(주), 코레일네트웍스(주) 등 4개 기관

- **(개발방향)** 기관 특성 등을 고려, 분야별 집적화를 통한 복합용도의 입체개발 유도
  - 광역 집객시설로서 이전기관(코레일 관련 기관 및 지식산업 기관 등)과 연계성이 높은 철도박물관 내지 발명테마파크 조성 사업을 병행 추진함으로써 유동인구의 효율적 집적과 공공공간의 질 제고에 따른 장소의 경쟁력 확보에도 기여할 수 있을 것으로 판단됨
- **(기대효과)** 대전 관문인 역세권 지구 혁신도시 지정으로 원도심 활성화 및 지역 내 불균형 문제를 해소하는 국가적 차원의 균형발전 혁신지구 新모델 창출

대전시 발명테마파크 조성(안)

□ **시설 배치구상(안)**

○ (기본 원칙) 시설 배치는 기능별 연계, 공간의 위계, 건립 규모 등을 종합적으로 고려하여 배치
○ 3개의 기능 축(발명특허 문화확산 축, 사업화 지원 축, 콘텐츠 공유 축)에 따른 주기능공간(체험창작, Biz지원, 정보공유)을 배치하되, 기능별 공간 확장성과 효율성을 고려하여 배치
○ (기능별 시설배치 구상) 앞서 분석한 유형별 건축 규모의 평균값을 적용하여 각 기능별 시설 규모 및 배치(안)을 제시함

[배치 기능별 시설규모 구상(안)]

기능 축		공간구성		시설명칭	주요 시설	연면적	공간위계
주기능	발명특허 문화확산축	체험창작 공간	⇒	창작체험관 +기념전시관 (지상2~3층)	사용자주도형 창작/실험/체험 시설	2,000㎡	(개방형) 사적공간
					발명·특허·지식재산 기념 및 전시 시설	1,000㎡	
	사업화 지원 축	비즈지원 공간	⇒	창업지원관 +연수동 (지상8층)	IP기반 산업활동 지원 임대형 창업지원시설(50~70실)	3,200㎡	(폐쇄형) 사적공간
					지식재산서비스업 종사자 대상 숙박형 연수시설(100명/1회)	1,200㎡	
				운영관리동 (지상3층)	시설관리 및 프로그램 기획 공공업무시설	475㎡	
	콘텐츠 공유축	정보공유 공간	⇒	정보교육관 (지상4층)	지식재산 지식정보 공유 정보도서관 및 아카이브실	3,625㎡	(개방형) 半 사적/공적 공간
					지식재산 인재양성 전문 교육시설	1,500㎡	
				커뮤니티 시설	이용주체 간 교류 활성화 라운지, 홍보관, 회의실 등	2,000㎡	(개방형) 공적공간
기타		부대시설	⇒	주차장(250면/기준 주차면수150면), 공원·녹지(약 6,000㎡) 등			

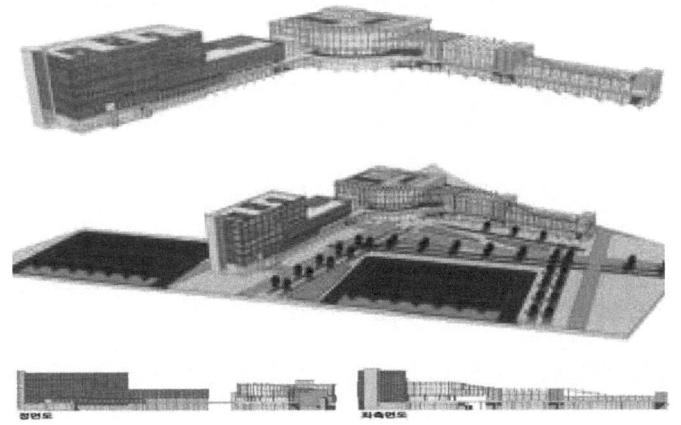

[발명테마파크 배치구상도(안)]

출처 : 정경석, 발명테마파크 조성을 위한 타당성 분석, 특허청, 2016.

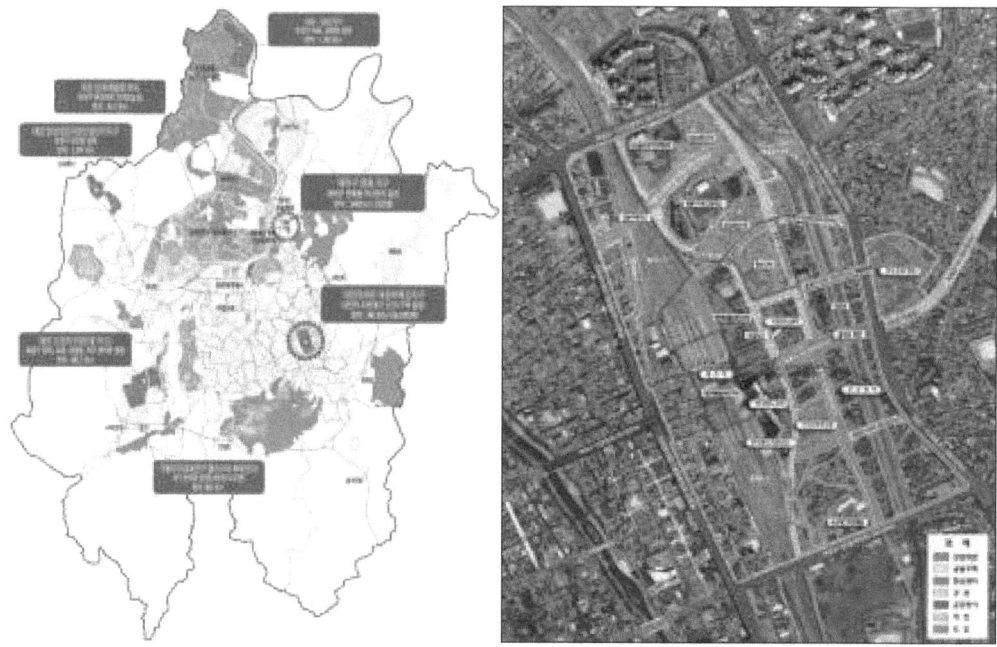

[그림 5-3] 혁신지구 및 혁신도시 조성 후보지역(예시)   [그림 5-4] 혁신도시 개발예정지구(예시)

1.2. 대덕특구 리노베이션 사업

(1) 대덕연구개발특구 현황 및 도전과제

■ 국가 혁신성장 거점으로서의 역할 부족

- 과거 70~80년대 정부주도로 국가에 필요한 핵심기술과 연구 인력의 공급처로서 많은 성과[6]를 이뤄내기도 했으나 최근 제4차 산업혁명 시대의 도래와 그에 따른 글로벌 산업구조 변화에 민첩하게 대응해 나가는데 있어 대덕특구의 기능 및 역할 한계 노정

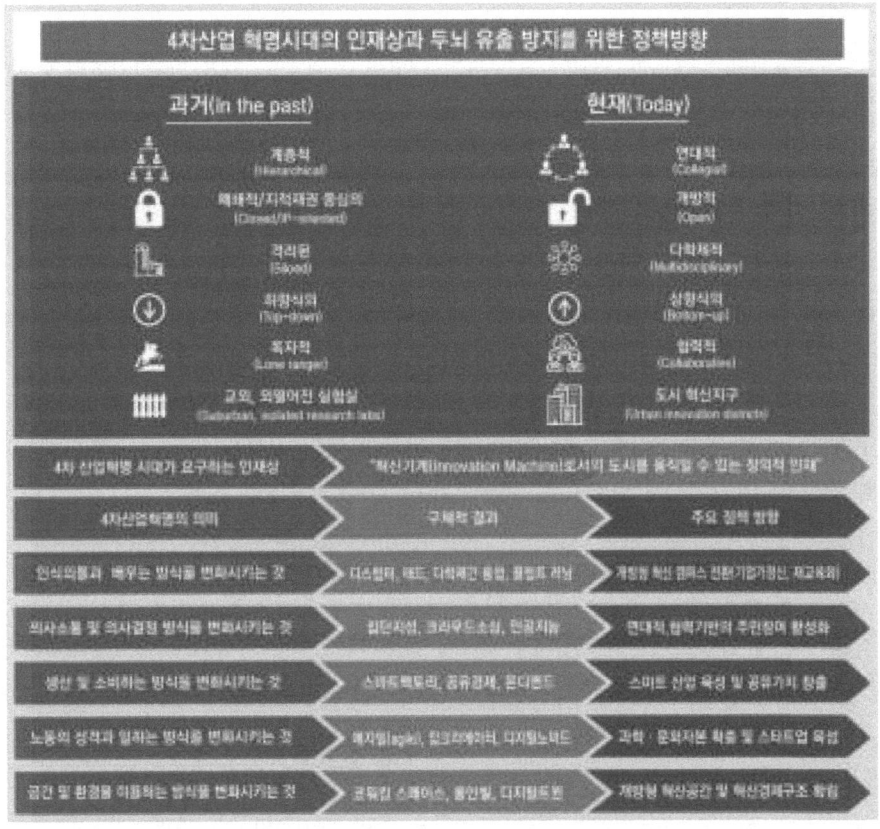

[그림 5-5] 4차 산업혁명 시대가 요구하는 인재상 및 주요 정책 방향

- 과거 공급자 중심의 국가정책에서 혁신공간 등의 수요를 반영한 국가정책 패러다임의 변화에 능동적으로 대응해나가지 못하고 있음
- 연구 환경의 악화 및 연구 시설 등의 노후화로 인해 우수한 인재들이 지속적으로 유출되고 있고, 연구 인력의 고령화 추세 또한 가속화

---

[6] 약 40여년 전에 대덕연구개발특구가 조성된 이후, 출연연 26개소, 교육기관 7개소, 공공기관 24개소, 기업 1,669개소, 기타 34개소의 입주기관들에서 약 69,613명(연구기술 박사학위자 15,269명, 석사학위자 11,109명, 기타 43,235명 등)의 인력들이 상주해 있으면서 국내외 특허출원 등록 262,605건, 공공기술이전 12,691건, 첨단기술기업 110개소가 입지해 있는 등의 비약적인 성장과 발전을 이끌어냄

〈표 5-3〉 대덕특구/판교 테크노밸리 현황 비교

구 분		대덕연구개발특구('16)	판교 테크노밸리('17)	비 고
면적		67,445천㎡ (4지구 제외시, 39,206천㎡)	661천㎡	면적 102배 ↑
	입주기관	1,760개	1,270개	
	기업	1,669개	1,228개	
	공공기관, 재단 등	91개	42개	
매출액		17조원	79조원	판교 4.6배↑
종사자수		70천명	73천명	판교 3천명↑
주요 입주기관		정부출연연구소	민간기업(IT 등)	

출처 : 대전시 내부문서. 2018.

- 최근 혁신경제의 주체로서 민간(기업)주도의 개방형 혁신공간 조성 및 혁신생태계 구축 사례들이 점차 증가 및 확대되고 있는 양상

▌연구개발성과 기술사업화 부족

- 글로벌 시장에서 경쟁력 있는 원천 기술 개발 및 사업화 추진 속도 둔화
  - 기초 원천기술 연구개발에 집중하고 있으나, 대기업의 R&D 역량 강화에 따른 기업으로의 활용성 저하
  - 잠자고 있는 특허 및 원천기술의 활용도 미흡
- 대학 및 산업체의 R&D 역량이 급격히 확대되고 수요 또한 증대되고 있으나, 출연연 등의 연구기관들이 이를 적시적으로 충족시켜주지 못하고 있는 실정
  - 정부출연연의 기술 수요처 발굴 미흡 및 산업기술 R&D 성과 사업화 미흡

▌특구내 토지이용 및 활용의 낮은 효율성

- 초기 조성단계 시에는 시 외곽지역에 위치해 있었으나, 도시가 급격히 성장함에 따라 시가화 지역으로 편입됨
- 교육·연구 및 사업화시설구역(원형지 포함)이 13,052천㎡(47.0%), 녹지구역이 10,831천㎡ (39.0%)로 전체 86.0%를 차지
  - 교육·연구 및 사업화시설구역에는 정부출연연구원 25개, 대기업연구소 15개, 대학 4개가 입지하여 대부분의 토지를 소유
- 교육·연구 및 사업화시설구역과 녹지구역은 토지 활용도가 낮아 다양한 토지수요(직주근접 형태의 창업공간 및 지원공간 등)를 충족시키기에 한계
  - 특히, 1지구에 속하는 대덕연구단지 내 교육·연구 및 사업화시설구역에 입지한 기관 및 기업연구소의 평균 건폐율은 17.5%, 평균 용적률은 42.7%로 토지활용도가 낮음
- 교육·연구 및 사업시설구역이 대부분을 차지하고 있는데 반해, 지원용지(상업 및 업무용지 등)는 절대적으로 부족하여 주민생활과의 연계성이 매우 낮음
  - 특히, 연구용지는 녹지구역 등에 비해 허용되는 건축물[7]이 제한적이어서 일반시민 등이 활용 가능

한 시설물 설치 및 공간 활용에 제약
- 주거시설 설치 불가, 제1, 2종 근린생활시설은 입주기관 부대시설로만 일부 허용[8]
- 출연연 등 토지소유자 불특정 다수를 상대로한 편익시설 설치 제한 등으로 편익 및 휴게시설 부족 및 도로변 활용성 저하
- 부지양도에 대한 기간제한은 없으나 양도가격은 최초 취득가격에 물가상승분 및 취득록세, 기타경비 반영 후 과기부 승인 하에 토지 매각 가능
• 효율적인 토지 활용을 위해서는 일부 특구법 개정 및 용도지역(구역)의 변경과 입주기관 간의 협의 및 합의 과정 등이 필요하나, 이러한 규제 완화를 통해 입주기관 간 소통·융합·문화창업지원 시설 등의 확충을 통해 협업과 공유문화를 확산해 나갈 수 있도록 하는 공간 혁신이 필요

(2) 대덕특구 기능 및 역할 재정립 방향

• 4차 산업혁명 등 과학·산업구조의 변화에 대응하기 위한 민·관·산·학·연 협업, 기술창업 등을 통해 혁신주도형 경제구조로의 전환을 위한 창업 생태계 조성 및 혁신거점 공간 필요
• 연구단지 내 토지이용 고도화(재고밀화)를 통한 혁신 앵커기업(글로벌 기업), 특허지원 서비스 기관 및 대학생, 연구자들을 위한 벤처기업 집적단지 조성이 필요함

[그림 5-6] 혁신특구로서의 기능 및 역할 재정립 방향

• 혁신주체별(정부, 대학·연구소, 기업, 시민) 협업과 공유문화 증진을 위한 S/W적, H/W적 혁신이 요구

---

7) 연구소(국방, 군사 관련 포함, 연구시설 및 부대시설, 창업보육시설, R&D 사업화 관련 시제품 생산공장 등), 학교(대학, 대학원, 과학고등학교), 문화 및 집회시설 중 과학기술분야 전시장, 도서관, 직장어린이집 등
8) 허용되는 제1종 근생시설은 일용품을 판매하는 소매점, 간단한 휴게음식점, 주민의 진료·치료를 위한 시설, 바닥면적 500㎡ 미만의 운동시설 등이며, 제2종 근생시설은 서점, 휴게음식점(바닥면적 합계 300㎡ 이상) 등임

▌대덕특구 S/W 혁신 방안

- 특허(IP/Patent)·기술 거래소 및 창업지원 플랫폼 구축과 공동(융합)연구지원 펀드 조성을 통한 체계적 지원 필요
- 인재계발 및 재교육, 기술 혁신을 위한 오픈 이노베이션 캠퍼스 생태계 구축
- 기술혁신형 일자리 창출 및 규제샌드박스를 통한 신산업 창출
- 사회문제 해결 위한 과학기술 혁신 활동 및 생활혁신형 창업 증진

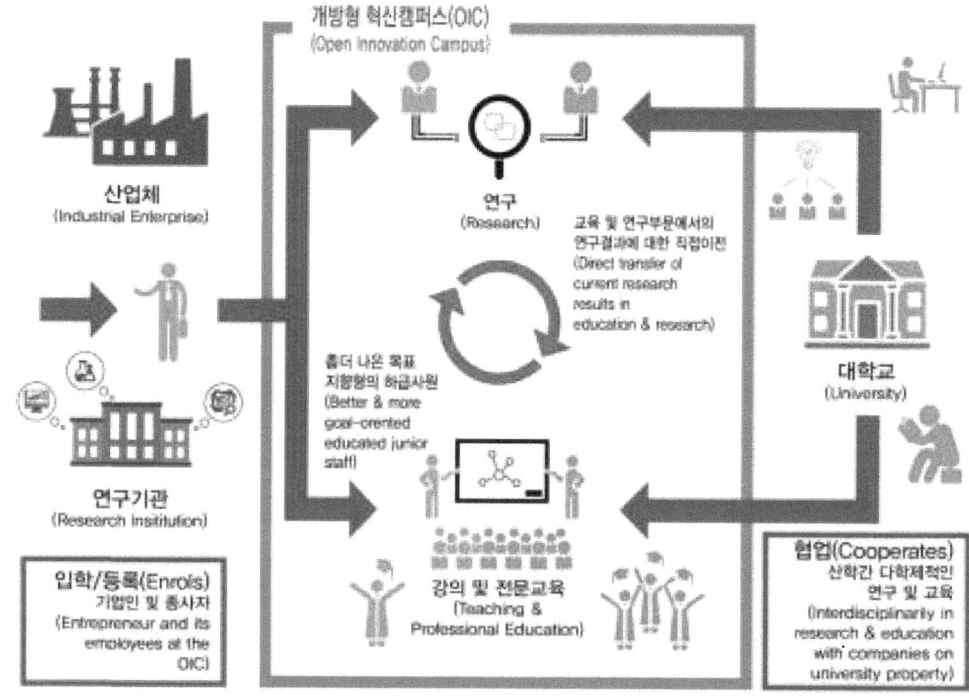

[그림 5-7] 대덕특구 내 개방형 혁신 캠퍼스 개념도

▌대덕특구 H/W 혁신 방안

- Ⅰ지구를 일·주거·레저 융복합형의 도시형 혁신지구 조성
- 창업지원 및 교류협력공간(Coworking Space) 확충
- 스타트업 및 스케일업을 위한 기술혁신 산업단지 조성
- ICT융복합 기반의 스마트 재생 및 클린테크, 생명과학, 지식기반서비스 산업 육성을 위한 실증 단지 조성

(3) 대덕특구 혁신을 위한 추진 방안

▮ R&D특구를 넘어 과학기술 창업 혁신지구로

- 기존 대덕특구의 역할(원천기술 확보 및 기술사업 지원) 고도화와 더불어 글로벌 경쟁력을 갖춘 과학기술 창업도시(Startup City)로 기능 확대
- (도시형 혁신공간 조성) 고립된 연구공간이 아닌 역동적인 도시형 혁신공간 조성으로 기업·대학·과학자·창투사 등이 어우러진 공간 재구성

▮ 신기술·신산업기반 혁신 경제플랫폼 구축

- (기술사업화를 통한 창업생태계 조성) 대덕특구에서 창출되는 과학기술 기반 아이디어를 사업화하기 위한 창업 프로그램 운영 및 공간 조성, 창업에 쉽게 접근할 수 있는 지원인프라 구축

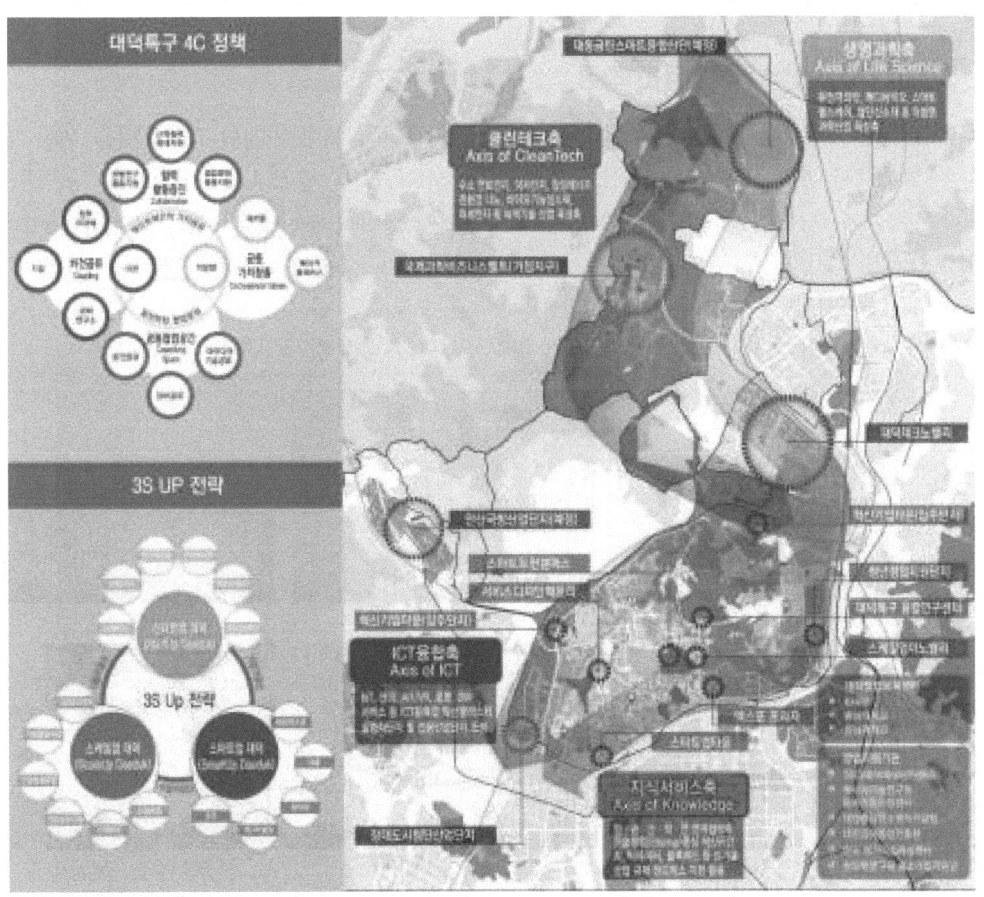

[그림 5-8] 대덕특구 혁신 성장축 설정 및 주요 기능 확충 방안
출처 : 정경석, 대덕연구개발특구 내 도시형 혁신공간 창출방안, 대전세종연구원, 2018.

- **(ICT융복합 산업 육성)** IoT, 센싱, AR/VR, 로봇, SW서비스 등 과학기술기반 4차 산업혁명 대응 ICT융복합 산업 육성
- **(글로벌 생명과학산업 육성)** 대전·세종의 첨단과학기술과 ISBB의 거대과학장치(중이온가속기)를 활용한 생명·의료·나노기술, 그리고 대전·충청권의 대표적 특화 업종이라 할 수 있는 바이오산업을 연계한 국가적 차원의 새로운 혁신 경제축으로써 충청C밸리 조성 및 육성을 위한 행·재정적 지원 확대 및 광역단위의 규제샌드박스 운용
- **(클린테크 산업 육성)** 수소 연료전지, 이차전지, 태양열·풍력 등의 청정에너지, 친환경 나노, 바이오기능성소재, 미세먼지 저감 등 녹색기술 산업 육성
- **(지식기반서비스산업 육성)** 민·관·산·학·연의 연계협력 거버넌스 구축 및 기술창업 중심 혁신공간 및 스케일업 육성을 통해 지속적인 일자리 창출, AI, 빅데이터, 블록체인 등 신기술 산업 육성과 성장동력 확보를 위한 테스트베드 및 규제샌드박스 도입 활용

▌대학가(청년) 스타트업타운 조성

- 어은동·궁동(충남대~KAIST) 일대의 대학촌 및 봉명동 일대를 청년 스타트업을 위한 민관산학 연계형의 스타트업타운(도심형 혁신공간)으로 조성
  - 두 개의 혁신기관(충남대, KAIST)으로부터 스핀오프(Spinoffs) 되는 스타트업을 위한 창업존(Business zone) 역할 수행
- 도룡동 일대 및 엑스포 부지(국립중앙과학관-스튜디오 큐브-IBS-DCC-대전 MBC 일대)를 포함한 도시 회랑지역을 전략적인 지식기반의 혁신 성장축으로 육성

[그림 5-9] 혁신창업타운 내 도입 가능 시설

- 특구내 도심형 혁신지구 및 원도심 지역내에서 양질의 일자리 창출과 청년·신혼부부 임대주

택과의 직주 근접성 등을 높일 수 있는 방안으로써 도심내 저렴하게 임차 가능한 사무공간 및 코워킹 커뮤니티시설 등을 제공해 줄 수 있는 공공 임대형의 지식산업센터를 공공부문에서 선도적으로 추진할 수 있도록 국가차원의 행·재정적 지원 필요

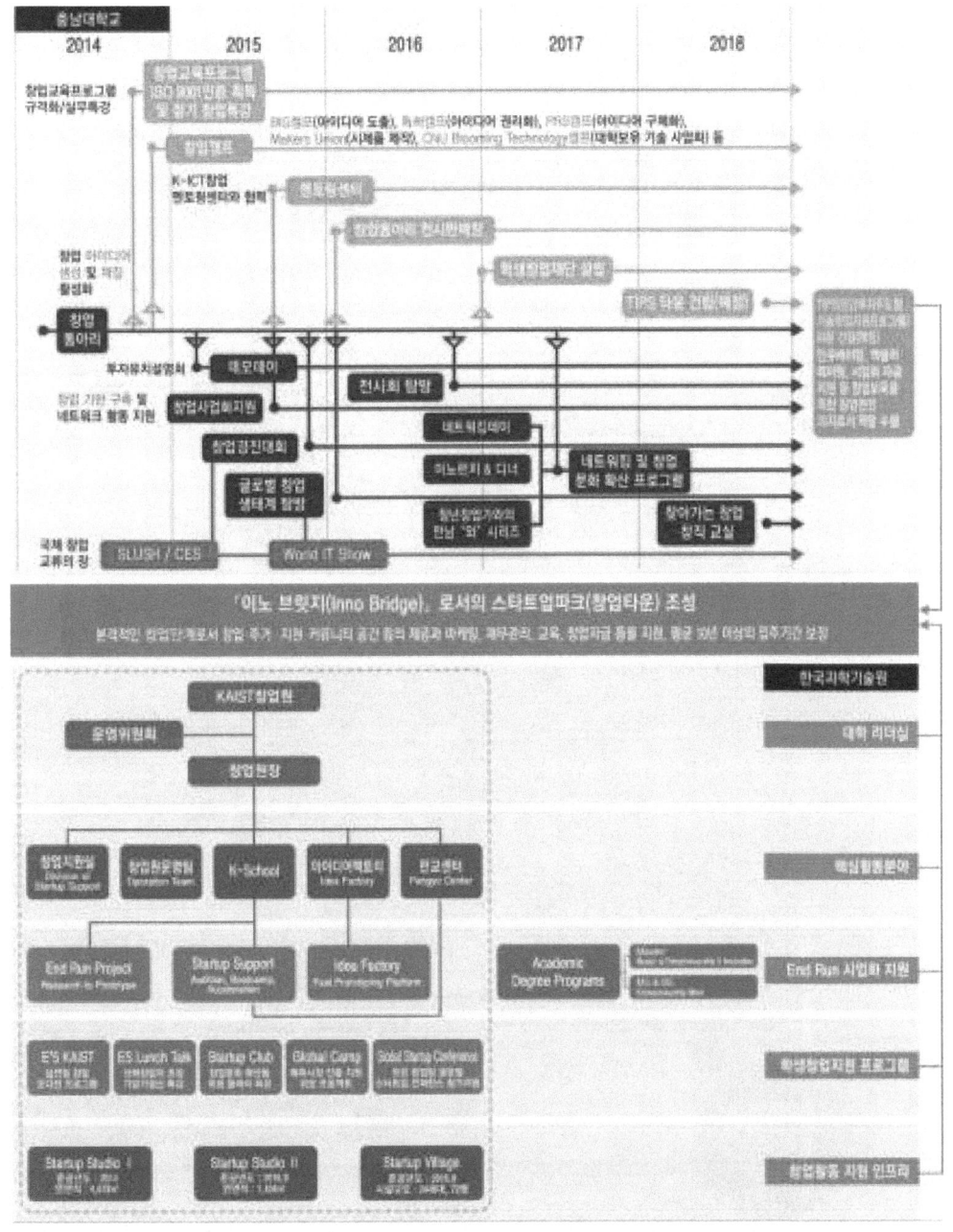

[그림 5-10] 어은동·궁동 일대 스타트업파크(창업타운) 조성의 필요성

- 초기 개발 단계의 회사들이 특정 공간에서 일반적인 규제 제약요건을 갖추지 않더라도 자유롭게 실험해 볼 수 있는 규제 샌드박스의 도입 필요
- 신기술 및 신산업 영역 뿐 아니라, 대학과 주요 연구소, 기술단지 등을 쉽게 이동할 수 있는 단지내 신교통수단 도입(무가선 트램 또는 자율주행 수소 및 전기자동차 등)을 위한 규제샌드박스의 활용과 지원도 필요

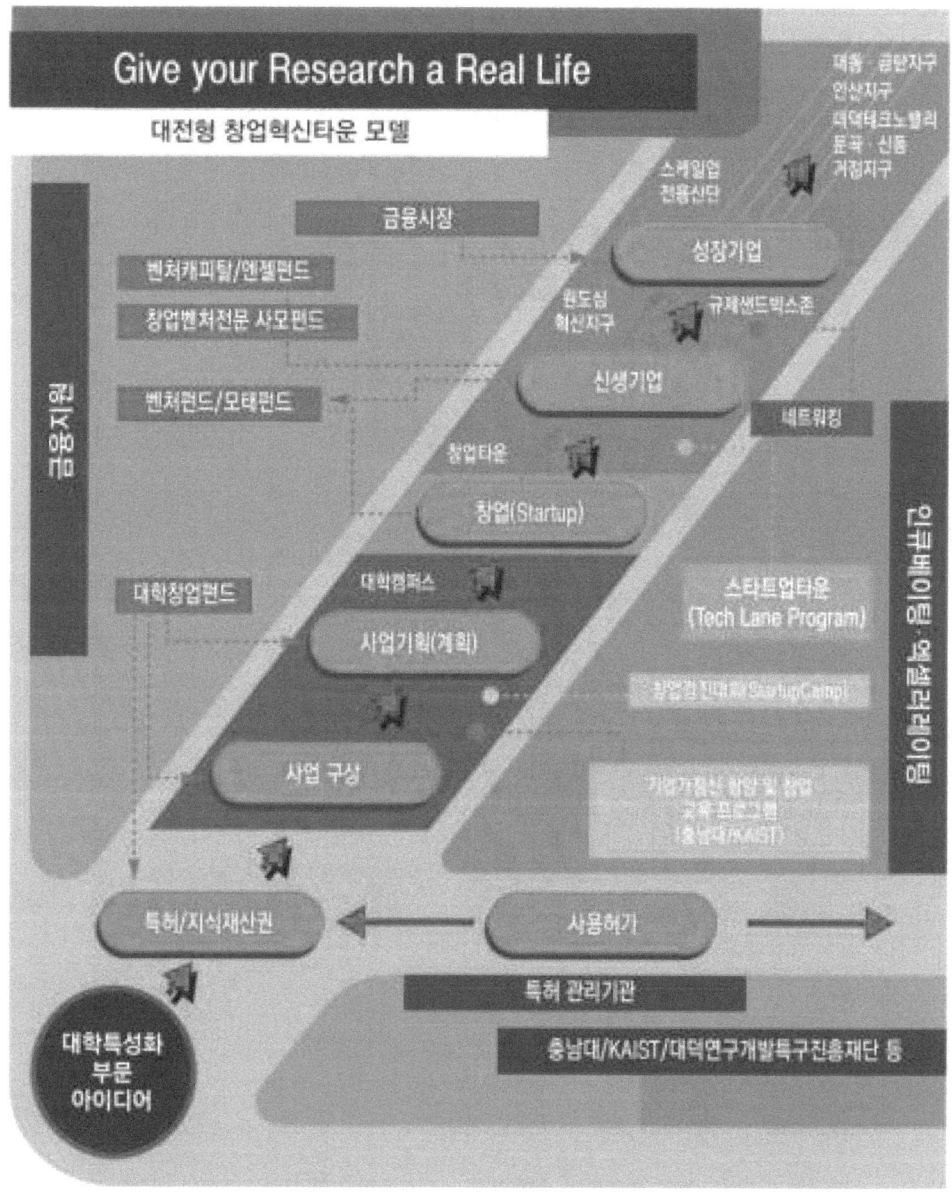

[그림 5-11] 대전형 혁신창업타운 모델(안)

1.3. 빈공간·저활용시설 업사이클링 사업 추진

(1) 업사이클링 원칙 및 확산 전략

- 박제화된 역사적 건축물 및 공간에 새로운 기능 및 가치 부여를 통한 활용도 증대하기
- 오래된 공간 가치의 재발견(소제동 철도관사촌 골목길 재생 등) 및 관련 정비사업 추진

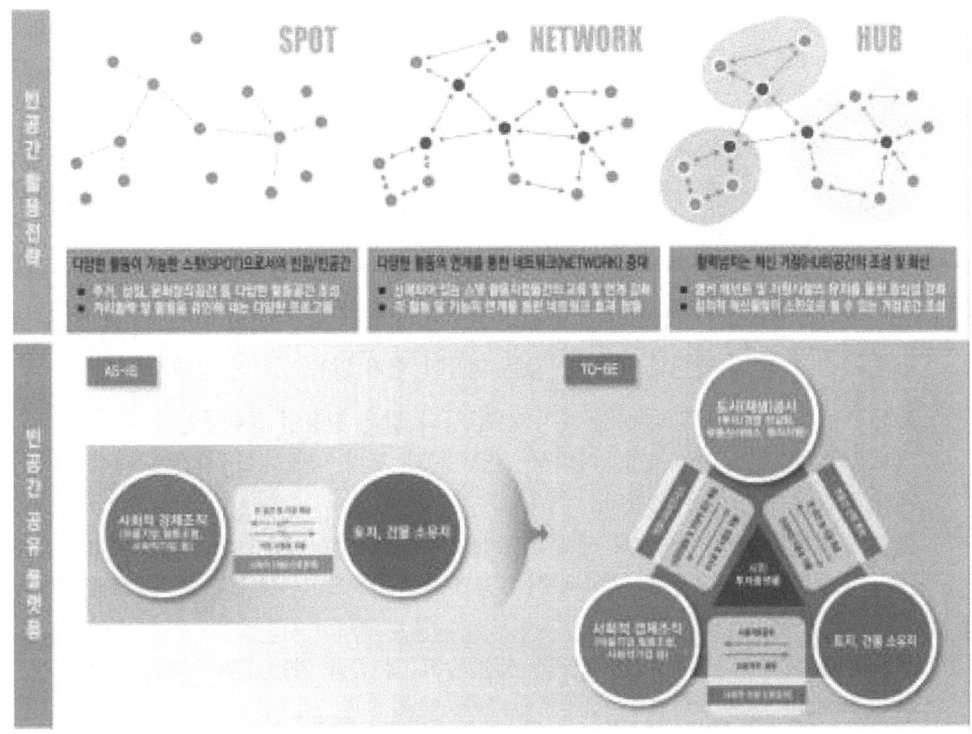

[그림 5-12] 빈공간 활용 방안으로서의 빈공간 공유 플랫폼 구축 예시

- 다양한 활동이 가능한 스팟(Spot)으로서의 빈집 및 빈공간 활용
  - 주거, 상점, 문화창작공간 등 다양한 활동공간 조성
  - 거리활력 및 활동을 유인해 내는 다양한 프로그램 운영
- 다양한 활동의 연계를 통한 네트워크(Network) 증대
  - 산재되어 있는 스팟 활동지점들간의 교류 및 연계 강화
  - 각 활동 및 기능의 연계를 통한 네트워크 효과 창출
- 활력 넘치는 혁신 거점(Hub) 공간의 조성 및 확산
  - 앵커 테넌트 및 지원시설의 유치를 통한 중심성 강화
  - 창의적 혁신활동이 스핀오프 될 수 있는 거점 공간 조성

(2) 빈집 · 빈공간 업사이클링을 위한 자산 공유 플랫폼 구축

▌필요성

- 교외지역으로의 시가지 확산 및 신규 개발사업 등으로 기존 도심지역에서의 빈집 증가 추세 가속화
  - 원도심에 편중된 빈집은 도시의 경쟁력을 저해하는 큰 요인으로 작용
  - 기존 빈집은 사유지 개념의 성격이 강했으나, 범죄와 방화 등에 취약한 우범지역으로 인식되면서 공공의 안전과 직결되는 공적대상으로 확대, 이에 사전 예방적 차원에서의 철거 및 빈집 재활용에 대한 사회적 관심 고조
- 철거 중심의 정비를 통한 공공생활시설(공공녹지, 주차장 등)로의 전환 내지 빈집 리모델링 및 부동산 투자 신탁 등의 비즈니스 모델 접목을 통한 자산 가치의 제고 및 활용성 증대 방안 등에 대한 다양한 논의 전개 중
- 골목길 정비 및 환경개선 사업 등은 마을단위의 주민 자치 역량에 의해 다양한 사업 추진이 가능하리라 예상되나, 빈공간 및 저활용 부지를 활용한 지역 자산화와 관련한 사업 접근 방식은 특정 개인 및 단체의 역량만으로는 대응이 쉽지 않은 현실적 한계가 있음
- 특히, 빈집 리모델링 및 부동산 투자 신탁 등과 같은 활용성 증대방안과 관련해서는 사회적 경제조직(마을기업, 협동조합, 사회적 기업 등)과 토지, 건물 소유자간에 직접적인 거래 및 계약 체결이 쉽지 않은 상황임
  - 특정 유휴부지 및 빈 건물 등에 대해 마을기업이나 협동조합, 사회적 기업 등의 사회적 경제조직이 토지 및 건물 소유자와 직접 거래 내지 상호 협약체결을 통해 활용성을 높이고자 하는 전략은 현실적으로 실현가능성이 매우 낮음
- 빈공간 및 저활용시설에 대한 잠재적 시장 수요 및 공급 가능지역에 대한 파악과 대응책 마련 또한 쉽지 않은 상황임
  - 실태조사 등 사업 시행 등은 자치구의 소관업무로서 광역단위에서의 대응이 쉽지 않은 상황
  - (시스템구축) 빈집정보시스템의 구축 및 운영 업무 등은 한국국토정보공사(LX)와 업무협약을 체결하여 빈집에 대한 효율적 관리 도모
  - (조례제정) 빈집정비 활성화를 위한 사업비 지원 근거 등은 기 마련되어 있음
  - (빈집실태조사) 빈집위치, 현황, 안전등급 등 실태조사는 각 구청에서 수행
  - (빈집정비) 도시공간의 안전성 확보를 위해 빈집 철거 등을 통한 꽃밭, 주차창 조성, 내부공간 보수 및 개축·증축·대수선·용도변경 등 빈집을 정비하는 업무 등도 각 구청 소관 업무
  - (사업비보조) 철거보상비 지급기준, 사업비 보조 매칭기준, 자부담 기준 등이 마련되어 있지 못한 상황임

■ 추진 방안

- 빈공간 및 저활용시설 정보에 대한 아카이빙 구축과 이들 자원을 필요로 하는 사람들에게 적시적으로 연계해 줄 수 있는 자산 공유 플랫폼 구축이 필요함
  - 이를 위해서는 우선적으로 빈집실태조사 및 빈집정보시스템을 구축하고, 빈집정비계획 수립과 정비사업 추진 방안에 대한 로드맵 마련 필요

| 로드맵 | 시스템구축 (시장) | → | 실태조사 (구청장) | → | 정비계획수립 (구청장) | → | 정비사업시행 (구청장, 소유자) |

근거 : 빈집 및 소규모주택 정비에 관한 특례법

〈표 5-4〉 대전시 빈집 현황(2015.1~2017.10)

구 분	합계	동구	중구	서구	유성구	대덕구
기초현황	6,005호	2,037호	1,508호	931호	789호	740호

출처 : 대전시 내부자료

- 한국국토정보공사(LX)가 대전시의 1년 이상 전기 미공급 주택을 대상으로 기초자료를 추출한 결과 총 빈집은 6,005호 인 것으로 집계됨
- 방치된 빈집 철거 및 안전관리 등 정비사업 추진
- 빈집 활용 주민공동체 시설 및 사회적 기업 육성 활성화 공급 관리 방안 마련
- 빈집 실태조사 결과를 토대로 빈집정비계획을 수립하고 안전등급이 양호한 빈집을 대상으로 주민공동체 시설확충 및 지역 자산화 사업 등의 재생사업 추진
- 청년공간, 사회적기업, 예술창작공간, 마을공동체 공동커뮤니티시설 등과 연계 가능한 활용공간 및 시설 확충
- 영세한 사회적 경제조직 또는 민간 영역에서의 공유 플랫폼 구축은 현실적으로 어렵기 때문에 초기 도시공사 또는 투자 경영 컨설팅, 부동산서비스, 투자지원 등이 가능한 공공기관이 토지 또는 건물소유자와 부동산 신탁 계약을 체결하고 빈공간 및 시설을 제공받아 소유자 동의하에 리모델링 사업을 추진

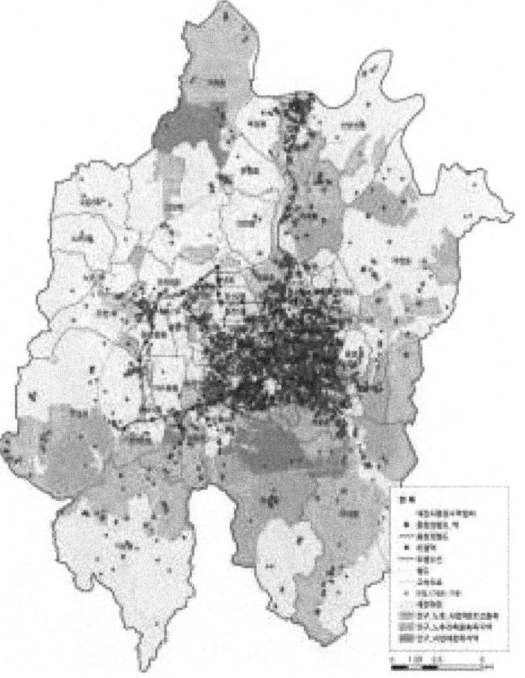

[그림 5-13] 대전시 빈집현황(2017년 기준)

- 이를 사회적 경제조직에게 저렴한 임대비용으로 재임대 해 줌으로써 일정 수수료를 받고 나머지 이익금은 안정적인 배당 형태로 소유주에게 돌려주거나 적정 사용료를 지불하는 방식으로

운영이 가능

- 한편, 민간영역의 빈 공간 및 시설뿐 아니라, 지자체가 소유 및 관리하고 있는 공유재산에 대해서도 지역 자산화 사업에 대한 경험 축적과 자생력 있는 도시재생 사업모델의 발굴 및 지원을 위해 사회적 경제조직에게 관리사무를 위탁시키는 방안에 대해서도 적극적인 검토가 필요

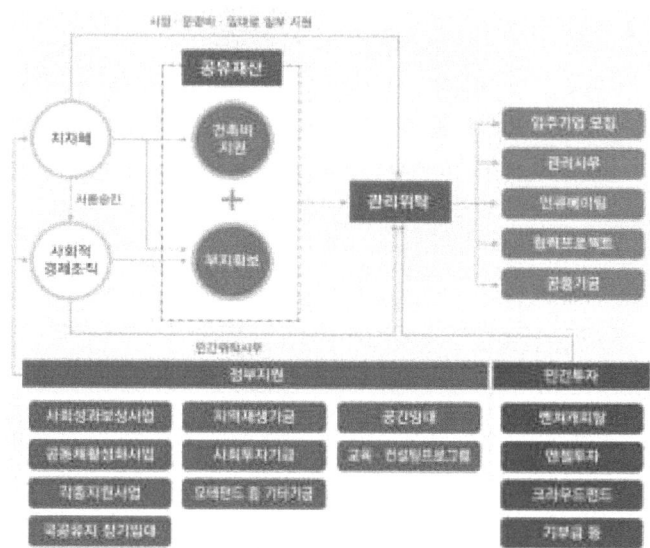

[그림 5-14] 사회적 경제조직을 활용한 공유자산 위탁사업 추진 예시

- 이렇게 빈 공간 및 유휴 시설들을 통해 주민의 다양한 활동을 수용해 낼 수 있고, 이러한 빈 공간 및 시설물의 활용을 네트워크화 함으로써 활력 넘치는 마을 단위의 혁신 거점 공간 조성과 도시 전역으로 확산시키는 전략적 접근이 가능

  - 빈집의 주민공동체 등 시설활용은 자치구 빈집정비계획을 기초로 실태조사 완료 이후 수요를 반영하여 필요한 재원 지원계획 별도 검토(철거비 보조 포함)
  - 청년 공간, 사회적 기업, 마을 공동체 등과 연계, 활용 공간 확충 중점
  - 활용 가능한 빈집으로 주민 작은 도서관, 주민회관, 어린이 놀이방 등 주민공동 공간 확충으로 정주여건 개선

- 빈집정비계획에 협동조합, 사회적 기업 등과 연계 가능한 사업반영

  - 빈집정비사업 시행자 지정(지정권자 구청장) / ※ 특례법 제10조

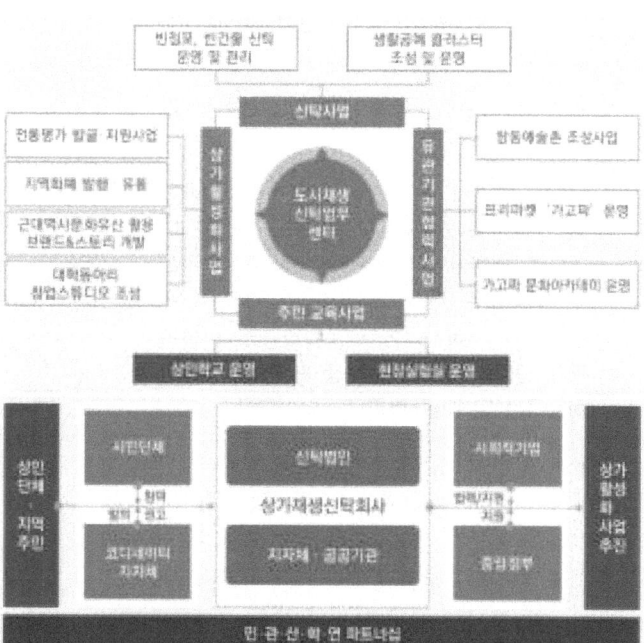

[그림 5-15] 빈점포 자산형 공유 플랫폼 예시(창원시 창동사례)

- 그 외 빈점포(상가) 등을 활용한 상가 활성화 도모 및 도시재생을 위한 부동산 신탁 사업 및 상가재생신탁회사 육성 사업 등도 병행 추진해 나갈 필요가 있음

(3) 근대건축문화 자산을 활용한 업사이클링

▮ (구) 충남도청 부지 업사이클링을 통한 창의문화예술특구로 재생

- 충남도청이 지난 2013년 1월에 내포신도시로 이전한 이후 이전적지에 대한 활용방안이 쟁점화 됨
  - 옛 충남도청사 활용방안은 대전 역세권 개발과 더불어 대전 원도심 활성화를 위한 핵심사업의 하나로 평가되고 있음
- 그 동안의 추진경위를 살펴보면, 지난 2011년 대전시 자체 용역으로 등록문화재인 옛 충남도청사를 활용해 문화예술의 창작·생산·유통·소비 기능을 가진 '한밭문화예술복합단지'로 활용할 것을 제안
- 지난 민선6기에서는 옛 도청부지에 한국예술종합학교 캠퍼스를 유치하는 방안과 문화재청 등 공공기관 이전 및 대규모 상업시설을 유치하는 방안 등이 검토
- 도청이전특별법 개정('16.3) 및 국유재산특례제한법 개정('17.1)
  - 부지의 국가매입 및 이전부지의 시 무상양여 또는 장기대부(50년 이내) 근거 확보
- 문체부 주관, 도청이전 부지 활용을 위한 기본구상 용역 실시('15.7~'17.4)
  - 4차 산업혁명 지식정보와 비즈니스가 융합된 「메이커 문화 플랫폼」 조성안 제시
- 이전부지 활용 '문화예술복합단지 및 창조산업단지 조성' 문재인 대통령 지역정책공약 명문화('17.5)
- 부지 국가매입비(총 매입비 약 802억원) 중 2018년 정부예산(80.2억원) 확보, 2019년 정부예산안에 약 380억원이 선반영
- **(주요 쟁점사항)** 관련부처(문체부, 기재부, 충남도)의 이해관계 및 의견 등이 상이하고, 활용방안에 대한 통합적인 접근 및 시각의 부재로 옛 충남도청에 대한 대전시의 각 실국별(경제, 문화, 도시 등) 활용방안 또한 상이하여 혼선을 초래
  - 현재 대전시는 문체부 용역 결과를 토대로 본관은 창의도서관으로 활용하는 대신, 신관동과 후생관 등은 소셜벤처 메이커 창업 플랫폼으로 활용하는 구상안을 제시
  - 한편 민관합동위원회를 구성하여 각 부서별 입장 차이 등 조율 예정
- **(프로슈머형 문화혁신파크 조성)** 기존의 문체부 용역 결과를 토대로 문화예술 향유 및 문화산업 육성을 위한 '프로슈머(Culture-Prosumer)형 문화혁신파크' 개발 컨셉으로 도시재생 혁신지구 시범사업으로 추진
  - 옛 충남도청사 부지는 대전 역세권 부지와 더불어 대전의 원도심 활성화와 도시재생을 위한 핵심 거점 공간임
  - 그러함에도 불구하고, 옛충남도청사 부지 활용방안을 놓고 대전시가 선투자하고자 하는 개발방향 설정 및 부지매입비를 제외한 재원확보 노력은 상대적으로 부족
- 등록문화재인 옛 충남도청사 본 건물은 보전 활용을 전제로 새로운 구조물 증축을 통한 복합용도 공간 확보 및 새로운 도시 랜드마크로서 기능 부여

- 본관동은 대전문화재단 등의 문화예술 관련 단체, 문화콘텐츠 창업보육 및 지원센터, 창의도서관 등 입주
- 대전 예술가의 집은 시민들에게 개방, 시민창작 및 공연공간으로 연계하여 활용
- 참조 가능한 사례로 역사적인 소방서 건물을 개조한 안트페르펜의 포트하우스(Antwerp Port House), 옛 공장건물을 리모델링한 탈린의 로테르만 쿼터(Rotermann Quater) 복합쇼핑상가 및 파레하우스(Fahle House) 공동주택, 구관 및 신관 건물이 조화를 이루는 토론토의 로얄 온타리오 박물관(Royal Ontario Museum) 등

[그림 5-16] 역사적 건축물의 리모델링을 통한 건축 및 기능적 가치 제고 사례

• 역사적 보전 가치가 낮은 부속 건물은 전면철거 후 비정형의 신축 내지 대폭적인 증·개축, 대수선 과정을 거쳐 건축물의 활용도 및 디자인적 가치를 제고
- 신축 내지 새롭게 리모델링 된 부속 건물동에는 아트전시관, 오디토리엄, 코워킹 공간, 문화예술기반 소셜벤처 창업공간 등을 제공

'안트베르펜 포트하우스(Antwerp Port House)', 안트베르펜, 벨기에

□ 건립 배경 및 목적
○ 포트하우스는 세계적인 건축가 자하 하디드(Zaha Hadid)유작으로서 63번 Kattendijk 부두에 위치하고 있는 앤트워프 항만 관리청 본사로 활용
○ 과거 소방서 건물로 쓰였던 방치된 옛 사각 매스의 건물 위에 비정형의 새로운 구조물이 증축된 형태임
 - 업무 공간의 협소함으로 인해 분리되어 있던 500명의 항만청 직원이 한 곳에 근무 할 수 있도록 하기 위해 새로운 구조물을 증축
 - 안트베르펜 항구는 유럽에서 두 번째로 큰 항구로 매년 1만5천개의 무역선과 6만개의 바지선을 수용, 유럽 컨테이너 수송의 26%를 처리, 약 6만여 명의 일자리 및 8천여 명의 상시 근로자 직원들이 이곳에서 근무
○ 플랑드르 지방정부의 건축부와 항만 당국은 새로운 지역본부를 위한 건축 공모전을 개최하였고, 최종적으로 장소의 역사성과 건물의 가치를 철저하게 분석한 자하 하디드 아키텍츠의 안이 당선작으로 선정
 - 기존 건물의 보존이라는 한 가지 규칙만이 공모전의 제한요소로 유일하게 적용
 - 역사적인 항구와 도시를 연결하는 Kattendijk부두의 남축축이 강조, 건물의 역할을 강조하는 동시에 입면을 적극적으로 연계 확장하는 안을 제시
 - 기존의 오래된 파사드를 보존하는 동시에 먼 바다를 항해하는 뱃머리와 같이 상징적으로 연장된 외형은 스헬더강(Schelde River)과 건물을 자연스럽게 연결시켜주고 있음

□ 건축 및 기능적 특징
○ 오랫동안 방치되었던 소방서 건물의 상부는 커다란 유리 지붕으로 둘러싸여 새로운 포트하우스의 메인 리셉션 공간으로 탈바꿈
 - 중앙 아트리움을 통해 진출입하는 방문객들은 더 이상 사용되지 않는 소방차 홀 내부에 마련된 역사적 공공 도서관과 조우
 - 방문객들은 구 건물과 신 건물을 이어주는 외부 브릿지를 통해 새롭게 확장된 건물로 접근 가능
○ 기존 건물 상부 중앙과 새롭게 확장된 건물 하부에 레스토랑과 오디토리엄, 회의실 등을 배치, 과거 건물과의 연계성을 강화, 자연스럽게 확장된 건물의 상층과 중심에서 멀어진 영역에는 오픈 플랜 오피스가 배치
○ 세계 최초의 친환경 건축물 인증제도인 영국의 브리엄 인증에서 'Very Good' 등급을 획득

2. 쇠퇴축을 새로운 도시발전축으로

1.1. 공간(네트워크)축 결절점 강화

(1) 대중교통망(트램 및 광역철도)축 강화

▌필요성

- 동서간의 불균형 완화 및 지속가능한 균형발전을 도모하기 위한 새로운 도시 발전축 설정 요구
- 산발적 도시재생사업 추진 지양, 도시공간구조 위계상의 네트워크 축 및 결절점 강화 전략 마련 필요
- 대전 도시기본계획상의 공간구조 위계와 관련 계획과의 정합성 등을 고려

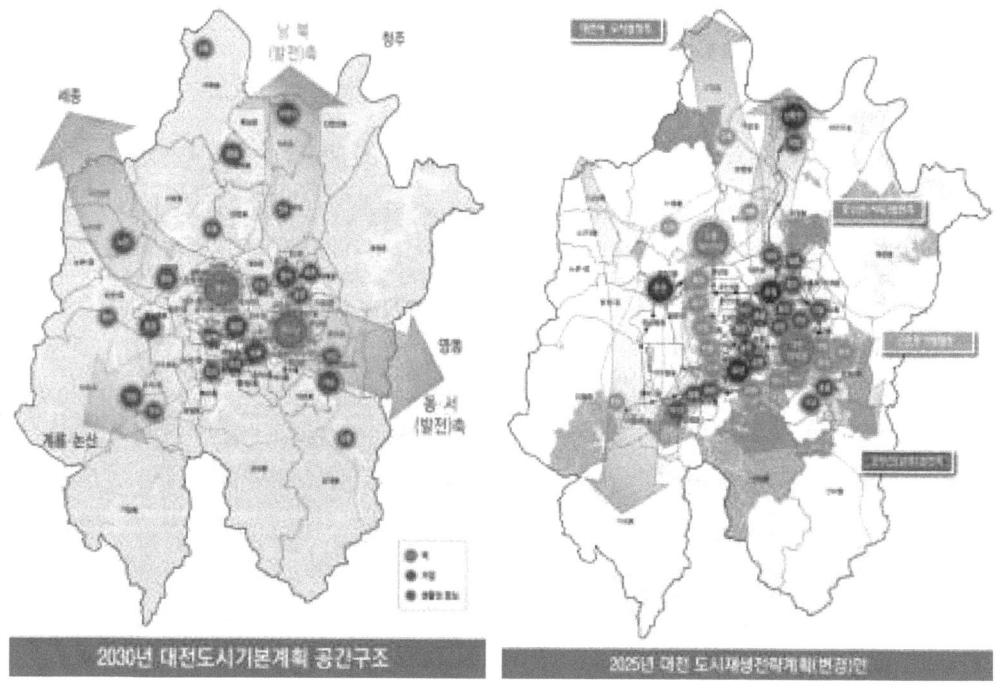

▌추진 방안

- 트램 및 충청권 광역철도망 구축 사업과의 연계성 고려, 교통 결절점을 중심으로 한 면단위 계획 수용 및 재생사업 추진
- 트램 및 충청권 광역철도망 구축 사업은 교통접근성의 향상, 주거복지의 실현, 도시경쟁력 강화, 사회통합, 일자리 창출을 서로 연계시켜주는 도시의 연결고리라 할 수 있음

- (트램 건설에 따른 대응 방향) 지하철 1호선 및 충청권 광역 철도망과의 환승역을 중심으로 한 사업 우선순위 고려
- 트램노선 및 역과 연접해 있는 도정구역 및 재정비촉진지구에 대한 사업 우선 추진을 위한 기반환경 정비 및 기반시설 선투자
  - 민간개발을 유도할 수 있는 공적자금 조달 및 공공 선 투자 필요
- 기존 상권 및 양호한 주거지역 기능 쇠퇴를 미연에 방지할 수 있는 선제적 대응조치 요구됨
  - 사회적 약자에 대한 기존 도시권으로의 연계성 및 접근성 강화
  - 둔산센트럴파크 조성 사업 등을 통한 둔산지구의 정주환경 개선 및 도심 기능 유지 강화
- (충청권 광역철도망 건설에 따른 대응 방향) 지하철 1호선 및 트램노선망과의 환승역을 중심으로 한 사업 우선순위 고려
- 도시균형발전을 위한 새로운 도시발전축 강화
  - 한밭운동장 베이스볼드림파크 조성사업과 연계 가능한 남북축 상의 새로운 경제기반형 도시재생 사업 모델 제시(T축 강화)
  - 제2 대덕밸리 조성 사업 및 대세밸리 조성 사업과의 연계 강화
  - 대전산단 재생사업, 신탄진 재생뉴딜사업, 오정역 역세권 개발사업, 연축지구 도시개발사업 등과의 연계 사업 강화

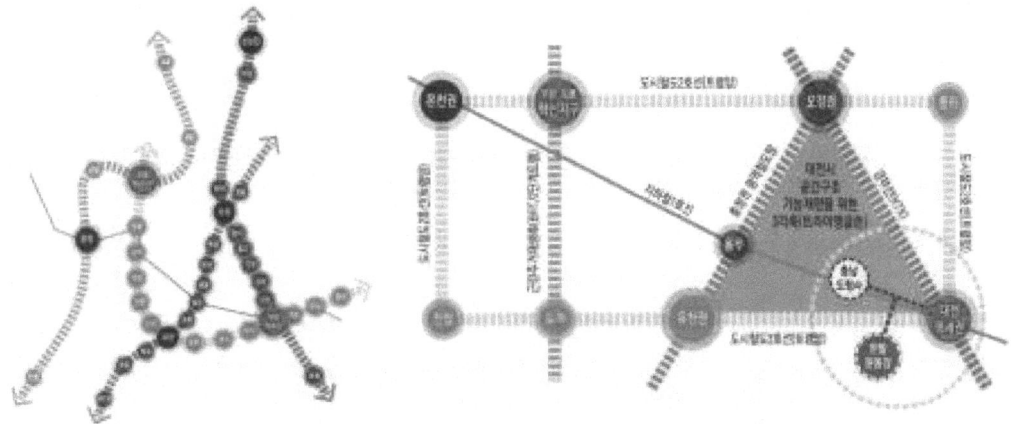

[그림 5-17] 대전 원도심 지역의 3각 벨트 및 도시재생 T축 강화

(2) 신(新) 경제기반형 재생사업 추진 방안

▌필요성

- 현재 추진 중에 있는 원도심 경제기반형 도시재생사업의 경우, 국비의존형의 마중물 사업 외, 지자체 사업 또는 부처협업사업 내지 민간투자사업 등은 매우 저조하여 실질적인 시너지 효과를 창출해 내지 못하고 있음
  - 두 개의 앵커시설이자 핵심적인 공간이라 할 수 있는 옛 충남도청사 활용과 대전 역세권 개발의 진척 속도가 더딘 상황에서 마중물 사업만으로는 사업 효과의 극대화에 한계
- 경제기반형 도시재생사업의 목표연도인 2021년 이후, 현재의 사업 구역에 대한 후속 관리 방안 마련과 더불어 새로운 원도심 활력축으로서 신 경제기반형 재생사업 추진 방안에 대한 기본구상 마련 및 로드맵 제시가 필요

▌추진 방안

- 원도심의 현 경제기반형 재생사업지구인 동서축(충남도청사~대전역)과 새로운 남북축(중앙로~한밭운동장~보문산)을 잇는 T형의 경제 활성화 축 설정
- 베이스볼드림파크(한화이글스 야구장 신축) 조성사업에 대한 블록폐쇄형의 자기완결적 개발 방식 지양
- 한밭운동장 부지를 핵심 거점공간으로 개발하되, 남북 방향으로 걷고 싶은 테마형 가로 공공공간 확보
  - 대전천 주변의 친수공간 정비, 대종로 지하공간의 개발, 그리고 충무로 보행 친화 거리 조성 등을 통한 개방적 공간축 확보
- 대종로 지하상가를 한밭운동장 부지까지 확장 및 지하주차공간을 확보하는 상생링크 사업 추진
  - 지역 소상공인·예술인, 내방하는 관광객을 위한 주차장 확충 및 청년 창업·예술 복합공간 조성
  - 부지 매입이 필요 없는 도로 지하공간 활용을 통한 주차장 건립 및 청년 창업자들에게 저렴한 점포 임대(창업 거리 및 예술 창작거리 특화 존 조성)
- 중앙로 일대(중앙로역 및 중구청역 등)에서 한밭운동장 부지를 경유하여 보문산 입구까지 이어지는 보행공간 중심의 이글스 특화거리 및 이벤트 광장 조성
- 한밭운동장 부지에 신축될 베이스볼드림파크 시설과 보문산을 연결해주는 테마로 특화거리 조성 사업 및 한밭야구장~보문산 전망탑~오월드로 이어지는 관광 케이블카 연결 사업 추진
- 보문산 일대 상생주차장 건립 사업 및 루지(Luge) 시설 설치, 제2 대전시민천문대 및 전망탑 건립 사업 등 병행 추진

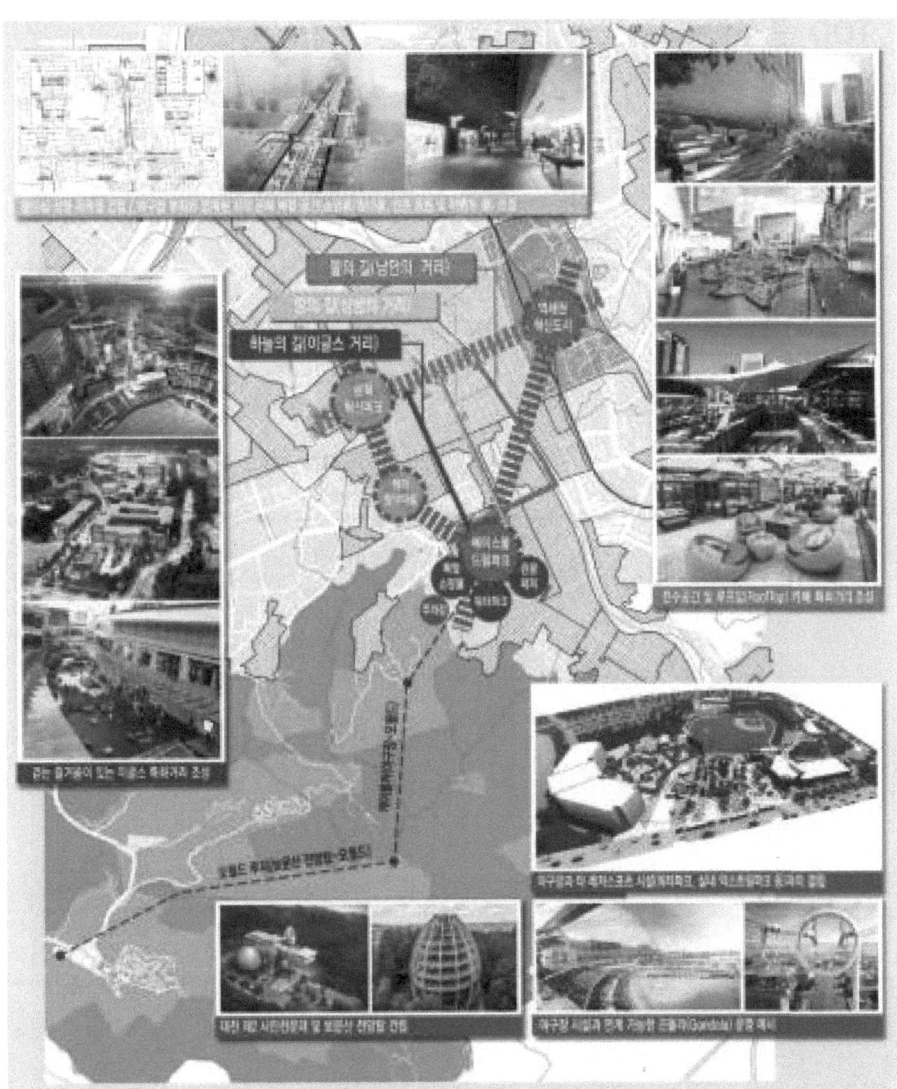

[그림 5-18] 신 경제기반형 재생사업 모델 예시

1.2. TOD 중심의 도시재생사업 추진

▎필요성

- 기존 도시BRT 노선 계획과 트램 및 충청권광역철도망 구축계획과의 기종점 연계 및 환승체계에 대한 종합적인 재검토 필요
  - 기존 도시 BRT 노선 계획의 유효성, 각 노선의 기종점 위치의 적절성, 파크앤라이드(Park and Ride) 기반의 환승체계 적정성 등에 대한 전면 재검토 과정 필요
- 트램 및 충청권 광역철도망에 대한 수요부족의 불가피성 문제를 극복할 수 있는 별도의 대책 마련 요구

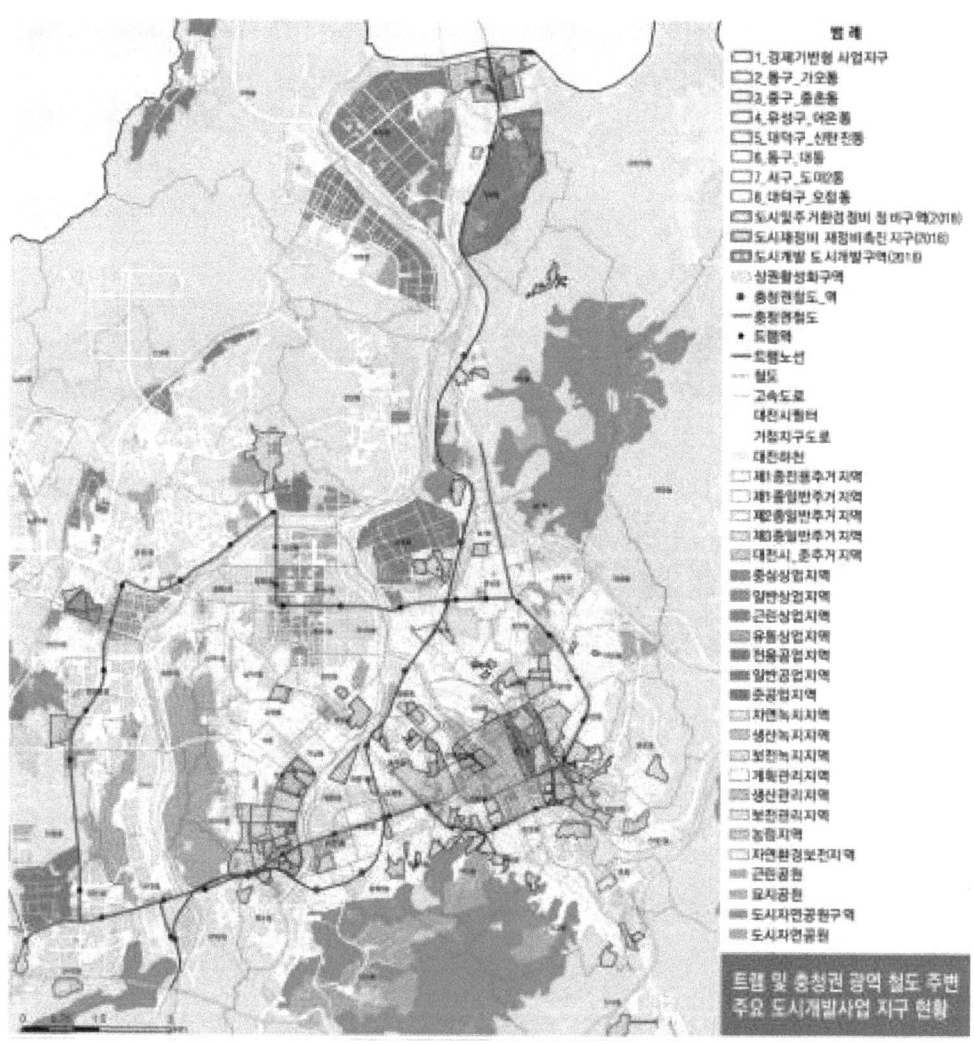

[그림 5-19] 트램 및 충청권 광역철도 주변 주요 도시개발사업 지구 현황

- 교통계획과 토지이용 및 공간구조의 변화가 함께 맞물려야 부족한 수요를 새롭게 창출해 낼 수 있음
  - 철도 회랑을 중심으로 한 일자리 공급 및 청년·신혼부부를 위한 임대주택 공급 사업과의 연계 필요
  - 지속적인 대중교통 중심의 교통문화 확산 및 교통수요관리 정책 병행 추진 필요
- 트램 및 충청권 광역철도망을 중심으로 한 도시의 새로운 발전축 및 도시재생 권역 설정이 필요
- 트램을 통한 도시기반시설의 선제적 대응 조치 요구 : 기존 상권 및 양호한 주거지역의 기능 쇠퇴 미연 방지

■ TOD 중심의 도시재생 활성화 기본방향

- 보다 적극적인 대중교통 장려책과 자동차 운전자가 대중교통수단으로 전환해 갈 수 있도록 하는 자동차 이용 억제 정책 병행 추진
  - 교통신호체계에 있어 대중교통, 자전거 이용자 및 보행자에게 우선 통행권 재부여
  - 자동차 주차공간에 대한 자전거 주차장으로의 재배분 및 차선축소 등을 통한 친환경 교통수단으로의 재할당
  - 원도심지역내 클린에어존(Clean Air Zone) 설정을 통한 통과교통 억제 및 미세먼지 저감 효과 유도
- TOD 중심의 도시재생사업 추진을 위한 세부 실행계획 수립

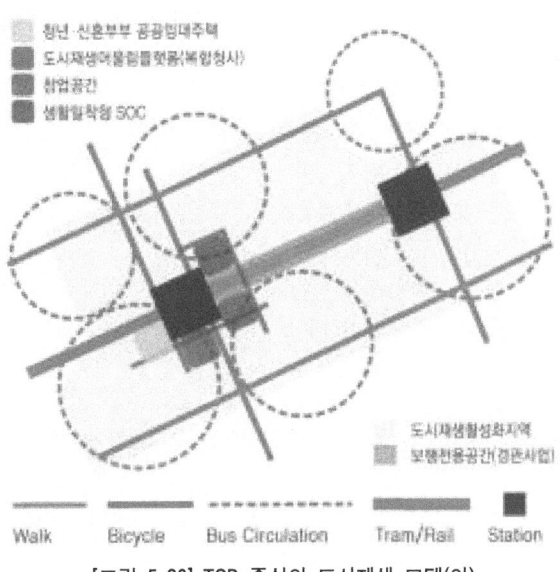

[그림 5-20] TOD 중심의 도시재생 모델(안)

  - 모든 종류의 교통수단에 대한 안전성 제고
  - 자동차의 통행감소 및 노상, 노외 주차장 재정비
  - 상업 등 업무 활동에 방해가 되지 않도록 대형트럭 주차 및 통과교통 최소화
  - 버스 및 트램, 지하철 등의 대중교통수단 활성화
  - 대중교통(버스, 트램, 지하철 등)과 이동서비스(자전거, Park&Ride, 카쉐어링 등)의 통합
  - 보행과 자전거이용을 장려하는 교통캠페인 지속적 추진 등
- 트램 및 충청권 광역철도망의 역 또는 노선 회랑 중심의 도시재생 사업 우선 추진

▌추진 방안

- 사회적 약자를 위한 안전하고 쾌적한 대중교통 및 보행 접근체계 구축
- 심미적 요소를 바탕으로 한 도시재생 연계 활성화로 도시경관 향상
- 도시의 성장 동력인 트램 정거장 및 도시재생 뉴딜사업 대상지에 대한 다양한 인센티브제도 도입 검토
- 트램 건설 및 도시재생 뉴딜사업의 상생발전 도모
  - 쇠퇴한 기존도심에 대중교통 및 보행의 접근성을 강화하여 골목상권 활성화 및 다양한 문화예술의 플랫폼을 구축하여 새로운 도시발전의 패러다임 구축
- 트램 정거장 및 노선 주변 지역을 대상으로 한 도시기반시설의 선투자 및 도시환경·도시경관 개선
  - 트램노선의 정거장을 중심으로 한 도시재생 뉴딜사업(공공임대주택, 쉐어하우스 등)에 대해 우선 선정 고려
  - 도시재생 뉴딜 마중물사업 및 지자체사업 등을 통해 도시기반시설의 우선 추진

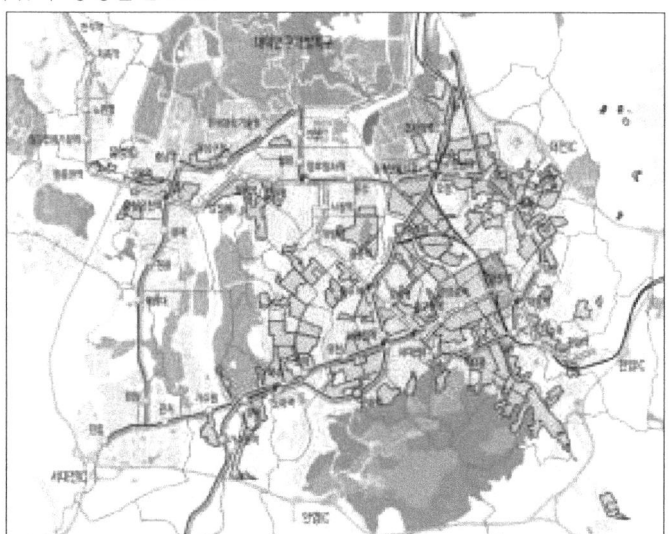

[그림 5-21] 트램 및 충청권 광역철도망과 도시재생활성화지역

  - 가로환경정비 및 경관사업, 재생사업을 통해 트램 노선의 도시경관 개선
  - 트램 역세권을 중심으로 한 경관 개선 및 생활밀착형 SOC 사업 등의 부처협업사업 발굴 추진 등
- 트램 정거장과 뉴딜사업 대상지로의 사회적 약자(어르신, 장애자, 여성, 어린이 등)를 위한 연계성 및 접근성 강화
  - 도시재생 뉴딜사업 추진지역 : 트램 건설에 의한 이점(대중교통 및 보행 접근성 강화, 지역 경관 개선 등) 최대한 활용
  - 도시재생 뉴딜사업 활성화계획 수립시 도시재생 어울림플랫폼, 공공임대주택 및 공유형주택, 청년창업공간 등을 수용하여 트램정거장과 재생사업지와의 접근성 강화
  - 셉테드 기반의 안전한 가로환경 조성 및 도시재생 뉴딜사업 추진

[그림 5-22] 대중교통전용지구 도입의 정책 효과

- 도시재생 뉴딜사업 활성화지역 여건에 따른 대전형 지역별 맞춤 재생방안 제시
- 대중교통 회랑을 중심으로 보행환경 개선 사업과 대중교통전용지구 지정 등을 통해 보행 약자의 보행 이동권 보장 및 가로 상권 활성화 유도

〈표 5-5〉 트램기반의 대중교통전용지구 도입을 위한 중장기 정책 방향

교통측면	보행친화적인 가로환경 조성	- 트램 및 보행자 통행 우선권 확보 - 지구내 통과교통의 억제 - 차선다이어트를 통한 쾌적한 보행공간 확보 - 보행공간과 차량공간의 공존적 도로설계 - 가로연접형 상가 몰(Mall)의 정비 - 알기 쉬운 교통 신호 체계 마련 및 보행자 횡단정보 제공 - 주변연계도로의 보행자 네트워크 강화 - 보행안전을 위해 트램 및 대중교통 통행속도 제한 - 불법 주정차 등 위반차량에 대한 단속 활동 강화
	공간 이동성 및 편의성 확보	- 단차나 요철이 없는 노면 정비(Shared Space) - 수화물보관소, 쇼핑카트, 유모차, 공공자전거 대여 및 이용의 편의성 강화 - 물품배송 및 하역차량에 대한 대책 마련 - 지구 부근에 적정 규모의 주차 공간 확보 및 주차 안내 시스템 구축 - 지구 순환형 버스 도입 및 운용
	다양한 교통수단에 의한 접근성 제고	- 버스 노선 재조정 및 무료 순환 셔틀버스 노선 설치 - 환승교통체계의 도입 및 환승주차장 마련 - 대중교통의 운임 할인제도 도입 - 대중교통전용지구와 지구 외 주차장을 쉽게 오고 갈 수 있는 순환 버스 및 공공자전거 노선 확보
토지이용측면	사람을 불러 모을 수 있는 매력적인 공간 조성	- 오픈마켓, 벼룩시장 공간 마련 - 벤치, 쌈지공원, 거리공연장, 공개공간의 활용 극대화 - 거리 축제, 이벤트를 통한 도시활동의 매력 제고 - 셉테드 기반의 안전한 도시 및 가로환경 조성

[그림 5-23] 트램역의 공공디자인 개선 사례(Alicante, 스페인)

- 트램기반의 대중교통전용지구 지정시 트램 노선이 직접 통과하는 도로구간에 대한 검토 뿐 아니라, 트램 노선이 직접 통과하는 도로구간과 직교하거나 연접하는 도로구간에 지정하는 방식도 병행 검토 필요

■ 트램 연계 도시재생 추진방안9)

- 원·심도심의 기존 기능 보완과 생활권별 부족·신규 기능 도입을 위해 4대 기능벨트를 트램 노선 주변으로 도입하여 형성
- 주요 기능 및 시설은 도시재생 및 선도사업으로 추진하며, 주요 트램 노선 수직축을 중심으로 재생효과의 생활권 확산
- 트램과 연계된 대전시(도시철도) 및 광역권 주요 환승 지역을 거점화하고, 도시재생을 활용하여 주민·대중교통이용자 지원 기능을 강화함으로서 트램 및 대중교통이용성 증대를 통한 지역 상권 활성화 촉발
- 생활권 거점화와 장소성을 강화하여 지역 장소성을 드러내면서도 정보를 중심으로 시민, 일상과 소통하는 4차 산업형 정보발신기지 기대
- 워터프론트(갑천)과 연계한 관광(유성온천) 특화 및 스마트·4차 산업벨트화
- 트램 축을 중심으로 업무·공공·주거와 도시생활 숲이 연계·융합되는 거점육성 및 생활공공공간 확충
- 대학과 연계한 지역산업 혁신 및 고도화 벨트 형성
- 문화·여가 거점화 및 트램축을 활용한 도시적 연계와 생활SOC·창업공간 확충
- 대전(트램·도시철도) 및 광역(계룡-논산)간 연계·환승 거점화와 더불어 신·구주거지간 격차해소 및 도시기능 충진 기대

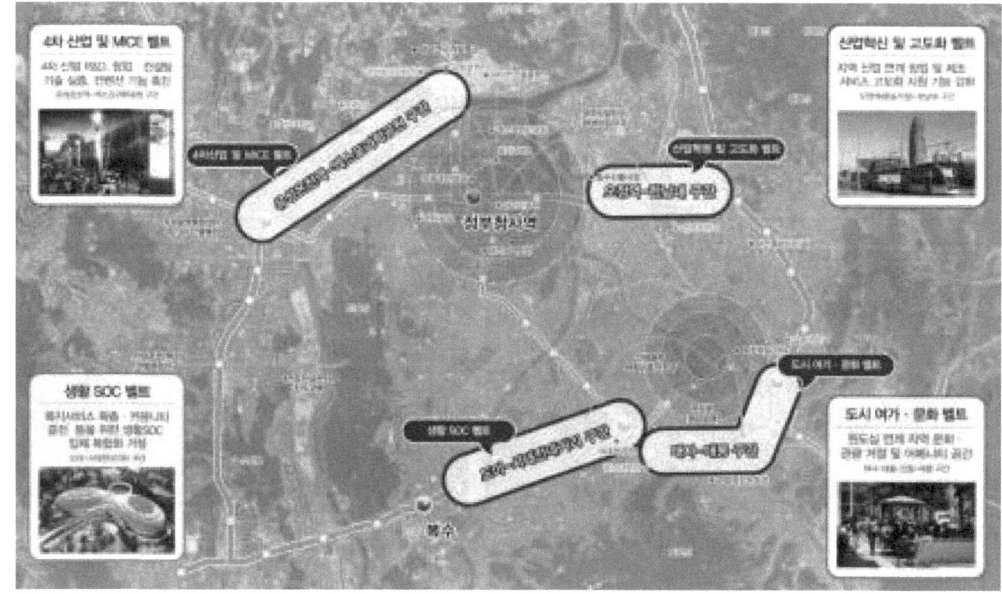

[그림 5-24] 트램 연계 도시재생 추진 기본구상(안)

---

9) 트램 연계 도시재생 활성화 전략 수립 용역 중간보고 자료 바탕으로 작성

▌트램 노선 주변 선도사업 구상(안)[10]

- 생활권 차원의 트램 연계 도시재생을 촉발하고, 대전시 균형발전 촉진의 거점이 될 단기 선도사업 구상
- 주변 아파트 재개발로 인한 공동체 분화 및 교류 부족이 우려됨에 따라 문화 및 공동체 소통공간 조성
- 기존 산업 및 문화 고도화를 위한 지원공간 확보하여 청년·창업활동 지원 플랫폼 조성
- 트램을 활용한 교통공간을 혁신하여 정박지 특화공간 조성 예정

[그림 5-25] 트램 노선 주변 선도사업(안)

---

10) 트램 연계 도시재생 활성화 전략 수립 용역 중간보고 자료 바탕으로 작성

3. 사회적 약자를 위한 네트워크 연계 강화

1.1. 주거복지 강화를 위한 공공 임대 주택 공급 확대

■ 필요성

- 사회적 약자를 위한 공익적 관점에서의 주거공간 공급 및 주거 질 향상을 위한 주거복지 정책 미흡
  - 공공임대 주택 공급 주체별 비중을 살펴보면, 한국토지주택공사(LH)가 공급하는 물량이 약 61.6%, 지자체가 공급하는 공공임대주택 물량 15.8%, 민간이 공급하는 공공임대주택 물량 11.1%, 공공지원민간임대주택이 11.5%, 그 외 서울시 등에서 추진하고 있는 사회임대주택 물량이 약 0.04%를 차지

- 이웃 및 근린과의 관계망 형성과 범죄로부터 안전한 정주환경을 조성하기 위한 통합적 접근 부족

[그림 5-26] 각 주체별 공공임대주택 공급비율 현황

- 도심으로의 교통접근성 향상, 교육 및 고용 등 도시 서비스로의 연결 기회 증대를 위한 포용적 도시 정책 추진 미흡
- 1인·2인 소형가구의 지속적인 증가에 따른 양질의 주택공급 필요
  - 1인 가구 비중이 지난 2010년 25.3%에서 2017년 31.5%로 증가
- 청년층의 주거비 부담에 따른 저출산 및 세종시로의 지속적인 인구유출 문제 심화 등으로 저렴한 양질의 공공임대 주택 공급 확대 전략 마련이 요구

■ 주거복지 강화를 위한 공공 임대 주택 공급 확대 방안

- 2030년 대전도시기본계획에 따르면, 주요 주택관련 전략 및 시책으로서 다양한 수요 변화에 따른 소형주택 공급 확대, 사회적 약자를 위한 주거지원 확대를 제시하고 있음

〈표 5-6〉 대전시 주택관련 전략 및 주요 시책

전략	시책
다양한 수요 변화에 따른 소형주택 공급 확대	1인 및 2인 가구수의 증가를 반영한 도시형 생활주택 공급과 정비사업 추진 시 소형 주택 확보
사회적 약자를 위한 주거지원 확대	장기임대주택 중심으로 공공임대주택 비율 재고 확대

출처 : 2030년 대전도시기본계획

  - 소형주택 공급 확대를 위해 1인 및 2인 가구수의 증가를 반영한 도시형 생활주택 공급과 정비사업 추진 시 소형주택 확보

- 사회적 약자를 위한 주거지원 확대 전략으로서 장기임대주택 중심으로 공공임대주택 비율 재고 확대 등을 제시
- 2020 대전광역시 주택종합계획에서도 사회적 약자의 주거수준 향상, 양질의 다양한 주거모델 및 유형 공급, 기존주거환경의 적절한 관리 및 유지 등을 기본전략으로서 제시

〈표 5-7〉 대전시 자치구별 주택관리 방향

기본전략	세부 추진전략	동구	중구	서구	유성구	대덕구
사회적 약자의 주거수준 향상	공공임대주택의 지속적 확보		●		●	
	고령자주택 확보	●	●			
	최저주거기준 미달가구의 주거수준 향상	●				●
양질의 다양한 주거모델 및 유형 공급	주택유형의 다양화			●	●	
	1인 및 2인 가구를 위한 주택공급	●			●	
	친환경적 주택인 그린 홈의 지속적 보급					
기존주거환경의 적절한 관리 및 유지	기존 시가지 정비사업의 원활한 추진	●	●			●
	리모델링사업 추진으로 기존 노후주택 개량		●	●	●	●
	대전시주택정보시스템 구축			●	●	

출처 : 2020 대전광역시 주택종합계획

〈표 5-8〉 LH공사의 행복주택사업 유형

공급 유형	사업 내용	비고
보유토지 활용형 행복주택사업	교통이 편리하거나 직주근접의 행복주택 취지에 부합하는 LH 보유 토지를 활용하여 행복주택 공급	LH 사업자구내 총 9.1만호 확보('17년 말 기준)
공공주택 지구지정형 행복주택사업	도심지 인근 집단화된 국유지 및 GB 등을 활용하여 신규 공공주택 지구지정을 통한 행복주택 공급	의왕고천 등 8개 지구에 총 17,686호 확보(청년주택 5,845호 포함)
국공유지 활용형 행복주택사업	활용가능 토지 고갈에 따른 안정적 물량 확보와 지방 중소도시의 국공유지 활용 등 지역균형 개발 도모	국유지 80곳 2만5천호 기재부 사용협의 완료 및 공유지 458곳 사업 검토
노후청사 복합개발사업	도심지 적정부지 고갈로 인한 주거수요 부응을 위해 노후 공공청사 복합개발을 통해 청년주택 건설물량 확보	청년주택 총 1만호 추진(LH가 0.8만호 공급예정)
행복주택 건설공급사업	사회초년생·신혼부부·대학생 등 사회활동 계층의 주거불안을 해소하기 위하여 30년 이상 임대를 목적으로 건설공급하는 사업방식임	'18~'22년까지 17만호 공급 예정
수요맞춤형 행복주택	분양성 및 젊은 계층의 라이프스타일, 선호도를 감안하여 주거면적, 공급비율을 지역별규모별로 특성화하는 사업	평균평형과 공급비율 차별화하여 공급
대학협력형 행복주택	대학생 등의 주거 편리성과 주거비부담 완화를 위해 대학교 내외의 대학 소유부지를 활용한 학주근접형 행복주택 건설 촉진	본교 대학생 우선공급 50%, 대학생 일반공급 50%
창업지원형 행복주택	청년 창업인의 안정적인 거주와 창업에 도움을 주는 창업지원시설 및 서비스를 결합한 창업지원형 행복주택 추진	선도사업지구인 판교창조경제밸리 포함, 창원 테크노파크 등 6개 지구 추진
여성안심 행복주택	범죄에 노출되기 쉬운 1인 여성가구의 안전과 생활패턴을 반영한 여성수요자가 안심할 수 있는 맞춤형 임대주택 추진	CPTED 디자인 인증 추진 및 범죄예방 건축기준 적용
지역전략산업지원 행복주택	지자체별 지역전략산업에 종사하는 청년층에게 공급하는 주택으로 특화산업 육성과 일자리를 창출하는 소호형 주거클러스터 사업	부천시 지역전략산업인 웹툰 에니메이션 산업 청년 종사자를 위한 지원주택과 웹툰융합센터 복합개발 공동사업 추진
셰어형 행복주택	청년층의 다양한 주거수요에 대응 및 공동체문화 활성화를 위해 주거기능의 일부를 공유하는 셰어형 행복주택 추진	셰어하우스 5만실 공급(주거복지로드맵)

출처 : LH공사 내부자료

- 공공임대주택 공급 확대를 위한 공공의 역할 및 재정확보 방안 마련이 중요
  - 대중교통노선망(지하철, 트램, 광역철도망 등)과의 입지적 접근성 우선 고려

- 재정비촉진사업 및 도정사업과 연계 가능한 공공임대주택 물량 확보
- **(청년·신혼부부를 위한 임대주택 3천호 공급)** 건설임대 2,250호, 매입임대 150호 등 총 공공 2,400호, 원도심역세권의 부지 활용을 통해 용도·용적률 완화를 통한 민간 공급의 형태로 600호 건설을 계획 중으로 구체적인 공급호수는 여건변화에 따라 탄력적으로 조정

<표 5-9> 공공임대주택 관련 주택도시기금 융자지원 프로그램

구분			호당융자 한도	연이율	융자기간 등
국민임대	국민임대 주택자금	35㎡ 이하	3,569만원	1.8	• 30년 거치 15년 상환
		35~45㎡	4,920만원		
		45~60㎡ 이하	6,856만원		
행복주택	행복주택자금		4,215만원	1.8	• 30년 거치 15년 상환 • 주거환경개선지구내 소형(전용면적 30㎡ 이하)주택사업 추진 또는 지자체(지방공사포함)가 사업시행자인 경우 연 1.0% 적용
분양전환임대	공공임대 주택자금	60㎡ 이하	5,500만원	2.3	• 10년(의무임대 기간이 10인 경우 15년) 이내에서 임대기간동안 거치 후 20년 상환 • 60㎡ 이하 청년·신혼부부 매입임대 리츠 : 수도권 4억원, 그 외 지역 3억원 이하
		60~85㎡ 이하	7,500만원	2.8	
매입형 공공 임대	다가구 매입임대 융자		시행자별 호당 지원단가의 50% 수준	1	• 20년거치 20년상환	호당 전용면적 85㎡ 이하 다가구·다세대 및 연립주택 등
	매입임대 주택자금		7,500만원 (수도권 1.5억원)	4	• 5년 이내 일시 상환	14.2.26 이후 신규 분양, 미분양 및 기존 아파트 매입(한도 6,000만원, 수도권 1억원)
	준공공임대 매입자금			2.7	• 10년 이내 일시 상환	
	공공 리모델링 임대주택	집주인 임대주택 건설개량형	수도권 1억, 광역시 0.8억 기타 0.6억원	1.5	• 1년 거치 8년, 10년, 12년, 16년, 20년 상환 (혼합상환 선택시 원금의 65% 원리금 분할상환 및 잔여금액 만기 일시 상환) • 8년, 12년 (만기 일시 상환 또는 원리금 균등 분할 상환) • 8년, 10년, 12년, 16년, 20년 상환 (만기 일시 상환 또는 원리금 균등 분할 상환)
		집주인 임대주택 매입형			
		집주인 임대주택 융자형			
	신축 다세대 매입 임대		8,400만원	2	• 10년 거치 20년 상환(전세형 임대로 공급)
임차형 공공 임대	기존 주택 전세 임대 자금		수도권 9,000만원 광역시 7,000만원 기타 6,000만원	2	• 대출일이 속한 당해 연도 12월 20일 (1년 단위연장) • 신혼부부 전세 임대 : 수도권1.2억원, 광역시 0.95억원, 기타 0.85억원 • 보증금 규모별 지원금리 차등 적용 | 4천만원 이하 | ~6천만원 이하 | 6천만원 초과 | | 연 1.0% | 연 1.5% | 연 2% |
공공 준주택	오피스텔 구입 자금		7,000만원	2.8	• 2년 이내 일시상환(9회연장가능) • 전용 60㎡이하, 1.5억원 이하 주거용(LTV50%)

출처 : 주택도시보증공사 홈페이지 참조 정리

- 원도심 역세권, 산업단지, 공유지 등에 시세보다 저렴한 청년·신혼부부를 위한 임대주택 공급 예정
- LH공사의 관련 사업 내용을 토대로 대전시 및 대전도시공사 등에서 대전형의 공공임대주택 보급 사업 모델 발굴 필요
- 공공임대주택에 대한 주택도시기금공사의 융자지원 프로그램에 대한 대민홍보 및 컨설턴트 강화 사업 추진
- 도시개발사업시 도시계획 사전협상제를 활용한 공공기여 방안 적극 활용
- 용적률 상향 등의 인센티브 부여를 통해 민간사업자의 사업성을 보장해 주되, 개발이익의 사유화 방지 및 사회적 환원을 위해 일정 토지, 시설, 부담금 형태로 기부채납 내지 공공기여시설로서 공공임대주택 및 생활SOC 인프라 설치 비용에 활용토록 조치

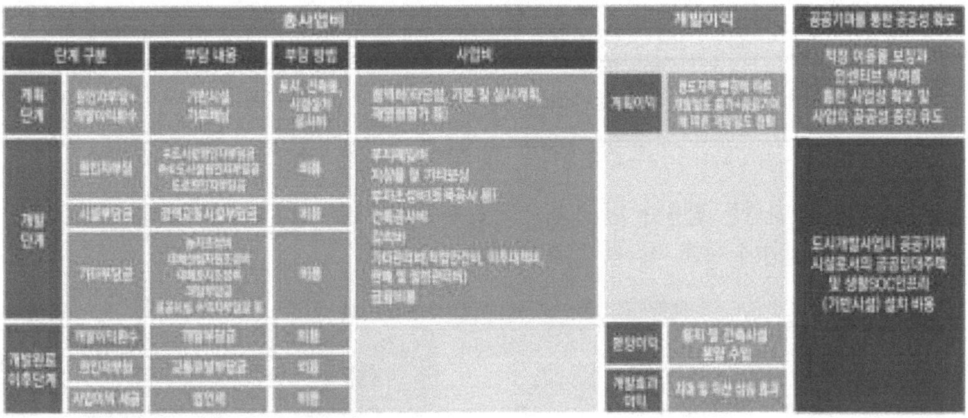

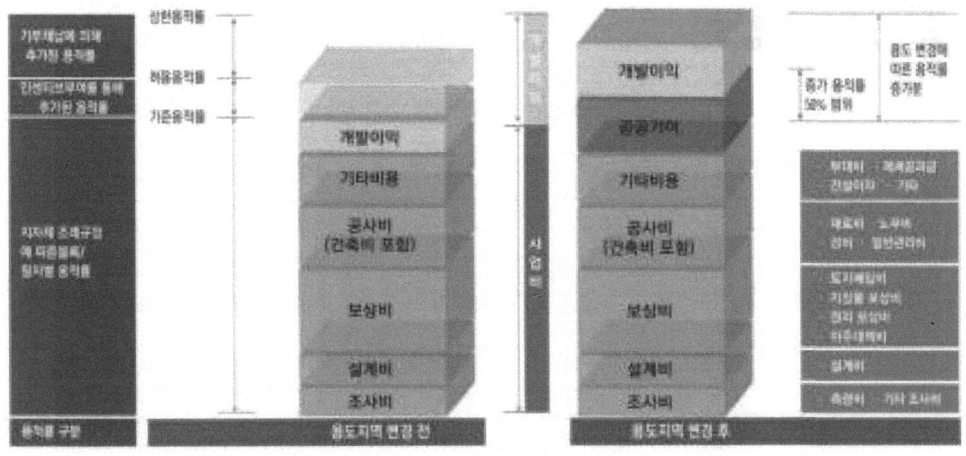

[그림 5-27] 사업단계별 개발이익 환수 및 공공기여를 통한 공공성 확보 방안

[그림 5-28] 용적률 상향 등의 인센티브 부여 방안 및 적정 공공기여 비율 산정 예시

■ 민간을 활용한 공공임대주택 공급 방안

- 민간을 활용한 공공임대주택 공급방안으로서 사회적 기업을 활용한 공익적 임대주택 공급 방안 마련 요구

〈표 5-10〉 공익적 임대주택 공급을 위한 사회적 기업 유형별 특징

구분	공공주택 특별법 기반	민간임대주택에 관한 특별법 기반
근거법	공공주택 특별법, 사회적 기업 육성법	민간주택건설에 관한 특별법, 사회적 기업 육성법
설립 요건	공공자본 50%+1 이상 출자	임대주택사업자 등록, 사회적 기업 인증
공급가능 주택유형	공공임대, 공공분양	공공지원민간임대, 사회임대
자본구성	공공+민간	민간+공공
법인격	제한적 영리(주식회사 등)	제한적 영리(주식회사, 협동조합, 비영리 재단 등)
기대효과	• 공급하는 임대주택의 공공성 확보 및 유지 • 공공시행자보다 빠른 의사결정과 사업추진(저비용, 고효율, 자본 확충 및 부채관리 부담 감소) • 지역에 기반을 둔 맞춤형 공급 확대 • 공급자 다양화 및 경쟁을 통해 임대주택 품질과 서비스 향상 • 지역 임대시장 안정화 유도	
선결과제	• 이익 제한, 배당 등에 대한 기준 마련 • 민간주체 참여 유도	• 공공자본 유입 및 공공자금 지원 확대 • 관리감독 기능 강화

출처 : 봉인식 외, 공익적 임대주택 공급 확대를 위한 민간의 역할에 관한 연구, 2018.

- 빈집·빈공간 자원을 활용한 빈집 리모델링 사업이나 토지임대부 사회주택, 리모델링형 사회주택 공급 방안에 대한 적극적인 검토 필요

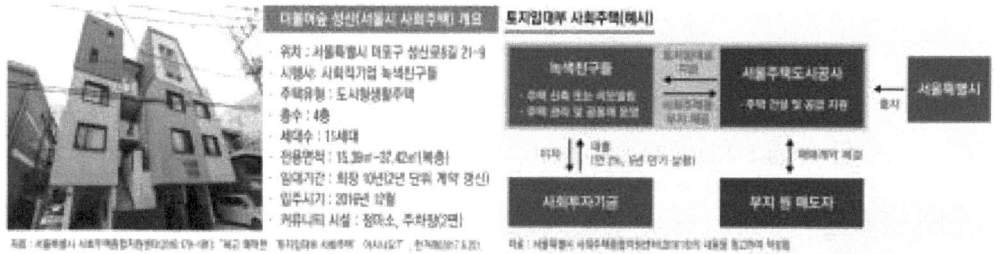

[그림 5-29] 토지임대부 사회주택 공급 방안(서울시 사례)

〈표 5-11〉 사회임대주택의 공급 주체

근거법	구분 조직형태	정부	대전
사회적 기업 육성법	• (사회적 기업)취약계층에게 사회서비스 또는 일자리를 제공하거나 지역사회에 공헌함으로써 지역주민의 삶의 질을 높이는 등의 사회적 목적을 추구하면서 재화 및 서비스의 생산·판매 등 영업활동을 하는 기업	O	O
협동조합기본법	• (사회적 협동조합) 협동조합 중 지역주민들의 권익·복리 증진과 관련된 사업을 수행하거나 취약계층에게 사회서비스 또는 일자리를 제공하는 등 영리를 목적으로 하지 아니하는 협동조합	O	O
	• (협동조합) 재화 또는 용역의 구매·생산·판매·제공 등을 협동으로 영위함으로써 조합원의 권익을 향상하고 지역사회에 공헌하고자 하는 사업조직 • (협동조합 연합회) 협동조합의 공동이익을 도모하기 위하여 설립된 협동조합의 연합회 • (사회적 협동조합 연합회) 사회적 협동조합의 공동이익을 도모하기 위하여 설립된 사회적 협동조합의 연합회		O

구분		정부	대전
근거법	조직형태		
공익법인의 설립·운영에 관한 법률	• (공익법인) 재단법인이나 사단법인으로서 사회 일반의 이익에 이바지하기 위하여 학자금·장학금 또는 연구비의 보조나 지급, 학술, 자선(慈善)에 관한 사업을 목적으로 하는 법인	○	○
민법	• 법인 • (조합) 2인 이상이 상호출자(금전, 기타재산, 노무)하여 공동사업을 경영할 것을 약정함으로써 그 효력이 생김	○	
	(비영리법인) 학술, 종교, 자선, 기예, 사교, 기타 영리 아닌 사업을 목적으로 하는 사단 또는 재단으로 주무관청의 허가를 얻은 법인	○	○
상법	• (회사) 합명회사, 합자회사, 유한책임회사, 주식회사, 유한회사 등 • (합자조합) 조합의 업무 집행자로서 조합의 채무에 대하여 무한책임을 지는 조합원과 출자가액을 한도로 하여 유한 책임을 지는 조합원이 상호출자 하여 공동사업을 경영할 것을 약정함으로써 그 효력이 생김	○	
비영리민간단체 지원법	• (비영리민간단체) 영리가 아닌 공익활동을 수행하는 것을 주된 목적으로 하는 민간단체(상기 구성원 수 100인 이상, 구성원 상호간 이익분배 없음)	○	
사회복지사업법	• (사회복지법인) 공공성을 갖고 사회복지사업을 할 목적으로 설립된 법인	○	
소비자생활협동조합법	• (소비자생활협동조합) 상부상조의 정신을 바탕으로 하는 소비자들의 자주자립자치적인 생활협동조합 활동을 촉진함으로써 조합원의 소비생활 향상과 국민의 복지 및 생활문화 향상에 이바지함을 목적으로 하는 조합	○	
중소기업기본법	• 중소기업 중 건설업, 부동산업 및 임대업, 전문, 과학 및 기술 서비스업(건축설계 및 관련 서비스업에 한함)		○
대전광역시 사회적기업 육성 및 지원에 관한 조례	• 예비사회적기업		○

〈표 5-12〉 서울시 사회주택 사업 유형

구분	빈집 리모델링(빈집살리기)	토지임대부 사회주택	리모델링형 사회주택
도입시기	• 2015년 2월	• 2015년 6월	• 2016년 2월
사업추진	• 자치구청	• 서울주택도시공사 • 사회주택종합지원센터	• 서울주택도시공사 • 사회주택종합지원센터
사업주체	주거 관련 사회적 경제주체 중소기업 포함, 컨소시엄 가능)		
대상토지/건물	• 건물당 8천만원 내외 금액으로 리모델링 가능한 6개월 이상 방치된 빈집(방 3개 이상), 1~2개소 신청(선정 후 물량 확대 가능)	• 필지당 부지 100~200평 내외, 최대 2개 필지신청 • 다가구·다세대주택, 다중주택, 도시형 생활주택	• 준공 수 15년 이상 경과, 연면적 500㎡내외 고시원, 숙박시설, 업무시설 등 비주거용 건축물(최대 2개 신청)
보조지원	• 리모델링 비용의 50% 보조 (최대 2천 ~ 4천만원 한도)	• 사업주체의 희망토지(16억원 내외)를 서울주택도시공사가 매입후 장기 저리 임대(30~40년, 연 1% 수준)	• 리모델링 비용의 50~70% 보조 (최대 1.5억~2억원 한도)
환수기준	• 사업 중단시 기간에 따른 보조금 환수	• 사업 중단시 시간에 따른 건물 환매	• 사업 중단시 경과 기간 따른 보조금 환수
입주자 모집관리주체	• 자치구청장	• 사회주택종합지원센터/사업시행자	• 사회종합지원센터/사업시행자
입주자 요건	• 무주택 1인 가구 도시근로자 월평균 소득 70% 이하	• 무주택 도시근로자 월평균 소득 70(1인) ~ 100% 이하	• 무주택 1인 가구 도시근로자 월평균 소득 70% 이하
임대조건	• 시세 80% 이하 • 거주기간 최장 6년 • 임대료 인상률 연간 5% 이내	• 시세 80% 이하 • 거주기간 최장 10년 • 임대료 인상률 연간 5% 이내	• 시세 80% 이하 • 거주기간 6~10년 • 임대료 인상률 연간 5%이내
입주자 선정	• 자치구와 사업시행자 공동면접	• 사회주택종합지원센터와 사업시행자 공동면접	• 사회종합지원센터와 사업시행자 공동면접
공동체 프로그램	• 운영	• 운영	• 운영

1.2. 기초SOC 공급 확대를 통한 생활편의 증진 및 사회적 통합 유도

▌필요성

- 도시재생특별법 제2조 제11항에서는 기초생활 인프라를 '도시재생기반시설 중 도시주민의 생활편의를 증진하고 삶의 질을 일정한 수준으로 유지하거나 향상시키기 위하여 필요한 시설'로 정의
  - 기초생활인프라의 범위 및 국가적 최저기준은 국가도시재생기본방침에 포함하여 10년 단위(재검토 5년)로 수립토록 권고(도시재생특별법 제4조)
- 그러나 기존 기초생활인프라 개념은 주민생활 수요에 기반한 생활밀착형 커뮤니티시설을 반영하지 않고, 시설 범위 및 세부 종류를 제시하지 않아 소규모의 생활밀착형 사업을 추진하는 도시재생 뉴딜사업에 적용하는데 한계
- 이에 지난해 말 개정된 「국가도시재생기본방침」에서는 기초생활인프라 개념을 '거주지 근린에서 거주와 일상생활을 영위하는데 필요한 생활편의와 복지를 제공하는 시설'로 개념을 재정립하면서 기존 시설들을 모두 포괄하는 광의적 개념으로 확장함
  - 기초생활인프라 시설은 근린 내 주민의 활동을 고려하여 15개의 시설 기능으로 구분하고 생활밀착형 주민편의 서비스, 도시재생 파급효과 제고를 위한 민간영역 시설을 포함하고 있으며, 시설의 위계 및 규모 등을 고려하여 공간적 집적을 통해 규모화가 필요한 시설(지역거점시설)과 접근성 제고를 위해 생활밀착형 서비스를 해야 할 시설(마을단위시설)로 구분함

〈표 5-13〉 기초생활 인프라 최저기준(안)

설치단위	기능		시설	관련법	공급 현황			이용현황(분)	장래수요(분)		기존 기준	최저기준(분)
					등급	구간한계	시간거리		평균	최빈값		
마을단위 (도보)	교육		유치원	유아교육법	9등급(인구90%)	771m	16	12.1	9.6	10	1개소/ 2~3천 세대	5~10
			초등학교	초·중등교육법	9등급(인구90%)	731m	15	9.5	8.5	10	1개소/4~6천 세대 학급당 학생수 : 21.5명	10~15
	학습		도서관	도서관법	4등급(인구90%)	1.3km	27	11.2 (마을 도서관)	10.3	10	작은 도서관: 500가구 이상 1개소	10~15
	돌봄		어린이집	영유아보육법	9등급(인구90%)	404m	8	9.6	7.5	5		5
		마을노인복지	경로당	노인복지법	8등급(인구90%)	289m	6	8.7	6.2	5	1개소/3만	5~10
			노인교실	노인복지법	8등급(인구90%)	8.5km	170	11.8	8.9	10		
		기초의료시설	의원	의료법	4등급(인구90%)	1.4km	28	14.3	11.6	10	지역 보건의료 수요를 고려하여 서비스 전달추진	
			약국	약사법	4등급(인구90%)	1.2km	24	10.9	8.4	10		
			건강생활지원센터	지역보건법	-	-	-	-	-	-		10
	체육	생활체육시설	수영장	체육시설법	4등급(인구90%)	932m	19	12.8	10.8	10	생활체육 시설면적 : 4.2㎡/1인	10
			체육도장									
			체력단련장									

설치단위	기능	시설		관련법	공급 현황			이용	장래수요(분)		기존 기준	최저기준(분)
					등급	구간한계	시간거리	현황(분)	평균	최빈값		
	휴식	간이운동장										
		근린공원(묘지공원제외)		도시공원법	4등급(인구90%)	761m	15	17.5	13.7	10	공원 면적 9㎡/1인	10~15
	생활편의시설	주거편의시설	폐기물보관시설	폐기물관리법	-	-	-	2.9	3.2	5		5
			무인택배함					(조사생략)	4.2	5		
		소매점		건축법	4등급(인구90%)	372m	8	11.4	9.7	10		10
	교통	공영주차장		주차장법	5등급(인구90%)	2.3km	46	3.1	5.1	5	주거지내 주차장확보율 : 70%	주거지내 주차장확보율:70%이상
지역거점(차량)	학습	공공도서관		도서관법	(인구90%)	11.5km	27	16.8 (지자체+국립)	13.4	10	지역거점 도서관: 1개소/3만	10
	돌봄	사회복지시설	사회복지관	노인복지법	(인구90%)	16.3km	39	16.9	13.3	10		20~30
			노인복지관									
	의료	보건소		지역보건법	(인구90%)	8.5km	20	19.7	13.8	10		20
		응급실 운영 의료기관		의료법	(인구90%)	7.4km	18	28.3	18.7	10		30
	문화	공공문화시설	문화예술회관	문화예술진흥법	(인구90%)	9.4km	23	30.7 공연장	22.4	10		20
			전시시설		(인구90%)	8.8km	21	40.2	25.9	30		
	체육	공공체육시설	경기장	체육시설법	(인구90%)	4.2km	10	-	-	-		15~30
			체육관		(인구90%)	7.6km	18	-	-	-		
			수영장		(인구90%)	15.1km	36	-	-	-		
	휴식	지역거점공원 (묘지공원제외,10만㎡ 이상)		도시공원법	(인구90%)	4.1km	10					10

출처 : 지역의 기초생활인프라 공급 현황 자료 및 분석 안내서.

- 그러나, 국가적 차원의 기초생활인프라 시설에 대한 구체적인 재원확보 및 지원 방안에 대해서는 명확한 기준이 마련되어 있지 못한 상황이며, 민간영역의 기초생활인프라 시설들에 대해서는 강제할 구체적 수단도 부재하여 실효성 논란이 제기되기도 하였음
  - 재정자립도가 낮은 구청 단위에서의 자체 재원 확보를 통한 기초생활인프라 공급은 사실상 불가능
- 따라서 기초생활인프라 시설 공급 확대를 위한 별도의 대전시 차원의 재원 확보 방안 마련 및 국비지원 방안 마련이 필요

▌추진 방안

- 기초생활인프라 공급 확대를 통한 생활편의 증진과 사회적 통합 유도
- 정부가 2019년 4월 발표한 생활 SOC 확충 3개년 계획에 의거 범정부적으로 추진할 예정인 8개 핵심과제와 연계하여 지속적인 복합생활 SOC 시설 확충 사업 추진
  - 2022년까지 총 30조원 투자, 체육관, 도서관, 보육시설 등을 획기적으로 확충
  - 생활SOC 정책협의회와 생활SOC추진단을 설치하는 등 범정부 추진체계 구축
  - 복합화 계획 수립시 가점 인정 및 한시적으로 국고보조율 10%p 인상 예정 등

- 지역이 주도적으로 주민들과 함께 복합화 계획을 수립하여 중앙정부로부터 지원을 받고, 일부 지방비 매칭 부분은 대전시의 **지역균형발전기금**을 활용하여 지원해 주는 지원체계 마련
  - 기초생활인프라 관련 복합화 계획 수립과 관련해서는 마을단위의 마을계획 내지 생활권계획 수립단계에서 필수적으로 검토되고 구체화될 수 있도록 부문별 계획에 반드시 포함토록 조치
  - 마을계획 내지 생활권계획 수립시 필요한 재원은 주민참여예산을 활용하여 지원토록 하고, 계획의 실행력 제고를 위한 사업 추진 단계에서는 대전시의 지역균형발전기금에서 지원해 주는 방안 검토 필요
- 5개 자치구별 주요 신규 생활SOC 구축 사업에 대한 정책 수요 파악과 집행 및 관리를 위한 생활SOC관련 지역종합계획의 수립과 로드맵 제시가 필요
- 생활SOC 계획 및 로드맵 구상에 담겨야 할 주요 내용은 다음과 같음

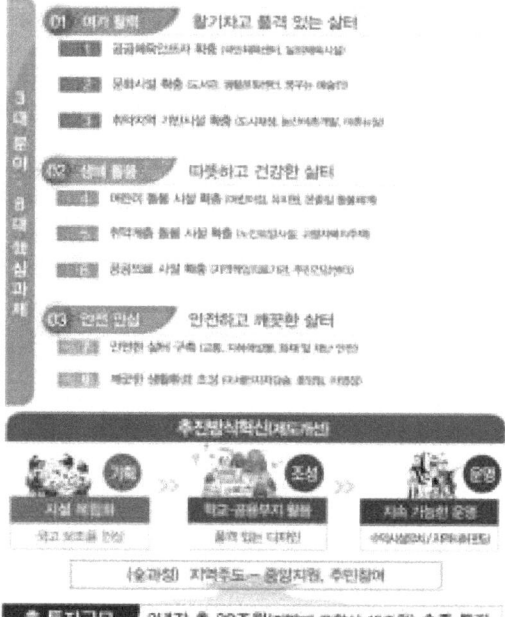

[그림 5-30] 생활SOC 3개년 계획(안) 추진체계

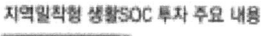

[그림 5-31] 지역밀착형 생활SOC 투자 주요 내용 및 사업 예시

<표 5-14> 대전시 자치구별 신규생활SOC 사업 추진 현황

자치구	복합유형	복합시설 규모 부지면적(㎡)	연면적(㎡)	사업 위치	사업기간	인프라유형	시설위계 (거점/마을)	해당용도
동구	네트워크형	13,115	7,119	대전광역시 동구 산안동 232-4번지	2020~2025	공원	마을(도보)	도시공원
동구	네트워크형	-	-	-	뉴딜사업 종료 시	주차장	마을(도보)	마을주차장
동구	네트워크형	-	540	대전광역시 동구 삼성동 374-1	2018~2020	힐링건강증진센터	마을(도보)	건강생활지원센터
동구	단일건물형	-	33,148	대전광역시 동구 용운동 11번지	2014~2025	의료원	지역거점(차량)	응급의료기관
동구	단일건물형	-	2,952	대전광역시 동구 가오동 559-1번지	2018~2019	문화시설	지역거점(차량)	문화예술회관
동구	가로형	-	-	대전역 좌우도로(창조길, 역전길) 일원	2017~2019	문화시설	지역거점(차량)	전시시설
동구	가로형	-	-	대전역 옛 충남도청 관사촌, 테미공원 등	2018~2020	문화시설	지역거점(차량)	전시시설
동구	가로형	-	-	대전역~목척교~옛충남도청 관사~ 대전여중	2017~2018	문화시설	지역거점(차량)	전시시설
동구	네트워크형	-	-	대전광역시 동구 낭월동 205 인근	2018~2022	체육시설	마을(도보)	생활체육시설
동구	네트워크형	-	-	대전광역시 동구 낭월동 205 인근	2018~2022	문화시설	마을(도보)	문화예술회관
동구	단일건물형	1,704	-	대전광역시 동구 신흥동 129 일원	2018~2022	체육시설	마을(도보)	생활체육시설
중구	단일건물형	3,500	5,000	대전광역시 중구 문화동 1-39번지	2018~2022	문화시설	지역거점(차량)	문화예술회관
중구	네트워크형	155,833	-	대전광역시 중구 사정동 산 65-3번지 일원	2018~2022	공원	지역거점(차량)	도시공원
중구	네트워크형			대전광역시 중구 사정동 산 65-3번지 일원	2018~2022	주차장	지역거점(차량)	마을주차장
중구	가로형	-	1,320	대전광역시 중구 중앙로79번길 일원	2014~2020	문화시설	지역거점(차량)	문화예술회관
서구	단일건물형	-	1,500	대전광역시 서구 갈마동 295-17번지	2018~2020	노인복지관	마을(도보)	노인복지관
서구	단일건물형	-	-	-	-	어린이 재활병원	지역거점(차량)	응급의료기관
서구	가로형	1,086,000	-	-	2018~2023	공원	지역거점(차량)	도시공원
서구	가로형	-	-	-	2019~2021	공원	지역거점(차량)	도시공원
서구	가로형	-	-	대전광역시 서구 만년동 일원	2018~2022	문화시설	지역거점(차량)	문화예술회관
서구	네트워크형	-	-	복수동 현 청사, 용문동 신축 청사	2018~2021	마을도서관	마을(도보)	(마을)도서관
서구	단일건물형	-	-	-	2019~2022	마을도서관	마을(도보)	(마을)도서관
서구	단일건물형	-	-	-	2019~2022	마을도서관	마을(도보)	(마을)도서관
서구	단일건물형	-	-	-	2019~2022	마을도서관	마을(도보)	(마을)도서관
서구	단일건물형	-	-	원도심권역	2018~2023	문예회관	지역거점(차량)	문화예술회관
유성구	가로형	-	-	대전광역시 유성구 온천로 일원	2018~2020	문화시설	지역거점(차량)	전시시설
유성구	가로형	-	-	유성구 도룡동, 가정동, 구성동 일원	2018~2021	문화시설	지역거점(차량)	전시시설
유성구	네트워크형	16,311	-	대전광역시 유성구 하기동 259	2018~2019	체육시설	지역거점(차량)	생활체육시설
대덕구	단일건물형	-	137	대전광역시 대덕구 읍내동 324-5	2018~2019	문화시설	지역거점(차량)	문화예술회관
대덕구	가로형	-	-	대덕구 대화동 주거단지 내 일원	2019~2022	문화시설	지역거점(차량)	전시시설
대덕구	네트워크형	-	-	대전광역시 대덕구 석봉동 일원	2018~2022	문화시설	지역거점(차량)	문화예술회관
대덕구	네트워크형				2018~2022	도서관	지역거점(차량)	공공도서관
대덕구	가로형	-	-	대전광역시 대덕구 일원	2018~2019	공원	마을(도보)	도시공원
대덕구	단일건물형	-	-	대덕구 법2동 행정복지센터, 회덕동, 신탄진동 행정복지센터	2018~2020	건강생활지원센터	마을(도보)	건강생활지원센터
대덕구	단일건물형	-	-	대전광역시 대덕구 일원	2018~2022	도서관	마을(도보)	(마을)도서관
동구	단일건물형	-	-	대전광역시 동구 성남동 등	-	경로당	마을(도보)	경로당
동구	네트워크형	-	-	동구 가오동 우미린아파트, 성남동 아침마을 아파트	-	체육관	마을(도보)	생활체육시설
동구	단일건물형	-	-	대전광역시 동구 일원	-	경로당	마을(도보)	경로당
동구	단일건물형	-	45,000	대전역 일원	2018~2024	경기장	지역거점(차량)	경기장
동구	가로형	106,742	-	대전광역시 동구 소제동 291-1	2015~2025	공원	지역거점(차량)	도시공원
동구	네트워크형	50,968	-	대전광역시 동구 대동 1-74번지 일원	2019~2021	주차장	마을(도보)	마을주차장
동구	단일건물형	-	2,952	대전광역시 동구 가오동 559-1번지	2019	문화시설	지역거점(차량)	문화예술회관
동구	네트워크형	-	-	대전광역시 동구	-	야외 운동기구	마을(도보)	생활체육시설
동구	단일건물형	-	-	대전광역시 동구	-	어린이집 확대	마을(도보)	어린이집
동구	네트워크형	-	-	대전광역시 동구	-	장터개설	마을(도보)	
동구	네트워크형	-	-	대전광역시 동구	-	체육시설	마을(도보)	생활체육시설
동구	네트워크형				-	문화시설	지역거점(차량)	문화예술회관
동구	네트워크형	1,709	778	대전광역시 동구 중앙로 200번길 104	2019	마을도서관	마을(도보)	(마을)도서관
동구	네트워크형	-	-	동구 만인산-식장산-대청호 일원	-	공원	지역거점(차량)	도시공원
동구	네트워크형	582	-	대전광역시 동구 가양1동 공영주차장	-	주차장	마을(도보)	마을주차장
동구	네트워크형	2,812	-	대전광역시 동구 중동 9-5, 10-16	2018~2020	주차장	마을(도보)	마을주차장
동구	네트워크형	39,015	-	대전광역시 동구 대전역 일원	2014~2025	박물관	지역거점(차량)	전시시설
동구	네트워크형	11,000	-	대전광역시 동구 대전역 일원	2014~2025	공원	마을(도보)	도시공원

자치구	복합유형	복합시설 규모 부지면적(㎡)	복합시설 규모 연면적(㎡)	사업 위치	사업기간	인프라유형	시설위계 (거점/마을)	해당용도
동구	네트워크형	68,442	-	대전광역시 동구 가오동 124번지	2018~2021	주차장	마을(도보)	마을주차장
동구	네트워크형	316,001	-	대전광역시 동구 세천동 356번지	2019~2020	공원	마을(도보)	도시공원
동구	가로형	10,600	-	대전광역시 동구 대동 1-636번지 일원	-	공원	마을(도보)	도시공원
동구	네트워크형	26,228	-	대전광역시 동구 상소동 1번지 일원	2016~2019	공원	마을(도보)	도시공원
동구	네트워크형	306	-	대전광역시 동구 중동 51-12일원	-	주차장	지역거점(차량)	마을주차장
중구	네트워크형	1,418	-	대전광역시중구문창로10번길45	-	주차장	지역거점(차량)	마을주차장
중구	네트워크형	3,150	-	대전광역시중구평촌로105번길62	-	주차장	지역거점(차량)	마을주차장
중구	네트워크형	-	-	대전광역시 중구 솔밭로 10번길 9-1	2015~2019	주차장	지역거점(차량)	마을주차장
중구	네트워크형	-	-	대전광역시 중구 솔밭로 10번길 9-1	2015~2019	주차장	지역거점(차량)	마을주차장
중구	네트워크형	-	-	대전광역시 중구 솔밭로 10번길 9-1	2015~2019	주차장	지역거점(차량)	마을주차장
중구	네트워크형	-	-	대전광역시 중구 솔밭로 10번길 9-1	2015~2019	주차장	마을(도보)	도시공원
중구	네트워크형	-	-	대전광역시 중구 보문산공원로 537-8	2014~2018	주차장	지역거점(차량)	마을주차장
중구	네트워크형	-	-	대전광역시 중구 보문산공원로 537-8	2014~2018	주차장	지역거점(차량)	마을주차장
중구	네트워크형	-	-	대전광역시 중구 보문산공원로 537-8	2014~2018	주차장	지역거점(차량)	마을주차장
중구	네트워크형	-	-	대전광역시 중구 보문산공원로 537-8	2014~2018	주차장	마을(도보)	도시공원
중구	네트워크형	-	-	대전광역시 중구 보문산공원로 537-8	2014~2018	주차장	마을(도보)	도시공원
중구	네트워크형	19,500	-	대전광역시 중구 목달동 444-2	2019	공원	마을(도보)	도시공원
중구	가로형	-	-	대전광역시 중구 중앙로79번길	2015~2019	주차장	지역거점(차량)	마을주차장
중구	가로형	-	-	대전광역시 중구 중촌동 409-1	-	주차장	지역거점(차량)	마을주차장
서구	단일건물형	-	-	대전광역시 서구 관저동 1583	-	다목적 체육관	지역거점(차량)	체육관
서구	단일건물형	-	-	-	-	작은체육관	마을(도보)	체육관
서구	단일건물형	-	-	마산정	-	문예회관	지역거점(차량)	문화예술회관
서구	단일건물형	140	180	대전광역시 서구 배재로 172번길 28	2018	작은도서관	마을(도보)	(마을)도서관
서구	단일건물형	387	382	대전광역시 서구 만년로 17	2018	작은도서관	마을(도보)	(마을)도서관
서구	단일건물형	-	3,585	대전광역시 서구 갈마동 820	2016~2019	공공도서관	지역거점(차량)	공공도서관
서구	단일건물형	-	200	대전광역시 서구 탄방동	2018~2020	작은도서관	마을(도보)	(마을)도서관
서구	가로형	-	-	대전광역시 서구 변동 39-1	2016~2018	주차장	마을(도보)	마을주차장
서구	가로형	24,817	-	대전광역시 서구 관저동 757	2016~2020	공원	마을(도보)	도시공원
서구	가로형	249,513	-	대전광역시 서구 괴정동 130-1	-	문화시설	지역거점(차량)	문화예술회관
서구	가로형	-	-	대전광역시 서구 괴정동 130-1	-	공원	마을(도보)	도시공원
서구	가로형	1,620	-	대전광역시 서구 도안동 971번지	2017~2018	주차장	마을(도보)	마을주차장
서구	단일건물형	8,995	-	대전광역시 서구 갈마동 343-28	-	주차장	지역거점(차량)	마을주차장
서구	단일건물형	-	-	대전광역시 서구 가수원동 798-6	2019	주차장	지역거점(차량)	마을주차장
서구	단일건물형	-	-	대전광역시 서구 도마2동	-	주차장	지역거점(차량)	마을주차장
서구	단일건물형	780	-	대전광역시 서구 도마동 101-11번지	2019	주차장	지역거점(차량)	마을주차장
서구	단일건물형	-	-	대전광역시 서구 계룡로 636번길 43	2019	주차장	마을(도보)	마을주차장
유성구	단일건물형	-	6,260	대전광역시 유성구 구암동 91-6	-	보건소	지역거점(차량)	보건소
유성구	단일건물형	-	406	-	-	치매안심센터	마을(도보)	건강생활지원센터
유성구	단일건물형	-	12	-	-	건강지원센터	마을(도보)	건강생활지원센터
유성구	단일건물형	-	3,717	대전광역시 유성구 원신흥동 560	-	도서관	지역거점(차량)	공공도서관
유성구	단일건물형	-	330	대전광역시 유성구 복용동 557-4	-	작은도서관	마을(도보)	(마을)도서관
유성구	네트워크형	22,054	4,500	대전광역시 유성구 신성동 산 40-39	2015~2019	체육시설	지역거점(차량)	체육관
유성구	네트워크형	22,054	4,500	대전광역시 유성구 신성동 산 40-39	2015~2019	주차장	지역거점(차량)	마을주차장
유성구	네트워크형	-	-	대전광역시 유성구 원내동 358	2018	주차장	지역거점(차량)	마을주차장
유성구	단일건물형	-	-	-	-	체육관	마을(도보)	체육관
유성구	단일건물형	-	-	-	-	체육시설	마을(도보)	생활체육시설
유성구	네트워크형	9,580	-	대전광역시 유성구 월드컵대로 31	-	주차장	지역거점(차량)	마을주차장
유성구	네트워크형	-	-	대전광역시 유성구	-	주차장	지역거점(차량)	마을주차장
대덕구	네트워크형	363	-	대전광역시 대덕구 신탄진	2019~2020	도서관	지역거점(차량)	(마을)도서관
대덕구	네트워크형	98,955	-	대전광역시대덕구	2014~2019	주차장	지역거점(차량)	마을주차장
대덕구	네트워크형	181,754	-	대전광역시 대덕구 신탄진동 141-28	2018~2022	주차장	지역거점(차량)	마을주차장
대덕구	네트워크형	1,300	-	대전광역시 대덕구 송촌동 547-2	2018	공원	마을(도보)	도시공원
대덕구	네트워크형	-	-	대전광역시 대덕구 신탄진동 132-1	2018	공원	마을(도보)	도시공원
대덕구	네트워크형	-	-	대전광역시 대덕구 법동 283-2	2018	공원	마을(도보)	도시공원
대덕구	네트워크형	-	-	대전광역시 대덕구 신탄진동	-	주차장	지역거점(차량)	마을주차장
대덕구	네트워크형	-	-	대전광역시 대덕구 송촌동	-	주차장	지역거점(차량)	마을주차장
대덕구	네트워크형	-	-	대전광역시 대덕구 송촌동 470-11	-	주차장	지역거점(차량)	마을주차장

자치구	복합유형	복합시설 규모		사업 위치	사업기간	인프라유형	시설위계 (거점/마을)	해당용도
		부지면적 (㎡)	연면적 (㎡)					
대덕구	네트워크형	-	-	대전광역시 대덕구 비래동	2018~	주차장	지역거점(차량)	마을주차장
대덕구	네트워크형	-	-	대전광역시 대덕구 덕암동	-	주차장	지역거점(차량)	마을주차장
대덕구	네트워크형	-	-	대전광역시 대덕구	-	주차장	지역거점(차량)	마을주차장
대덕구	단일건물형	487	-	대전광역시 대덕구 동춘당로 187	-	치매안심센터	마을(도보)	건강생활지원센터

출처 : 대전시 5개 구별 공약사업 및 주요 업무계획 취합 정리

- 기존의 문화·체육시설, 생활문화공간(도서관, 문화예술교육시설, 생활문화센터 등), 공공의료시설, 안전시설, 학교교육 및 보육시설 등의 기초인프라 시설에 대한 노후도, 이용 접근성 등을 종합적으로 검토하여 리모델링을 필요로 하는 시설과 신축이 필요한 지역에 대한 명확한 현황 진단 필요
- 국공유지 및 공공부지 활용방안과 공공사업과의 연계 방안 등에 대한 다각적인 검토 필요
- 공공공간 및 시설의 디자인적 질(품격) 제고를 통한 장소경쟁력 확보 방안 마련
- 계획수립과 건설, 운영 등의 전 과정에서 지자체와 전문가, 주민이 함께 참여하는 사업모델을 정립
- 시설 확충 후 지속 가능한 운영 및 관리 방안 등에 대한 전반적 로드맵 등 제시

[그림 5-32] 생활SOC 사업추진 방식 혁신 사례
출처 : 국무조정실, 생활SOC 3개년계획안. 2019

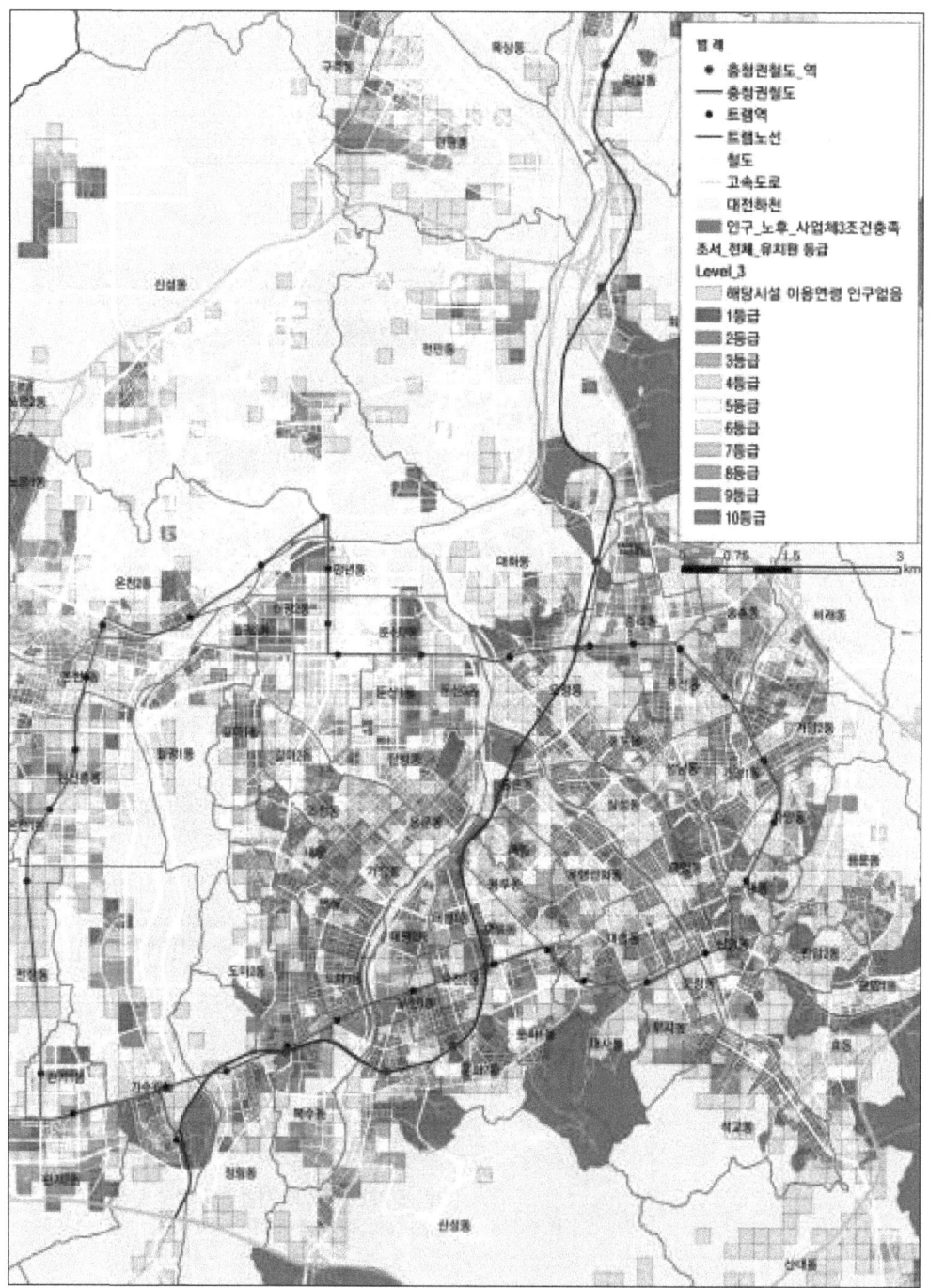

[그림 5-33] 대전시 생활인프라 접근성 분석 결과(전체 유치원 기준)

1.3. 지역공동체 기반의 촘촘한 사회안전망 확보

▌필요성

- 자연재해뿐 아니라 사회재난을 포괄하여 도시안전에 대한 관심 및 중요성이 증대
  - 전 세계적으로 확산 중에 있는 기후변화 대응 노력과 도시기반시설의 노후화에 따른 생활 속 위험요소 및 재난안전환경에 대한 인식 변화 증대
  - 정부정책과 공조 및 연계로 안전관리체계 강화, 예방점검 활동의 강화, 그리고 생활 속 안전문화 확산 및 선제적 재난대비 대응 요구 증대
- 지역의 안전문제는 개인의 문제가 아닌 지역사회의 문제라는 공통된 인식이 점차 확산
  - 사회적 약자에 대한 배려는 육체 및 정신적 치유 뿐 아니라 삶의 동기 부여를 위한 경제적 활동 및 지역 공동체 의식과 연대감을 이웃 주민과 서로 공유할 수 있도록 하는 데에서부터 출발해야 함
- 마을공동체의 궁극적 지향점은 일방적인 수혜가 아닌, 지속가능한 보편적 마을복지의 실현에 있다는 점에서 공동체 기반의 사회안전망 확보 노력이 매우 중요함
- 국가적, 또는 지방자치단체 차원에서의 안전망 구축 뿐 아니라, 지역 또는 근린 단위에서 대응 가능한 주민주도형의 촘촘한 사회안전망 구축방안에 대한 고민 필요

▌추진 방안

- 안전하고 쾌적한 도시디자인 적용을 통한 사람중심의 공간 환경 개선
- 협업 기반의 지역안전 커뮤니티 강화를 통한 범죄 및 안전사고 예방 활동 강화
- 사회적 취약계층에 대한 안전사고 예방 활동 강화
- 자살예방을 위한 지역사회 안전망 구축 및 건전한 지역공동체 문화 확산

(1) 커뮤니티 거점 공간 개선 사업 추진

- 근린교류의 기회 확대 및 공동체를 통한 비공식적 사회통제의 확대
- 지역공동체 거점 공간 마련을 통한 자발적인 주민자치 역량 및 안전사고 예방 활동 강화 등

▌찾아가는 동주민센터 공간 개선 사업 추진

- 버려지거나 방치된 공간 및 빈집 등을 활용한 주민공동이용시설 확보 및 주민 자치 운영 확대
  - 빈집을 활용한 주민공동이용시설(동네도서관) 리모델링 사업을 통한 유동인구 증대(자연적 감시) 및 공동체 활동 거점공간으로써의 비공식적 사회통제 수단으로 작용
  - 관리되지 않는 방치된 공간, 빈집 등은 범죄 및 호재 발생 우범지역으로써 "깨진 유리창이론(BWT : Broken Windows Theory)"에 근거한 대표적인 범죄 유발 환경 요인으로 작용

- 마을단위로 버려지거나 방치된 유휴공간 내지 공가 등을 활용하여 주민공동이용시설로 리모델링하여 다양한 주민 자치 활동과 기능을 수행할 수 있는 커뮤니티 거점공간 개선사업을 추진

[그림 5-34] 찾아가는 동주민센터 공간 개선 사업 추진 예시

▌열린 개방공간으로써의 치안센터 활용력 제고

- 대전시 관할 경찰관서는 지역경찰제를 기본토대로 경찰서, 지구대, 파출소, 치안센터 등으로 구분하여 운영
  - 이 중 치안센터는 주로 1~2명의 경찰관을 파견해 업무를 보도록 한 곳으로 주간에만 경찰관이 근무하고 야간에는 경찰 초소 개념으로 활용하게 되나, 근무자 없이 방치되는 경우가 많아 지역사회 밀착형의 치안서비스 제공에 한계
- 최근 일부지자체에서는 노후 되어 사용하지 않고 있는 치안센터 건물을 리모델링하여 '범죄피해자 종합지원센터'나 지역주민들의 문화예술 및 예술 치유활동도 겸할 수 있는 문화향유 공간으로써 '문화파출소'로 활용하는 사례들이 늘고 있음

[그림 5-35] 저활용 치안센터의 쉼터 공간 및 문화파출소로의 활용 사례

▌생활안전 사고 예방을 위한 환경 디자인 개선 사업 추진

- 공공시설 및 공공공간의 질 제고를 통한 장소경쟁력 강화 및 생활안전에 대한 예방활동 강화 노력 동시에 요구
- 어린이놀이터, 터널, 가로 및 교통 시설물, 안전펜스, 공사현장 차단막, 야외 노출형 환기구 등에 대한 환경개선 사업 추진

[그림 5-36] 안전사고 예방을 위한 환경디자인 개선 사업 추진 사례

- 대전시 쇠퇴도가 높은 도시재생활성화지역을 중심으로 한 환경 디자인 정비사업 연계 추진

(2) 데이터 기반의 사회안전망 확보 활동 강화

▌도시관리계획 수법과의 연계를 통한 방화지구 지정 확대

- 생활안전 취약지역에 대한 화재예방 및 화재위험요소를 최소화하기 위한 도시관리 계획적 접근 수단 필요

[그림 5-37] 근린단위의 사회안전망 사업 예시

- 국토계획법 제37조(용도지구의 지정)에서 규정하고 있는 방화지구의 추가지정 확대 및 범죄취약지역을 대상으로 셉테드 시범지구 운용 등에 관한 도시관리계획적 수단 강구 필요
- 빈집 등 화재취약지역 예방 활동 강화와 화재 없는 안전마을 만들기를 주제로 한 공동체 활성화 공모사업 등에 우선사업 구역으로 지정하여 중점 지원
- 범죄 및 화재 예방을 위한 빈집 정보 공유 시스템 구축 및 빈집을 활용한 주거지재생 사업과 연계 강화
- 관리되는 골목길(녹색골목길) 조성사업과 연계하여 추진

[그림 5-38] 방화지구 신규 지정 및 범죄·화재로부터 안전한 도시재생사업 지원 우선 필요지역

[그림 5-39] 소방차 진입 애로 구간 및 불법 주정차 집중 단속 필요 지역

▌공공데이터를 활용한 생활안전 예방 활동 강화

- 공공데이터 공유를 통한 지역의 문제점 진단과 지역공동체 차원의 공동대응 노력 지원 사업 확대
  - 주민참여형 화재예방 활동 강화를 위한 커뮤니티매핑 이용 확대 문화 조성
  - 지역 특성 도출을 위한 정보 공유와 지역공동체 사업, 안전한 지역사회 만들기 사업 추진시 지역의 문제를 이슈화하거나 공론화 하는 효과적인 주민참여 수단으로써 커뮤니티매핑의 적절한 이용 확대 필요
- 안심마을 지도 제작을 통한 주민 참여형 생활안전 저감 대책 수립
  - 마을별로 CCTV 및 비상벨 등 안전을 위한 시설물 입지 적절성 평가와 마을의 안전문제 진단을 위한 마을안전지도 제작 보급 사업 추진

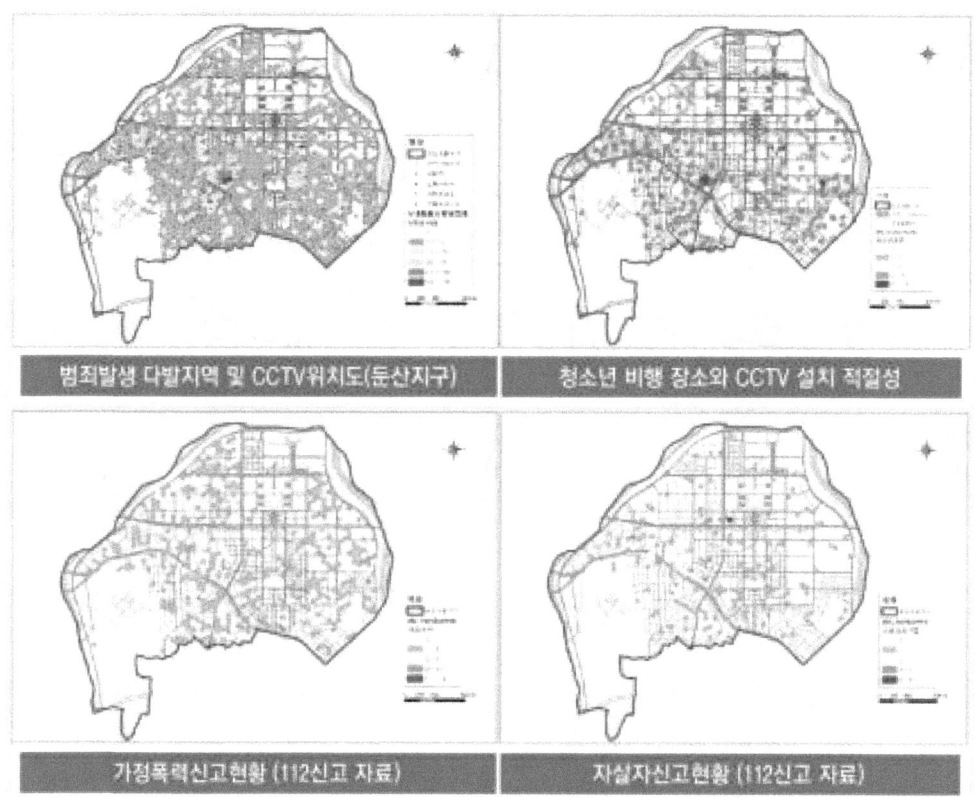

[그림 5-40] 112신고접수 대장 자료를 활용한 범죄 취약지역 탐색

[그림 5-41] 주민 주도형의 참여기반 커뮤니티매핑을 활용한 사례

▌지역안전지수와의 연계를 통한 지역사회 안전망 확보

• 지역안전지수 분석 및 모니터링체계 도입을 통한 지역안전망 확보
 - 안전에 관한 국가 주요통계를 활용하여 지자체 안전수준을 분야별로 계량화한 수치로, 위해지표(사

망자수 또는 사고발생건수), 취약지표(위해지표를 가중), 경감지표(위해지표를 경감)로 구분하여 산출식에 따라 계산한 지수로 안전지수가 높다는 것(1등급)은 사망자수 또는 사고발생 건수가 적다는 의미이며, 시·도, 시·군·구 유형 내에서 타 지역에 비해 안전지수가 높음을 의미
- 지역안전지수에 대한 법적 근거는 「재난 및 안전관리 기본법」 제66조의8(안전지수의 공표)에 근거를 두고 있으며, 안전지수 등급은 총 5등급으로 구분되어 있고, 총 7개 분야별로 화재, 교통사고, 자연재해, 범죄, 안전사고, 자살, 감염병 등에 관하여 안전지수를 등급화 하여 매년 공개하고 있음
• 각 부문별 지역안전지수의 개선을 위해서는 도시재생사업과의 긴밀한 연계 필요

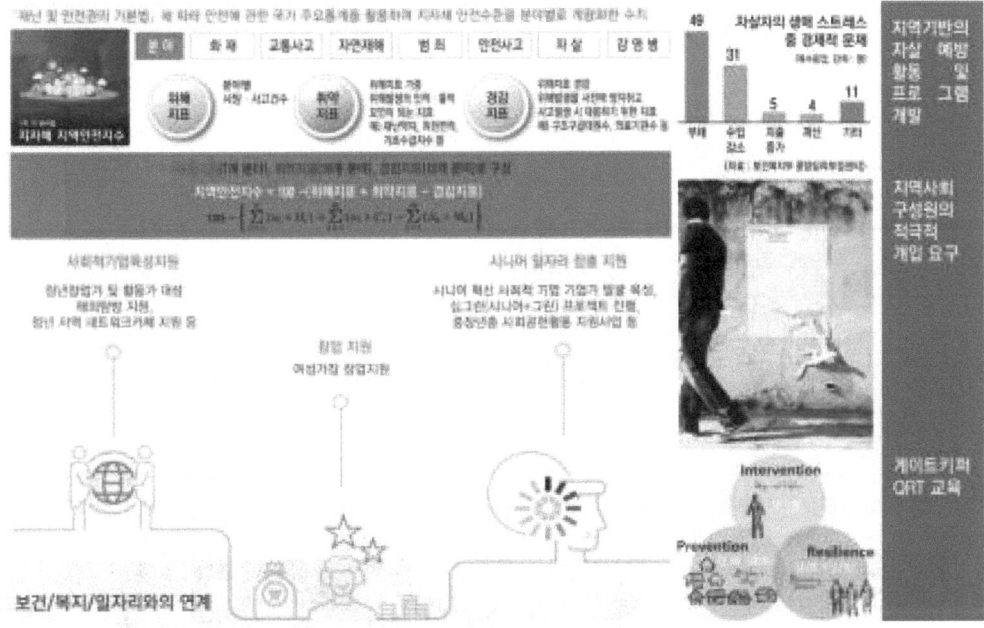

[그림 5-42] 지역안전지수와 연계한 도시재생 사업 추진

• 예로써, 사회적 고립 및 경제적 문제 등으로 자살하는 사람의 수를 줄이기 위해 마을공동체 및 도시재생 공모사업 선정시 공모사업자를 대상으로 한 사전 자살예방교육 연계 이수를 의무화 하거나, 마을 활동가, 청년 기업가들과의 긴밀한 인적 네트워크망 확보를 통해 자살 고위험군에 대한 상시 모니터링 및 연계활동을 강화하는 접근 전략 유효
- 대전시 자살자의 약 30%가 무직자(2015년 기준 자료)로 나타나, 보건의료 차원의 지원뿐 아니라 일자리 연계 및 경제활동 기회 제공 등의 경제·복지적 측면까지를 고려한 통합적인 접근이 필요
• 생활도로내에서의 교통사고 저감을 위한 노력으로 보행환경개선지구 지정을 통한 가로환경 개선 및 교통약자보호구역(어린이보호구역, 노인보호구역, 장애인보호구역 등)의 지정 확대, 보행자 사고다발지점 환경 개선 등의 사업을 도시재생사업과 연계하여 추진
- 보행자 사고다발지역을 대상으로 단속카메라, 무단횡단 방지시설, 횡단보도 조명 등 안전시설 설치 및 정비
- 보행자 교통사고가 빈번하게 발생하고 있는 생활도로 및 주요 간선도로망의 교차지점에 비콘(Beacon), LED 기술 등을 기반으로 한 보행자 교통안전정보시스템 구축 및 속도 저감과 보행자 안

전을 위한 교차로 가곽부 디자인, 행동유도 디자인 등의 적용을 통한 사고예방활동 강화

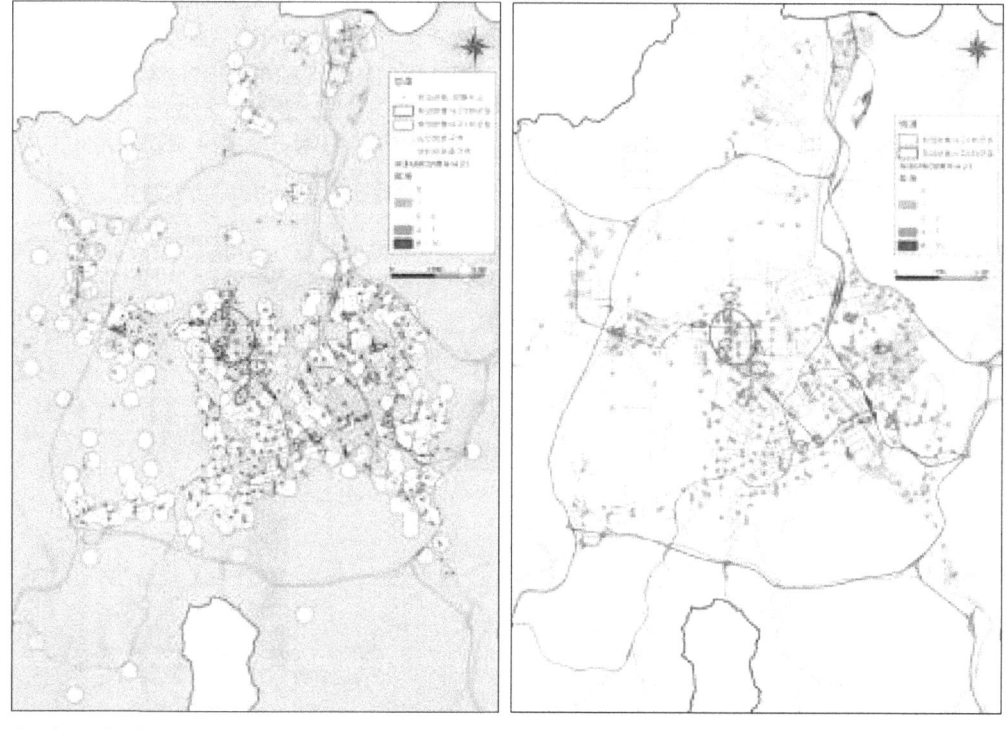

[그림 5-43] 대전시 어린이·노인보호구역 내 보행교통사고   [그림 5-44] 보행자 사고다발지역

4. 스마트도시재생, 「공유하는 똑똑한 도시로」

1.1. 스마트재생을 위한 도시 플랫폼 구축 사업

▌필요성

- 4차 산업혁명의 핵심 가치인 데이터(Data), 초연결성(Network) 및 초지능화(AI : Artificial Intelligence) 사회의 대두
- 과거의 스마트도시 지향점이 신도시 개발을 중심으로 한 ICT기술의 접목이었다면, 최근 스마트도시의 지향점은 저비용, 고효율의 도시문제 해결과 주민참여형의 스마트 재생이 주요 화두로 등장
  - 스마트 재생에 대한 법적, 또는 학술적 관점에서의 명확한 정의는 규정되어 있지 않으나, 제4차 산업혁명위원회에서 발표한 "도시혁신 및 미래성장동력 창출을 위한 스마트시티 추진전략(2018.1.29.)"에서는 노후 및 쇠퇴한 도심에 스마트솔루션을 접목해 생활환경을 개선하는 저비용·고효율의 도시 재생사업으로 정의
  - 시행주체로서 지자체가 지역 여건, 전문가 의견 및 주민수요 분석을 통해 지역에 필요한 사업을 선정 및 시행하고, 지속가능한 사업 구현을 위해 리빙랩(Living Lab)을 통한 실증 및 신규서비스 발굴과 도입, 관련 APP 개발 등 스타트업 창업을 지원하는 범주까지 포함
- 스마트시티가 지향하는 가치를 담은 기술이 미래 신도시부터 노후 도시재생지역까지 구현되도록 기술 수준을 고려한 접근이 요구되나, 대전시의 스마트도시재생에 대한 접근 및 고민은 부족
- 4차 산업혁명 특별시라는 도시 위상에 걸맞는 스마트시티의 비전 및 전략 마련이 요구
  - 공간, 시간, 사람을 이어주는 대전형의 스마트 도시에 대한 미래상 및 차별된 전략 마련 필요
  - 4차 산업혁명을 선도해 나가기 위한 도시 플랫폼 구축과 과학자본 도시(City of Science Capital)로 나아가기 위한 스마트도시 재생전략 요구
- 대전시가 과학기술도시라는 도시 정체성을 확립해 나가기 위해서는 일상생활 속에서 과학기술을 쉽게 체감해 볼 수 있고 과학문화 자산이 도시 곳곳에 투영되어 있는 도시로서의 미래상 설정과 도시재생 사업시 특화 영역으로서 스마트 도시 서비스 구현 방안 등이 폭넓게 논의될 필요가 있음
  - 기존의 전통적인 계획기법 및 수단에만 국한되지 않고 보다 다양한 형태의 새로운 혁신 방안들과의 접목에 대한 필요성 요구 증대

▌추진 방안

- 사회적 자본 도시(City of Social Capital)를 넘어 과학자본 도시로 전환
  - 대전시가 지향해 나가야할 보다 바람직하고 경쟁력 있는 도시의 미래상 설정을 위해서는 매년 약 12만명 이상이 즐겨 찾는 과학축제의 도시 에딘버러나 반도체·신소재 등 고부가가치 정보산업이

특성화 되어 있어 오늘날 유럽의 실리콘벨리로 불리고 있는 독일의 드레스덴시의 성공사례에 주목
- 과학교육 및 과학기술의 교류협력을 기반으로 한 과학자본의 확충을 통해 도시경쟁력의 비교우위를 확보하는 전략 유효

> **과학자본 도시란?**
> ☐ **과학자본의 정의**
> ○ 프랑스의 사회학자 피에르 브르디외(Pierre Bourdieu)가 세대간의 부(富)와 사회적 계획의 재생산이 어떻게 대물림 되고 있는지를 설명하기 위한 이론적 모형으로서 경제자본(즉각 화폐로 교환 가능한 자본이나 부동산, 재산의 권리 등)과 문화자본(특정조건에서 경제적 자본으로 일부 전환 가능한 체득된 형태와 그림, 문학 등 창작의 결과물로 사물화 된 형태, 교육 또는 학문으로 제도화된 형태 등), 신뢰자본(사회적 관계 내지 신뢰 기반의 네트워크화된 집단 등)의 개념을 정의함
> ○ 이에 더하여 루이스 아처(Louise Archer) 등은 최근 과학이 사회적 계급의 재생산 과정에서 점차 중요한 역할을 담당함에 따라 기존의 경제, 문화, 사회적 자본을 취합하는 개념적 도구로써 과학자본이라는 개념을 추가 도입
> ○ 과학자본이란 시민 개인이나 집단이 과학에 대한 흥미나 참여, 성취 등을 높이거나 도울 수 있는 사용가치 내지 교환가치로서의 의미뿐 아니라, 일상적인 생활환경 내에서 과학기술에 대한 태도 및 이해, 관심의 정도 등을 모두 포괄
>
>
>
> [과학자본의 개념]
>
> 출처 : godec, S., King, H. & Archer, L., 2017
>
> ☐ **과학자본의 다양한 표출 형태**
> ○ 과학자본이 실생활에 표출되는 다양한 형태로는 공유경제와의 접목을 통한 대안적 경제체계의 확산, 저비용 고효율의 도시 플랫폼 경제로의 전환, 문화적 자본의 다양성 추구와 사회적 자본의 협업기반 가치 획득(Value Capture), 과학기술을 활용한 R&D 및 기술사업화, 신성장 동력원 확보 등을 들 수 있음
>
> | 과학자본과의 접점 | 과학자본의 표출 형태 |
> | --- | --- |
> | 공유경제의 확장성 | ICT를 매개로 한 공유주차, 공유숙박, 자동차 공유 서비스 등 |
> | 경제자본의 효율성 | 비용 대비 효율성을 높이기 위한 스마트시티 구축 및 운용 |
> | 문화자본의 다양성 | 미디어아트 기반의 창작활동 및 공동 창작(Maker place) |
> | 사회적자본의 협업 가치성 | 사회문제 해결형의 리빙랩, 크라우드소싱 문화의 확산 |
> | 과학행위의 실천성 | 과학기술을 활용한 연구개발 및 기술사업화, 혁신적인 신기술 개발을 위한 테스트베드, 규제샌드박스 존의 운영 등 |

- 더 많은 시민들이 과학(STEM : Science, Technology, Engineering, Mathematics)을 통해 사회문제를 해결하고 사회적 정의(Social Justice)를 실현할 수 있도록 하는 과학자본 확충 정책 추진
  - 과학자본을 활용한 지역사회 문제 해결형의 소규모 지역사업(도시재생, 부동산개발 등)이 가능한 비즈니스 모델 개발과 기술 지원 등을 위한 근린사회혁신기금 조성
  - 과학자본의 체험기회 확대를 위한 마을 리빙랩(Living Lab) 사업 추진, 정기적인 도시문제 해결형 해커톤(Hackathon) 개최, 도시재생(뉴딜)사업지구를 테스트베드로 활용 하는 등 시민의 도시 혁신활동을 지원
  - 도시 문제 해결을 위한 도전 과제를 제공해주고 그에 따른 해결책을 제시하는 스타트업 내지 청년단체에게 공적자금 및 공공조달을 집중시켜 주는 스마트재생 챌린지 사업 추진(예 :BCN Open Challenge, Barcelona, Spain, DataCity, Paris, France 등)
  - 도심내 저활용 되고 있거나 비어있는 다공성 공간(Porous Space)을 활용한 코워킹 공유 공간 조성 확대

- 스마트시티 구현 및 스마트도시재생 사업 추진을 위한 기반 인프라 구축 강화
  - (자가통신망 구축) 대전시에서 공공형의 광대역 자가통신망 구축 사업을 지난 2018년부터 추진 중에 있으나, 각 행정기관(본청~구청~주민자치센터) 및 유관기관(사업소, 소방본부, 공공도서관 등) 중심의 행정망 구축에 국한되어 있어, IoT 및 데이터 기반의 스마트행정 구현과 다양한 도시 서비스 제공을 위해서는 보다 많은 사업예산의 확보와 전폭적인 행·재정적 지원이 필요
  - 민간 임대망을 활용한 공공와이파이(Public WiFi) 구축 방식보다는 대전시의 자가통신망을 활용한 공공와이파이 보급 확대 방식이 공공데이터의 채집 및 개방, 유통, 활용 측면에서 보다 유리
  - 정책 효율성 증진과 시민체감형 도시 서비스의 질 개선을 위해서는 초광대역 자가통신망 구축사업과 공공와이파이 구축 사업에 대한 병행 추진 필요
  - (빅데이터) 정보화담당관에서 빅데이터 관련 업무를 총괄하고 있고, 빅데이터 과제선정 공모사업 추진 및 빅데이터 기반의 시정 구현을 위한 추진전략 방안을 마련하는 등의 소기 성과를 거두기도 하였으나, 여전히 시민이 체감할 수 있을 정도의 빅데이터 공유 및 활용범위는 극

[그림 5-45] 도시발전과 기술 수준을 고려한 '융복합 예시

출처 : 도시혁신 및 미래성장동력 창출을 위한 스마트시티 추진전략

히 제한적임
- 특히 민간영역(통신회사, 신용카드사, 자동차회사 등)에서 제공되고 있는 생활형 빅데이터에 대한 수요는 꾸준히 급증하고 있으나, 지난 2015~2016년 중앙로 차없는 거리 행사의 정책 효과 분석에 민간 빅데이터가 활용된 사례를 제외하고는 도시정책 분야의 의사결정과정에서 실제 활용된 사례는 전무
- 도시재생영역에서 빅데이터의 활용력 제고를 위해서는 각종 센서 기반의 공공 IoT망 구축이 우선 전제되어야 하고 대전시 스마트통합센터의 기능 역시 현재 CCTV 영상관제 중심에서 센서 기반의 빅데이터 통합 플랫폼 체계로 전환해 나가야 함
- 빅데이터 분석 결과에 대한 효과적인 의미 전달 및 지식공유의 확대를 위해서는 공공차원에서 실시간적 연동이 가능한 빅데이터 시각화 지원도구에 대한 제공과 적시적인 정책지도의 제작 및 배포 등이 가능해야 함
- (인공지능 기반의 도시서비스 모델) 유무선의 네트워크 통합 관제 플랫폼을 기반으로 실시간적인 이벤트 수집 및 처리가 가능하고, 사례기반의 추론 및 예측(Deep Learning)이 가능한 인공지능시스템 도입을 통해 시민이 필요로 하는 니즈를 충족시킬 수 있는 다양한 도시 솔루션 및 서비스들이 제공되어야 함

• **플랫폼 기반형의 도시재생 사업 모델 발굴 및 확산**
• 최근의 스마트시티는 시스템 기반 구축 중심에서 문제해결 중심의 플랫폼으로 그 개념이 점차 확산됨에 따라 다음과 같은 네 가지 형태의 플랫폼 기반형 도시재생 사업모델 관련 공모사업 추진이 가능하리라 봄

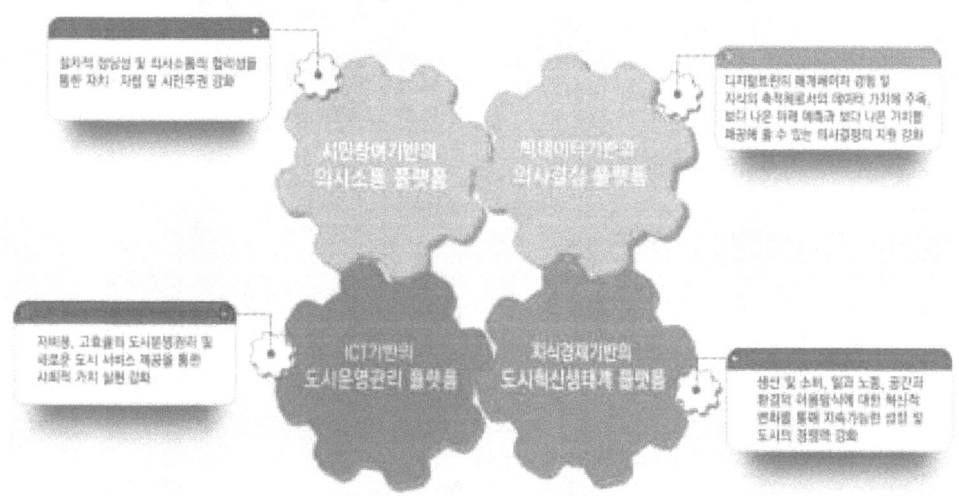

[그림 5-46] 플랫폼 기반형 도시재생 사업 모델

① **시민참여기반의 의사소통 플랫폼 개념으로서의 스마트 재생**
- 의사결정의 절차적 정당성 확보 및 의사소통의 합리성을 통한 자치·자립 및 시민주권 강화 수단으로서 시민참여 기반의 스마트시티 논의 확대

② **데이터기반의 의사결정 플랫폼 개념으로서의 스마트 재생**

- 디지털트윈의 매개체이자 경험 및 지식의 축적체로서 데이터 가치에 주목, 보다 나은 미래 예측과 보다 나은 가치를 제공해 줄 수 있는 의사결정 지원도구로서의 스마트시티 구현 사례 또한 증가 추세

③ ICT기반의 도시통합운영관리 플랫폼으로서의 스마트 재생
- 저비용, 고효율의 도시운영관리와 새로운 도시 서비스 제공을 통한 사회적 가치 실현의 수단으로서 스마트시티 접근방식이 주목

④ 지식경제기반의 혁신생태계 플랫폼으로서의 스마트 재생
- 생산 및 소비, 일과 노동, 공간과 환경의 이용방식에 대한 혁신적 변화를 통해 지속 가능한 성장 및 도시의 경쟁력 강화를 위한 효과적 도시정책 수단으로써 스마트시티를 지향해 나가고자 하는 도시들이 점차 늘고 있음

1.2. 크라우드펀딩 플랫폼 구축을 통한 소규모 재생사업 활성화

▎필요성

- 마을공동체 지원 사업, 청년일자리 지원사업, 사회적경제조직 육성 사업 등 지자체 공모 지원 사업을 추진하는데 있어 시민들의 참여율 제고 및 지원 단체의 재정적 부담을 덜어주기 위해 자기부담금 의무비율을 하향조정해 주거나, 면제해 주는 방안이 점차 일반화되고 있음

- 그러나 이러한 자기부담금에 대한 면제 내지 낮은 의무비율의 적용은 자칫 공적자금에 대한 도덕적 해이 문제 뿐 아니라, 공공의 목표 달성에 대한 애착심 및 책임감 저하 등의 문제를 야기시킬 수 있음

- 따라서, 보다 명확한 의제발굴과 책임감 등의 동기부여를 위해서는 공공사업에 필요한 일정 비중의 재원을 주민들 스스로 모집하여 자체 예산으로 집행 할 수 있도록 하는 제도적 장치 마련이 필요

- 특히, 근린 또는 마을 단위의 소규모 재생사업 추진 시 사업에 필요한 투자재원을 주민들 스스로 모집할 수 있도록 하는 크라우드펀딩 제도의 도입은 예산의 관리 및 집행 측면에서 주민들에게 좋은 자치분권 및 학습의 기회로 활용가능하다는 점에서 의미가 큼

▎추진 방안

- 시민 주도형의 리빙랩 사업 공모 및 크라우드펀딩 지원을 통한 사회 혁신 사업 지원 강화
  - 시민들의 정책 체감도를 높여 줄 수 있는 유용한 정책 수단으로서 리빙랩과 공유기반의 크라우드펀딩 플랫폼 구축 사업은 도시재생사업과의 연계를 통해 시너지 효과 창출이 가능함
  - 크라우드펀딩과 리빙랩을 통한 사업 진행 절차는 시민이 필요한 정책을 제안하여 크라우드펀딩 플랫폼에 등록을 하게 되면, 목표금액 충족까지 자금을 모금하게 되며, 자금 모금에 성공한 경우, 공공이 공익성 여부 등을 판단하여 정책을 추진하게 되고, 필요한 경우 재정을 추가 투입하여 지원토록 함

- 특히, 부동산 기반의 크라우드펀딩에서는 플랫폼 사업자가 카드거래, 부동산 담보의 내재적 가치

평가, 상가이력 정보 등을 활용하여 특정 개별 물권들에 대한 상세 정보 등을 실시간으로 투자자에게 제공해 주면, 투자자는 잠재적인 수익률과 자금 상황 등을 고려하여 부동산개발업자 또는 건설사에 자금을 빌려주고, 자금을 차입한 부동산개발업자 또는 건설사는 매달 투자자에게 이자를 지급해 주고, 투자기간 만료시 원금과 이자를 모두 상환해 주는 방식으로서 중개플랫폼을 기반으로 한 P2P(Peer to Peer) 방식이 일반적임

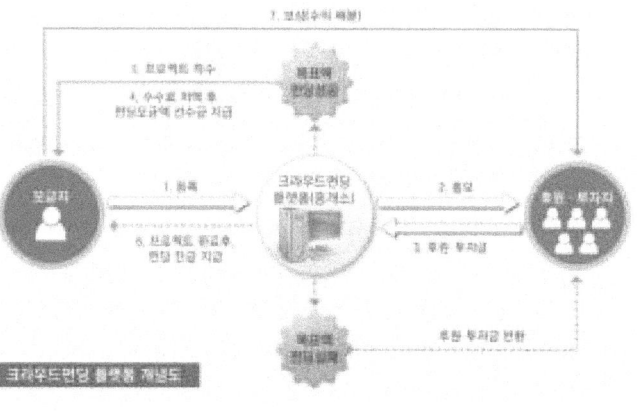

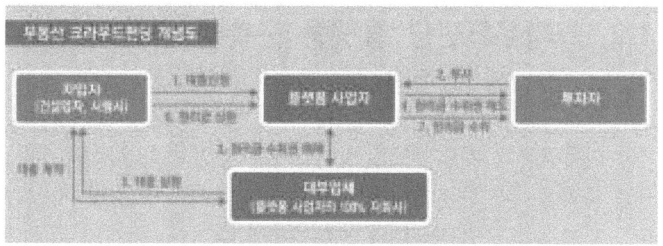

[그림 5-47] 크라우드펀딩 플랫폼 개념도

- 도시형 생활주택이나 소규모 임대주택 등 투자대비 상환기간이 짧고, 소액투자가 가능한 사업들에서 적용하기가 용이

• 플랫폼 사업자에 대한 보증, 부동산 담보에 대한 신뢰성 확보 등 투자 리스크를 최소화하기 위한 공적 역할 중요

• 그 외 데이터 및 플랫폼을 매개로 한 다양한 비즈니스 모델 발굴이 가능하고, 새로운 일자리 창출과 ICT를 활용한 창업의 기회 폭 증대 노력 필요

- 도시문제 해결을 위한 초기 정의단계부터 시민들이 주도적으로 참여 할 수 있는 소통 채널의 마련과 적정 기술의 접목 및 전문가 지원이 선행되어야 함

- 이를 통해 새로운 비즈니스 모델을 발굴해 내고, 기술 및 서비스에 대한 현장 검증과 실증화 과정을 거쳐 사회혁신기업(Social Venture)이나 새로운 일자리가 창출 될 수 있는 창업생태계 조성이 필요

• 환경·에너지·건강한 먹거리(도시농업, Smart Farm) 등 도시 또는 사회문제 해결을 위한 솔루션 개발에 관심이 많은 스타트업 내지 소셜 벤처기업들이 공통적으로 겪는 가장 큰 애로사항 중의 하나는 기술개발을 위한 초기 자금의 확보와 R&D 성과물에 대한 현장 검증의 기회 확보, 그리고 안정적인 시장 및 유통경로 등을 확보하는 일임

• 크라우드펀딩 플랫폼을 활용한 안정적인 자금의 확보와 스타트업 또는 소셜 벤처기업들이 마음껏 실험하고 시현해 볼 수 있도록 하는 재생사업지구에서의 테스트베드화, 그리고 검증된 R&D 성과물들이 공공조달 형태로 상품화 또는 온전한 서비스가 가능한 솔루션의 형태로 공공의 시장 영역에서 우선적으로 채택되고 소비될 수 있도록 해줌으로써 다양한 사회혁신기업들이 창발될 수 있는 도시혁신생태계를 마련해 주는 일이 매우 중요함

크라우드펀딩을 활용한 장소만들기 및 창업의 예

☐ Park and Slide(브리스톨)
○ 2014년 브리스톨에 기반을 두고 활동하던 루크제람(Luke Jerram)이란 예술가가 최초 제안
○ 브리스톨의 대표적 거리인 Park Street에 90m의 임시 워터 슬라이드를 설치해 무료로 시민들에게 개방
○ 뜻을 같이하는 532명의 후원자들로부터 기부를 받아 약 830만원의 자금을 확보하여 설치

☐ The Line - A Sculpture Walk for London(런던)
○ North Greenwich의 이스트 런던의 수변로(O2~밀레니엄돔 구간)를 따라 30개의 조각 작품을 설치하는데 크라우드 펀딩으로 추진

☐ Solar Roadways
○ Solar Roadways는 지난 2009년 8월에 미국 아이다호주에 살고 있던 Julie와 Scott Brusaw 부부에 의해 최초 제안되었고 동명의 회사로 설립됨
○ 미국 교통국으로부터 SBIR Phase Ⅰ(Small Business Innovative Research)을 수상, 초기 투자금액 십만달러를 지원받음
○ 이후 자동차도로를 태양광발전설비로 활용하는 아이디어에 대한 기술개발을 위해 백만달러 모금을 목표로 2014년 4월부터 6월까지 크라우드펀딩을 통한 모금활동을 전개하여 총 48,475명이 약 220만달러를 후원

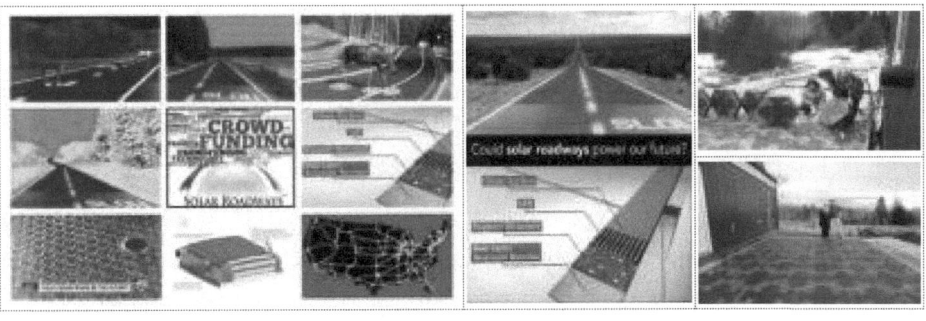

5. 마을공동체 도시혁신 활동 강화

1.1. 마을공동체 자립 역량 증진

(1) 주민주도형의 마을계획 수립 지원

▍필요성

- 적시적인 마을의제 발굴을 위해서는 사업 기획력의 역량을 보다 강화시킬 필요가 있음

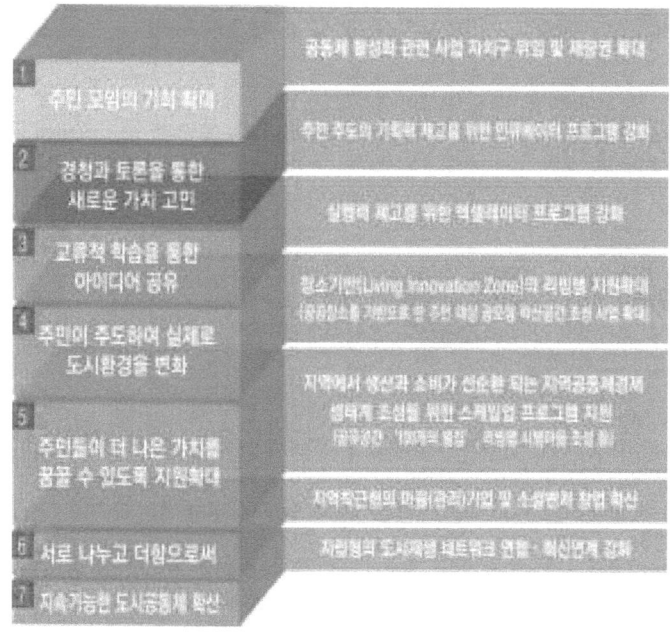

[그림 5-48] 대전시의 마을공동체 성장 모델(안)

- 마을공동체 공모사업의 지원비 확보에 급급할 것이 아니라, 마을내의 어떤 문제의식을 서로 공유할 것인지, 그리고 어떤 가치를 부여함으로써 주민의 자발적인 참여를 유도해 낼 것인지에 대한 충분한 고민과 논의를 위한 학습의 시간이 필요함

- 바로 이러한 과정을 지원하고자 「모이자」사업이 만들어졌으나, 실제 운영형태는 단지 적은 예산으로 추진 가능한 소규모 사업의 한 유형으로만 인식되어 기획력 제고를 위한 사전 교육 및 학습과정이 생략된 체 바로 사업위주로 제안되는 경우가 비일비재한 상황임

- 이것은 비단 「모이자」사업뿐 아니라, 「해보자」, 「가꾸자」사업에서도 유사하게 반복되고 있는데, 마을공동체의 성장 단계별 체계적인 지원을 위해 사업유형이 세분화 되어 있음에도 불구하고, 정작 공모사업에 지원하는 마을활동가 및 단체들은 성장 단계별 접근이 아닌, 사업규모 및 필요 예산에 따라 지원사업 유형을 자율적으로 취사선택하여 지원하고 있는 실정임

- 이러한 문제 발생의 근본적 원인은 마을단위의 기본계획(Master plan) 수립 하에 일관되고

단계적인 실행방안을 정하여 사업을 추진하는 방식이 아닌, 그때 그때 상황에 따라 단위사업 위주로 단발성 형태로 대응하는 경우가 많기 때문임

- 그러나, 마을계획은 일부 지자체에서 지방분권 및 주민자치 활동의 한 영역으로 다뤄지고 있을 뿐, 이에 대한 구체적이고 명확한 실행 지침 내지 법적 근거는 미약한 실정임
- 기존의 마을 공동체 사업에서 주로 다루어졌던 소프트웨어 중심의 사업을 위한 계획 내용이 주를 이룰 뿐, 일반적인 공간계획체계에서 주로 다뤄지고 있는 토지 및 공간, 시설 등의 장소에 기반한 계획적 활용 사례는 상대적으로 매우 부족한 상황임

▎추진 방안

- 따라서, 마을단위로 마을의제를 발굴하고, 주민 스스로 문제 해결을 위한 마을기본계획 수립 역량을 강화하기 위한 제도적 기틀 마련과 관련 예산을 집중해서 지원해 줄 수 있는 별도의 기획예산지원 사업 마련이 필요함

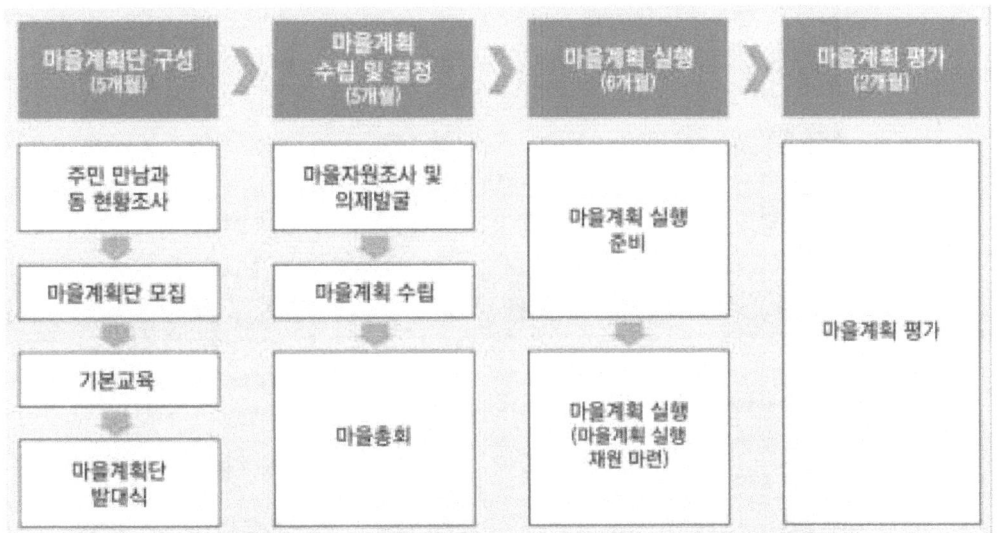

[그림 5-49] 마을계획의 수립 절차(서울시 사례)

- 마을계획은 지난 2013년부터 안행부에서 시범사업으로 추진해온 '주민자치회'의 주요 활동 중 하나로 일종의 근린자치모델로서 주민들이 스스로 지역공동체 문제를 논의하고 마을계획 수립을 통해 마을의제 발굴과 해결방안을 제시하도록 하는 방식을 취하고 있음
- 주민자치회의 주요 활동영역 가운데 마을계획이 다뤄지고는 있으나, 마을계획의 법적 위상 및 성격, 주요 수립 지침 및 내용 범위 등은 명확하게 규정되어 있지 못한 실정임
- 생활환경의 정비 및 빈공간, 저활용 부지를 활용한 주민공동시설 및 공간 확보 등과 같은 하드웨어적 계획에 대한 접근방식도 마을계획에서 보다 적극적으로 다뤄질 필요가 있으며, 이를 위해서는 소프트웨어적 접근방식이 상대적으로 부족한 기존의 공간계획체계의 큰 틀 속에서 마을계획이 상호보완적 관계를 이루며 유기적으로 결합될 필요가 있음

• 즉, 마을계획은 주민 참여 방식의 생활권계획으로서의 전략 계획적 성격과 주민이 주도하는 도시재생의 사업 계획적 성격을 모두 포괄하여 담아낼 필요가 있으며, 전략계획으로서의 생활권계획과 사업계획으로서의 도시재생활성화계획을 이어주는 가교 역할로서 법적 위상 재정립이 필요함

- 행정동 단위의 마을계획을 일상 생활권으로 묶어 생활권 계획을 수립하고, 생활권 계획에 의거 도시기본계획이 수립될 수 있도록 하는 상향식 계획 접근 방식이 요구됨
- 한편, 행정동 단위의 마을계획 수립 시 도시재생 쇠퇴요건을 충족하는 지역에 대해서는 도시재생뉴딜사업이나 소규모 재생사업을 통해 관련 재원 확보 및 실행방안을 제시토록 하는 한편, 나머지 미충족 지역들에 대해서는 대전형 좋은 마을만들기 사업 추진 등을 통해 균형발전을 도모함이 바람직하리라 봄
- 주민자치회의 마을계획단 구성과 도시재생뉴딜사업 추진시의 주민협의체 구성은 따로 분리해서 독립적으로 운영하기 보다는 마을계획단과 주민협의체가 상호 연계될 수 있도록 공동으로 구성하거나 마을계획단 참여 구성원이 주민협의체 구성시 주요 역할을 수행할 수 있도록 적절한 권한 및 책임 부여가 필요

근거법	계획구분	공간범위	행정기준	계획의 성격
국토의 계획 및 이용에 관한 법률 (광역도시계획)	광역도시계획	도시권역	광역도시권	전략계획
국토의 계획 및 이용에 관한 법률 (도시·군기본계획)	도시기본계획	시·도	시·도행정구역	전략계획
도시·군기본계획 수립지침 (대도시 생활권 계획)	생활권계획	권역생활권 일상생활권	구·군 1개 이상 읍·면·동 1개 이상	도시기본계획의 부문계획 (주민참여계획)
국토의 계획 및 이용에 관한 법률 (도시·군관리계획)	도시관리계획 (용도지역/지구/구역/도시계획시설/도시개발사업/정비사업)	대생활권	2~3개 중생활권	법정 관리계획
국토의 계획 및 이용에 관한 법률 (지구단위계획)	지구단위계획	중·소생활권	1~4개 소생활권	법정 관리계획 지구별위계
주민자치회 설치 운영에 관한 조례 지방분권 및 지방행정체제개편에 관한 특별법(제27조, 제29조)	마을계획	중·소생활권	행정동	지자체임의계획
도시재생 활성화 및 지원에 관한 특별법(제19조)	도시재생활성화계획	근린생활권	1~4개 근린분구	사업계획
도시재정비 촉진을 위한 특별법(제9조)	재정비촉진계획	근린생활권	2~4개 근린분구	사업계획
도시 및 주거환경정비법(제8조)	도시환경정비계획	근린생활권	1~2개 근린분구	사업계획
빈집 및 소규모주택 정비에 관한 특례법(제4조, 제12조)	빈집정비사업시행계획 소규모주택정비사업시행계획	근린분구	필지 및 획지단위	사업계획

[그림 5-50] 도시 관련 계획상에서의 마을계획 위상

• 관련 재원 마련 방안과 관련해서는 민선7기의 주민참여예산제나 신설예정인 지역균형발전회계(기금)의 적극적 활용을 통해 마을계획 수립을 위한 사전기획예산을 편성해 주거나, 관련

전문가 활용 지원을 위한 컨설팅 비용을 지원해 주는 방안을 고려 해 볼 수 있음
- 향후 대전형 좋은 마을만들기 공모사업 내지 소규모 도시재생 사업에 지원하고자 하는 단체 및 기초지자체(구청 및 행정동)는 반드시 사전에 마을계획이 수립된 지역에 한해 공모 사업 지원이 이뤄질 수 있도록 유도함이 타당
- 아울러 사업지원 방식도 1년 단위의 단발성 사업이 아닌 다년도 계속사업의 형태로 지원이 가능한 마을공동체 지원 사업방식으로 전환해 나가야 함

(2) 마을공동체 맞춤형의 예산 지원 강화

▮ 필요성

- 예산 운용의 경직성 및 자산취득 등에 대한 예산 활용 제약 문제 등이 꾸준히 제기되고 있음
  - 일례로서 자산취득 형태의 경비 지출에 대한 일부 예산 집행(건물 개수선, 장비 구비 및 임대 등)을 선별해서 지원해 주고 있는 점은 다행스런 부분이라 할 수 있으나, 여전히 예산지출에 있어 마을공동체 주민들이 느끼는 경직된 운영방식과 복잡한 회계구조는 개선되어야 할 부분이기도 함
- 마을활동가간, 마을활동가와 지역기관간, 그리고 마을활동가와 지역주민간의 교류네트워크 증진을 위한 맞춤형의 행·재정적 지원방안 마련이 필요함
  - 마을활동가들 간에는 상호 교류적 학습 및 교육 지원에 대한 사항과 프로그램 지원 강화에 대한 요구가 높은 반면, 마을활동가와 지역기관간에는 행정의 투명성 및 간소화와 행·재정적 지원강화에 대한 요구가 높게 나타났음
  - 또한, 마을활동가와 지역주민들 간에는 행·재정적 지원 강화와 더불어 함께 모여 일할 수 있는 공간 조성에 대한 요구가 높게 나타났음

▮ 추진 방안

- 따라서 상호 관계 맺음의 대상 및 역할이 서로 다른 상황 속에서 마을활동가 및 지역주민, 그리고 지역기관 및 단체 등의 활동 특성을 고려한 수요 맞춤형의 세심한 정책지원 마련이 필요함
- 소요예산 활용계획에 따라 목적 사업에만 예산 집행을 허용할 것이 아니라, 마을공동체가 필요에 따라 자율적으로 예산을 편성하여 집행이 가능한 자율예산편성제도 도입도 고려해 볼 수 있음
- 물론 이것이 가능하기 위해서는 예산 및 회계 부문에 대한 보다 투명한 관리 방안 마련과 관련 지침 마련 및 교육이 선행되어야 할 것임
- 또한, 자산취득 형태의 경비 지출을 보다 유연하게 허용해 주는 대신, 취득목적이 공공성과 공익 실현을 위해 반드시 필요하고 부합하는지에 대한 심사 및 평가과정을 보다 엄격하게 가져갈 필요가 있음

1.2. 중간지원조직의 역할 및 기능 재정립

(1) 기초단위 마을공동체 생태계 구조 확립

▌필요성

- 마을공동체 활동이 지역사회에 보다 잘 착근될 수 있도록 하고 자치구 행정과 마을공동체간에 유기적인 거버넌스 체계가 잘 작동 될 수 있도록 하기 위해서는 현재 광역단위로 추진 중에 있는 마을공동체 지원 사업들을 자치구 사업단위로 내려주는 방식으로 관련 정책을 전환해서 자치구 단위로 자생적인 마을공동체 생태계 구조가 확립될 수 있도록 지원해 주는 방안 마련이 필요함

▌추진 방안

- 마을공동체 지원사업과 관련한 광역단위의 중간지원조직 사무업무 등은 자치구에 대폭 이관해 주되, 자치구 행정 주도로 추진하기 보다는 자치구 내에도 기초단위의 중간지원조직을 신설하여 관련 지원업무를 수행할 수 있도록 적절한 권한 부여 및 예산 지원
- 자치구마다 재정여건 및 가용 가능한 자원이 서로 다르고, 제한된 사업규모 예산 등을 고려해 보았을 때, 단기적으로는 광역단위로 추진 중에 있는 현재의 마을공동체 지원 사업 플랫폼을 5개 구청에 모두 바로 이관시켜 주기 보다는 공모경쟁을 통해 정책적인 추진 의지가 더 확고한 자치구를 우선적으로 선별해서 지원해 주는 방식으로 전환해 나감이 보다 타당

(2) 중간지원조직의 역할 및 권한 강화

▌필요성

- 마을공동체 지원 관련 중간지원조직의 구조적 한계는 대부분이 지자체장의 권한에 속하는 사무 중 일부를 법인·단체 또는 그 기관이나 개인에게 위탁함에 따른 결과로서「지방자치법」제104조 및「행정권한의 위임 및 위탁에 관한 규정」에 따른 조례[11])에 의거 중간지원조직의 민간위탁대상사무가 제한되어 있음

---

11) 대전광역시 사무의 민간위탁 촉진 및 관리조례 제4조(민간위탁대상 사무 등)

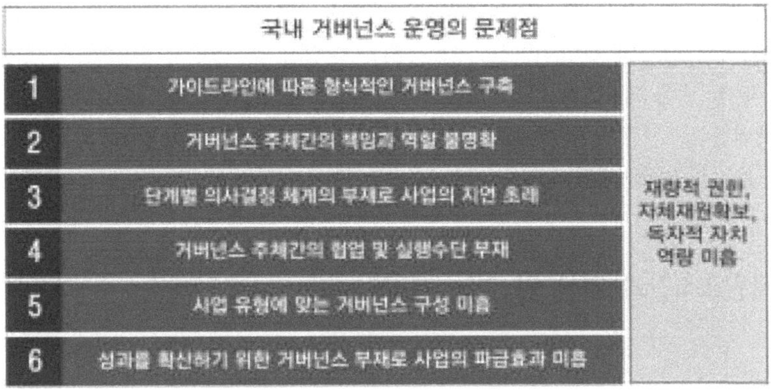

[그림 5-51] 국내 거버넌스 운영의 문제점
출처 : 김지엽(2018) 발표자료집 수정 재인용

- 독자적인 자치권을 갖고 있는 국외의 중간지원조직들과는 대조적인 형태로서 국내 중간지원 조직들 대부분이 엑셀러레이터, 또는 퍼실리테이터로서의 역할보다는 지자체 사무 중 일부를 위탁받아 대행하는 수준의 관 의존적인 형태를 벗어나지 못하고 있는 점은 시급한 개선이 필요한 부분임

▌추진 방안

- 유럽의 많은 선진도시들에서 추진하고 있는 크라우드펀딩을 통한 지역개발사업들이 국내에서도 성공적으로 정착될 수 있도록 하기 위해서는 민간영역 차원에서의 자생적인 크라우드펀딩 플랫폼과 관련 공유 생태계가 조성될 수 있도록 지원해 주는 것이 중장기적 관점에서 유효하나, 초기 이러한 생태계가 조성되어 있지 못한 상황에서는 공공의 선제적 투자가 반드시 필요하고 이를 대신해 줄 수 있는 중간지원조직의 역량 및 역할이 매우 중요함

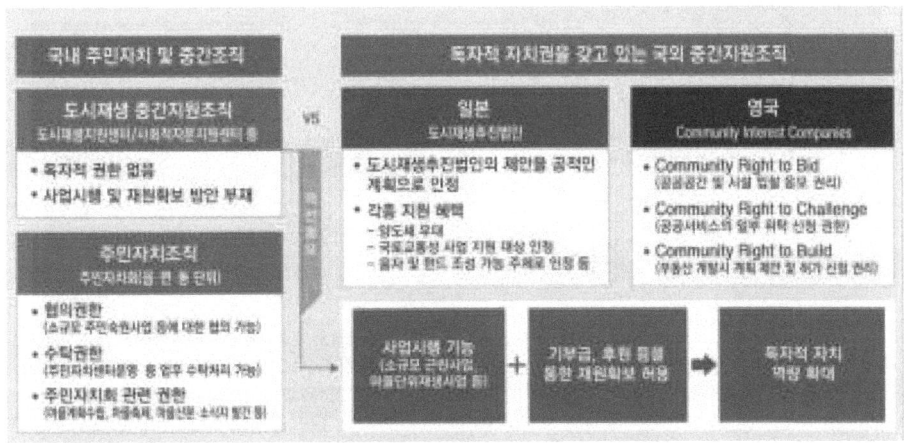

[그림 5-52] 중간지원조직의 권한 및 역량 강화 방안
출처 : 안상욱(2018), 발표자료 수정 재인용

- 이를 위해서는 국가나 지방자치단체 및 그 소속 기관공무원과 국가 또는 지방자치단체에서 출자·출연하여 설립된 법인·단체는 기부금품을 모집할 수 없도록 규정한 「기부금품의 모집 및 사용에 관한 법률」제5조와 다른 법률에 따른 예외조항 제3조에 「도시재생 활성화 및 지원에 관한 특별법」을 신규로 추가하고, 도시재생법에 중간지원조직을 통해 기부금품의 모집 및 사용을 허용토록 법률 개정 요구

(3) 중간지원조직간의 위상 및 기능 재정립

▌필요성

- 광역단위의 중간지원조직은 대전시 마을공동체 활성화를 위한 아젠다 발굴 및 정책기획 기능을 강화하되, 특히 기초구의 마을공동체 사업에 대한 밀착형의 멘토링 지원이 원활하게 이뤄질 수 있도록 컨설팅 역할 및 기능을 보다 강화해 나갈 필요가 있음

▌추진 방안

- 사업 신청 및 선정 과정에서 평가위원들에 의해 제기된 다양한 요구사항 및 의견들이 후속의 세부 실행계획 단계에서 구체화 되어 적절히 반영될 수 있도록 조치사항에 대한 이행점검을 강화하고, 상시적인 전문가 인력풀을 구성하여 적시적으로 지원해 줄 수 있는 방안 마련이 필요함

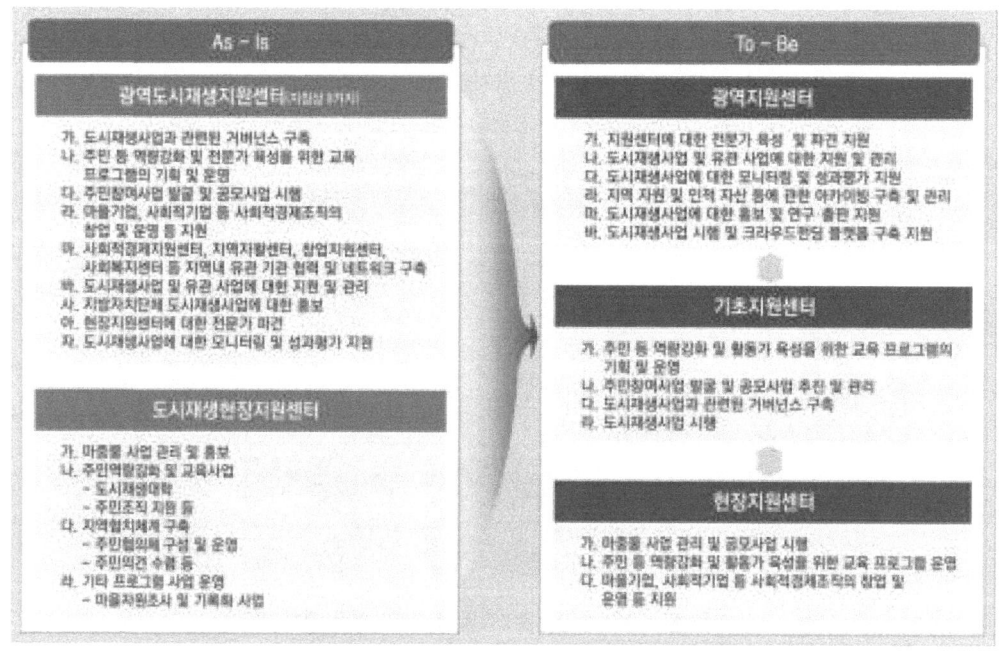

[그림 5-53] 중간지원조직의 위계 및 역할 관계

- 또한, 지속적인 마을리더의 발굴 및 육성, 도시재생사업과 연계 가능한 교육 및 프로그램 개발, 그리고 마을공동체 활동 전반을 모니터링하고 전체 사업 등을 이력 관리해 나갈 수 있는 디지털 정보 아카이빙 구축 및 활용 업무 등도 광역단위 중간지원조직에서 중요하게 다루어져야 할 지원 업무라 할 수 있음

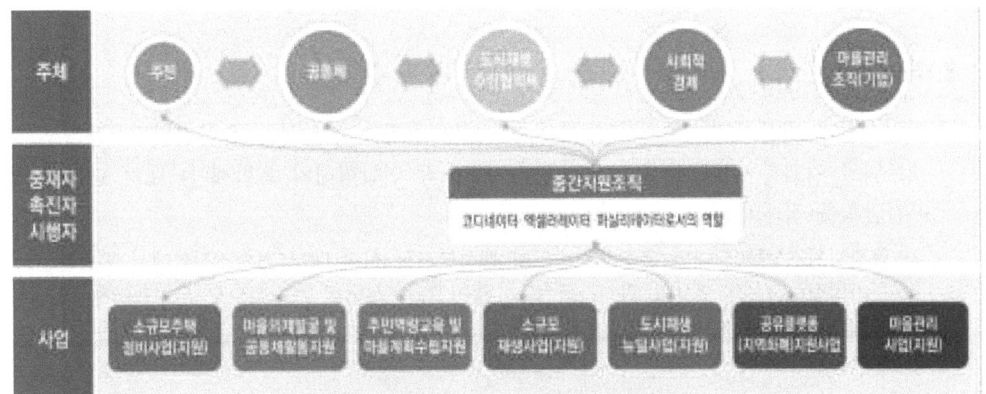

[그림 5-54] 중간지원조직의 역할 강화 방안

- 한편, 앞서도 언급되었듯이 중간지원조직이 퍼실리테이터(Facilitator)로서의 공고한 역할 수행과 자생력 있는 독자적인 중간지원조직으로 발전해 나가기 위해서는 사업시행자로서의 충분한 경험 축적과 전문성 확보가 더욱 요구되는 만큼, 중간지원조직도 공동체 사업 및 도시재생사업을 자체적으로 추진할 수 있도록 하는 재량권 부여가 필요함
- 이와 더불어 광역중간지원조직, 기초중간지원조직, 현장지원센터로 세분화된 중간지원조직의 역할 분담 및 분업체계 확립 마련이 필요함
- 또한, 주민자치조직과 중간지원조직간의 협력적 거버넌스 체계 마련을 위해서는 주민자치회 대표 또는 위원 등이 기초중간지원조직의 운영위원회 구성원으로 참여할 수 있는 방안 마련도 필요함

(4) 중간지원조직간의 거버넌스 체계 구축 강화

■ 필요성

- 마을공동체 활동은 마을의 의제발굴을 위한 마을학교, 마을자원조사 뿐 아니라, 주민간의 유대강화를 위한 마을 축제, 물건 및 재능공유, 생활문화공유, 공동육아돌봄, 지역안전 및 생활환경개선, 지역봉사 활동 등 매우 다양한 형태로 표출되고 있음
- 주민자치조직 내지 마을공동체별로 제안되고 있는 세부사업들의 상당수는 특정분야에만 국한해서 풀어갈 수 있는 문제가 아닌, 범부서별 공동 대응 및 통합적인 지원이 필요한 경우가 많음

- 대전시 각 부서별 위탁업무를 수행 하고 있는 중간지원조직들 간에도 개별적으로 업무 및 지원사업들이 추진됨으로써 유사한 사업 형태로 중복투자 되거나, 연계해서 통합 추진하면 정책적 효과를 극대화 시킬 수 있는 사업들이 다수 있음에도 부서뿐 아니라 중간지원조직들 간에도 연계·협업이 잘 이뤄지지 못하고 있는 경우가 비일비재하게 일어나고 있음

■ 추진 방안

- 지원사업에 대한 보다 효율적인 예산 확보 및 집행을 위해서는 중간지원조직간의 업무협업 네트워크 강화를 위한 상설 조직화(중간지원조직 연합형태의 통합재단) 내지 단기적으로 업무간담회를 정례화 하는 과정 등이 필요함
- 각 중간지원조직들에 대한 운영 및 관리를 행정부시장 직속 내지 기획조정실에서 통합관리하는 방안이 바람직하나, 각 부서별 관리감독 하에 중간지원조직들을 개별적으로 운영관리해 나가는 현재의 방식에서는 중간지원조직들 간의 자율적이고 책임 있는 협업체계를 갖춰나가기는 사실상 불가능한 상황임
- 따라서, (가칭) 도시재생 및 사회혁신재단의 설립을 통해 관련 광역 중간지원조직을 팀(센터)제로 통합운영하고, 재단내 업무심의위원회와 조정위원회 등을 두어 관련 사업 및 예산 등을 실질적으로 통합 조정토록 하는 한편, 각 주무부서별 광역 중간지원조직에 대한 운영위원회를 각각 구성하여 해당 실무부서 차원에서의 사업계획에 대한 검토 및 의견 등을 제시토록 하는 유연한 방식의 광역단위 중간지원조직의 통합 내지 조직 재편 방안을 고려해 볼 수 있음

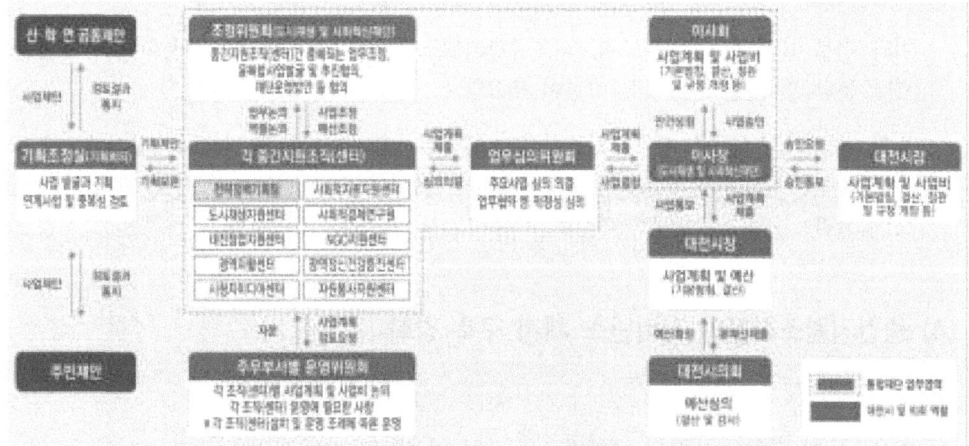

[그림 5-55] 중장기적 관점에서의 각 중간지원조직 통합재단화 방안

- 이와 함께 부서간의 칸막이 행정체계에 대한 근본적인 변화가 필요하고, 부서 간에 협업을 장려하기 위한 우대평가체계의 도입 및 인센티브 강화 등에 관한 선제적인 조치가 필요함

(5) 공모사업 이력관리제 도입 및 모니터링 강화

▍필요성

- 마을공동체 공모형 사업에 대한 이력관리 및 조회시스템 도입을 통해 관련 자료를 전산화 하고, 마을활동가 및 마을 일꾼에 대한 인력풀을 DB화하여 체계적으로 관리해 나갈 필요가 있음
  - 공동체 활동을 접할 수 있도록 참여기회를 제공해 주는 주된 주체는 마을중간지원조직이 아닌, 주로 지역 내 주민, 지인, 마을을 기반으로 활동하고 있는 활동가들에 의해 이뤄지기 때문임
- 수요자 맞춤형의 행·재정적 지원을 강화해 나가기 위해서는 선정된 공동체 뿐 아니라, 공모사업을 신청한 활동가 및 공동체 조직에 대한 특성과 제안된 사업의 유형, 활동 거점 등에 대한 면밀한 분석을 통해 지원사업의 규모 및 유형 등을 세분화하여 지원해 줄 필요가 있음

▍추진 방안

- 사업 이력에 대한 효율적인 관리와 예산 중복 집행 방지를 통한 예산절감 차원에서 통합경영 지원체계의 확립이 필요함
  - 시민을 대상으로 한 지원공모사업을 추진 중에 있는 각 중간지원조직들 간의 문서처리 및 재무회계 자원관리 관련 정보시스템에 대한 표준화 보급사업과 사업이력관리시스템 및 아카이브 시스템 도입
- 관련 정보를 서로 공유함으로써 공공 지원 사업에 대한 행정의 투명성과 중복지원 투자에 대한 사전 예방 및 활동을 강화해 나갈 수 있을 것으로 기대

[그림 5-56] 각 중간지원조직의 경영지원정보시스템 통합체계 구축 방안

(6) 공통된 가치 공유 및 사용자 중심의 평가 환류체계 마련

▍필요성

- 주민 및 마을공동체 단체를 대상으로 한 사전 사업 설명회 개최 뿐 아니라, 관련 전문가 및 예비 평가위원들을 대상으로 한 워크숍 개최를 통해 지원사업에 대한 취지 및 목적, 선정 기준과 원칙 등에 관한 사항을 서로 공유할 수 있는 시간을 충분히 가질 필요가 있으며, 사업 선정기준 및 평가지표도 보다 객관화 시켜나갈 필요가 있음

▌추진 방안

- 마을활동가 및 주민, 전문가, 행정 및 중간지원조직이 함께 모여 마을공동체 지원 사업에 대한 정책방향과 그에 따른 예산 확보 및 집행의 적절성 유무 등을 판단해 볼 수 있는 정책 워크숍 개최를 통해 관련 실행계획을 수정·보완 및 확정해 나갈 수 있도록 하는 의사결정 환류체계 마련이 필요함
  - 마을공동체 사업의 취지가 주민의 필요와 요구에 따라 주민이 직접 기획하고 실행할 수 있도록 지원하는 방식이라는 점을 상기해 볼 때, 기존의 관행화 된 행정 및 전문가 중심의 정책구상방식에서 탈피하여 주민이 정책 기획 및 예산 집행과정까지 참여할 수 있도록 함으로써 주민참여의 기회와 권한을 높여주는 전략 마련이 요구됨
- 또한, 마을공동체 활동 인력의 교류 증대와 사업 추진에 대한 성과 등을 공유하기 위한 마을공동체 한마당 축제를 도시재생 주민 축제와 연계하여 정기적으로 개최하여 우수 성공사례에 대한 포상 뿐 아니라, 실패 사례 등도 적극적으로 공유함으로써 공동체 조직 간의 연대의식 및 교류 관계를 발전시켜 나갈 수 있도록 지속적인 관심과 지원이 필요함

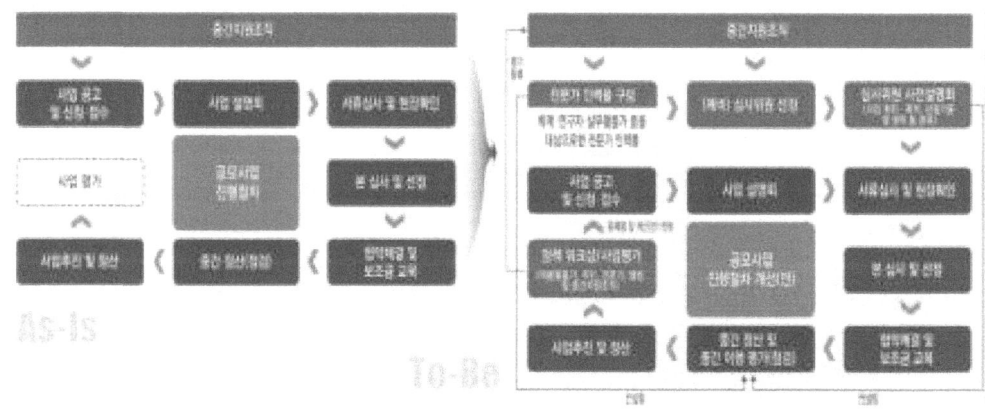

[그림 5-57] 사용자 중심의 환류 평가 체계 마련

1.3. 마을공동체 사업 추진의 다각화

(1) 마을공동체 사업 유형의 재정립 및 근거 법령 재정비

▍필요성

- 대전시의 마을공동체 사업은 크게 '대전형 좋은 마을만들기 사업'의 일환으로 추진되고 있는 「모이자」, 「해보자」, 「가꾸자」사업과 「대전광역시 공유활성화 지원 조례」에 근거한 공유네트워크, 공유 공간, 공유마을 조성사업, 그리고 공유기업(단체) 지정 사업 등과 「대전광역시 청년 기본 조례」에 근거한 청년거점 공간 조성 사업, 그리고 그 외 리빙랩 사업 등이 산발적으로 추진되고 있어 다소 혼란스런 모습을 보이고 있음
  - '대전형 좋은 마을만들기 사업'은 지난 2013년 2월에 제정된 「대전광역시 사회적자본 확충조례」라는 자치법규에 근거하여 추진되어 온 사업으로써 그동안 대전광역시 사회적자본 지원센터가 사회적자본 확충 지원사업의 한 형태로 추진되어 왔으며, 소관부서도 기존 자치행정국에서 지난 2014년 말 대전광역시 행정기구설치조례가 일부 개정되면서 2015년 1월부터는 도시재생본부로 이관되어 지금까지 큰 변화 없이 이어져 오고 있음
  - 그러나 지난 2017년 12월 「대전광역시 지역공동체 활성화 조례」가 제정되고, 민선7기에서 대대적인 조직재편이 예고됨에 따라, 관련 행정업무 및 사업은 타 부서로 재차 이전될 가능성이 높은 것으로 예상됨
  - 공유활성화 사업의 경우도, 공유기업 및 단체에 대한 지정은 지난 2016년 초에 개최된 '대전광역시 공유활성화위원회'에서 한차례 지정한 사례를 제외하고는 그 이후로 추가적으로 지정된 사례는 전무한 실정임
  - 이는 공유기업 및 공유단체에 대한 선정기준과 원칙을 명확하게 제시하지 못한 측면도 있으나, 선정 이외의 별도 재정적 지원체계 등이 마련되어 있지 않아 공유기업 및 공유단체로 지정받기 위한 기업 및 단체들의 관심 또한 저조했던 이유도 있었음

▍추진 방안

- 대전시 공유네트워크 사업의 일환으로 추진되었던 공유기업(단체) 선정 및 지원사업은 상업적 목적의 공유경제 개념보다는 사회적 신뢰 관계망으로서의 공유서비스 개념에 더 가깝다는 점에서 사회적 협동조합, 또는 사회적기업과 같은 사회적 경제 조직의 활동을 촉진시키기 위한 기제로서 공유기업 및 공유단체에 대한 선정 및 지원확대가 필요하리라 봄

- 공유기업 및 공유단체 선정 및 지원사업은 마을공동체 사업보다는 사회적경제 지원사업과의 연계를 통해 추진함이 타당하리라 보며, 특히, 공유기업 선정과 관련해서는 상업적인 공유경제 기반의 이익을 창출해 내고자 하는 기업과 취약계층을 위한 사회적 서비스 내지 일자리 창출을 위한 소셜벤처기업(사회적 기업) 성격으로서의 공유기업을 각각 구분하여 지원해 줌이 바람직함

- 한편, 대전시의 공유활성화를 위해서는 마을공동체 지원사업과 공유 공간, 공유마을 조성 등의 공유지원 사업을 따로 구분하여 추진하기 보다는 공유개념이 접목된 마을공동체 지원사

업에 한해 사업비를 추가적으로 증액해 주거나 별도의 인센티브를 제공해주는 형태로 마을공동체 지원사업의 한 세부사업 유형으로 통합해서 지원해 주도록 함이 보다 바람직 할 것으로 판단됨

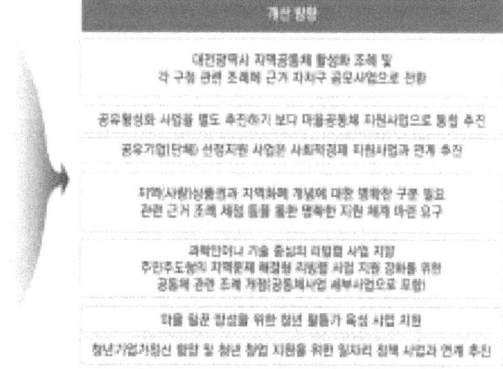

[그림 5-58] 마을 공동체 사업 유형 재정립 방안

- 지역화폐 사업의 경우, 서울특별시 및 인천광역시 일부 구청과 경기도 및 경기도내 일부 지자체에서 별도의 지역화폐 운영에 관한 조례를 자체 제정하여 운영하고 있으나, 독립적인 조례에 근거한 운영보다는 기존의 「대전광역시 사회적자본 확충조례」나 「대전광역시 지역공동체 활성화 조례」상에 관련 용어 정의를 추가하고, 지역공동체 활성화의 한 지원사업 유형으로 규정하여 관련 근거를 명확히 제시하여 추진할 필요가 있음

- 리빙랩사업과 관련해서는 「대전광역시 과학기술진흥 조례」상의 제17조(기금의 용도)에 근거하여 대전광역시과학기술육성기금의 용도로서 과학기술 기반 사회문제 해결형 연구개발사업을 지원할 수 있도록 규정하고 있어 관련 근거 조례로도 활용이 가능하나, 과학인이나 기술 중심이 아닌 주민주도형의 지역문제 해결형 리빙랩 사업으로 원활하게 뿌리내릴 수 있도록 하기 위해서는 지역공동체 활성화 사업의 한 유형으로 추진될 수 있도록 함이 보다 바람직하며 이를 체계적으로 지원하기 위한 관련 조례 개정도 필요하다고 판단됨

- 청년거점 조성사업과 관련해서는 마을활동가 및 마을 일꾼들의 연령이 점차 고령화 되어가고 있는 추세를 감안할 때, 마을공동체 활동에 청년들의 관심과 참여를 보다 독려할 필요가 있음

- 다만, 청년들을 위한 전용 시설 공간 확보 차원의 지원방식보다는 청년기업가 정신에 대한 함양 교육과 청년창업 지원을 위한 일자리 정책이 우선되어야 하며, 기업가정신을 갖춘 이들 청년 세대들이 어떻게 지역사회의 한 구성원으로서 역할을 하고, 어떻게 지역주민들과 긴 호흡을 맞추어 나갈 수 있도록 지원해 줄 것인지에 대한 정책적 고민이 더 필요한 시점임

(2) 장소기반형 재생사업과의 연계 강화

▌필요성

- 도시재생 뉴딜사업과의 연계강화를 위해 보다 다양한 장소 및 공간 환경 중심의 공동체 사업들이 추진될 수 있도록 지원해 주는 정책 방안 마련 필요

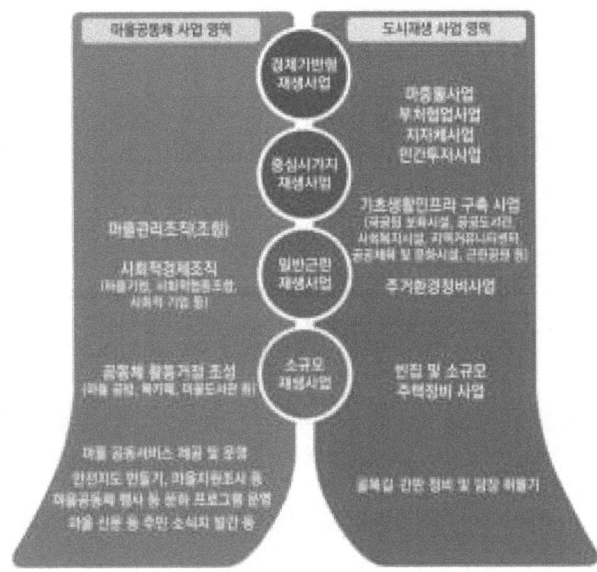

[그림 5-59] 소규모 재생사업을 통한 연계 강화 방안

- 특히, 2018년 하반기부터 제도 시행 중에 있는 소규모 재생사업 추진 방식을 마을공동체 차원에서 적극적으로 대응하여 활용할 필요가 있음
- 소규모 재생사업이란 「도시재생 활성화 및 지원에 관한 특별법 시행령」 제17조에 따른 쇠퇴요건을 충족하는 지역에서 주민이 제안하는 마을도서관 등 소규모 H/W 사업 및 주민소식지 발간 등 공동체 형성 S/W 사업을 국토부에서 지원하는 사업으로서 사업별로 0.5억원에서 최대 2억원의 한도 내에서 사업 추진이 가능함 (국비 및 지방비 50%씩 분담)
- 소규모 재생사업 역시 공모사업 신청을 위한 내실 있는 사업제안서 작성 과정이 매우 중요한데, 주민이 사업을 발굴하여 지자체에 제안하면, 지자체장이 사업계획을 수립하여 신청하는 방식을 취하고 있음

▌추진 방안

- 따라서, 마을공동체 단위에서의 마을의제 발굴과 사업 구상안 마련을 위한 기획예산을 광역시뿐 아니라 5개 구청에도 편성해서 집행 될 수 있도록 지원해 주는 정책 방안 마련이 필요함
- 한편, 마을계획이 장소 및 공간환경 정비 중심의 계획체계로 보다 확장될 수 있도록 하기 위해서는 마을 내 일상적 생활공간으로서의 골목길과 흩어져 있는 빈공간 및 저활용 부지 등

에 대한 지역자산의 활용도를 높이는 전략이 매우 중요

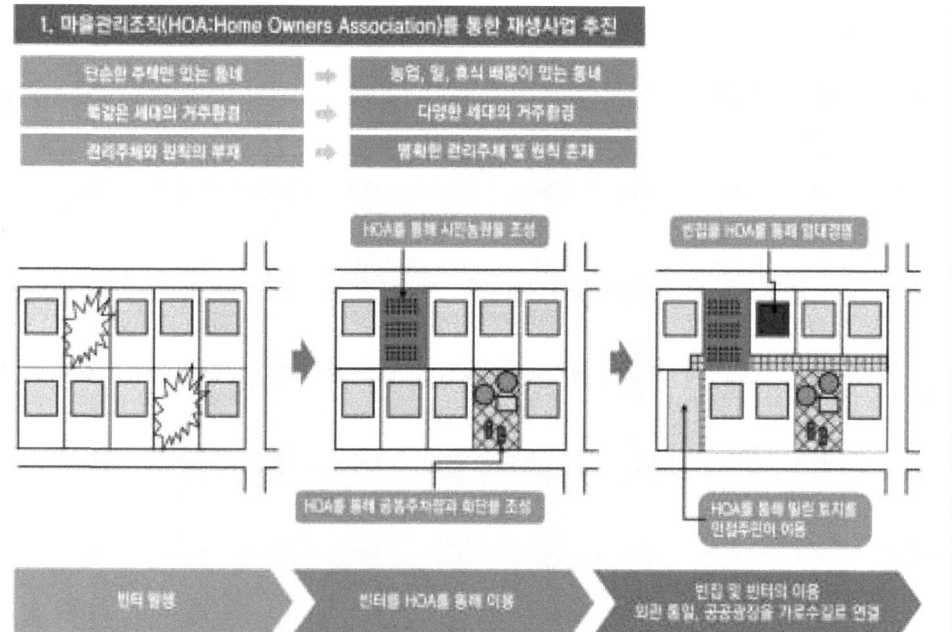

[그림 5-60] 마을관리조직을 통한 빈 공간 및 시설의 재활용 방안

- 따라서 투자 및 경영 컨설팅이 가능하고, 부동산 서비스 및 투자지원이 가능한 제3의 퍼실리테이터로서 도시(재생)공사나 전담 중간지원조직(재단)이 토지 및 건물소유자로부터 빈공간 및 시설을 제공받아 시설 리모델링 후, 이를 사회적 경제조직에게 일정 수수료 및 사용료를 받고 재 임대 해 주는 방식으로 토지 및 건물소유자에게 안정적인 임대료를 보장해 줄 수 있도록 하는 공유 자산화 플랫폼을 선제적으로 구축해서 지원해 줄 필요가 있음

- 또한 지역 자산화 및 도시재생 사업에 대한 충분한 경험과 경영 노하우를 축적한 사회적 경제 조직들이 마을관리조직으로 전환 및 확대될 수 있는 기회를 제공해 줌으로써 마을관리조직을 통해 마을이 체계적으로 관리되고 빈 공간 및 기존 노후 주택지 등을 포함하여 보다 다양한 마을환경 개선 사업이 지속적으로 추진 및 확장 될 수 있도록 하는 마을재생조합의 역할 및 마을관리모델의 정립이 필요

- 국비 의존 방식의 도시재생 뉴딜사업의 한계를 극복하고, 주민주도의 자치분권 하에 다양한 공동체 조직 및 사회적 경제조직, 그리고 마을관리조직이 서로 상생 발전할 수 있는 공동체 기반의 자립적 생태계를 마련해 주는 일이 대전시 공동체 활성화 정책 추진을 위한 가장 중요한 목표 지향점이 되어야 함

(3) 사회적 경제 및 복지 정책과의 연계 강화

- 마을공동체의 지속가능한 성장과 관리를 위해서는 마을단위의 자립적인 선순환 경제구조와 생태계를 조성해 주는 일이 매우 중요함
- 대전의 마을만들기 사업 유형을 성장단계별로 세분화한 이유도 궁극적으로는 자립할 수 있는 마을경제조직을 육성해 내고, 지속가능한 도시공동체를 확산해 내는데 있음
- 지속가능한 도시공동체 확산을 위해서는 마을공동체 활동에만 국한해서는 달성될 수 없으며, 사회적 경제조직체들과의 긴밀한 교류 및 협업체계 마련을 통해 달성이 가능함

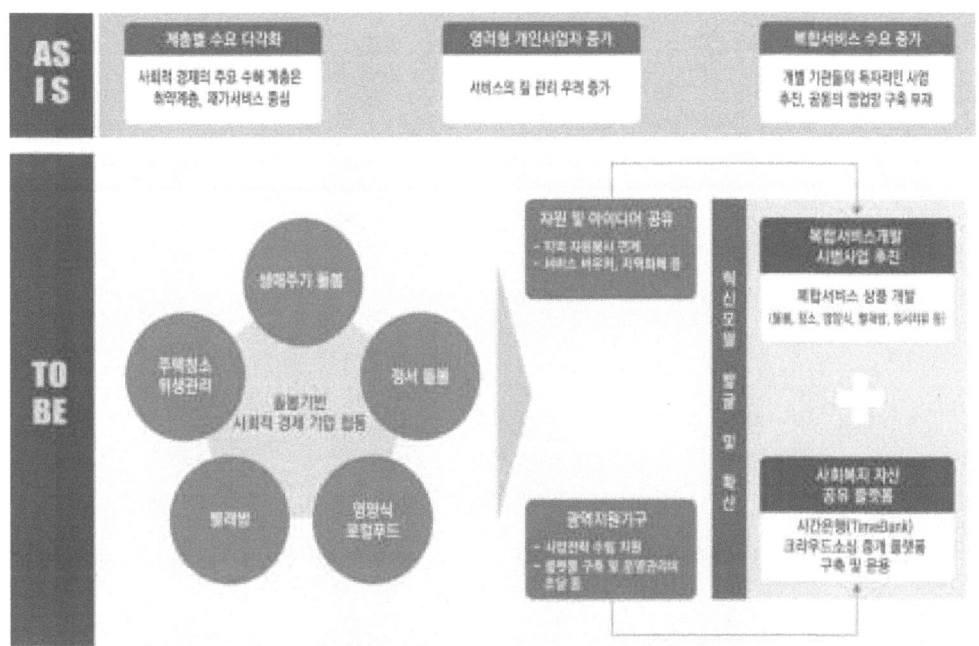

[그림 5-61] 사회적경제 기반의 복지 서비스 모델(예시)

- 마을공동체 활성화 사업은 사회적경제조직을 양산해 내는 주요한 창구 역할뿐 아니라, 따뜻한 복지를 실현할 수 있는 일자리 창출의 한 수단으로도 활용이 가능함
- 의료 및 복지의 사각영역에서 여전히 고통 받고 있는 이웃들에 대한 관심과 배려, 급증하고 있는 청년 및 노령층의 실업, 성차별과 가정폭력, 청소년 범죄 등의 사회문제는 지역단위의 공동체에서 효과적인 대응과 해결이 가능한 영역들이 다수 존재함
- 이처럼 기존 보건 및 복지영역에서 부족한 일손 및 일자리들은 사회적 경제조직들에 의해 대체될 수 있으며, 마을공동체는 이들과의 협업과 교류 증진을 통해 새로운 사회적 정의와 가치를 창출해 낼 수 있음
- 사회적 경제 및 복지정책과의 연계 강화를 위해서는 앞서도 언급되었듯이 관련부서 및 중간 지원조직간의 유기적인 거버넌스 체계 마련 필요

- 특히 각 중간지원조직별 매년 위탁사무에 대한 사업 및 예산 계획을 수립하기 전에 가칭 "건전한 지역사회 조성을 위한 합동 워크샵"을 정책 리빙랩 형식으로 개최하여 지역문제에 대한 통합적인 접근과 구체적인 문제해법을 도출해 보는 방안을 실험적으로 시도해 볼 필요가 있으며, 더 나아가 상시적인 조직체계의 형태로 통합 조정 및 운영위원회 등을 신설하여 공동 운영하는 방안을 고려해 볼 수 있음

제6장

집행 및 관리방안

1. 도시재생 실행주체 및 추진 체계

2. 소요 예산 및 재원조달 계획

3. 지방자치단체 차원의 지원방안

4. 평가 모니터링 및 성과관리방안

1. 도시재생 실행주체 및 추진 체계

1.1. 도시재생 실행주체

(1) 실행주체의 구성

- 대전광역시 도시재생의 실행주체는 국가도시재생기본방침과 연계한 도시재생계획수립 및 도시재생사업의 총괄·조정을 담당하는 전담조직, 행정기관과 주민(민간)과의 의사소통을 담당하는 중간조직인 도시재생지원센터, 자문 및 심의 기구인 도시재생위원회, 사업시행, 모니터링 및 평가를 지원하는 도시재생지원기관으로 구성됨
- 이들 주체들은 도시재생활성화지역별 내 다양한 인적·물적 자원들을 지역문제 중심으로 동원·연계·조정하는 네트워크 형성을 통한 주민협의체 및 사전추진협의회를 지원하여 원활하고 안정적인 계획수립 및 도시재생사업 추진을 목표로 함
- 도시재생 실행 주체들은 원활하고 안정적인 계획수립 및 도시재생사업 추진을 목표로 하며, 도시재생활성화지역의 유형, 도시재생사업의 내용, 지역여건 등에 따라 변형이 가능함

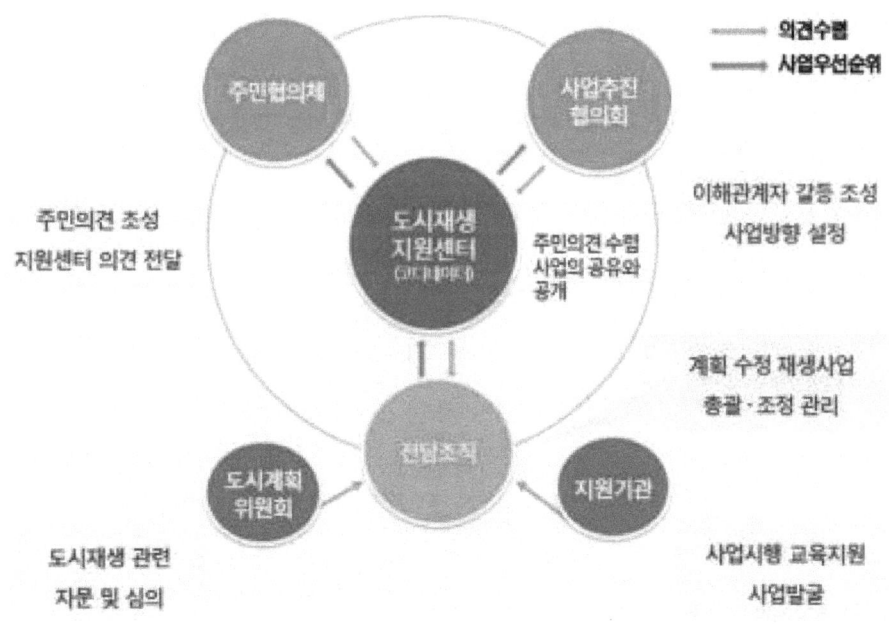

[그림 6-1] 도시재생추진 체계도

(2) 도시재생 실행주체별 역할

▌전담조직 : 도시재생주택본부

- 대전광역시 도시재생계획과 사업 업무를 총괄조정기획 역할을 하며, 도시재생행정협의체 구성시 관계부서 및 기관협의의 총괄을 담당하여 도시재생계획수립 지원 및 사업시행 공정관리 등 역할을 수행하도록 함
- 그 외 지역 협업체제의 구축·운영, 도시재생 관련 국고보조금 등의 관리, 도시재생활성화계획 및 도시재생사업 평가 및 점검, 재원 조달 및 관리 역할을 수행하도록 함
- 기존의 정비사업 등 민간조직 및 지역 잠재력의 발굴, 주민의견 수렴 등 현장과 밀착한 계획 수립을 지원하고, 관련주체의 의견 조율을 통해 사업을 시행하며, 지속적인 지역 활력 유지를 위해 후속프로그램 운영 등 사후관리 역할을 수행함
- 전담조직은 중간조직인 도시재생지원센터의 지원을 받아 자치구 활성화지역의 도시재생계획 수립 및 도시재생사업 발굴이 필요한 지역에 대한 공론화 과정에 참여하도록하며, 주민참여 유도를 통해 주민역량강화사업 공모 및 도시재생활성화지역 공모에 응모할 수 있도록 함

▌지원조직 : 도시재생지원센터

- (역할 및 기능) 도시재생전략계획 및 활성화계획의 수립, 도시재생사업의 실행, 주민주도의 사업기획 및 실행 등 도시재생 전반에 대한 총괄 지원기능 수행

〈표 6-1〉 도시재생지원센터의 역할

주요 역할	세부내용
도시재생활성화지역 주민참여 및 공동체 활성화 지원	- 도시재생활성화지역 공동체 현황조사 - 도시재생활성화지역 공동체 리더발굴 및 육성 등 인적자원 육성·관리 - 도시재생활성화지역 공동체만들기를 위한 지원사업
도시재생활성화계획의 수립 및 관리 지원	- 도시재생활성화계획의 수립·변경 지원(전담조직과 함께 계획수립 관리) - 주민(조직) 및 관계기관 의견 수렴 - 도시재생활성화지역에 필요한 도시재생사업 공모 지원 - 도시재생사업의 추진을 위한 신규 주민조직 구축·지원
도시재생사업의 추진 지원	- 도시재생사업의 추진 지원 - 도시재생사업의 관리·모니터링 : 비용지원 및 사업현황 검토
지역사회 홍보 및 교육	- 도시재생활성화계획 및 재생사업 홍보, 참여유도 - 재생사업 및 도시재생활성화계획 관련 주민교육 등
마을기업 창업 및 운영 지원	- 마을기업 창업을 위한 주민 교육 및 의견 수렴, 주민 참여 유도 - 마을기업 창업 및 운영 지원

- (주요 업무) 원칙적으로 광역단위에서는 기초단위의 지원센터를 지원하고, 기초단위에서 주민과 함께 사업을 실행하는 역할을 수행하는 것이 바람직함
  - 광역단위 지원센터에서는 활동가 육성 및 공무원 교육, 기초지자체간 이해관계조정, 광역단위 사업

통합 및 정책 간 연계프로그램 개발, 기초센터의 구축 및 운영지원, 모니터링 및 평가 등이 중요한 역할하게 됨
- 기초단위 지원센터는 현장 밀착형 지원조직으로서 지역사회 내 자원조사, 계획수립 지원, 주민교육 및 지역 협의체 구축 및 운영지원, 마을기업·협동조합 등 사회적 경제조직 구축 및 운영 지원, 네트워크 구축 및 운영, 자원조달 등 사업추진을 위한 직접적 지원이 중요함
- (중장기 운영방안) 도시재생지원센터가 단순한 중간지원기능에 머물지 않고 지속가능한 실행주체로서 포괄적 기능으로 확장되기 위해서는 도시단위 중간지원조직에서 지역단위 총괄사업 추진조직, 단위사업 추진조직에 이르기까지 지역특성, 사업추진단계 등에 따라 유연하게 분화발달할 수 있어야 함
- 중장기적으로 조직을 안정적으로 운영하기 위해서는 재단법인 또는 사단법인과 같은 독립된 형태가 필요하지만, 유사 조직과의 연계 속에 확대 개편을 통한 유연하고 가벼운 형태로 시작하여 충분한 실험을 거쳐 지역의 여건에 맞는 조직형태를 찾아가는 것이 바람직함
- 도시재생은 과거 관(官)주도의 일반적 계획수립 체계를 탈피하여 주민참여를 전제로 하는 사업추진을 지향하고 있기 때문에, 대내·외 협력네트워크 구축이 필요
- 각종 도시재생을 위한 주체들이 파트너로서 교류·공유·협동하며 도시재생사업을 원활히 추진될 수 있도록 상호협력적인 관계 형성의 중심이 도시재생지원센터가 되어야 함

▌지원조직 : 현장도시재생지원센터

- (역할 및 주요 업무) 도시재생활성화계획을 함께 수립하는 핵심 주체로 주민역량 강화 프로그램 운영 및 교육, 주민참여 사업발굴 및 시행, 현장 전문가 육성을 위한 교육 프로그램 운영, 마을기업 등 사회경제적 조직의 창업 및 운영 지원, 도시재생사업시행 총괄, 협업사업 운영, 행정과 주민간의 가교역할 및 갈등조정

▌자문 및 심의조직 : 도시재생위원회

- 도시재생관련 전문가 및 활동가로 구성하여 도시재생 관련 주요 시책, 도시재생전략계획 및 도시재생활성화계획 등을 심의하거나 자문하기 위한 업무를 수행함

▌지원기관 : 대전세종연구원·대전도시공사

- 「대전시 도시재생 활성화 및 지원에 관한 조례」 개정을 통하여 대전세종연구원과 대전도시공사를 도시재생지원기관으로 지정·운영 근거를 마련할 필요가 있음
- 대전도시공사는 공공개발 전문성을 활용하여 총괄사업관리자로서 도시재생의 참여를 확대하는 한편, 지자체가 수행하는 도시재생 관련 업무를 대행하는 등 현장수요 중심의 도시재생사업을 지원하는 기관으로 역할을 수행토록 함

- 대전세종연구원에는 산하 도시재생연구지원센터를 별도로 설치하여 도시재생 활성화지역의 모니터링 및 평가, 도시재생 제도개선을 위한 연구지원 등 역할을 수행토록 함

■ 협의체 및 사업추진협의회

- 도시재생사업 협의체 구성은 도시재생을 위한 계획수립 및 사업시행 과정에 참여하고 적극적으로 의견을 제시하기 위하여 5명 이상으로 구성된 협의체를 설립·운영
- 사업추진협의회 구성은 도시재생사업의 원활한 시행을 위하여 도시재생사업의 시행자, 관련 이해관계자 및 행정기관 등으로 사업추진협의회를 구성·운영
  - 도시재생사업과 관련된 이해당사자의 의견 수렴, 도시재생사업 추진에 필요한 이해 및 협조, 도시재생사업과 관련된 이견과 갈등 조정, 그 밖에 도시재생사업 추진에 필요한 사항 등

1.2. 도시재생 추진체계

■ 도시재생 추진체계

- 도시재생 총괄부서는 도시재생주택본부로서 도시재생과에서 전담하고 있으며, 대전시의회 산업건설위원회에서 예산 심의 및 조정 업무 등을 수행하고 있음
- 대전도시재생지원센터에는 센터장 1인, 부센터장 1인, 팀장급 3인, 팀원급 6인으로 구성되어 있으며, 정책기획팀, 사업지원팀, 사업전략팀으로 업무를 분장하여 행정업무를 지원하고 있음
- 현장도시재생지원센터의 경우, 각 총괄코디네이터 겸 센터장 각 1인, 코디네이터 1~2인, 현장활동가 1~3인이 근무하고 있음
- 대전도시공사에서는 동구(가오동, 대동), 중구(중촌동), 서구(도마2동), 대덕구(신탄진동) 등 5개 현장도시재생지원센터를 위탁관리하고 있음
- 5개 기초자치구의 경우, 동구청에서는 안전도시국 내 도시재생담당이, 중구청에서는 안전도시국 내 도시재생담당이, 서구청에서는 도시환경국 내 도시재생팀장이, 유성구에서는 안전도시국 내 도시정비담당이, 대덕구청에서는 안전도시국 내 도시정비담당에서 도시재생 뉴딜 업무를 전담하고 있음
- 그 외 공동체지원국 내 공동체정책과 및 대전사회적자본지원센터에서 마을공동체 관련 업무를 전담 및 위탁관리하고 있음

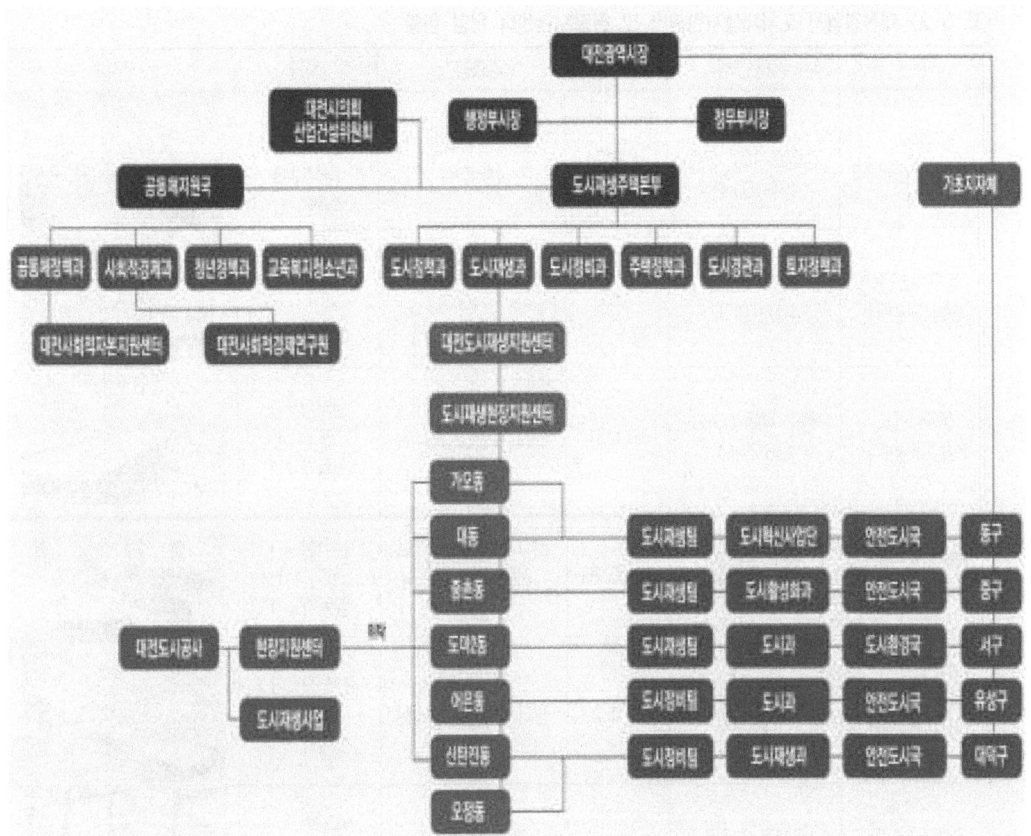

[그림 6-2] 대전광역시 도시재생 관련 업무 조직도

<표 6-2> 대전광역시 도시재생지원센터 및 현장지원센터 운영 현황

구분	위치(면적)	개소일	주요공간	직원	사무실
대전 도시재생지원센터	중구 중앙로 101, 3층 (약 160㎡)	15.6.24	센터 사무실, 센터장실	센터장 : 1 부센터장 : 1 팀장 : 3 팀원 : 6	
동구 가오동 현장지원센터	동구 대전로 470번길 32	18.5.3.	센터 사무실, 회의공간, 탕비실	센터장 : 1 코디 : 2 활동가 : 2	
동구 대동 현장지원센터	동구 대동 60-8 (38.29㎡)	19.1.31	센터 사무실/ 회의실	센터장 : 1 코디 : 1 활동가 : 1	
중구 중촌동 현장지원센터	중구 목중로 70번길 15 2층	18.05.25	센터 사무실, 회의실, 세미나실, 창고, HALL	센터장 : 1 코디 : 1 활동가 : 1	
서구 도마2동 현장지원센터	서구 도마동 106-12	19.01.28	센터 사무실/ 회의실	센터장 : 1 코디 : 1 활동가 : 1	
유성구 어은동 현장지원센터	유성구 어은동 107-1번지 2F	18.06.01	센터 사무실 / 회의실	센터장 : 1 활동가 : 2 인턴 : 2	
대덕구 신탄진동 현장지원센터	대덕구 신탄진로 830 신탄진동 행정복지센터 2층	18.04.13.	센터 업무공간 겸 회의공간 1실	센터장 1 코디 : 2 활동가 2	
대덕구 오정동 지역공헌센터 (현장지원센터)	대덕구 한남로 112, 201호 (132㎡)	19.03.07.	센터 사무실/회의실	센터장 : 1 코디 : 2 활동가 : 1	

- 현재 대전광역시에는 1개의 광역도시재생지원센터, 7개의 현장도시재생지원센터가 운영 중에 있음

2. 소요 예산 및 재원조달 계획

2.1. 뉴딜사업 추진 현황

- 2016년에 일반공모에 의한 경제기반형 재생사업을 제외하고 2017~2018년에 선정된 순수 도시생뉴딜사업에 소요되는 사업비는 총 2,238.2억원으로 이 가운데, 국비가 581억원, 시비가 406.7억원 구비가 174.3억원, 기타 연계사업비가 1,076.2억원으로 파악이 됨
- 2017년에 선정된 4개 지역에 소요되는 예산은 총 1,101.3억원으로 국비 331억원, 시비 231.7억원 구비 99.3억원, 기타 연계사업비가 439.3억원으로 집계됨
- 2018년에 선정된 3개 지역의 예산은 1,136.9억원으로 이중 국비가 250억원, 시비가 175억원, 구비가 75억원, 기타 연계사업비가 636.9억원으로 집계됨
- 지난 2007년 국비 및 시비, 구비의 매칭 비율은 각각 50:25:25 였으나, 자치구의 재정 부담을 덜어주기 위해 2018년부터는 50:35:15 비율로 완화 적용함
  - 국비를 확보해 놓고도 재정자립도가 열악한 일부 구청의 경우, 구비 확보가 어려워 사업을 포기하거나 사업을 대폭 축소하는 사례 등이 발생
- 즉, 시비 및 구비 매칭 비율을 50:50 이 아닌 70:30의 비율로 완화하여 시의 부담률을 더 높이도록 조치함

<표 6-3> 대전광역시 도시재생 뉴딜사업 추진 현황

연도	대상지		면적(천 ㎡)	사업비 (억원)						유형
				합계	재정				연계	
					소계	국비	시비	구비		
계			749.5	2,238.2	1,162.0	581.0	406.7	174.3	1,076.2	
17년 (4곳)	소계		429.6	1,101.3	662.0	331.0	231.7	99.3	439.3	
	동구 가오동		68.4	174.0	174.0	87.0	60.9	26.1	-	주거지
	중구 중촌동		145.4	88.0	88.0	44.0	30.8	13.2		일반근린
	유성구 어은동		37.0	100.0	100.0	50.0	35.0	15.0	-	우동살
	대덕구 신탄진		178.8	739.3	300.0	150.0	105.0	45.0	439.3	중심시가지
18년 (3곳)	소계		319.9	1,136.9	500.0	250.0	175.0	75.0	636.9	
	동구 대동		50.9	104.4	100.0	50.0	35.0	15.0	4.4	우동살
	서구 도마동		100.0	770.7	200.0	100.0	70.0	30.0	570.7	주거지
	대덕구 오정동		169.0	261.8	200.0	100.0	70.0	30.0	61.8	일반근린
19년 (2곳)	소계		264	406.33	393.03	186.76	166.57	39.7	13.3	
	서구 도마동		129.0	244.2	230.9	105.7	85.5	39.7	13.3	일반근린
	중구		135.0	162.13	162.13	81.06	81.07	-	-	일반근린
20년 (3곳)	소계									
	대전역		197.3	5,533.3	300	150	150	-	34	중심시가지
	동구 신내동									일반근린
	서구 정림동									일반근린

2.2. 소요 예산 추정

대전광역시 중기재정계획

- 대전광역시 중기재정계획에 반영되어 있는 도시재생 관련 사업의 소요 예산을 정리해 보면 다음과 같음

- 총 10조 4,879억원 중 기투자된 금액은 2조 9,932억원으로 뉴딜사업의 경우, 1,542억원 중 기 투자된 금액은 230억원으로 집계됨

〈표 6-4〉 도시재생 관련 사업 추진 소요 예산

(단위 : 백만원)

도시재생구분	사업수	기투자	계	보조금	시도비	기타
경관사업	1	143,713	174,306	16,824	59,094	98,388
공공주택	3	84,158	153,672	57,272	45,314	51,086
관광지 및 관광단지 조성	6	10,869	189,982	57,020	86,487	46,475
군계획시설	143	1,607,782	6,706,535	1,784,631	3,925,659	996,245
기타	15	124,830	411,866	163,091	205,109	43,666
뉴딜사업	4	22,952	154,176	74,679	62,493	17,004
도시개발사업 및 역세권개발	5	483,653	545,945	3,100	522,845	20,000
복합환승센터 개발	1	-	14,082	3,240	10,842	-
산업단지개발사업 및 산업단지재생사업	12	398,848	1,692,812	110,616	196,771	1,385,425
상권활성화 및 시장정비	1	-	20,000	12,000	4,000	4,000
재정비 촉진	1	116,350	424,498	74,280	97,918	252,300
총합계	192	2,993,155	10,487,874	2,356,753	5,216,532	2,914,589

구별 중기재정계획

- 5개 구별 중기재정계획에 반영되어 있는 도시재생 관련 사업의 소요 예산을 정리해 보면 다음과 같음
- 도시재생 관련 사업에 소요되는 총 사업비는 약 1조 3,027억원으로 추정되며, 이 중 뉴딜사업에는 1,157억원이 소요될 것으로 예측됨

〈표 6-5〉 5개구 도시재생 관련 사업 추진 소요 예산

(단위 : 백만원)

구 분	합계	국비	시비	구비	기타
경관사업	11,500	3,400	3,955	4,145	-
관광지 및 관광단지 조성	71,172	24,786	15,293	29,393	1,700
도시군계획시설	512,702	142,558	106,753	215,352	48,040
뉴딜사업	115,730	12,865	40,506	17,360	45,000
도시개발사업 및 역세권개발	130,717	-	-	130,717	-
산업단지	13,148	6,574	6,574	-	-
상권활성화 및 시장정비	95,855	48,978	41,757	4,632	488
정비사업 및 재정비촉진	281,126	132,363	111,152	34,133	3,479
기타	70,702	1,050	804	65,011	3,837
총합계	1,302,652	372,574	326,793	500,742	102,544

5개구별 소요 사업비 추정

- 5개 구별 중기재정계획에 반영되어 있는 도시재생 관련 사업의 소요 예산 약 1조 3,027억 원 가운데, 대덕구가 2,190억원, 동구가 1,758억원, 서구가 1,869억원, 유성구가 4,565억원, 중구가 2,645억원이 소요될 것으로 전망됨

〈표 6-6〉 5개 구별 도시재생 사업 추진 소요 예산

(단위 : 백만원)

구 분	사업수	합계	국비	시비	구비	기타
대덕구	21	219,002	40,252	67,785	77,650	33,316
동구	22	175,750	79,176	30,223	62,663	3,688
서구	17	186,862	76,008	51,402	55,752	3,700
유성구	28	456,535	61,927	80,866	251,903	61,840
중구	18	264,503	115,212	96,517	52,774	-
총합계	106	1,302,652	372,574	326,793	500,742	102,544

2.3. 단계별 사업추진 및 소요 예산

▌경관사업

〈표 6-7〉 경관사업 단계별 소요 예산

단위 : 백만원

세부사업	총 사업비	기투자	소계	연차별 투자계획					
				2019	2020	2021	2022	2023	향후
금고동 위생매립장 조성	174,306	143,713	30,593	140	3,300	2,740	2,740	3,043	18,630
계	174,306	143,713	30,593	140	3,300	2,740	2,740	3,043	18,630

▌상권활성화 및 시장정비

〈표 6-8〉 상권활성화 및 시장정비사업 단계별 소요 예산

단위 : 백만원

세부사업	총 사업비	기투자	소계	연차별 투자계획					
				2019	2020	2021	2022	2023	향후
전통시장 및 상점가 주차환경 개선사업	20,000	0	20,000	2,500	2,500	5,000	5,000	5,000	0
계	20,000	0	20,000	2,500	2,500	5,000	5,000	5,000	0

▌재정비 촉진사업

〈표 6-9〉 재정비 촉진사업 단계별 소요 예산

단위 : 백만원

세부사업	총 사업비	기투자	소계	연차별 투자계획					
				2019	2020	2021	2022	2023	향후
대전 역세권재정비 촉진	424,498	116,350	308,148	50,900	4,983	53,443	53,443	48,460	96,920
계	424,498	116,350	308,148	50,900	4,983	53,443	53,443	48,460	96,920

▌복합환승센터 개발

〈표 6-10〉 복합환승센터 개발사업 단계별 소요 예산

단위 : 백만원

세부사업	총 사업비	기투자	소계	연차별 투자계획					
				2019	2020	2021	2022	2023	향후
유성복합환승센터 기반시설정비 지원	14,082	0	14,082	4,478	3,139	5,465	1,000	0	0
계	14,082	0	14,082	4,478	3,139	5,465	1,000	0	0

공공주택

<표 6-11> 공공주택 개발사업 단계별 소요 예산

단위 : 백만원

세부사업	총사업비	기투자	소계	연차별 투자계획					
				2019	2020	2021	2022	2023	향후
유성광역복합환승센터 사업지구내 행복주택 건립	90,147	25,057	65,090	0	10,339	18,006	20,264	16,481	0
공공임대주택(누리보듬) 건립	57,958	56,734	1,224	0	1,224	0	0	0	0
노후공공임대주택시설개선사업	5,567	2,367	3,200	800	600	600	600	600	0
계	153,672	84,158	69,514	800	12,163	18,606	20,864	17,081	0

관광지 및 관광단지 조성

<표 6-12> 관광지 및 관관단지 조성사업 단계별 소요 예산

단위 : 백만원

세부사업	총사업비	기투자	소계	연차별 투자계획					
				2019	2020	2021	2022	2023	향후
충남도청사 활용사업	12,682	0	12,682	2,389	2,460	2,534	2,610	2,689	0
베이스볼 드림파크조성	110,160	0	110,160	160	0	30,000	40,000	40,000	0
이사동 지구 문화유산 활용	19,900	350	19,550	0	0	10,700	7,950	900	0
충청유교문화권 광역관광개발사업	30,100	0	30,100	8,100	15,500	6,500	0	0	0
만인산 자연휴양림 정비	11,140	7,700	3,440	0	860	860	1,720	0	0
도시생활환경개선 (봉명지구 카페거리 조성)	6,000	2,819	3,181	3,183	0	0	0	0	0
계	189,982	10,869	179,113	13,832	18,820	50,594	52,280	43,589	0

뉴딜사업

<표 6-13> 도시재생 뉴딜사업 단계별 소요 예산

단위 : 백만원

세부사업	총사업비	기투자	소계	연차별 투자계획					
				2019	2020	2021	2022	2023	향후
도시경제기반형(도시재생)	36,000	13,852	22,148	9,110	13,038	0	0	0	0
도시재생뉴딜사업	4,818	0	4,818	964	964	964	964	964	0
도시재생뉴딜사업(지원)	93,358	6,850	86,508	36,048	18,451	18,451	13,560	0	0
도시재생뉴딜사업 (우리동네살리기)	20,000	2,250	17,750	10,450	4,400	2,900	0	0	0
계	154,176	22,952	131,224	56,572	36,853	22,315	14,524	964	0

■ 도시개발사업 및 역세권개발

⟨표 6-14⟩ 도시개발사업 및 역세권개발사업 단계별 소요 예산

단위 : 백만원

세부사업	총사업비	기투자	소계	연차별 투자계획					
				2019	2020	2021	2022	2023	향후
대전역 주변 과학·문화·예술 허브화 조성	6,200	0	6,200	3,100	3,100	0	0	0	0
학하지구 도시개발사업	385,957	385,785	172	111	15	15	15	15	0
대전구봉지구 도시개발사업 (한국발전교육원)	44,010	44,010	0	0	0	0	0	0	0
평촌지구 도시개발사업	89,941	45,608	44,333	25,852	17,258	1,223	0	0	0
대전구봉지구 도시개발사업 (산림복지종합교육센터)	19,837	8,250	11,587	11,550	9	9	9	9	0
계	545,945	483,653	62,292	40,613	20,382	1,247	24	24	0

■ 산업단지개발사업 및 산업단지재생

⟨표 6-15⟩ 산업단지개발사업 및 산업단지재생사업 단계별 소요 예산

단위 : 백만원

세부사업	총사업비	기투자	소계	연차별 투자계획					
				2019	2020	2021	2022	2023	향후
하소산업단지 진입로 확포장	6,629	6,629	0	0	0	0	0	0	0
산업단지 관리	4,840	0	4,840	840	1,000	1,000	1,000	1,000	0
평촌일반산업단지 조성	260,500	2,600	257,900	117,700	98,000	42,200	0	0	0
하소일반산업단지 지원도로개설	43,501	43,501	0	0	0	0	0	0	0
대전산업단지 재생사업기반시설 (도로사업)건설사업관리	411,514	272,319	139,195	97,276	41,919	0	0	0	0
안산첨단국방산업단지 조성	741,700	0	741,700	250,000	250,000	241,700	0	0	0
하소 친환경 일반산업단지 조성공사	71,341	71,341	0	0	0	0	0	0	0
평촌 일반산업단지 지원도로 개설	44,080	1,900	42,180	10,010	16,000	16,170	0	0	0
평촌일반산업단지 공업용수도건설	12,271	490	11,781	4,000	3,500	4,281	0	0	0
평촌일반산업단지 공공폐수처리시설 건설	7,936	68	7,868	1,226	3,000	3,642	0	0	0
대전산업단지 서측진입도로 건설공사	39,000	0	39,000	16,037	16,024	6,939	0	0	0
대전산업단지 재생사업 주차장 조성공사	49,500	0	49,500	2,000	24,355	23,145	0	0	0
계	1,692,812	398,848	1,293,964	499,089	453,798	339,077	1,000	1,000	0

▌도시계획시설

⟨표 6-16⟩ 도시계획시설사업 단계별 소요 예산

단위 : 백만원

세부사업	총사업비	기투자	소계	연차별 투자계획					
				2019	2020	2021	2022	2023	향후
컨벤션산업 운영 지원(대전국제전시컨벤션센터 건립)	150,227	60,097	90,130	25,600	43,850	20,680	0	0	0
새마을운동 역량강화	7,500	6,000	1,500	1,500	0	0	0	0	0
생활문화센터 조성	7,800	0	7,800	1,560	1,560	1,560	1,560	1,560	0
공공도서관 건립 지원	24,704	20,419	4,285	3,039	1,246	0	0	0	0
게임산업지원육성(국가직접지원)	24,580	9,580	15,000	3,000	3,000	3,000	3,000	3,000	0
지역거점형 콘텐츠기업육성센터 조성(국가직접지원)	10,800	0	10,800	0	0	0	10,800	0	0
융복합 특수영상 콘텐츠 클러스터 조성	150,000	0	150,000	300	7,700	28,000	28,000	50,500	35,500
개방형 수장고 건립공사	8,423	0	8,423	0	8,423	0	0	0	0
보문산 대사지구 광장 및 주차장 조성	8,500	0	8,500	8,500	0	0	0	0	0
학교다목적체육관 건립	5,400	0	5,400	2,700	2,700	0	0	0	0
안영생활체육시설단지조성사업	109,400	69,266	40,134	120	9,858	13,350	10,900	5,906	0
학교 노후인조잔디 운동장 재조성	4,000	0	4,000	800	800	800	800	800	0
시·유관기관 직장운동경기부 통합숙소건립	8,220	4,620	3,600	3,600	0	0	0	0	0
단재 신채호선생 기념사업	10,965	0	10,965	210	755	10,000	0	0	0
공중화장실조성 및 관리	10,535	0	10,535	1,978	1,994	2,156	2,193	2,215	0
자동집하시설 운영	9,285	0	9,285	1,857	1,857	1,857	1,857	1,857	0
제2폐기물 처리시설 조성	351,729	88,550	263,179	150	3,575	2,925	52,025	52,025	152,479
바이오에너지센터 운영	29,686	0	29,686	5,592	5,759	5,932	6,110	6,293	0
장애인거주시설 기능보강(지원)	12,942	0	12,942	441	441	3,902	4,019	4,140	0
장애인직업재활시설 기능보강	4,781	0	4,781	850	971	976	980	1,005	0
공공어린이재활병원건립	26,700	0	26,700	13,300	13,400	0	0	0	0
명암근린공원 조성	27,602	20,967	6,635	1,635	2,800	2,200	0	0	0
봉안당 건립	8,512	4,721	3,791	3,791	0	0	0	0	0
대전의료원 설립	136,389	215	136,174	0	100	100	200	135,774	0
정신건강보건시설 확충	6,312	0	6,312	1,262	1,262	1,262	1,262	1,262	0
반려동물 지원센터 조성	8,000	0	8,000	1,200	6,800	0	0	0	0
반려동물 지원센터 조성(시비)	11,300	3,659	7,641	3,550	4,091	0	0	0	0
반려동물 복지센터 신축	4,710	4,710	0	0	0	0	0	0	0
사방사업 신규조성(지원)	11,352	0	11,352	1,909	1,909	2,511	2,511	2,511	0
지방정원조성	6,000	0	6,000	300	1,800	1,900	2,000	0	0
대덕과학문화의거리 조성사업	9,900	0	9,900	600	9,300	0	0	0	0

단위 : 백만원

세부사업	총사업비	기투자	소계	연차별 투자계획					
				2019	2020	2021	2022	2023	향후
수소연료전지 자동차 충전인프라 구축사업	14,040	0	14,040	3,510	3,510	3,510	3,510	0	0
중촌동 시민공원 진입도로 개설	22,495	20,695	1,800	1,800	0	0	0	0	0
정림중~버드내교간 도로개설	90,620	0	90,620	1,000	4,000	20,000	32,700	32,920	0
대전 와동 ~ 신탄진간 도로개설	129,800	0	129,800	0	1,000	10,000	20,000	40,000	58,800
학하지구 동측 도로개설	33,100	80	33,020	0	1,000	5,000	5,000	22,020	0
홍도동 과선교 개량(지하화) 공사	97,100	38,385	58,715	23,487	35,228	0	0	0	0
화덕 I·C 건설	72,100	740	71,360	0	1,660	17,000	23,000	29,700	0
천변 도시고속화도로건설	535,600	335,400	200,200	0	7,000	5,000	10,000	178,200	0
대도주유소~신탄진변전소간 도로확장	9,000	0	9,000	0	2,000	2,000	2,000	3,000	0
충무로 확장	19,270	6,970	12,300	0	500	2,000	3,000	6,800	0
서대전IC~두계3가 (국도4호선) 확장	55,330	5,800	49,530	10,000	12,000	12,000	15,530	0	0
보문5가~아쿠아월드간 도로확장	7,300	0	7,300	0	1,300	3,000	2,000	1,000	0
대덕특구 동측진입도로개설	69,200	0	69,200	0	1,000	4,000	20,000	20,000	24,200
가오동길 (은어송초교~대성3가)확장	44,215	43,515	700	0	0	0	0	700	0
동서대로 (진잠로~화산교)도로개설	84,400	150	84,250	0	11,000	17,700	23,000	32,550	0
백골1길 확장	7,700	5,906	1,794	1,794	0	0	0	0	0
용운주공2단지 주변 도로개설	15,000	0	15,000	0	3,200	1,800	10,000	0	0
온천북교 개설공사	4,100	200	3,900	2,000	1,000	900	0	0	0
용수골~남간정사 도로개설	30,000	100	29,900	0	600	2,000	6,000	21,300	0
서유성IC 건설	72,300	0	72,300	0	500	3,000	10,000	15,000	43,800
갑천네거리 지하차도개설	25,000	0	25,000	0	900	7,000	8,000	9,100	0
서대전육교 개량(지하화)추진	72,100	176	71,924	120	12,280	10,000	20,000	29,524	0
도로시설물정비	54,118	0	54,118	10,824	10,824	10,824	10,824	10,824	0
관내도로포장정비	77,926	0	77,926	12,135	12,135	12,135	20,761	20,761	0
소규모도로개설	23,000	0	23,000	3,000	4,000	4,000	4,000	8,000	0
도로시설물관리	43,484	0	43,484	8,697	8,697	8,697	8,697	8,697	0
공동구관리	6,850	0	6,850	1,307	1,307	1,412	1,412	1,412	0
시민제안공모사업	7,850	0	7,850	1,570	1,570	1,570	1,570	1,570	0
교량·터널 내진성능보강	30,935	7,476	23,459	8,000	8,000	7,459	0	0	0
대덕대교(구교) 상부구조 전면개량	13,449	0	13,449	374	13,075	0	0	0	0
교량 보수보강공사	76,251	0	76,251	15,250	15,250	15,250	15,250	15,250	0

단위 : 백만원

세부사업	총사업비	기투자	소계	연차별 투자계획					
				2019	2020	2021	2022	2023	향후
자전거 도로 정비(직접)	10,981	0	10,981	700	1,260	3,140	2,940	2,940	0
자전거 도로 정비(지원)	22,350	0	22,350	3,550	4,700	4,700	4,700	4,700	0
교량 터널등 유지관리	11,531	0	11,531	2,172	2,237	2,304	2,373	2,445	0
충청권광역철도 1단계 건설	192,345	21,100	171,245	1,000	42,561	42,561	42,561	42,561	0
도시철도 1호선 용두역 건설	38,400	0	38,400	1,400	12,100	10,100	10,100	4,700	0
대전~오송 신교통수단(광역BRT) 건설	73,998	43,012	30,986	0	16,343	14,643	0	0	0
외삼~유성복합터미널 도로건설	126,326	82,125	44,201	8,326	20,000	15,875	0	0	0
시내버스 기반시설 확충	4,468	0	4,468	2,047	605	605	605	605	0
유성광역복합환승센터 진입도로 개설	30,500	16,700	13,800	2,560	11,240	0	0	0	0
북대전(대덕) 화물자동차공영차고지 조성	43,601	0	43,601	200	1,200	400	29,377	12,424	0
국가하천 유지관리	12,500	0	12,500	2,500	2,500	2,500	2,500	2,500	0
지방하천 정비사업(자율)	165,062	128,152	36,910	6,000	8,110	7,600	7,600	7,600	0
소하천 정비사업(자율)	5,200	0	5,200	1,200	1,000	1,000	1,000	1,000	0
완충저류시설 설치비 지원	20,855	7,285	13,570	678	6,446	6,446	0	0	0
하천조경관리	6,758	0	6,758	1,209	1,209	1,418	1,446	1,475	0
지자체 도시숲 조성사업(지원)	33,851	0	33,851	6,771	6,771	6,771	6,771	6,771	0
미세먼지 저감 도시숲 조성관리	4,750	0	4,750	4,750	0	0	0	0	0
심은나무 유지관리(지원)	13,500	0	13,500	2,700	2,700	2,700	2,700	2,700	0
도시숲조성(중촌근린공원조성)	81,630	73,630	8,000	0	0	8,000	0	0	0
장동문화공원 조성	12,396	7,396	5,000	0	0	5,000	0	0	0
상소체육공원(2단계) 조성	5,700	5,700	0	0	0	0	0	0	0
호동근린공원 생태숲 복원사업	30,000	6,500	23,500	0	0	6,500	11,000	6,000	0
둔산센트럴 파크 조성	9,420	0	9,420	70	3,300	5,300	750	0	0
원도심 소상공인 상생주차장 건설	29,550	0	29,550	1,360	9,398	9,396	9,396	0	0
주거환경개선사업(지원)	38,932	33,883	5,049	5,048	0	0	0	0	0
매천가도교 개량공사	26,001	10,000	16,001	6,000	10,001	0	0	0	0
장동천가도교 개량공사	10,000	5,000	5,000	4,000	1,000	0	0	0	0
대전차량기술단 인입철도 이설사업(국가직접지원)	38,000	1,600	36,400	1,000	12,000	12,000	11,400	0	0
수목원운영조성	6,995	0	6,995	1,370	1,385	1,399	1,413	1,428	0
지방수목원 및 박물관조성	7,806	0	7,806	1,500	1,530	1,561	1,592	1,624	0

단위 : 백만원

세부사업	총사업비	기투자	소계	연차별 투자계획					
				2019	2020	2021	2022	2023	향후
엑스포 재창조를 위한 기반시설 조성	22,402	21,757	645	645	0	0	0	0	0
시민안전 체험관 건립	31,600	0	31,600	5,600	1,000	10,000	15,000	0	0
산내119안전센터 신축이전	4,718	0	4,718	0	2,130	2,588	0	0	0
부사119안전센터 신축이전	5,318	0	5,318	0	0	2,730	2,588	0	0
둔곡119안전센터 신설	4,400	0	4,400	0	1,150	3,250	0	0	0
궁동119안전센터 신축 이전	5,000	0	5,000	0	1,200	400	3,400	0	0
가성119안전센터 신설	5,428	0	5,428	0	1,338	3,360	730	0	0
하수도 준설인부임 및 긴급복구 수선비지원	28,570	0	28,570	5,578	5,645	5,713	5,782	5,851	0
대청호 오염방지시설 운영(기금)	5,873	0	5,873	1,363	1,106	1,120	1,135	1,149	0
하수관로정비 BTL사업 상환(1단계) ('11년-'31년)	221,218	83,378	137,840	10,706	10,706	10,706	10,706	10,706	84,310
자치단체 자본보조(개별 소규모 하수도 정비사업)	18,288	0	18,288	4,572	4,572	4,572	4,572	0	0
하수관로 정비 BTL사업 상환(2단계)('13년-33년)	153,353	40,768	112,585	7,622	7,622	7,622	7,622	7,622	74,475
하수관로정비BTL사업 운영비(1,2단계)	125,802	29,826	95,976	5,438	5,601	5,769	5,942	6,120	67,106
신탄진 처리분구 하수관로 정비	19,668	11,970	7,698	2,963	4,735	0	0	0	0
대전 12산단 하수관로 분류화사업	48,451	7,061	41,390	4,033	9,338	9,338	9,338	9,343	0
대전천 좌안, 옥계동 상류 하수관로정비사업	46,105	7,052	39,053	3,523	8,883	8,883	8,883	8,881	0
노후 하수관로 (1단계긴급보수)정비사업	28,115	5,830	22,285	3,630	9,328	9,328	0	0	0
서구 내동 일원 하수관로 정비사업	49,520	2,263	47,257	4,727	7,088	7,088	7,088	7,088	14,178
서구 복수동 일원 하수관로 정비사업	23,700	1,667	22,033	2,203	4,958	4,958	4,958	4,956	0
대덕구 오정동 일원 하수관로 정비사업	49,380	2,277	47,103	4,713	7,065	7,065	7,065	7,065	14,130
노후 하수관로 (2단계긴급보수)정비사업	24,615	2,500	22,115	2,210	6,634	6,634	6,637	0	0
동구 용운동 일원 하수관로 정비사업	49,515	2,263	47,252	4,783	7,077	7,077	7,077	7,079	14,159
중구 유천2지역 도시침수 대응사업	36,704	1,865	34,839	1,892	8,236	8,236	8,236	8,239	0

단위 : 백만원

세부사업	총사업비	기투자	소계	연차별 투자계획					
				2019	2020	2021	2022	2023	향후
대전천 일원 하수관로 정비사업	48,775	0	48,775	2,223	7,758	7,758	7,758	7,759	15,519
노후관로 (3단계 긴급보수)정비사업	24,682	0	24,682	2,500	5,546	5,546	5,546	5,546	0
월평정수장 1단계 고도정수처리시설 사업	58,200	17,659	40,541	9,500	14,900	16,141	0	0	0
중리취수장-월평정수장 제2도수관로 부설공사	78,000	15,564	62,436	12,000	24,000	26,436	0	0	0
상수도 고도정수처리시설 (3단계) 설치공사	123,900	3,200	120,700	6,000	18,500	9,700	32,000	27,500	27,000
노후관 개량	130,000	0	130,000	20,000	20,000	25,000	30,000	35,000	0
노후 옥내급수관 개량지원	4,410	0	4,410	870	870	880	890	900	0
신설용계량기 설치	4,600	0	4,600	800	700	900	1,000	1,200	0
수탁급수 공사	31,300	0	31,300	6,000	5,900	6,200	6,500	6,700	0
세종시 2단계 용수공급시설사업	41,000	30,774	10,226	10,226	0	0	0	0	0
도로시설물 안전검사	9,770	0	9,770	1,849	1,757	1,757	1,757	2,649	0
도로시설물 보수정비	23,954	0	23,954	4,994	8,567	0	468	9,925	0
신도안-세동간 광역도로개설	5,000	0	5,000	2,600	2,400	0	0	0	0
도로시설물 긴급보수	26,671	0	26,671	5,177	5,254	3,288	5,413	7,539	0
도시철도2호선 건설	749,147	5,800	224,700	2,000	11,700	15,000	66,000	130,000	524,447
도시철도 1호선 환승주차장건설	24,070	12,070	12,000	5,080	4,920	2,000	0	0	0
지능형교통체계(ITS)구축	8,500	0	8,500	1,500	1,600	1,700	1,800	1,900	0
교통사고잦은곳개선	5,000	0	5,000	800	900	1,000	1,100	1,200	0
안전한 보행환경 조성사업	14,000	0	14,000	2,000	2,400	2,800	3,200	3,600	0
교통신호시설물유지관리	16,500	0	16,500	3,100	3,200	3,300	3,400	3,500	0
교통구획선도색	13,000	0	13,000	2,500	2,550	2,600	2,650	2,700	0
상습교통정체구간개선사업	6,000	0	6,000	5	1,200	1,200	1,798	1,798	0
교통사고 취약구간 개선	8,400	0	8,400	995	1,500	1,800	1,800	2,305	0
초등학교 주변 안전한 통학환경조성	5,642	0	5,642	1,000	1,005	1,205	1,205	1,225	0
비룡지구 공영차고지 조성	13,773	0	13,773	200	11,165	2,408	0	0	0
주차환경개선	44,446	0	44,446	8,626	8,756	8,887	9,020	9,156	0
공영주차장 조성지원	9,980	6,000	3,980	1,900	2,080	0	0	0	0
도안대로 건설사업	117,726	95,758	21,968	7,205	14,763	0	0	0	0
계	6,706,535	1,607,782	5,098,753	469,914	830,026	848,070	915,599	1,252,190	782,956

기타

<표 6-17> 기타 사업 단계별 소요 예산

단위 : 백만원

세부사업	총사업비	기투자	소계	연차별 투자계획					
				2019	2020	2021	2022	2023	향후
근대문화예술특구 조성	11,807	0	11,807	500	800	3,507	3,500	3,500	0
비점오염 저감사업 (물순환 선도도시 조성)	28,000	2,330	25,670	3,557	0	22,113	0	0	0
국제과학비즈니스벨트 거점지구 단지형 외국인 투자지역 조성	72,000	0	72,000	7,000	14,000	38,000	0	0	13,000
원도심(저소득층 밀집지구) 지식산업센터 건립	37,908	34,083	3,825	3,825	0	0	0	0	0
창업 플랫폼 조성	15,800	0	15,800	7,000	200	200	200	8,200	0
대전 팁스(TIPS)타운 건립지원(국가직접지원)	11,000	0	11,000	11,000	0	0	0	0	0
대전사이언스페스티벌	5,960	0	5,960	1,160	1,200	1,200	1,200	1,200	0
대덕특구 융합연구혁신센터 조성사업	83,250	0	83,250	1,800	19,900	35,650	25,900	0	0
대전디자인센터 건립	22,400	14,473	7,927	7,927	0	0	0	0	0
수소산업 전주기 제품안전성 지원센터 구축	27,500	1,000	26,500	0	8,500	18,000	0	0	0
캠퍼스타운조성	50,963	50,713	250	50	50	50	50	50	0
의료기기 중개임상시험 지원센터 구축사업(국가직접지원)	7,250	2,083	5,167	1,700	1,700	1,767	0	0	0
소프트웨어 융합클러스터(국가직접지원)	20,000	12,000	8,000	4,000	4,000	0	0	0	0
대덕연구개발특구 및 과학벨트개발 사업	8,148	8,148	0	0	0	0	0	0	0
대덕특구 창조경제 및 과학벨트 조성	9,880	0	9,880	1,880	2,000	2,000	2,000	2,000	0
계	411,866	124,830	287,036	51,399	52,350	122,487	32,850	14,950	13,000

2.4. 재원조달 계획

(1) 기본전제

■ 유형별 소요예산 검토

- 도시재생활성화지역은 유형별로 도시재생사업의 성격, 규모 등이 다르므로 대전시 마중물 예산을 차등하여 지원함이 타당

- 도시경제기반형 도시재생활성화지역은 도시 및 국가 차원의 핵심시설과 그 주변지역에 대하여 광역적 고용기반 마련, 도시경제 활성화 등을 목적으로 하는 대규모 도시재생사업을 다루므로 대전시 마중물예산 지원 상한을 500억으로 정함

- 근린재생 중심시가지형 도시재생활성화지역은 과거 도시기능의 중심이었으나, 침체되어 재활성화가 필요한 지역에 대하여 상주인구 및 방문객 유입 촉진을 위한 집객시설의 확충개선 등의 도시재생사업을 다루므로 대전시 마중물예산 지원 상한을 200억으로 정함

- 근린재생 일반형 도시재생활성화지역은 지속적인 인구감소, 고령화, 노후화 등으로 쇠퇴하고 있으나 재생잠재력이 있는 지역에 대하여 생활기반시설 확충, 주민공동이용시설 마련 등의 소규모 도시재생사업을 다루므로 대전시 마중물예산 지원 상한을 100억으로 정함

■ 재원별 소요예산

- (국비 : 국토부 도시재생 마중물 예산 및 각 부처지원사업의 연계) 국토교통부 도시재생 일반지역 공모사업을 통해 국비가 지원되므로, 공모선정을 위한 철저한 준비를 통해 마중물 사업비를 최대한 확보할 수 있도록 함

- 각 활성화지역별 재생사업 발굴시 도시재생과 연계 가능한 중앙부처 사업을 적극 검토하여 각 부처 예산을 확보함

국비확보 방안	◦ 국토교통부 도시재생 공모사업 적극 추진 - 도시경제기반형 250억원/근린재생형(중심시가지 100억원, 일반형 50억원)
마중물사업비	◦ 각 부처사업과 도시재생 차원의 연계협력사업 추진

- (지방비 : 국비 매칭 비 및 역량강화 사업예산 우선 확보) 국토교통부의 공모사업 선정을 통해 결정된 마중물 예산 및 각 부처 지원 사업에 대한 지방비 매칭 비용을 우선적으로 확보함

지방비 확보 방안	◦ 지방비 매칭비용 우선 반영 ◦ 주민역량강화 사업예산 우선 확보
도시재생특별회계 설치	◦ 도시재생특별회계 설치확보를 통한 지속적인 재생사업 추진

- 도시재생 추진기반 구축을 위한 주민역량강화 사업예산의 별도 마련 필요

- 장기적으로는 도시재생특별회계 설치를 통해 지속적·안정적으로 예산을 확보
- (민간재원 유치·활용) 주택도시기금을 활용한 도시재생사업에 대한 보조·융자 지원 등 다양한 민간자본 유치방안을 도입하여 민간의 재생사업 참여 활성화를 유도
- 직접적 재정지원 이외의 입지규제최소구역, 지구단위계획 등 도시계획적 특례조치 등을 적극 강구하여 민간자본 유치를 도모

민간재원

민간자본 유치 활용

○ 주택도시기금 활용한 보조 융자
○ 민간자본 유치 여건 조성

(2) 재원조달방안

- 도시재생관련 조례 개정을 통해 도시재생기금 조성, 재생사업을 위한 재원으로 활용
- 각종 도시정비사업에 대해 공기업(한국토지주택공사, 한국철도공사, 대전도시공사 등)의 적극적인 참여를 유도하여 시행
- 도시재생사업으로 인해 수익 발생이 가능한 사업에 대한 민간자본의 적극적 유치 추진
- 각 각 중앙부처에서 실시하는 공모사업과 도시재생사업과의 연계방안 모색 및 도시재생 활성화지역 내 도시재생사업은 주택, 복지, 경제, 문화 등 다양한 분야의 사업을 포괄하므로 각 실·국별 통합예산 적극 활용
- 도시재생 특별법 제28조에서 도시재생전략계획수립권자는 도시재생활성화 및 도시재생 사업의 촉진과 지원을 위하여 도시재생특별회계를 설치·운용할 수 있도록 하고 있으므로, 장기적으로 도시재생 특별회계마련을 통한 포괄예산조달계획을 수립하도록 하며 특별회계가 마련된 이후에는 유형별로 구분하여 개략적인 재원조달계획 제시
- 민선7기의 주요 공약사업 가운데, 지역균형발전기금 및 주민참여예산제 등을 도시재생사업에 활용하는 방안 등 적극 강구
  - 주민참여예산제 200억 중 일부 재원을 시민주도형의 도시재생사업 추진을 위한 계획수립비용(주민기획공모사업 내지 사전기획예산제 등)으로 지원
  - 주민주도 기획예산의 형태로 지원해야 하는 주된 이유로서 지역 문제에 대한 사전 충분한 논의 및 사업을 통한 해결방안 등에 대한 주민합의가 이뤄지고 준비된 공동체 및 지역이 공모사업에 지원했을 때 성공할 가능성이 더욱 더 높아지기 때문임
  - 준비되지 않은 사업지구에서 사업추진은 이해관계자들간의 갈등 문제 유발과 합의 형성에 많은 시간과 비용 문제가 발생
  - 형식적인 주민참여하에 관주도의 공모사업은 실패할 가능성이 매우 큼
  - 주민참여예산제와 더불어 민선7기 주요 공약사업으로 추진 중에 있는 지역균형발전기금의 경우, 기초생활인프라 구축 및 정비 사업 등에 활용될 수 있도록 하는 방안 마련 필요

3. 지방자치단체 차원의 지원방안

3.1. 기본방향

- 대전광역시 여건 및 계획의 목표, 특성에 맞는 도시재생 지원제도 발굴
- 도시재생이 활성화되고 효과가 극대화 될 수 있도록 대전광역시 차원의 지원방안 마련

3.2. 지방자체단체 차원 지원방안

(1) 도시재생 주민협정 가이드라인

▎협정 유도단계

- 지자체의 지원전담부서와 주민협정위원회 구성 : 협정 체결을 위한 행 재정적 지원 기반 마련
- 지역주민의 주민협정 체결 참여 유도 : 기존 지원을 받아 참여하고 있는 주민협의회(자치조직)의 홍보를 통한 주민과 주민 리더들의 참여 권유(MGM, Members Get Members)
- 주민협정 관련 홍보 활동 및 교육 지원 : 지역주민들을 대상으로 주민협정에 대한 기초 이해, 절차, 공공의 지원 등 기본사항에 대한 설명 및 홍보

▎협정 기획 및 체결단계

- 주민협정체결 발의 및 주민협정 준비위원회 조직 : 협정에 대한 공감대 형성 후, 지자체의 주민협정체결 발의 및 홍보, 주민협정 준비 위원회 조직 구성(주민리더 및 관심 주민)
- 주민협정 초안 작성 : 다양한 주민의견 수렴을 통한 공감대 형성
- 주민협정 체결자 모집 : 주민설명회 및 개별 면담을 통한 홍보·모집
- 주민공모 및 워크샵 진행 : 도시재생 및 마을의 비전 제시를 위한 적극적인 주민참여 유도, 주민공모를 통해 정리된 내용을 토대로 전문가, 주민이 함께하는 워크샵 개최
- 주민협정 운영회 설립 및 상위계획·관련사업 검토 : 주민협정 준비 위원회는 주민협정 체결자들이 주민협정서 작성 및 주민협정의 관리 등을 위해 필요한 경우 자율적 운영기구인 주민협정 운영회를 설립할 수 있으며, 주민협정계획은 상위 및 관련사업(계획) 등에 부합하도록 하여야 함
- 주민협정 기본구상(안) 책정 및 주민합의 형성

▎협정 인가단계

- 주민합의를 통한 주민협정 계획(안) 채택 : 주민 투표 및 세부계획 워크샵 등 최종적으로 주민들의 의견 수렴을 통해 주민협정 계획안 채택
- 주민협정서 및 사업계획서 작성 : 주민협정서는 협정 체결자들이 준수하여야 할 사항을 구체적으로 명시한 것으로 전문가의 자문 및 주민과의 충분한 논의를 통해 작성되어야 함
- 주민협정 인가신청 : 작성된 주민협정서를 지자체에 주민협정인가를 신청함.
- 주민협정 발효·인가 이후 주민협정에 명시된 날까지 법적 효력 발생

▮ 협정 운영단계

- 주민협정 사업실시 및 운영·관리 : 주민협정의 준수 및 승계, 운영, 변경, 폐지에 대한 규정 마련
- 사후 평가 : 모니터링을 통한 주민협정 계획안 개선 및 인센티브 부여
- 평가를 토대로 개선 및 인센티브 부여 : 주민협정의 활성화를 도모하기 위해 규제위주의 운영보다 적극적인 인센티브 부여

(2) 현장 중심의 담당부서 및 도시재생 발전위원회 운영

- 지역별 도시재생사업 지원을 위한 현장 중심의 담당부서 운영
  - 도시재생주택본부, 도시재생지원센터
  - 자치구 도시재생 전담부서 설치 등
- 도시재생 프로젝트의 추진상황 검토 및 자문을 위한 대전광역시 도시재생위원회 지속 운영

(3) 기타 지원제도 발굴 및 활용방안 모색

- 다양한 세제 혜택 및 인센티브 방안 마련 : 도시재생사업에 대한 인센티브 다양화
- 전담추진기구 마련 및 행정절차 간소화 등 공공차원의 도시재생 시스템 구축
- 자치구의 재정자립도 및 추진의지 등을 고려, 차등적으로 시비 매칭 비율을 높여주는 방안 추진
  - 각 자치구의 재정여건 등을 고려, 현 70:30 비율에서 90:10 비율까지 탄력적으로 적용 완화 및 운용

4. 평가 모니터링 및 성과관리방안

4.1. 평가 모니터링

(1) 모니터링의 개념

- 모니터링이란 도시재생사업의 성공적 추진을 위해 상시적으로 계획수립주체에 대하여 해당 도시재생사업이 어떻게 진행되는지 검토하는 일련의 활동을 말함
- 도시재생지원기관의 모니터링결과와 도시재생활성화계획 수립주체의 성과평가를 토대로 매년 대전광역시에서 평가자문단을 구성하여 종합평가를 시행하며, 종합평가 결과는 환류 및 계획 조정사항 결정 시 활용함

(2) 추진단계별 정량적·정성적 모니터링 항목 설정

- 계획수립단계 ⇒ 실행단계 ⇒ 사후단계로 구분하여 정량적·정성적 모니터링 항목을 설정함
- 주민역량, 도시재생활성화계획과 도시재생사업간 정합성, 추진조직, 사업예산 집행, 성과관리 현황 등을 중점적으로 모니터링 하도록 하며, 정량적 객관화가 가능한 항목은 체크리스트 방식을 통해 작성 및 점검함
- 모니터링 항목은 해당 도시재생 활성화지역의 여건 및 목표, 사업유형 등에 따라 다르게 작성할 수 있음

〈표 6-18〉 추진단계별 모니터링 항목

단 계	모니터링 검토항목
계획수립단계	- 도시재생사업 내용의 적정성 - 도시재생 거점 공간시설의 확보 방안 - 도시재생사업 및 타 부처사업의 연계 - 도시재생기반시설 설치 및 운영방안 - 예산 확보 및 집행 방안 - 전문가 활용 방안 - 성과관리 방안 등
사업시행 및 완료단계	- 도시재생 활성화지역 MP선정 - 도시재생지원센터 운영 - 사업추진협의회 운영 현황 - 이해당사자간의 협력정도 등 - 예산집행의 적절성 - 도시재생활성화계획 목표 달성 여부 등
사후관리 (자력재생단계)	- 조직체계(주민협의체, 전담조직 등) 운영 현황 - 사업의 지속성(프로그램 등의 운영) - 신규사업의 발굴 여부 등

출처 : 대전광역시, 2025 대전광역시 도시재생전략계획, 2016.

4.2. 성과관리

(1) 성과관리 방법

- 계획수립에 따른 도시재생사업의 진행과정을 평가하고, 그 결과를 환류(feedback)하여 궁극적으로는 생활환경 개선 및 주민의 삶의 질을 향상시키고, 지역경제 활성화를 도모하기 위한 모니터링 평가가 필요함
- 일부 도시재생활성화지역의 도시재생사업을 통한 주민참여형 마을만들기의 지속적 확산을 도모하기 위해서는 도시재생사업의 결과, 파급효과에 대한 지속적인 측정·분석·평가를 통한 삶의 질 개선 효과에 대한 홍보가 수반되어야 함
- 이는 과학적이고 체계적인 모니터링 결과를 바탕으로 도시재생활성화계획을 수립·집행·평가하는 것으로 철저하게 주민중심의 도시재생 실현의 인식을 통해 적극적인 지역주민의 참여 요구가 요구됨
- 도시재생활성화계획을 수립함에 있어 핵심성과와 세부목표에 대한 모니터링 지표를 마련하고, 주민만족도 조사를 병행하여 주민들이 실질적으로 느끼고 있는 도시재생사업의 효과를 파악하여 도시재생방향, 프로그램에 대한 계획적 관리를 도모하여야 함

(2) 성과관리 기준설정

- 도시재생활성화계획 수립주체는 도시재생유형의 특성, 도시재생사업의 목적, 지역여건 등을 고려하여 도시재생활성화지역의 비전을 제시하고 이를 실현하기 위한 주요 목표를 설정하도록 함
- 지표선정은 모니터링의 지속적 실천을 위한 데이터의 객관성과 삶의 질 및 경제활성화에 미치는 영향 등을 종합적으로 고려하여 지표를 선정하도록 함
- 목표지표 선정은 도시재생활성화계획 수립의 목표별 달성여부를 비교·평가함에 있어 계획 목표와 연계되어 자력수복형 재생측면, 경제적 재생측면, 창조적 재생측면, 도시환경 재생측면 등 유형별 평가요인에 따라 세부 평가항목 기준으로 지표를 선정하도록 하여야 함
- 모니터링 목표 설정을 위한 지표선정은 기초조사, 모니터링 지표선정, 최종 목표지표 선정의 단계를 거쳐서 도출함

〈표 6-19〉 도시재생사업 유형별 성과평가 지표(예시)

유형	세부유형	지표구분	사회문화	산업경제	물리환경
도시경제 기반형	쇠퇴심화 저개발 중심지역 (고용기반)	정량지표	- 순인구이동률 - 경제활동가능인구율 - 문화시설수 - 교육수준(고졸이하)	- 지방세징수액 - 총 사업체수 변화 - 총 종사자수 변화 - 고차산업종사자수	- 역세권(거점)면적비율 - 노후건출물비율 - 주차장 확보율
		정성지표	- 이해관계자 협력정도	- 종사자 만족도 - 지역상민 만족도 - 경제활력 정도	- 물리적 환경개선 만족도
근린 재생형	쇠퇴낙후 산업혼재지역 (중심지 경쟁력)	정량지표	- 순인구이동률 - 기초생활수급자수 - 세입자 비율 - 고령인구비율	- 사업체수 변화 - 종사자수 변화 - 도소매업종사자수 - 제조업종사자수	- 노후건축물 비율 - 주차장확보율 - 건축허가건수
		정성지표	- 지역주민 만족도 - 주민 참여 및 활동현황	- 지역상민 만족도 - 방문객 만족도	- 물리적 환경개선 만족도
	역사문화 (예술) 특성화지역	정량지표	- 순인구이동률 - 문화시설수 - 순인구이동률	- 방문객수 증가율 - 지방세징수액 - 도소매업종사자수	- 노후건축물비율 - 주차장확보율 - 도시공원면적비율 - 건축허가건수 - 버스정류장개수
		정성지표	- 지역주민 만족도 - 이해관계자 협력정도	- 지역상민 만족도 - 방문객 만족도	- 물리적 환경개선 만족도
	열악한(노후) 정주지역 (생활환경)	정량지표	- 기초생활수급자수 - 세입자비율 - 고령인구비율 - 사회복지시설수	- 공시지가	- 노후건축물비율 - 주차장확보율 - 도시공원면적비율 - 건축허가건수
		정성지표	- 지역주민 만족도 - 주민 참여 및 활동현황	- 지역상민 만족도	- 물리적 환경개선 만족도 - 주거환경 만족도

출처 : 대전광역시, 2025 대전광역시 도시재생전략계획, 2016.

(3) 성과관리 운영방안

- 모니터링은 개별적인 평가와 모니터링 행위가 최대한의 효과를 낼 수 있는 구조가 되도록 행위와 수단들을 패키지화한 것으로, 목표지표를 활용하기 위한 진행과정, 목표 달성, 모니터링의 지속적인 관찰과 데이터를 수집하여 도시의 활력을 불어 넣을 수 있는 요소를 적용하여야 함

- 모니터링의 목적은 성과관리지표를 통한 정기적 모니터링 실시로 지역의 효과와 새로운 도시재생기법의 접목을 통한 효율적인 도시재생의 추진에 있기 때문에 세부지표별 모니터링의 시기와 방법도 중요한 요소임

- 이에 세부지표별로 조사주기(6개월, 1년, 2년 단위 등)와 시기(2월, 8월, 10월 등)를 정하고, 방법론적으로 실제 측정, 통계자료, 설문 등을 통해 시행할 수 있을 것임
- 또한, 성과관리지표에 대한 분석은 객관적이고 전문적인 지식을 필요로 하고, 주민과의 지속적인 소통이 요구되는 바, 모니터링을 위한 전문조직을 구성하여 수시, 연차별 변화를 살펴볼 필요성이 있음
- 주민만족도 조사는 핵심성과 및 세부목표와 연계한 모니터링을 통해 도시재생사업의 질적 향상을 위한 올바른 방향과 대안 마련을 통한 바람직한 정책적 방향을 제시하는 것으로, 통계 수치를 통해 분석할 수 없는 실수요자인 지역주민이 느끼는 도시재생사업의 현실적인 체감정도를 파악하고자 하는 것임
- 초기 만족도 조사는 추진 중에 있는 사업에 대한 과정상의 평가 중심으로 이루어지며, 일정 기간 이후에는 완료사업에 대한 성과 중심의 조사항목으로 이루어져 함
- 설문대상은 유형에 따라 구분되며, 주거를 중심으로 하는 정주기반에 대한 재생의 경우 실제 생활하고 있는 주민들의 삶의 질, 생활환경 향상, 소득 증대 등에 대한 내용 중심이 될 수 있으며, 상권 재생의 경우에는 상가지역 뿐만 아니라 이용자를 대상으로 하는 만족도 조사도 병행되어야 함

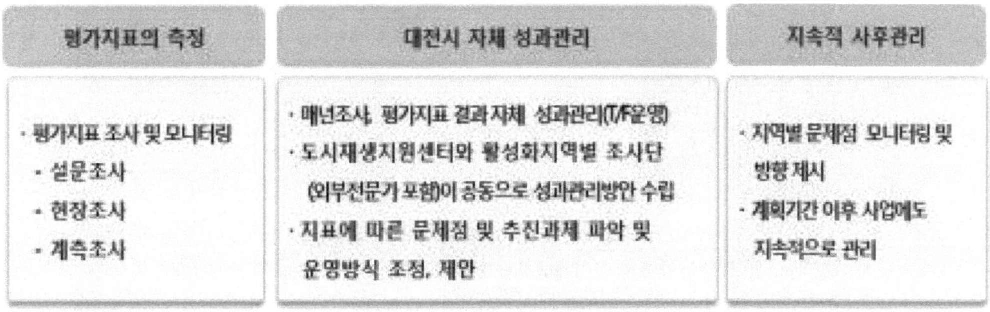

평가지표의 측정	대전시 자체 성과관리	지속적 사후관리
• 평가지표 조사 및 모니터링 - 설문조사 - 현장조사 - 계측조사	• 매년조사, 평가지표 결과 자체 성과관리(T/F운영) • 도시재생지원센터와 활성화지역별 조사단(외부전문가 포함)이 공동으로 성과관리방안 수립 • 지표에 따른 문제점 및 추진과제 파악 및 운영방식 조정, 제안	• 지역별 문제점 모니터링 및 방향 제시 • 계획기간 이후 사업에도 지속적으로 관리

[그림 6-3] 성과관리 및 운영방안
출처 : 대전광역시, 2025 대전광역시 도시재생전략계획, 2016.

(4) 평가주기 및 성과평가보고서 작성

- 일반적으로 지표는 1년 주기로 평가작성하여 지표치의 변화를 통하여 목표달성 과정에 대한 인과관계 설명력을 갖고 있으므로, 도시재생 성과평가지표 평가는 1년 주기로 평가작성하는 것이 바람직함
- 도시재생지원기관은 연차별 성과평가에 대한 기준과 가이드라인을 마련하여, 이에 대한 각 활성화지역별로 추진실적 보고서를 제출받고 종합의견을 작성하여 전담기관(도시재생본부)에 제출하도록 함
- 도시재생본부는 도시재생 성과평가 연차보고서 작성시 전문기관의 협력 및 위원회 구성을 통하여 모니터링 및 성과평가 지표에 대한 객관성, 지속성을 확보할 필요가 있음

4.3. 도시재생 모니터링·평가의 활용

(1) 계획·사업 보완 및 정책개선

- 종합평가 결과를 토대로 계획수립 및 사업시행 전반에 대한 개선사항을 도시재생활성화계획 수립주체에게 권고하고, 향후 정책과 법령, 각종 가이드라인 등을 개선 시 활용하도록 함
- 도시재생사업 성과지표는 지표치 분석을 통하여 도시재생 및 원도심활성화 정책 및 계획의 실행력 및 효과성 등의 판단준거(체크리스트)로 활용할 수 있음
- 도시재생 성과지표를 통해 도시재생에 대한 장기적 비전을 제시할 수 있으며, 중단기적 정책의 수정·보완의 정책적 자료로 활용할 수 있음

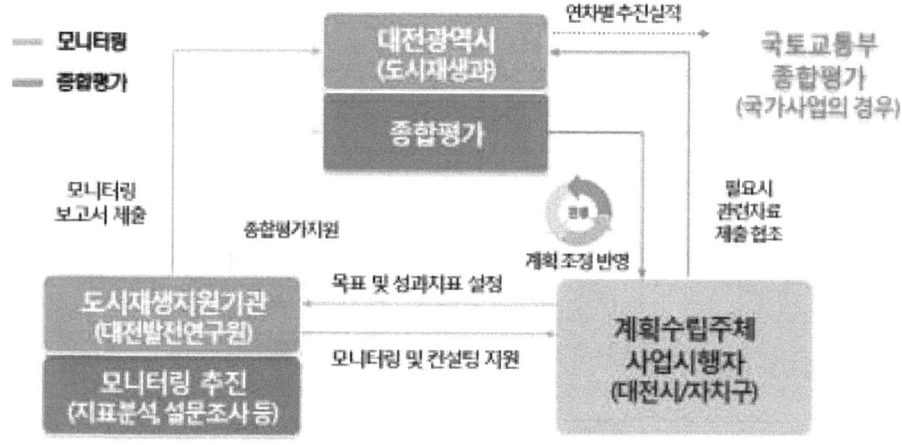

[그림 6-4] 모니터링·평가 수행 체계도
출처 : 대전광역시, 2025 대전광역시 도시재생전략계획, 2016.

(2) 단계별 준비 정도에 따라 시비 차등지원

- 도시재생활성화계획 실행이 준비된 활성화지역부터 우선 지원하며, 준비도가 낮은 활성화지역은 계획수립 보완, 사업비 교부 지연 등의 조치를 할 수 있음
- 도시재생 활성화지역 지정 취지 및 목적에서 벗어난 사업추진을 할 경우 지정 취소 및 지원 예산 환수 조치하도록 함
- 또는 성과가 조기 달성되어 추가적인 도시재생사업 추진의 필요성이 낮다고 판단되는 경우 도시재생활성화지역 지정을 해제할 수 있음

(3) 우수사례 발굴 및 확산

- 우수 사례지역의 발굴을 통해 자치구의 주민·담당 공무원·전문가 등에 대한 표창 등을 추진하고 우수사례는 교육·홍보자료로 활용하도록 함
- 도시재생활성화지역 재생 성과지표는 지표 치 산정을 통해 지속가능한 도시발전과 도시재생 정책의 실태와 추이에 대한 대 시민 홍보자료로 활용될 수 있음

(4) 도시재생 정책 노하우 축적 및 활용

- 다년간의 종합평가 결과를 토대로 대전형 도시재생의 전 과정을 기록한 백서를 발간(5년 단위)하고 지방자치단체 간 정보의 공개와 공유를 통해 노하우를 축척·활용 하도록 함

부 록

1. 공청회·전문가 의견 및 조치사항
2. 자치구 의견수렴

1. 공청회·전문가 의견 및 반영 사항

▌착수보고 / 일시 : 2018. 4. 20.(금) 16:00

전문가	주요의견	조치계획
자문위원A	○ 도시재생은 경제적 인프라만 제공하는 것이 아니라 공동체 및 지역의 고유한 자산을 찾고 극대화하는 방향을 찾아야 함	○ 대전 마을공동체 추진사업 현황과 성과평가 등의 과정을 통해 공동체가 함께 할 수 있는 사업 방안 등 제시
자문위원B	○ 도시재생은 주민의 참여와 주민의 관여가 적극적으로 이루어질 수 있는 방향으로 진행되어야 함	○ 민선7기의 핵심의제가 시민과 함께 하는 시정인만큼, 주민참여 및 활성화 방안 등에 대한 정책방향 및 과제 등 도출
자문위원C	○ 일정은 6월에 지역설정에 대한 초안마련 이후 협의되어 올해 응모에 대응할 수 있도록 해야 함	○ 올해 추진되는 공모사업은 기존의 도시재생전략계획을 토대로 대응 가능
	○ 기정→변경 사항이 핵심으로 지역, 유형, 면적, 우선순위에 대해 중점적으로 검토 필요	○ 기존 행정동 분석단위에 의해 포괄적으로 지정된 도시재생활성화지역을 집계구단위로 재조정하여 도시재생활성화지역을 세분화 ○ 세부적인 사업유형 및 우선순위 제시는 자치구의 몫으로서 변경계획에서는 기본적인 원칙과 대략적인 지침을 제공토록 함
	○ 어떠한 지역을 활성화 지역으로 설정할 것인가에 대하여 각 구의 수요조사부터 선행하여 협의할 수 있는 구조가 되어야 함	○ 활성화지역 지정에 대한 수요조사 및 재지정은 5개 구청 실무자와의 긴밀한 면담 및 협의를 통해 조정해 나갈 예정
	○ 각 지역의 유형에 대한 협의, 면적 기준 있으면 유형에 맞추어 면적 조정 등 협의 후 우선순위 설정 필요	
	○ 큰 틀에서는 4대 뉴딜정책 목표에 맞추어 추진 전략 설정 필요	○ 중앙정부의 4대 뉴딜정책과 민선7기의 주요 핵심공약 등을 반영하여 추진목표 및 전략 등 제시
	○ 중앙 공모를 낼만한 곳, 특화형으로 낼만한 곳은 별도 관리	○ 중점과제 도출부문에서 제시할 예정이나, 보다 세부적인 논의는 5개구청과의 협의를 통해 결정
	○ 부처 협업사업 연계 방안 등 모색 필요	○ 부처 협업사업에 대한 사업내용 파악 등을 통해 연계 가능한 방안 제시
	○ 광역 도시재생지원센터의 업무 지원 필요	○ 유사 중간지원조직간의 역할 분담 및 기능 통합 등에 대한 중장기적 과제 등 제시
자문위원D	○ 도시재생 뉴딜사업의 4대 목표 중 도시경쟁력 일자리 창출과 동일한 비중으로 주거복지 사회통합 부분도 다루어져야 함	○ 일자리 창출과 주거정책은 밀접한 관련이 있는 만큼, 정부의 주거복지 방향에 부합할 수 있는 정책방향 및 과제 제시
자문위원E	○ 도시재생 전략계획에 세부적인 우선가치(전략) 설정이 필요함	○ 계획의 기본방향 설정에서 충분히 논의될 수 있도록 고려
	○ 법적인 논의를 제외한 사람 중심의 정책이 필요함	○ 사람 및 장소 중심의 도시재생 사업이 추진될 수 있도록 정책 건의
자문위원F	○ 전략 수정안에 전반적 동의를 전제하고 ○ 지역 현실화와 일체감 유지 ○ 대전도시재생의 총체적 변화 유지 ○ 타 도시의 패러다임과의 공유 ○ 뉴딜과의 정책공유 유지	○ 계획변경의 필요성 및 당위성 충분히 설명될 수 있도록 보완 ○ 국내외 주요 정책동향 및 이슈 등을 파악해 내어 본 계획에 반영

자문위원	주요의견	조치사항
자문위원G	○ 기본 전략 및 수요조사에 있어 빅 데이터 등의 충분한 활용이 필요할 것이며 전체적인 방향성은 잘 선정되었다고 사료되나 대전시만의 특화된 방향 설정 필요	○ 실증 자료를 기반으로 객관적인 공간분석 결과를 토대로 활성화지역 재지정 등에 대한 방안 제시 ○ 과학자본과 시민주도의 도시재생사업이 원활히 추진될 수 있도록 하는 방안 제시
	○ 규모(scale)에 대한 충분한 고려가 필요 ⇒지역경제 scale, 인구 scale, 도시 scale 개발 scale을 (크기, 높이, 깊이, 너비 등) Micro Regeneration은 좋은 사례 ○ 시간이 부족한 관계로 사업의 선택과 집중을 통한 내실 있는 전략수립 필요	○ 뉴딜사업유형별 접근과 소규모도시재생 접근방식을 동시에 고려
자문위원H	○ 전략계획은 방향성을 담는 사업이며 본 사업에서는 뉴딜사업을 끌어안고 진행해야 함 ○ 전략계획과 뉴딜사업과의 관계를 명확히 해야 함	○ 변경계획의 가장 큰 주안점은 활성화지역에 대한 재조정과 도시재생과 관련한 민선7기의 시정방향을 잘 반영하여 구체화 해나가도록 하겠음
자문위원I	○ 외국 선진사례의 단순 활용보다는 한국적 도시재생 대전의 상황과 현장여건에 걸 맞는 도시재생 전략계획 수립 필요	○ 선진사례를 통한 시사점 도출을 통해 대전 실정에 맞는 계획구상이 이뤄질 수 있도록 하겠음
	○ 세종시와 인근 중소도시가 통합된 대도시권의 중심도시로서의 역할 기능을 도시재생 전략계획 활성화 계획에 어떻게 반영시킬 것인가 고민 필요	○ 도시재생과 관련한 상생 및 협력 방안 등을 거버넌스 체계 구축 관점에서 제시
자문위원J	○ 비전과 목표는 긴 안목으로 접근해야 함 ○ 새로운 것으로 바꾸고 개발하는 것도 필요하지만 기존의 것을 보존하면서 대전의 역사를 만들어가는 것도 중요	○ 관련계획과의 정합성 등을 고려하여 설정 ○ 지역특성에 맞는 사업유형 및 사업규모 등을 고려하여 방향성 제시
자문위원K	○ 시간에 따라 변화하는 중앙정부의 움직임과 대전시와 5개 구의 역할 분담에 대한 내용이 정리되어야 함	○ 정부정책동향과 민선7기 5개 구청별 주요 공약사항 등 검토하여 반영
	○ 전략계획의 변경에 있어서 여건의 변화 자료의 현재화 등 기능적 측면에서의 조정의 필요성도 있으나 도시재생사업의 기본 입장 초점 등을 적극적으로 고려할 필요가 있음	○ 기존 관련계획과의 정합성 유지 및 정책 일관성이 유지될 수 있도록 계획내용을 충분히 반영
	○ 중앙정부에서 재정 지원 없이 대전시가 스스로 도시재생을 진행하는 것은 현실적으로 어려우므로 중앙정부에서 제시하는 요건들을 전략계획에서 다룰 필요가 있음 ○ 중앙정부의 재정 지원이 끝났을 때 이후 남은 사업기간을 어떻게 유지할 것인지에 대해서도 전략계획에서 제시되어야 함	○ 대전시 자체예산으로 추진 가능한 소규모 재생사업 모델 등 제시(민선7기 공약사업과 연계) ○ 집행 및 관리방안에서 구체적으로 제시
	○ 유형별 계획의 특성을 확보하는 관점이 필요, 전략계획의 상위적 안에다가 하위 활성화 계획으로 모두 활성화 될 수 없으므로 활성화 계획의 유형 대상지의 선정에서 논리 구축이 매우 중요 ⇒ 유형별 목표를 명확하게 설정	○ 전략계획의 역할은 방향성 제시에 있으며, 구체적인 실행방안 등은 활성화계획에서 다룸이 타당 ○ 하위 계획 수립 및 사업추진의 유연성 확보 필요
	○ 소규모 정비사업 등 법정 사업으로서의 사업진행 수단을 보다 구체적으로 진행할 수 있도록 검토	○ 시민체감도가 높은 소규모재생사업의 추진 및 확대방안 제시(구와 본청과의 역할 및 기능 재분담 필요)

■ 일시 : 중간보고 / 2018. 11. 16.(금) 14:00

자문위원	자문내용	조치사항
자문위원A	○ 대상지 선정을 위한 분석단위로는 행정동 단위보다 집계구가 좋을듯함 ○ 현장에서 볼 때 더 세분화된 통, 반의 역할이 큼 ○ 따라서 집계구로 진행하되 통, 반 또한 고려해야함 ○ 마을공동체 활성화 척도에 대한 분석이 있었으면 좋겠음 ○ 마을공동체 활성화에 대한 현장조사가 이루어 졌으면 좋겠음	○ 단기적 인구변화추이를 살펴보기 위한 통반 단위 분석이 수행가능토록 조치함 ○ 마을공동체 활성화 척도분석을 위한 활동가/활동단체/활동장소별 네트워크 분석 내용을 보완함 ○ 지난 6년간의 대전형 좋은마을만들기 사업에 대한 현황파악 및 성과 등을 분석함
자문위원B	○ 기존 전략계획과 변경계획의 차이점이 무엇인지 제시되었으면 좋겠음 ○ 방향성에 맞는 현황진단이 이루어지기 위한 지표들이 무엇인지 제시가 필요함	○ 연구의 주안점에 차이점 등 수정보완 기술함 ○ 도시재생국가방침 및 각 뉴딜사업 가이드라인상의 지표 등을 활용한 현황진단 실시함
자문위원C	○ 실제적으로 대전 시민들에게 스며드는 과학은 얼마나 있는가에 대해 검토가 되었으면 좋겠음	○ 과학기술을 활용한 도시재생사업 추진 방안 등을 주요 전략의 꼭지로 포함시킴
자문위원D	○ 기존 2016년도에 진행된 사업의 내용(과거 여건, 시행착오, 경험)이 녹아져 있으면 좋겠음 ○ 신생된 현장지원센터 등이 생긴 후 현황 등이 담겼으면 좋겠음 ○ 현재 여건에서 지원에 관한 법정 조례 재원조달의 어려움을 극복할 수 있는 방법이 담겼으면 좋겠음	○ 각 추진 계획 및 사업에 대한 평가, 환류체계 마련이 필요한 만큼 이를 세부과제로 반영. 단, 실제적인 중간이행평가 과정은 뉴딜사업이 이제 시작단계이므로 좀 더 일정 경과 과정이 필요한 상황임 ○ 재원조달 방안은 관리 및 집행계획 부문에 반영함
자문위원E	○ 형식을 어느 정도로 맞출지에 대해 담당부서와 협의가 필요함 ○ 지역 내 사업과 중앙부처의 내용과 연결지어 매듭을 지어주어야 할 것 같음 ○ 광역시가 하고 있는 재정적인 노력과 추가적으로 필요한 사업기획준비 선정, 후속계획 관리운영까지 할 수 있는 지원체계를 어떻게 보완할 것인지 제언해 주었으면 좋겠음	○ 본 과업은 지난 2016년의 전략계획에 대한 변경 용역으로 큰 틀은 기존의 계획체계를 수용하되, 최근 정부정책 변화 및 주요 어젠다 등을 반영하여 대전시 여건에 맞는 도시재생 정책 방향 제시와 재생활성화지역에 대한 조정을 주요 과업의 내용으로 삼고 있음
자문위원F	○ 자문의견 조치사항이 많이 개선이 되었음 ○ 수요분석조사, 뉴딜사업 유형별 접근과 소규모 도시재생에 관련된 사항이 충분히 조치가 진행되었음 ○ 5개 구청과 협의 내용이 다소 미흡함 ○ 과학기술기반과 문화에 대한 도시재생은 포함되지 않았음 ○ 대전의 특색을 살릴 수 있는 특색 있는 지구조정이 필요함	○ 5개 구청 설명회를 개최(8.30)하였고, 주요 의견 및 반영했으면 하는 사항 등을 요청함에도 기대에는 못 미쳤음. 계획내용이 어느 정도 정리되는 대로 추후 다시 재논의토록 함 ○ 스마트도시재생 방안이 주요 전략으로 제시될 수 있도록 조치토록 하겠음

자문위원	자문내용	조치사항
자문위원G	○ 문제점을 나열하고 그에 대한 해결방안에 대해 선진사례 제시 등 실질적인 방안을 제시하면 좋을 것 같음	○ SWOT분석을 통해 문제점 및 개선방향 등을 추가적으로 제시, 이를 토대로 비전 및 목표, 전략 등을 도출함
자문위원H	○ 국가정책에 맞는 지역전략을 제시하는 도시재생 뉴딜사업인지, 우리지역의 현황 문제를 농밀하게 파악하여 해결하는 도시재생에 원칙을 둘 것인지 고민해 봐야함 ○ 광역시로서의 특성이 있으면 좋겠음	○ 원활한 뉴딜사업의 추진 방안과 더불어 대전시의 도시재생 추진 방향 등을 제시토록 함
자문위원I	○ 대전의 미래를 생각하여 필요한 것이 무엇인지 고려해야함 ○ 광역단체는 중심시가지형이나, 경제기반에 몰입하는 경향이 있음 사업에 따른 사회의 변화와 연관성이 스토리형으로 나타나면 좋을 것 같음	○ 전략계획은 크게 도시정책의 추진 방향과 활성화계획 수립을 위한 지역을 선정해 주는데 방점 ○ 구체적인 컨텐츠 개발과 스토리텔링 발굴 등은 각 활성화계획에 포함
자문위원J	○ 공무원들이 주민과 소통하는 것이 어려움 사업진행이 느리더라도 주민과 소통하도록 해야함 ○ 스마트 시티, 혁신도시에 맞는 SW개발을 할 수 있는 지역순환경제에 대한 고려가 필요함 ○ 지역대학과 연계할 수 있는 방안을 마련해야함	○ 스마트도시재생 및 대학(연구기관) 주도의 혁신지구 적용이 가능한 지역에 대한 전략 방안을 제시
자문위원K	○ 과거 비전과 2018년 비전 목표가 달라짐(과학이 없어짐). 정책이 시민참여형으로 바뀌는 중이므로 과학을 다시 가져와도 될 것 같음 ○ 젊은 층의 참여를 유도할 수 있는 전략이 필요함 ○ 통합적 홍보와 주민들을 끌어들일 수 있는 아이디어가 필요함 ○ 개인적 주거지 재생보다 인프라 개발에 투자해야함	○ 비전을 수정 보완함 ○ 도시재생사업의 유형은 경제기반형, 중심시가지형, 근린재생형 등 3가지 유형이며, 뉴딜사업지구는 6개 유형으로 나뉘어져 있음 ○ 본 과업에서는 경제기반형과 중심시가지형, 근린재생형으로 세분하여 공간구조 및 위계에 따라 어떤 사업 유형을 가져가야 할지에 대한 기본원칙 및 기준 등을 제시함
자문위원L	○ 분석지역과 시민들이 체감하는 쇠퇴지역이 다를 수 있음 ○ 정량적인것도 중요하지만 정책적인것도 중요함 ○ 전문가보다 시민이 알 수 있는 단어로 비전은 간단하게 변경하면 좋을 것 같음 ○ 도시재생사업과 시의 다른 사업들과 크로스채킹이 필요함	○ 도시재생국가방침 및 도시재생법상 주요 쇠퇴지표(인구/사업체/노후건축물)를 주로 활용할 수 밖에 없는 한계가 있으나, 정책적인 부분은 5개 구청 담당자와 관련부서 협의 등을 통해 보완토록 하겠음 ○ 도시재생사업과 연계하여 추진 가능한 부처 협업사업 등을 별도로 정리하여 후에 부록 내지 별도의 자료집에 담도록 하겠음
자문위원M	○ 대전에 맞는 사업을 했으면 좋겠음 ○ 집행 및 관리방안을 주력해야 현실적으로 가능하지 않을까 생각됨 ○ 대전의 이미지가 무엇인가 생각해 봐야함	○ 관리 및 집행계획 부문의 내용을 보완토록 함
자문위원N	○ HW기반의 재생에서 SW기반의 도시재생으로 진행되어야함	○ H/W 뿐 아니라 S/W 사업 내용 등도 함께 검토하여 연계하여 추진 가능한 방안을 제시함

공청회 / 일시 : 2019. 3. 4.(월) 14:00

토론자	자문의견	조치사항
토론자A	○ 도시재생 뉴딜정책도 혁신적 포용국가를 지향하는 국정과제를 수용하고 있듯이 본 과업도 시대적 정신 및 국내외 주요도시 정책의 패러다임을 잘 반영하고 있다고 판단됨 ○ 5대 전략별 향후 구체적인 실행방안 및 정책사업화와 관련한 내용들은 5개구청 담당자들과 긴밀한 협의를 통해 결정 필요 ○ 대전시의 도시재생 특화전략으로서 스마트도시재생 전략방안은 타당, 다만 활성화계획 및 뉴딜사업 제안공모 단계에서 보다 구체적인 사업 이행 방안 도출 필요 ○ 뉴딜사업 권장면적에 의한 활성화지역에 대한 조정안은 늦어도 4월 말까지 확정되어야 5월 이후의 뉴딜사업 공모 절차에 차질이 없을 것으로 판단됨 ○ 생활SOC 사업에 대한 가이드라인이 추후 발표될 예정, 행정부서간의 조정절차 별도 필요, 향후 이와 관련한 전략계획의 추가적인 변경용역이 필요	○ 도시재생활성화지역 조정(안)은 최종 확정된 안이 아닌, 방침 및 가이드라인에 근거하여 쇠퇴지역을 보다 객관적으로 분석해내어 도출해낸 안으로서, 빠른시간내 5개 구청 담당자와 관련 부서와의 추가적인 협의 과정을 거쳐 최종 확정토록 하겠음 ○ 관련부서 협의 과정과 시의회청취 과정을 병행하면서 본 과업을 잘 마무리함으로써 5월 이후의 뉴딜사업 공모 절차에 차질이 없도록 준비토록 하겠음
토론자B	○ 기초조사가 충실히 잘 되었다고 판단됨 ○ 다만, 쇠퇴도와 실제 주민주도에 의한 사업추진이 원활한 지역간의 간극(gap)이 있는 문제를 어떻게 가져갈 것인지에 대한 고민 필요 ○ 도시재생활성화지역에 대한 조정은 정량적 분석도 중요하나, 구청에서의 의견 또한 매우 중요하므로 이를 적절히 잘 반영해 내었으면 함 ○ 최근 도시기본계획 변경 내용과 본 계획이 정합성을 잘 이룰 수 있도록 재차 확인 요망(최근 변경내용에 대한 확인 필요)	○ 쇠퇴도와 주민의 실제적 참여의지와의 간극문제는 대전시 뿐 아니라, 타 지자체들에서도 공통적으로 겪고 있는 문제들로 정부차원의 관련 법령 개정 내지 예외적 조치를 허용해주는 안이 마련되어야 할 것으로 판단 ○ 5개구청과 긴밀한 협의를 통해 과업이 잘 마무리 될 수 있도록 하겠음 ○ 도시기본계획 변경 내용에 대한 재확인을 통해 반영토록 하겠음
토론자C	○ 도시재생을 단순한 물리적 환경 개선사업으로 이해할 것이 아니라 주민과 함께하는 사업으로 추진될 수 있도록 기획 및 실행단계에서도 적극적인 참여를 위한 소통 채널이 확보되었으면 함 ○ 도시재생대학이 너무 전문가 집단에 초점이 맞추어져 있음, 기존 주민단체, 관변조직 등을 포괄하여 시민의 눈높이에 맞는 교육이 이뤄졌으면 함 ○ 중간지원조직간의 협업체계가 잘 갖추어질 수 있도록 지원하고, 소규모 재생사업에 대한 홍보가 보다 적극적으로 이뤄졌으면 함 ○ 뉴딜사업 국비지원 매칭 비율이 현 5:5에서 6:4 또는 그 이상으로 조정토록 함으로써 각 지자체들이 재정 부담을 줄일 수 있는 방안 마련이 필요	○ 주민주도의 도시재생사업 추진 방안과 관련해서는 관리 및 집행계획 부문에서 충분히 반영될 수 있도록 조치하겠음 ○ 도시재생대학과 소규모재생사업에 대한 홍보 강화 부문은 전략5의 세부과제에 보다 구체적으로 명시하여 반영될 수 있도록 하겠음 ○ 중앙정부에 대한 건의와 더불어 대전시 균형발전기금 내지 시민참여예산제 등의 활용을 통해 자치구 여건에 맞는 차등적인 예산지원이 이뤄질 수 있도록 하는 방안을 제시토록 하겠음

■ 최종보고/ 일시 : 2019. 4. 12.(금) 14:00

연번	의견인	의견내용	반영여부
1	서구 담당자	○ 활성화지역에 대한 일부 조정 구역이 반영되었으면 함 - 뉴딜사업에 효율적으로 대응하고 향후 활성화계획 수립에 대한 변경 절차를 최소화하기 위해서는 구역을 보다 세분화 하여 대응함이 바람직하다고 봄	반영
2	중구 담당자	○ 중구의 경우도 석교동 일대는 분할해서 반영해 주었으면 함 ○ 현재 뉴딜사업 공모를 위해 활성화계획을 수립 중에 있는 유천동 일대는 중구의 원안 요구대로 반영해 주었으면 함	반영
3	유성구 담당자	○ 유성구의 경우 현재 봉명동 일대를 대상으로 중심시가지형 뉴딜사업 추진을 위한 활성화계획을 수립 중에 있는 만큼, 상위 전략계획에 이 부분을 반드시 반영해 주었으면 함	반영
4	동구 담당자	○ 산내동 일대를 뉴딜공모사업에 우선적으로 지원코자 하는데 일부 구역에 대한 변경이 가능한지, 가능하다면 전략계획에 반영되었으면 함	반영
5	재생 과장	○ 관련 부서들과도 협의된 내용들도 본 계획에 반영되었으면 함 ○ 전반적으로 과업 내용이 잘 수행되었다고 봄 ○ 다음주 예정된 도시재생위원회 심의 안건에도 잘 준비해서 대응해 주었으면 함	반영

▌도시재생위원회/ 일시 : 2019. 4. 19.(금) 15:00

연번	의견인	의견내용	반영여부
1	위원A	○ 기 선정된 지역과 향후 활성화지역으로 지정코자 하는 구역이 명확히 분리되어있는지에 대한 확인 필요 ○ 집행 및 관리 방안 중 향후 예상되는 뉴딜사업 지구에 대한 재원조달 부분이 보다 명확하게 명시되었으면 함	- 구역이 명확히 분리되어 있음 - 우선순위에 따른 구역의 예상소요 예산은 반영
2	위원B	○ 활성화지역 우선순위에 대한 보다 명확한 근거가 보완되었으면 함 ○ 재정투자계획에 있어 국비 및 지방비 매칭 비율에 대한 확인 필요	- 경제기반형을 제외한 모든 유형의 뉴딜사업은 자치구의 소관업무로서 자치구의 추진의지가 매우 중요. 따라서 5개구의 요청과 본청의 전략적 접근에 따라 우선순위 등을 반영
3	위원C	○ 정보화 사회 및 스마트 도시의 반작용으로 아날로그적 정서에 기반한 도시재생 사례들도 점차 늘고 있는 만큼, 이들 시대상을 잘 반영한 도시재생사업이 이뤄졌으면 함	
4	위원D	○ 고령화 사회를 대비한 시간은행 모델 도입이 필요 ○ 빈집 및 저활용시설에 대한 활용방안 강구 필요	본 계획의 세부과제 형태로 제안함
5	위원E	○ 기초생활인프라에 대한 공급방안과 트램 건설에 따른 주요 핵심 거점 지역에 대한 뉴딜사업 대응이 필요	기초생활인프라 공급 관련 내용 본 계획에 반영 트램과 광역철도망의 주요 결절점은 최소 중심시가지 내지 경제기반형 사업 모델 등을 제안
6	위원F	○ 전반적으로 실증자료 분석에 기반하여 주요 의제들이 도출되었고, 그에 따른 전략 및 세부과제 등이 비교적 잘 도출되었다고 봄	
7	위원G	○ 쇠퇴 후에 대응책을 마련하기보다 쇠퇴하기 전에 미리 예방적 차원에서의 대응전략 마련이 필요하다고 봄 ○ 대전시 차원에서 이에 대한 선제적 조치가 필요하다고 봄	
8	위원H	○ 재생사업에 대한 환류평가 체계 도입 필요, 사업효과 등에 대한 피드백이 필요하리라 봄	환류 평가체계 도입의 필요성을 본 계획에 반영, 다만 현재 뉴딜사업이 추진 된지 얼마 되지 않은 상황이므로 이에 대한 지속적인 모니터링이 필요한 상황
9	위원I	○ 문화적 재생에 대한 내용이 본 계획에 추가하여 반영되었으면 함	세부과제의 한 부문으로 추가 보완토록 하겠음

■ 일시 : 중간보고 / 2021. 01. 19.(화) 14:00

의견인	의견내용	조치사항
자문위원A	○ 광역시와 같은 대도시 경우 전략계획에서 큰 틀을 계획하고 활성화계획에서 다양한 방향으로 진행 필요 ○ 지역 선정 시 꼭 필요한 지역을 중심으로 30개 내외를 지정하는 방향 필요 ○ 도시재생활성화지역과 정비사업간 중복 구역 사업추진에 대해 법률 검토 필요, 중복되지 않을 경우 제도 개선 논의 필요 ○ 기초센터 설치를 통해 '민간-전문가-지자체' 간의 도시재생사업의 내용 및 추진현황 등 지속적인 정보공유망 필요	- 도시재생활성화지역 공간범위 설정을 위한 단계적 전략을 제시함으로써 공간구조를 고려한 활성화지역 선정과 주변지역 연계 활성화 방안을 수립할 수 있도록 지원 - 2030 대전광역시 도시재생 전략계획 수립을 위한 주요 내용으로 제언 - 도시재생법 제2조 제7항에 따라 재개발, 재건축 사업 또한 '도시재생사업'에 포함되나 동법 제23조에 따른 행위제한을 최소화하여 정비사업의 자율성을 보장하고 도시재생뉴딜사업 예산의 효율적 집행을 위해 두 지역을 구분 - 의견을 반영하여 활성화지역 구역계 변경사유를 다각적으로 재검토하고 수정하였으며, 쇠퇴기준에 근거한 타당한 사유를 기재 - 도시재생활성화계획 수립 가이드라인 상의 광역, 기초, 현장 도시재생지원센터 각각의 역할 범위 제시
자문위원B	○ 장기적인 재생사업을 위해 국토부 가이드라인에 맞추는 것이 아닌 대전시만의 계획이 중요하며, 이를 위해 관련부서에서 수립하고 있는 주거복지 등 기초계획 검토 필요 ○ 이외, 문화예술 등 창조적 도시재생에 대한 시범사업도 검토 필요 ○ 현재 활성화지역의 우선순위가 시급성 기준으로 조정하는 방안 검토 필요 ○ 기초센터를 설립하기 이전 행정, 도시공사, 기초센터 등 각각의 업무분담과 역할에 대한 규정이 필요하며 이를 위한 지속적인 논의가 필요 ○ 재생사업의 지속가능성을 위해 제시한 자력재생단계는 공감하고 있으나 아직까지는 미약한 수준으로, 접근을 위한 방안 필요(예 : 전문가 pool 데이터 구축 및 관리를 통한 자력재생단계 매칭 투입) ○ 정량적 평가방식을 확대하여 대전시 재생사업을 전체적으로 진단할 수 있고 개선할 수 있는 자체적 모니터링 평가체계 구축 필요	- 향후 대전광역시의 특성을 고려한 계획 수립을 지원하기 위해 관련 계획 및 사업 내용을 추가 - 도시재생활성화계획 수립 가이드라인 상의 광역, 기초, 현장 도시재생지원센터 각각의 역할 범위 제시 - 대전광역시의 지속가능한 도시재생이 가능하도록 사업추진 및 모니터링 프로세스를 제언하였으며, 사업참여 주체 중심의 추진체계를 제언
자문위원C	○ 당초 전략계획상 144개의 활성화계획 구역을 지정한 것은 주민들에게 많은 혜택(HUG 융자 등)을 제공할 수 있는 기회보장 차원에서 과하게 지정된 부분도 있음 ○ 또한 활성화지역이 정비사업과 중첩되어 반영된 이유는 계획 당시, 정비구역 전면철거 방식이 회의적이었기 때문에 활성화구역으로 지정하여 혜택을 확대하기 위함 이였음 ○ 하지만 현재는 정비사업을 통한 분양성도 높아져 재생사업보다 정비사업의 수요가 높아졌기 때문에 분리하는 것이 맞다고 판단 ○ 사회환경의 변화를 고려하여 현 정부 이후, 도시재생 틀 유지 여부가 논의 되어야 하며, 대전시에 유리한 재생방향 수립 필요 ○ 광역시 단위에서의 재생사업은 중심시가지형, 경제기반형 유형이 우선될 필요가 있으며, 대전의 경우 트램 등 변화되는 공간환경과 연계되도록 통합적인 관점에서의 사업추진 방향 필요 ○ 대전시 인구 감소(대전에서 세종으로 인구유출)문제의 대안	- 대전 도시철도2호선(트램) 개통을 고려한 재생권역 도시재생 전략(예시)를 제시함으로써 향후 도시재생 전략계획시 권역별 재생방향 설정에 참고할 수 있도록 함 - 도시의 인문·사회적 구조 변화에 따른 생활SOC의 가변적 공급방안 등은 관련 연구 등을 통해 지속적으로 제기되고 있음 그러나 대전광역시 전반의 도시재생 방향 및 수단을 계획하는 도시재생 전략계획에서 상세한 생활SOC복합화 등에 관한 내용은 활성화계획에서 다루는 것이 즉각적이고 체감도 높은 대응방안을 모색할 수 있다고 판단됨

의견인	의견내용	조치사항
	방안은 신규주택 공급보다 정주환경을 개선할 수 있는 공동이용시설 집중 공급이 필요하다고 생각하며, 생활권계획과 생활SOC 복합화에 대해 검토할 필요가 있음 ○ 재생, 개발 등 정비사업에서 중요한 학교, 보육시설 등 생활권의 주요 기초사회기반시설에 대한 고려가 이루어질 필요가 있으며, 어느것을 중심으로 연계하여 정비할 것인가를 전략계획에 담아 방향성과 체계성을 정립할 필요가 있음	
자문위원D	○ 전략계획에서 각 지역의 특성을 조사하고 공간구조에 맞는 사업을 추진하여 선택과 집중을 통한 활성화계획 수립 필요 ○ 재생사업을 기술적으로만 판단하는게 아닌 시와 지자체, 민간의 의견이 담길 수 있는 과정 필요 ○ 지자체 요청, 정비사업 분리 외 변경 구역계를 제안할 수 있는 추가 논의 필요(타당성, 적합성 기준 마련하여 검토) ○ 자치구 기초센터 운영을 통해 중앙의 재원을 끌어올 수 있는 전략 필요	- 도시재생활성화지역 공간범위 설정을 위한 단계적 전략을 제시함으로써 공간구조를 고려한 활성화지역 선정과 주변지역 연계 활성화 방안을 수립할 수 있도록 지원 - 도시재생활성화계획 수립 가이드라인 상의 광역, 기초, 현장 도시재생지원센터 각각의 역할 범위 제시 - 대전광역시의 지속가능한 도시재생이 가능하도록 사업추진 및 모니터링 프로세스를 제언하였으며, 사업참여 주체 중심의 추진체계를 제언
동구 담당자	○ 사업추진단계시 보상협의, 사업추진에 따른 주민협의 등 현장을 진행하다보면 난관에 처하게 되는 상황이 다수 발생. 이에 따른 사업내용 및 기간변경에 대한 국토부와의 소통 창구 필요 ○ 원활한 사업추진을 위한 전문인력 확보 필요	- 대전광역시 및 자치구 재정현황과 인력 현황을 고려하여 자체결정 필요
서구청 담당자	○ 주민들 및 협의체와 협의하는 과정에 원만할 때도 있지만 갈등을 봉합하는 것에 대한 어려움이 많아 기초도시재생센터의 필요성에 공감	- 도시재생활성화계획 수립 가이드라인 상의 광역, 기초, 현장 도시재생지원센터 각각의 역할 범위 제시
유성구 담당자	○ 사업종료 이후, 사회적기업 또는 지역주민을 위한 후속사업 발굴이 필요하다고 판단(후속사업 발굴이 안되어 지역주민이 위탁하는 상황 발생) ○ 사업추진단계에서 후속사업을 발굴할 수 있는 운영방식 도입 필요	- 대전광역시의 지속가능한 도시재생이 가능하도록 사업추진 및 모니터링 프로세스를 제언하였으며, 사업참여 주체 중심의 추진체계를 제언
대덕구 담당자	○ 지역의 자력재생을 위한 거버넌스 구축 필요성을 공감하나 아직까지는 어려운 실정(HW사업 병행 추진으로 인력투입 부족 등 문제 발생) ○ 이를 위해 기초도시재생지원센터가 필요하며 자치구뿐만 아니라 본청의 관심과 지원도 필요 조직부서와 협의할 수 있는 방안마련 요청	- 대전광역시의 지속가능한 도시재생이 가능하도록 사업추진 및 모니터링 프로세스를 제언하였으며, 사업참여 주체 중심의 추진체계를 제언 - 도시재생활성화계획 수립 가이드라인 상의 광역, 기초, 현장 도시재생지원센터 각각의 역할 범위 제시
재생 팀장	○ 자치구 요청에 따른 사실로만 활성화지역을 지정하는 것이 아닌 기준에 따른 필요성이 담긴 제언 필요 ○ 생활SOC 기초분석자료에 대한 평가기준과 근거 필요(주차장의 경우, 생활SOC 분석자료와 대상지 현안에 따른 시설공급 여부가 맞지 않는다고 판단)	- 2030 대전광역시 도시재생 전략계획 수립을 위한 주요 내용으로 제언 - 국토교통부, 건축공간연구소의 생활SOC 기초분석 기준 및 평가 방법론을 기재하여 명확히 이해하고 주민들의 경험적 요구사항에 대한 대응 마련 시 참고할 수 있도록 국가최저기준 미충족 시설을 제시

■ 일시 : 공청회 / 2021. 03. 04.(목) 14:00

• 전문가 자문의견

토론자	자 문 의 견	조치사항
토론자A	○ 대전시만의 대전형 도시재생이나 소규모 재생사업이 필요한 시점 ○ 추후 전략계획 수립 시 대전시가 장기적인 계획을 담아줬으면 하는 바람	- 대전광역시 재정현황 및 정책추진 방향을 고려하여 도시재생 관련계획 수립 방법, 도시재생 기초지원센터 설립 등에 대한 자체 검토 필요 - 향후 대전광역시의 특성을 고려한 계획 수립을 지원하기 위해 관련 계획 및 사업 내용을 추가
토론자B	○ 주민들과의 소통이 중요한 핵심이라고 생각되어 활성화지역이 변경되는 지역에 주민들의 의견 검토 필요 ○ 향후 대전광역시 도시재생에서 핵심이 될 부분이 트램이라고 판단되며, 트램역 건설에 따른 도시재생에 반영 필요	- 주민의견수렴의 경우 자치구에서 자체적으로 주민과 활성화지역 변경 대안협의 진행하였으며, 이를 적극적으로 반영함 - 대전 도시철도2호선(트램) 개통을 고려한 재생권역 도시재생전략(예시)를 제시함 - 트램과 관련해서는 관련계획과 사업현황부분에 반영
토론자C	○ 도시재생전략계획을 비롯한 기본계획의 수립 단위는 일반적으로 10년이며, 계획간의 정합성을 고려하여 2030 도시재생전략계획 수립을 대전시에서 적극적으로 검토해주시기 바람 ○ 발표자가 제안한 바와 같이 거점중심과 활성화지역과의 기능적 연계전략이 필요하며, 소프트웨어 사업 같은 경우는 사업대상지에 한정하지 말고 주변지역과 함께 할 수 있는 방안이 필요하다고 판단됨 ○ 또한 재생사업에 참여하는 주체들을 다변화해서 다각적인 경제생태계 구축 필요 ○ 추후 도시재생 전략계획 수립 시 철도공사와 관광공사 또는 민간기업도 접목시켜 도시재생사업을 진행할 필요가 있으며, 빈집, 공폐가의 다양한 사업모델을 적극적으로 발굴 필요 ○ 최근 모니터링의 중요성이 부각되면서 각 자치구 내에 기초도시재생센터를 대전시가 구축 및 운영할 필요가 있다고 보여짐 ○ 도시재생에도 포스트 코로나에 대응하는 대전시의 재생방향 검토	- 10년 단위의 계획임에도 불구하고 2030에 맞춰져 있어서 전략계획이 근본적인 변화가 필요한 시점이므로 대전광역시 자체 검토 필요 - 포스트코로나 관련 내용은 국내 관련 정책동향을 파악하여 반영 - 빈집, 공폐가 현황 및 계획 내용을 추가
토론자D	○ 현재 많은 지자체에서 집계구 단위 쇠퇴도분석을 진행하고 있는데 최근 행정안전부가 통반단위 센서스데이터를 구축하고 있으므로 이 데이터가 보급될 경우 통반단위로 쇠퇴진단이 진행될 필요가 있음 ○ 제언에서는 도시재생 중심 거점들이 타 사업과의 연계하는 부분들을 권고하고 있지만 실행수단과 집행부분에 있어서 부처 간 장벽을 철폐하고 통합적인 접근이 필요하므로 지자체에서 해결의 노력이 선행될 필요가 있음 ○ 공유재산의 활용성이 낮아 적극적으로 활용이 필요하지만 기초지자체의 활용에 대한 이해가 부족하므로 단순 매각, 임대 등이 아닌 새로운 접근방식도 고민될 필요가 있다고 보여짐 ○ 융합적사고와 협력적 활동을 촉진해 나가기 위해서 다양한 이해관계자들과 논의 및 학습과정이 필요하다고 판단	- 향후 통반단위 쇠퇴진단 진행 필요 - 중심거점과 타사업과 연계하는 부분에서는 지자체에서 지속적인 참여 필요

토론자	의견	조치사항
토론자E	○ 도시재생전략계획은 법정계획이자 대전광역시 전체의 도시재생 정책 전반에 대한 계획이므로 2019년 재수립된 도시재생전략계획의 목표, 전략, 방안 등이 단순히 쪽방촌이라는 한 틀에서 변화될 것이 아니라 기존의 방향대로 유지되었으면 하는 바람 ○ 향후 도시재생 전략계획에서는 급변하는 도시재생정책 흐름에 맞춰 인정사업, 다양한 유형의 도시재생사업을 추진 할 수 있도록 활성화지역을 조정할 필요가 있다고 보여짐 ○ 도시재생사업의 특성상 참여주체와의 관계가 중요하다고 판단되므로 사회적 조직들의 의견도 수렴하여 반영될 필요가 있다고 보여짐 ○ 도시재생전략계획은 법정계획으로 법률상 설정하는 내용적 범위를 고려할 필요가 있음	- 비전과 목표, 전략에 관련된 부분들은 기존 계획을 변경하지 않고 그대로 유지함 - 지역 환경 여건에 따른 활성화지역 조정 - 총괄사업관리자 역할들이 중요해지고 있어 향후 계획방향에 반영필요

• 주민의견

토론자	의견	조치사항
한○○	○ 대전 동구 공공주택지구 신안과의원 등 신축 건물은 사업 대상에서 제척될 필요가 있음 ○ 대전 정동 1-1번지와 정동 1-280번지는 기존 건물만 제척하고 전체 부지를 공공주택지구로 지정될 필요가 있음	- 도시재생 전략계획은 대전광역시 도시재생 전반에 대한 방향을 다루는 기본계획의 성격을 가지므로 해당 내용은 도시재생 전략계획 수준에서 반영할 수 없음 - 다만 도시재생뉴딜사업 계획을 바탕으로 주민의견을 제시할 수 있도록 도시재생 뉴딜사업 내용을 본 계획에 추가
	○ 대전역 일원 공공주택지구 외에도 대전 곳곳에 노후주거밀집지역(쪽방촌)이 위치하고 있어 주거안정을 위한 추가적인 사업이 필요하다고 생각됨	- 주거복지와 노후주거밀집지역 재생사업 관련 내용을 정책 동향에 추가하여 도시재생 활성화계획 수립 및 사업시행에 참고할 수 있도록 지원
정○○	○ 대전역 도시재생 선도지역 내에 위치한 흙집을 등록문화재하고 지붕개량 등 유지보수를 위한 지원 대책을 마련할 필요가 있음	- 도시재생 전략계획은 대전광역시 도시재생 전반에 대한 방향을 다루는 기본계획의 성격을 가지므로 해당 내용은 도시재생 전략계획 수준에서 반영할 수 없음 - 다만 도시재생뉴딜사업 계획을 바탕으로 주민의견을 제시할 수 있도록 도시재생 뉴딜사업 내용을 본 계획에 추가

▌ 시의회의견청취/ 일시 : 2021. 3. 15.(월) 16:00 (의견 없음)

2. 자치구 의견수렴

▌도시재생 담당자 실무협의회/ 일시 : 2020. 10. 06.(화) 16:00

참석자	대전광역시청: 유민호 팀장, 송창현 주무관 대전광역시 도시재생지원센터: 윤용석 팀장 각 자치구 도시재생 담당관 ㈜서호이엔지: 선종원 차장 공주대학교: 정연준 선임연구원	
구분	의견내용	반영여부
1	○ 구역계 정형화 필요 - 집계구 단위 분석결과를 바탕으로 구역계를 설정하여 도시재생활성화지역이 다수 분포 - 전문가 자문, 국토부 심의 시 구역계 정형화에 대한 의견이 다수 발생	- 용도지역, 도로망, 정책수요 등을 고려하여 우선추진지역의 구역계 변경
2	○ 인정사업 추진구역 변경 및 제척 필요 - 인정사업의 경우 원칙적으로 활성화지역 외의 지역에 추진하는 사업으로 사업추진을 위해서는 도시재생활성화지역 구역계 조정 및 제척 필요 - 도시재생활성화지역 내 행정동, 주민 등의 갈등발생 가능성을 고려한 구역계 조정 필요 - 용역 추진 일정과 내년도 인정사업 추진일정 및 계획을 고려하여 필요지역만 우선 변경하는 방안 제안	- 활성화지역의 우선순위와 사업의 시급성, 구역계 변경의 타당성을 고려하여 반영
3	○ 도시재생활성화지역 내 국·공유지 매각 금지로 인한 지방재정 확충 난항 - 도시재생법 제30조 3항에 따라 도시재생활성화지역 내의 국유재산·공유재산은 도시재생사업 외의 목적으로 매각 또는 양도 불가 - 동구에서는 수해복구를 위한 지방재정확충을 위해 공유재산을 매각하고자 하였으나 도시재생법 조항으로 인해 처분에 문제 발생 - 중구 역시 활성화지역 과다 지정으로 재개발의지가 있는 사업지구에 사업을 추진하는 데 어려움이 발생 - 자치구의 재량권 확보하고 실행력 있는 사업추진을 위해 일부 활성화지역 해제 필요	- 인정사업 추진구역 등과 함께 구역계 변경의 타당성을 고려하여 반영
4	○ 자치구의 행정수요, 정책적 사업추진을 반영하기 위해 활성화지역의 우선순위 재검토 필요 - 서구는 도시재생활성화지역 6개소가 지정되었으며, 우선순위에 따라 사업을 추진하고 있으나 정책적 수요에 의해 시행되는 사업을 우선 추진하기 위해서는 우선순위 변경 필요 - 법률상 우선순위 선정을 전략계획에 포함하도록 하고 있으나 명확한 기준이 없고 실효성 또한 낮다고 판단되어 우선순위 재조정이 필요하다고 판단됨	- 자치구 정책수요를 반영하여 여건 변화 등을 고려한 우선추진지역 조정

▌동구 정책수요조사 및 사전 협의/ 일시 : 2020. 10. 22.(화) 13:00

참석자	대전광역시 동구청: 안광진 팀장, 권순범 주무관 ㈜서호이엔지: 선종원 차장 공주대학교: 정연준 선임연구원	
연번	의견내용	반영여부
1	○ 수해 피해지역 복구 목적의 공유재산 매각을 위한 구역계 조정 요청 - 2020년 7월 29일 밤~ 30일 새벽 대전·세종·충남 지역에 시간당 100mm 이상의 집중호우로 대전시 주택 52건, 도로 7곳이 침수되는 등 심각한 수해를 겪음 - 삼성동 286-11번지에 거주하는 주민은 당시 수해복구와 재방방지를 위해 관련 부서와 협의 후 삼성동 286-41번지(지목:도로)를 매입하고자 하였으나 도시재생활성화지역 지정으로 국·공유재산 매각 불가 - 이에 대전광역시 동구청은 삼성동 286-41번지 중 일부를 분리·매각하여 지역주민의 수해피해 복구를 지원하고자 '삼성1구역 도시재생활성화지역'의 구역계 조정 요청	- 제척 시 쇠퇴도 변화 등을 검토하여 대안 제시 후 조정
2	○ 활성화지역 과다 지정으로 인한 민원 발생지역 제척 검토 요청 - 2025 대전광역시 도시재생전략계획(변경)에서는 147개소(선도지역 포함)의 도시재생활성화지역이 지정 - 전략계획 변경 당시(2019년) 도시재생활성화지역은 정비지역을 제외한 집계구 단위 쇠퇴분석 결과를 바탕으로 모든 지역을 지정하였으나 법적 기준으로 인한 규제, 도시재생뉴딜사업의 체감도 부족 등으로 각종 민원 발생 - 현재 대전광역시 동구청 혁신도시과는 민원 다발지역을 파악하고 있으며, 용역 추진 여건과 행정처리 기간을 고려하여 민원 다발 도시재생활성화지역에 대한 제척 가능 여부 검토 요청	- 대전광역시 협의를 통해 결정
검토요청 지역		

■ 유성구 정책수요조사 및 사전 협의/ 일시 : 2020. 10. 30.(금) 13:00

참석자	대전광역시 유성구청: 오원명 팀장, 박지홍 주무관 ㈜서호이엔지: 선종원 차장 공주대학교: 정연준 선임연구원, 강수연 연구원	
연번	의견내용	반영여부
1	○ 도시재생뉴딜사업 추진을 위해 두 개의 활성화지역 병합 요청 - 온천2 4지역과 온천1 4지역은 현충원역 인근지역으로 뉴딜사업 면적기준에 따라 두 개의 활성화지역으로 분할되어 있음 - 도시재생 활성화계획 수립용역 수행 중 두 지역이 인접하고 있으며, 공간구조상 하나의 지역이라고 판단되어 하나의 지역으로 활성화계획을 수립하고 있음 - 하나의 지역으로 활성화계획이 수립되고 있는 상황과 도로망, 토지이용 등 공간 구조의 유사성을 고려하여 두 지역의 병합을 요청 - 온천2 4지역과 온천1 4지역은 2021년 공모 목표로 용역을 진행하고 있어 조속한 조치가 필요하다고 판단됨	- 변경 시 쇠퇴도 변화 등을 검토하여 대안 제시 후 조정
2	○ 활성화지역 구획의 명확한 기준과 정형화된 활성화지역 구역계 필요 - 기존 도시재생 전략계획에서 과도하게 넓게 구획한 지역과 현재 과소하게 잡힌 구역계의 기준이 모호하다고 판단되며, 통계적 기준인 집계구로 활성화지역을 구분하는 것은 타당하지 못하다고 판단됨 - 지역의 쇠퇴도 등을 정밀하게 파악하는 측면에서 집계구를 사용하는 것에 동의하나 도로, 기반시설 등 공간적으로 명확한 기준을 마련하고 활성화지역을 구획할 필요가 있다고 생각됨	- 변경 시 쇠퇴도 변화 등을 검토하여 대안 제시 후 조정
3	○ 추후 추진지역에 대해 정형화와 분할 등 전반적인 활성화지역 정비 필요 - 온천1 1구역의 경우 최근 도시형생활주택 유입 등으로 인구가 증가하고 있어 쇠퇴기준에 충족하지 못할 가능성이 매우 높다고 보여짐 - 유성복합터미널 착수 등으로 대상지 내에 발생하는 시외버스터미널 부지의 향후 방향을 고려하여 이에 대응한 활성화지역 구역계 정비 필요 - 계룡스파텔 협의 난항에 따라 활성화지역에서 제척하는 방안도 검토 필요	- 해당지역 검토 후 재협의
검토요청 지역		

■ 대덕구 정책수요조사 및 사전 협의/ 일시 : 2020. 10. 30.(금) 16:00

참석자	대전광역시 대덕구청: 나한수 주무관, 전하채 주무관, 김주희 주무관 대덕구 도시재생지원센터: 김재정 부센터장 ㈜서호이엔지: 선종원 차장 공주대학교: 장연준 선임 연구원, 강수연 연구원	
연번	의견내용	반영여부
1	○ 인정사업 지역 등 일부 지역 제척 요청 - 대덕구의 경우 긴급하게 사업 추진을 위해 구역계 조정이 필요한 지역은 없으며, 변경 시 주민의견 수렴이 수반될 필요가 있다는 의견 - 중리 5구역의 경우 유치원 용지를 활용하여 주민 활용 공유공간을 구상하고 있으나 타당한 제척 사유와 적절한 제척범위 설정이 필요하다고 판단됨	- 변경 시 쇠퇴도 변화 등을 검토하여 대안 제시 후 조정
2	○ 인접지역과 연계하여 추진할 수 있는 지역의 통합과 국소지역 해제 요청 - 활성화지역이 인접하여 다수 분포하고 있는 비래동, 법동 등의 활성화지역은 연계가능성을 검토하여 병합하는 것이 옳은 방향이라고 판단됨 - 활성화지역의 사업추진 가능성과 관리의 효율성을 고려할 때 국소 활성화지역을 해제를 검토할 필요가 있다고 판단되어 대덕구 도시재생지원센터에서 대덕구에 대한 쇠퇴도를 검토하고 있음	- 도시 및 주거환경정비 기본계획을 반영할 검토 후 적정 지역 해제
3	○ 광역, 지역, 현장 도시재생지원센터의 역할과 업무범위 명시 요청 - 대전광역시는 광역자치체로 대전광역시 도시재생지원센터를 운영 중이며 다수의 현장지원센터를 통해 뉴딜사업지역의 활성화사업을 지원하고 있음 - 대덕구는 자치구 도시재생지원센터를 통해 지역 도시재생사업을 관리하고 주민교육 등 대덕구의 도시재생 활성화를 위해 노력하고자 하나 대전광역시 도시재생지원센터, 대덕구 내 현장지원센터 등과의 역할 및 업무범위가 명확히 구분되지 않아 정체성을 확립하지 못하고 있는 실정 - 도시재생 전략계획 상에 각 도시재생지원센터의 역할과 업무범위를 구체적으로 작성하여 대전광역시 도시재생이 체계적이고 효율적으로 운영되기를 바람	- 가이드라인을 반영하여 도시재생전략계획 변경
검토요청 지역		

■ 서구 정책수요조사 및 사전 협의/ 일시 : 2020. 11. 10.(화) 13:30

참석자	대전광역시 서구청: 정덕영 주무관, 고민정 주무관 ㈜서호이엔지: 선종원 차장 공주대학교: 정연준 선임연구원, 강수연 연구원	
연번	의견내용	반영여부
1	○ 도시재생뉴딜사업 기준에 맞지 않는 구역계 조정 필요 - 2021년 한국마사회 대전마권장외발매소 폐쇄(이전) 계획에 따라 서구청은 월평1동 1지역의 도시재생 뉴딜사업을 추진코자 함 - 월평1동 1지역은 월평동지를 중심으로 사회적 자본과 인적자원이 풍부하고 안심마을사업, 보행자 안전거리 조성사업 등 연계 가능한 사업이 다수 추진되고 있어 도시재생뉴딜사업을 추진하기에 용이하다고 판단 - 그러나 월평1동 1지역은 35만㎡의 넓은 범위에 대형마트 등을 포함하여 일반근린형 도시재생활성화지역으로 설정되어있어 한정된 예산을 효율적으로 분배하기 어렵다고 사료됨 - 서구청은 부처간 사업연계를 위해 2021년 1분기 마권장외발매소 폐쇄와 동시에 도시재생뉴딜사업을 추진하고자하므로 면적 기준과 공간구조를 고려하여 구역계 조정을 요청	- 변경 시 쇠퇴도 변화 등을 검토하여 대안 제시 후 조정
2	○ 도시재생활성화지역의 우선순위 재검토 요청 - 서구청은 주민역량과 관심도, 활용가능한 공간자원 발생, 연계 사업 등을 고려하여 도시재생사업추진을 계획하고 있으나 월평1동 1지역의 면적뿐만 아니라 우선순위(5위)도 사업추진에 걸림돌이 되는 상황 - 서열형 우선순위 선정으로 인해 차순위에 위치한 월평1동 1지역의 사업추진 시 타 지역의 민원발생 등이 우려되는 실정 - 여러 부서의 상황과 자치구의 정책추진을 고려할 때 우선순위에 따라 도시재생뉴딜사업을 추진하기에는 무리가 있다고 판단됨 - 자치구의 사업추진 여건을 고려하여 활성화지역의 우선순위 조정, 범주화 등을 검토 요청	- 도시재생 뉴딜사업 선정지역 반영 및 타지역과의 상대적 쇠퇴도 등을 검토하여 조정
검토요청 지역		

■ 동구 삼성동1지역 활성화지역 변경 대안 협의/ 일시 : 2020. 12. 10.(목) 14:00

참석자	대전광역시 동구청: 안광진 팀장, 권순범 주무관 ㈜서호이엔자: 선종원 차장 공주대학교: 정연준 선임연구원, 강수연 연구원	
구분	대안1	대안2
구역계		
변경 방향	활성화지역 범위 일부 제외 유형: 일반근린형 면적: 약 142천㎡ → 약 131천㎡	규모축소 및 사업유형 변경 유형: 주거지지원형 면적: 약 97천㎡
조정 결과	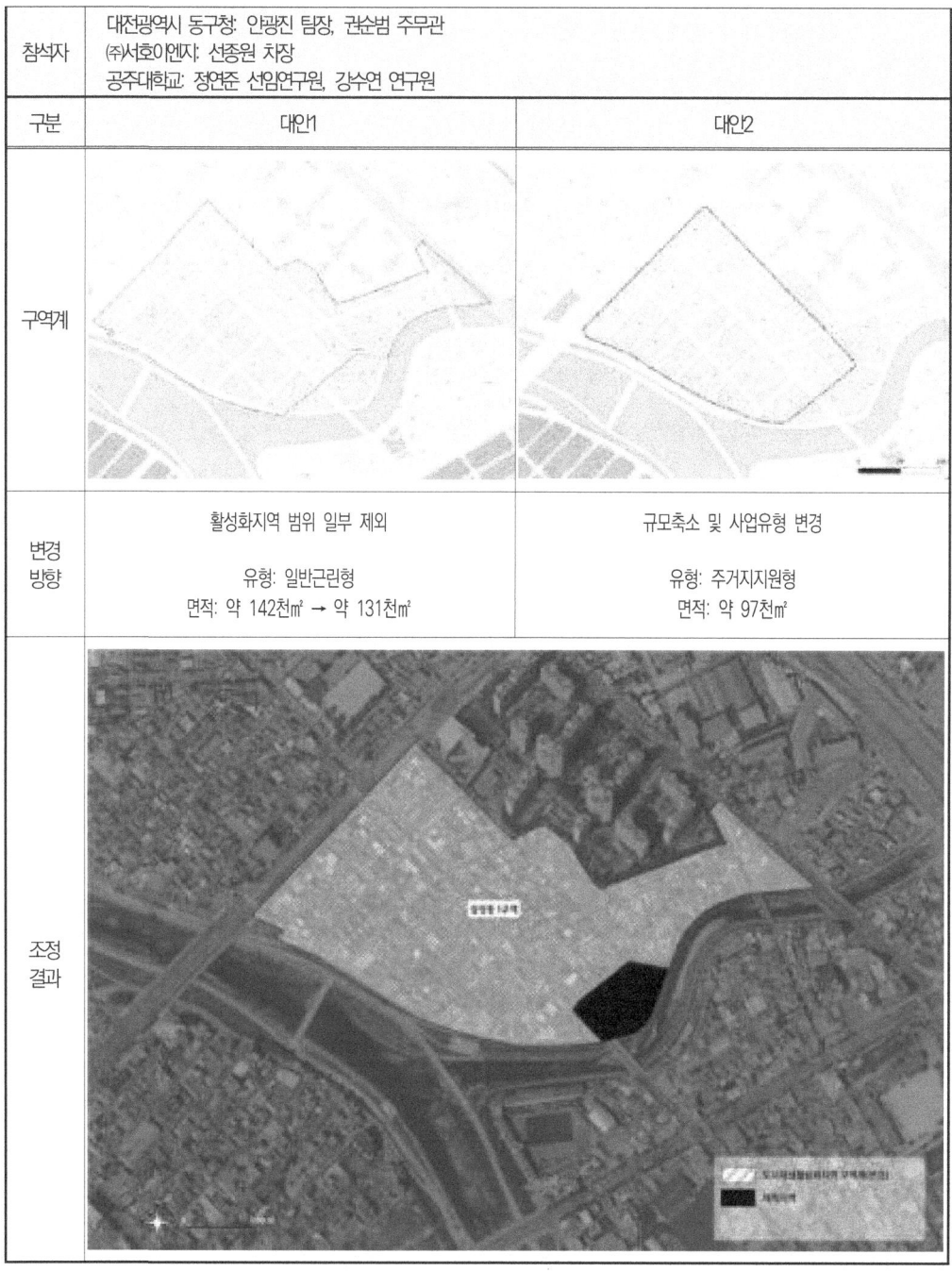	

▌동구 도시 및 주거환경 정비계획 반영

참석자	대전광역시 동구청: 안광진 팀장, 권순범 주무관 ㈜서호이엔지: 선종원 차장 공주대학교: 정연준 선임연구원, 강수연 연구원	
구분	기정	변경
가양1동 2지역		

▌대덕구 중리동 5지역 활성화지역 변경 대안 협의/ 일시 : 2020. 12. 11.(금) 11:00

참석자	대전광역시 대덕구청: 나한수 주무관 ㈜서호이엔지: 선종원 차장 공주대학교: 정연준 선임연구원, 강수연 연구원	
구분	대안1	대안2
구역계		
변경 방향	활성화지역 조정 중리동 144-1번지 일원 유형: 일반근린형 면적: 약 251천㎡ → 약 244천㎡	면적 축소 차량정비소 등 상업지역 일부 제척 유형: 일반근린형 면적: 약 184천㎡
조정 결과		

▌대덕구 중리동 5지역 활성화지역 변경 대안 협의

참석자	대전광역시 대덕구청: 나한수 주무관 ㈜서호이엔지: 선종원 차장 공주대학교: 정연준 선임연구원, 강수연 연구원	
구분	대안1	대안2
구역계		
변경 방향	대화 1길 77 제척 동심 1길 경계를 도로중심선에 도로 끝선으로 변경 유형: 일반근린형 → 주거지지원형 면적: 약 135천㎡	유형별 면적기준 적용 원명학교 일원 제척 유형: 주거지지원형 면적: 약 89천㎡
조정 결과	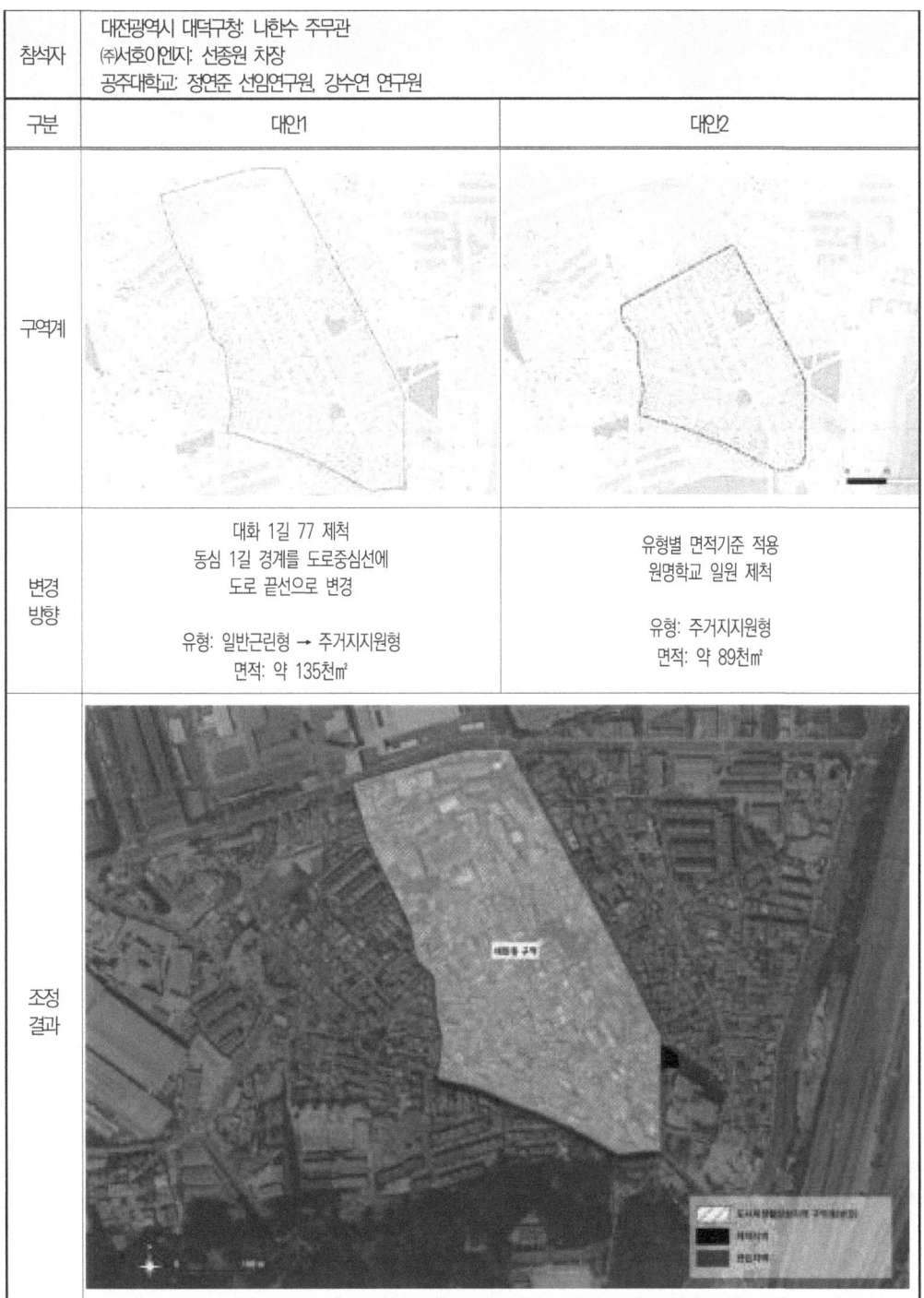	

▍대덕구 도시 및 주거환경 정비계획 반영

참석자	대전광역시 대덕구청: 나한수 주무관 ㈜서호이엔지: 선종원 차장 공주대학교: 정연준 선임연구원, 강수연 연구원	
구분	기정	변경
석봉동 1지역		원안 유지

▌중구 석교동 1지역 활성화지역 변경 대안 협의/ 일시 : 2020. 12. 11.(금) 14:00

참석자	대전광역시 중구청: 최쇼라 주무관, 강영호 주무관, 박문희 주무관 ㈜서호이엔지: 선종원 차장 공주대학교: 정연준 선임연구원, 강수연 연구원	
구분	대안1	대안2
구역계		
변경 방향	활성화지역 면적증가 (증가)석교동 98-3 등 기반시설부지 포함 유형: 일반근린형 면적: 약 141천㎡	연속되는 주거지 포함 가로경계기준 적용 유형: 일반근린형 면적: 약 176천㎡
조정 결과	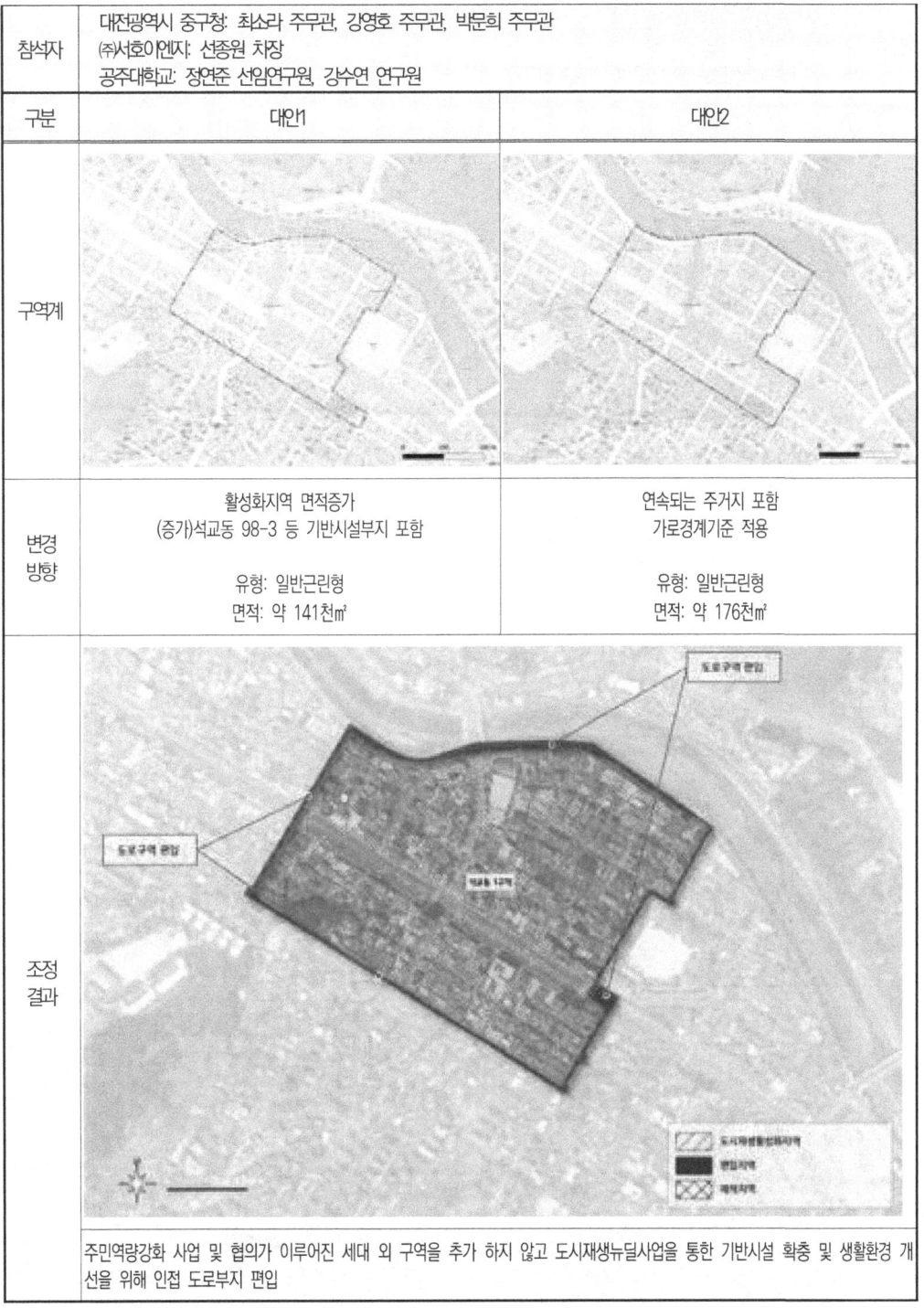 주민역량강화 사업 및 협의가 이루어진 세대 외 구역을 추가 하지 않고 도시재생뉴딜사업을 통한 기반시설 확충 및 생활환경 개선을 위해 인접 도로부지 편입	

■ 중구 도시 및 주거환경 정비계획 반영

참석자	대전광역시 중구청: 최소라 주무관, 강영호 주무관, 박문희 주무관 ㈜서호이엔지: 선종원 차장 공주대학교: 정연준 선임연구원, 강수연 연구원		
구분	기정	변경
대사동 3지역, 대흥동 3지역		해제
대사동 1지역		해제
태평2동 1지역		해제
부사동 지역 및 대사동 1지역		

▌서구 월평1동 지역 활성화지역 변경 대안 협의/ 일시 : 2020. 12. 14.(화) 14:00

참석자	대전광역시 서구청: 오세윤 팀장, 정덕영 주무관, 고민정 주무관 ㈜서호이엔지: 선종원 차장 공주대학교: 정연준 선임연구원, 강수연 연구원	
구분	대안1	대안2
구역계		
변경 방향	(제외) 월평동 314번지 월평초 일원 제외 유형: 일반근린형 (기정) 350천㎡ (요청) 150천㎡ (변경) 245천㎡	(제외) 지역 내 인적·물적자원, 진행중 사업 고려 유형: 일반근린형 (기정) 350천㎡ (요청) 150천㎡ (변경) 173천㎡
조정 결과	지역 자원 및 관련 사업 내용을 참고하여 추가대안 설정 후 주민의견을 수렴하여 결정	

▌서구 도시 및 주거환경 정비계획 반영

참석자	대전광역시 서구청: 오세윤 팀장, 정덕영 주무관, 고민정 주무관 ㈜서호이엔지: 선종원 차장 공주대학교: 정연준 산임연구원, 강수연 연구원	
구분	기정	변경
도마2동 2지역		

▌유성구 온천1동 3지역 변경 대안 협의/ 일시 : 2020. 12. 14.(금) 17:00

참석자	대전광역시 유성구청: 오원명 팀장 ㈜서호이엔지: 선종원 차장 공주대학교: 정연준 선임연구원, 강수연 연구원	
구분	대안1	대안2
구역계	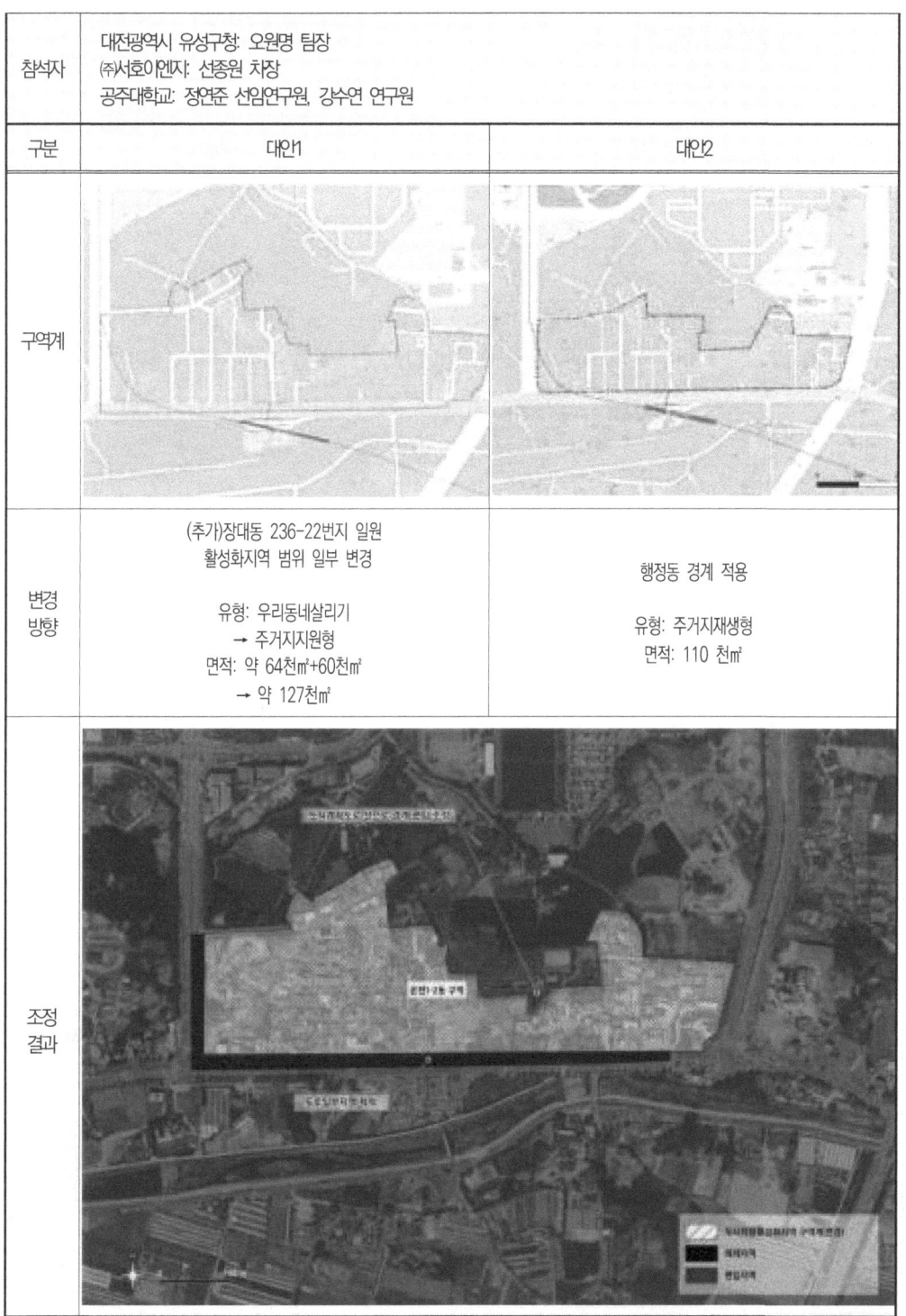	
변경 방향	(추가)장대동 236-22번지 일원 활성화지역 범위 일부 변경 유형: 우리동네살리기 → 주거지지원형 면적: 약 64천㎡+60천㎡ → 약 127천㎡	행정동 경계 적용 유형: 주거지재생형 면적: 110 천㎡
조정 결과		

▍유성구 온천1동 1지역 변경 대안 협의

참석자	대전광역시 유성구청: 오원명 팀장 ㈜서호이엔지: 선종원 차장 공주대학교: 정연준 선임연구원, 강수연 연구원	
구분	대안1	대안2
구역계		
변경 방향	활성화지역 범위 일부 변경 -(제외)봉명동 539-1번지 일원 -(추가)봉명동 694-6번지 일원 유형: 중심시가지형 면적: 약 404천㎡ → 약 259천㎡ ※ 쇠퇴기준 미충족	유형별 면적기준 반영 일부 집계구 제외 유형: 중심시가지형 면적: 약 225천㎡ ※ 쇠퇴기준 미충족 - 봉명동 694-6번지 일원 포함시 사업체 감소: 2.4% - 제척시 사업체 감소: 4.5%
조정 결과	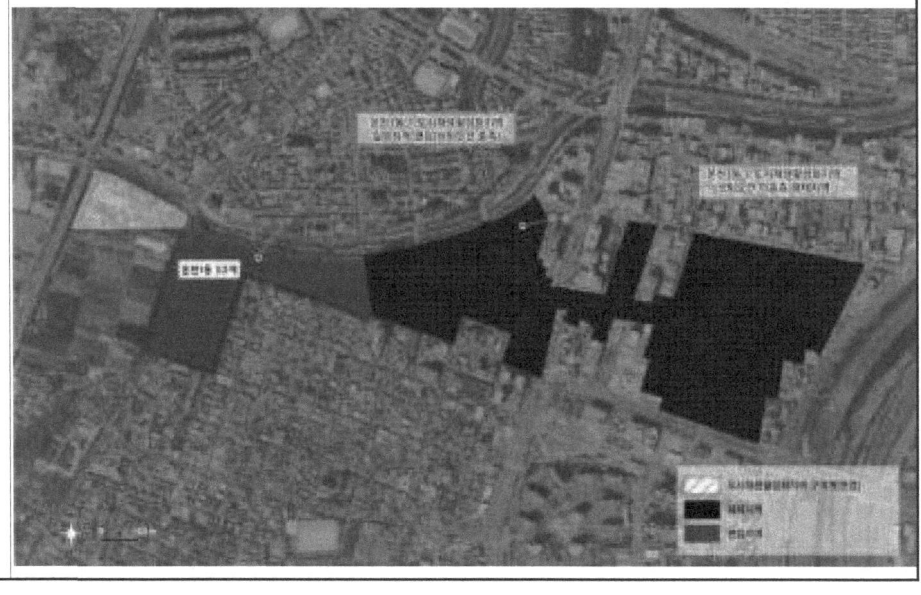	

유성구 온천1동 3지역 변경 대안 협의

구분	대안1	대안2
참석자	대전광역시 유성구청: 오원명 팀장 ㈜서호이엔지: 선종원 차장 공주대학교: 정연준 선임연구원, 강수연 연구원	
구역계		
변경 방향	활성화지역 범위 일부 변경 (추가)구암동 587-1번지 일원 유형: 우리동네살리기 면적: 약 28천㎡ → 약 116천㎡ ※유형변경(일반근린형) 검토 필요	교회, 빌딩 신축공사현장 등 제외 유형: 일반근린형 면적: 약 118천㎡
조정 결과	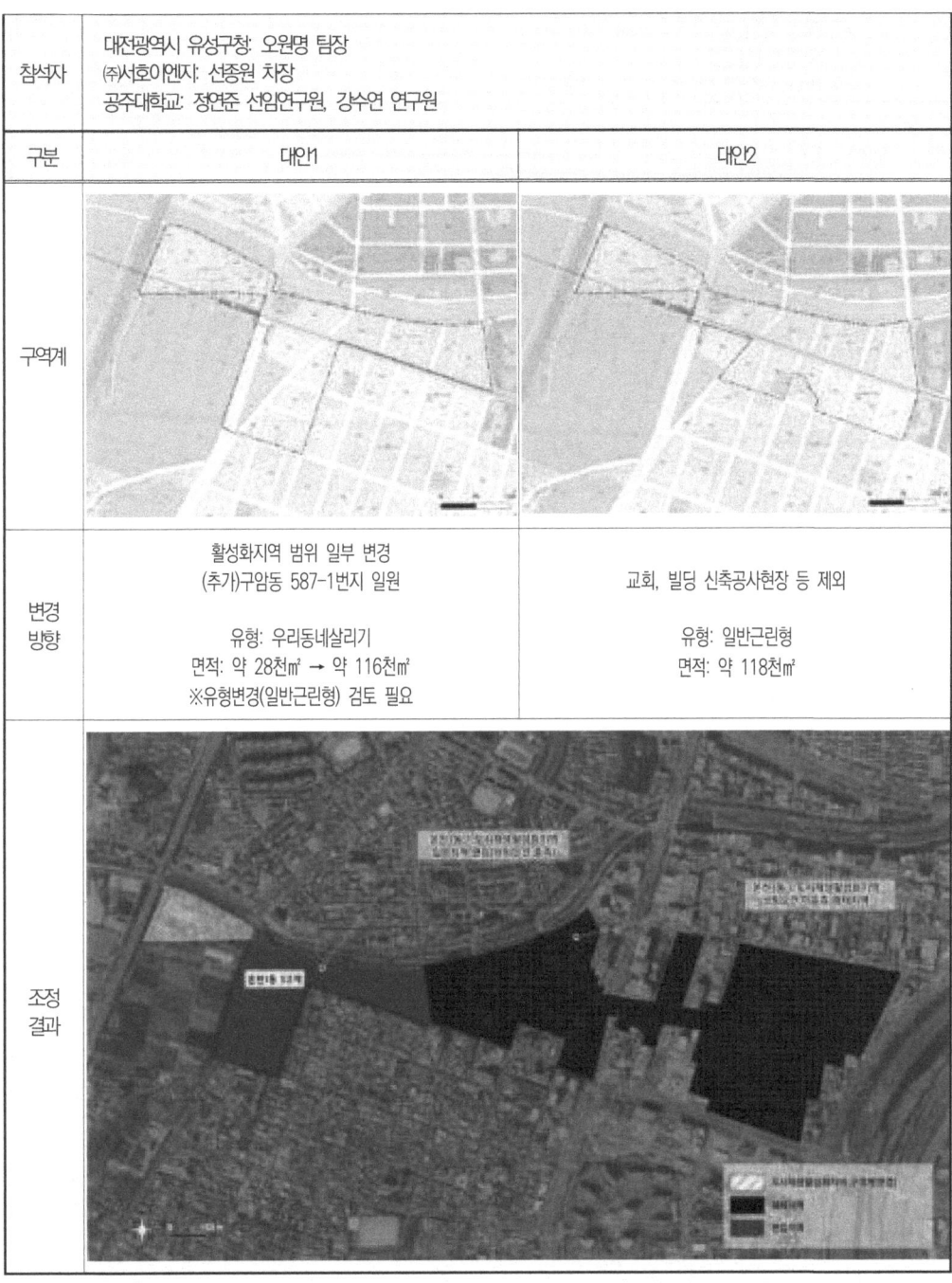	

▌유성구 도시 및 주거환경 정비계획 반영

참석자	대전광역시 유성구청: 오원명 팀장 ㈜서호이엔지: 선종원 차장 공주대학교: 정연준 선임연구원, 강수연 연구원	
구분	기정	변경
온천2동 3지역		해제

▌서구 월평1동 지역 활성화지역 변경 대안 협의/ 일시 : 2020. 12. 21.(월) 15:00

참석자	대전광역시 서구청: 오세윤 팀장, 정덕영 주무관, 고민정 주무관 대전서구의회: 이한영 의원, 정능호 의원, 신혜영 의원 서구 월평1동 주민 ㈜서호이엔지: 선종원 차장 공주대학교: 정연준 선임연구원
구분	대안
구역계	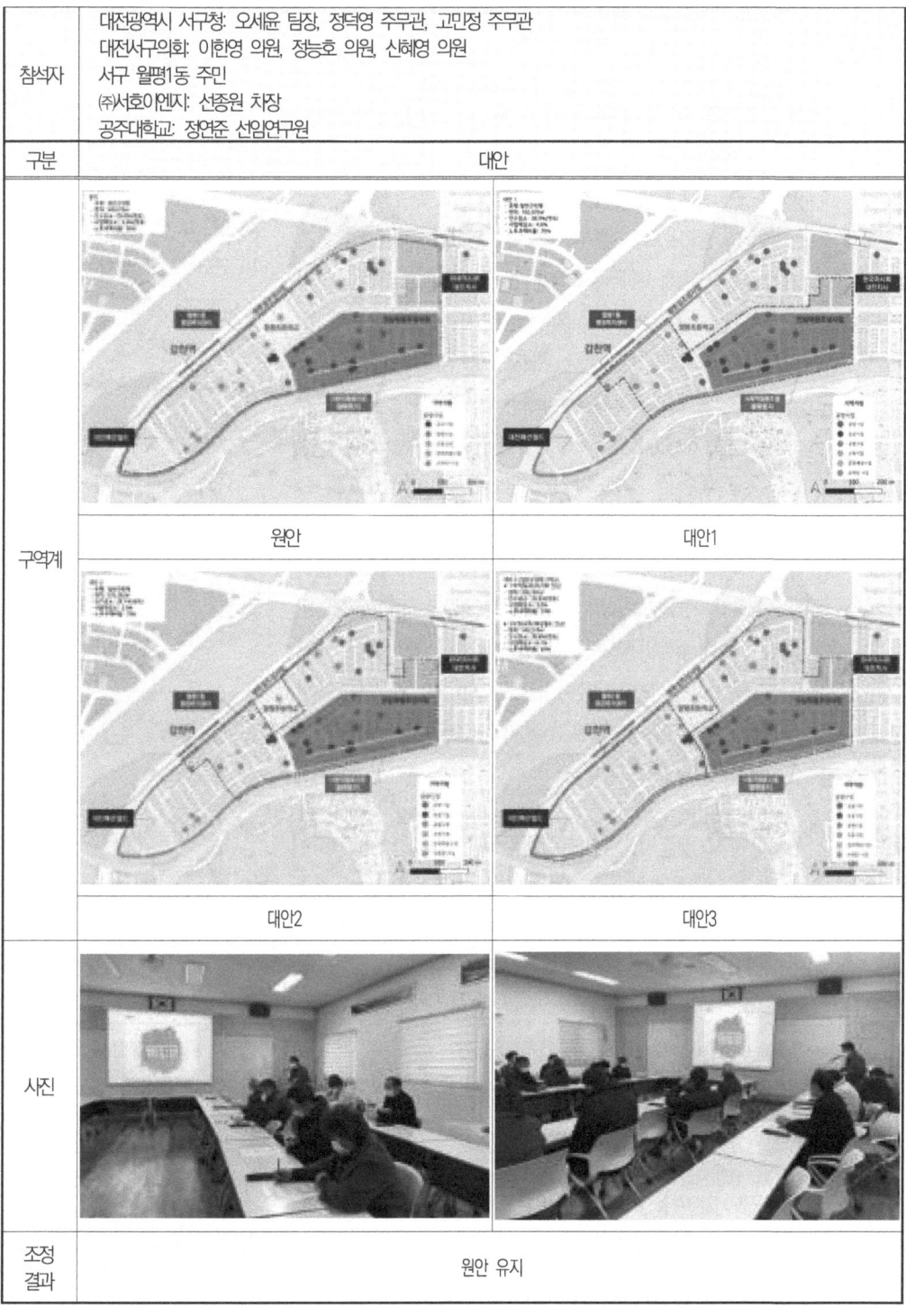 원안 / 대안1 / 대안2 / 대안3
사진	
조정 결과	원안 유지

■ 관계기관(부서) 협의의견 / 기간 : 2021. 03. 16. ~ 03. 31.

관계기관(부서)	협의의견 내용	조치계획
도시재생 지원센터	○ 쇠퇴현황 및 통계 등의 기준시점을 2019년, 2020년으로 적용 - 5p 과업범위중 시간적 범위를 2020년 기준으로 조사시점, 적용시점을 재설정 필요 -49~80p 모든 현황데이터 기준년도를 2020년(최소 2019년)으로 수정 필요, 원고도 표에 적절하게 수정요함 ※ 대부분의 데이터가 2016년~2018년 데이터임 49p 인구 추이, 50p 세대수, 51p 인구구조, 52p 가구 및 인구이동, 53p 학생수, 54p 취업자, 55p 경제활동인구, 56p 산업구조, 57p 지역내총생산, 58p 관광사업체 및 관광객수, 59p 주택, 60p 교통시설, 61p 공동주택, 62p 문화예술시설, 63p 문화예술시설 건축물 사용승인 연도별 현황, 66p 도로(포장도로, 도로면적, 예산), 67p 교량, 68p 상하수도, 72p 전통시장, 74p 재난방지, 75p 소방시설, 77p 산업단지, 79p 교육시설 -127~135p 쇠퇴지역 분석 재실시 필요(2020년 기준 쇠퇴지역 분석을 실시하여 활성화지역으로 지정 가능한 쇠퇴지역 재조정이 필요) ※ 2019년 보고서 작성시 2018년 또는 2017년 기준으로 하여 기간이 2년이 경과됨에 따라 쇠퇴도는 많은 차이가 있을 것으로 보여짐.	- 쇠퇴현황 및 통계 등의 기준시점을 2019, 2020년으로 적용하여 수정하였음 - 다만, 쇠퇴지역 분석은 본 과제가 시작된 2020년을 기준으로 2019년 또는 2018년 데이터를 활용하여 분석을 수행하였는데, 현황데이터 갱신시 대전광역시 도시재생활성화지역 전반에 대한 쇠퇴진단 결과가 달라지게되며, 이 경우 앞서 진행된 행정절차(자치구 협의, 주민공청회 등)을 다시 이행해야하므로 변경이 어려움
	○ 과업의 내용적 범위 변경 - 7p 대전시 도시재생 사업 추진 본문 내용 수정 : 2016년 수립, 2019년 변경내용중 일부 내용을 수정, 보완하는 것으로 변경 필요	- 대전시 도시재생 사업 추진 본문 내용 보완 [보고서 p.7]
	○ 과업의 추진경위 변경 -14p 추진경위에 전략계획 추진경위를 기재(언제 발주되었고, 자문회의, 공청회는 언제 등 기술, 쪽방촌 내용은 가급적 제외)	-전략계획 추진경위를 중심으로 내용 보완 [보고서 p.14]
	○ 도시재생 정책변화 반영 보완 -17p~ 2019년 이후 국내외 새롭게 제시되었거나 변경 수정된 도시재생 정책 내용을 기술 필요	-2019년 이후 새로 추진된 도시재생 정책내용을 추가하여 보완 [보고서 p.35~37]
	○ 상위 및 관련 계획 보완 -82p 대전도시기본계획 중 2013년 내용은 줄이거나 삭제하고, 일부 변경 내용으로 좀 더 구체적으로 기술 필요 -83p 도시재생전략계획 내용은 변경계획으로 정리	- 대전 도시재생 기본계획 일부 변경 내용을 중심으로 보완 - 기술된 도시 및 주거환경 정비 기본계

	-87p 글 내용과 표 내용 일치 필요(표 내용을 글 내용에 적합하게 수정)	획 내용에 맞게 표수정 [보고서 p.86], [보고서 p.90]
	○ 도시재생 뉴딜사업 추진 현황 수정 및 보완 -89~92p 대전역 일원 선도지역 내용은 2020년 선정지역 열거시 함께 기술 -93~104p 대전시 도시재생 뉴딜사업에 대한 개요 모두 설명 필요(2019년, 2020년 사업 모두)	- 현재까지 수립된 활성화계획 내용에 따라 시계열 순으로 모든 사업지역의 사업추진 내용을 기술
	○ 대전 도시철도 2호선 계획에 따른 트램 연계형 도시재생 활성화 전략 반영 - 105~122p 2020년 기준으로 모든 데이터 보완, 트램 건설에 따른 도시재생 전략 연구 내용도 기술 필요	- 트램 건설에 따른 도시재생 전략 연구 내용 추가보완 [보고서 p.109~111]
	○ 현황 및 여건 분석 결과와 SWOT 분석 및 정책방향 변경 -186~189p 앞에서 현황 및 여건분석, 상위 및 관련계획 등의 변화에 따른 SWOT분석 및 정책방향 등도 일부 변경 필요 -197~206p 2019년 이후 대전역 일원은 혁신도시 지정, 제4차 대전역민자복합역사개발 추진, 도심융합특구 지정 등이 추가로 지정되어 추진되는 바, 이들에 대한 내용 보완이 필요	- 주민공청회 시 전문가 의견에 따라 비전, 도시재생 방향 및 전략은 일부 변경을 다루는 본 과제의 변경에서 변경될 경우 대전광역시와 자치구의 도시재생 정책 추진에 혼란을 초래할 수 있어 기존 안을 유지하는 것이 옳다고 판단 [보고서(부록) p.329]
	○ 예산 및 재원 조달 계획 -283~294p 소요 예산 및 재원조달 계획을 2020년 기준으로 수정 필요	- 소요 예산 및 재원조달 계획을 2019년 이후 추진된 사업의 내용을 바탕으로수정 [보고서 p.238]
	○ 2025 대전광역시 도시재생 전략계획(변경)의 부록 수정 -307~313p 공청회 의견, 중간보고, 최종보고, 도시재생위원회 등은 지난 2019년 계획 의견 사항으로 삭제하고 금번 용역에 따른 행정절차 이행사항으로 대체	- 공청회 시 전문가 의견에 따라 기존 재수립 계획의 비전, 재생 방향은 유지되어야 한다고 판단됨 - 이에 비전, 목표 등을 도출하기 위한 전문가 및 주민의견 수렴과정은 유지하고 금번 계획의 의견사항을 추가하여 본 변경 계획 작성 과정이 자세히 나타나도록 보완 [보고서 p.319~349]
	○ 기타 기술상 혼란을 초래할 수 있는 문구 수정 -237p 추진방안 내용중 '지난 4월'은 읽는 시점에 따라 적용년도가 다르기 때문에 보고서에 적합한 내용이 아님. 구체적으로 2020년으로 수정 필요	- 기술상 혼란을 초래할 수 있는 문구를 전반적으로 재검토

부서	의견	조치사항
유성구청	○ 활성화지역 신규 지정(온천1·2동) 편입지역에 대한 범례 수정 - 활성화지역 신규 편입지역에 대한 범례와 구역계가 맞지 않음 ○ 사업구역이 행정동으로 노은1동, 온천1·2동인데 노은1동 미표기	- 유성구 제공 요청 구역계를 반영하여 활성화지역 구역계를 일부 수정하고 범례 수정 추가 보고서 p.173 - 포함된 행정동 전체를 포함하여 '온천1,2동' 도시재생활성화지역의 명칭을 '온천·노은' 도시재생활성화지역으로 변경
트램 정책과	○ 트램 관련 법령 및 구체적 방향 제시 요청 - 관련법령 및 지침에 근거한 해당영역 지정 및 구체적 방향 제시 필요	- 트램건설과 제공 자료 및 트램연계형 도시재생 활성화전략 자료를 제공받아 트램 2호선 도입에 따른 재생 방향을 제시 p.234~239
트램 건설과	○ 트램기반의 대중교통전용지구 도입 및 지정 관련 부서 의견 - 관련법령 및 지침에 근거한 해당영역 지정 및 구체적 방향 제시 필요 ○ 정책동향 및 현황분석 트램건설사업(109쪽) - 2020.10. 대전도시철도 2호선 기본계획(변경)이 국토교통부 승인됨에 따라 관련 내용 현행화 필요 - [그림2-74]수정, 〈표2-60〉삭제 및 추진현황 등은 붙임 자료로 대체 ○ 집행 및 관리방안(300쪽) 도시철도2호선 건설 사업비 수정 - 총사업비: 749,147백만원 | 연차별 투자계획 |||||| | 2019 | 2020 | 2021 | 2022 | 2023 | 향후 | | 2,000 | 11,700 | 15,000 | 66,000 | 130,000 | 524,447 | ○ 대전도시철도 2호선 트램사업과 연계하여 도시재생 효과가 극대화 될 수 있도록 트램노선 주변 도시재생활성화지역 지정 등 도시재생전략 추진	- 대전 도시철도 2호선 기본계획(변경) 관련 내용 현행화 반영 보고서 p.109 - 도시철도 2호선 건설사업비 수정 보고서 p.300

■ 대전광역시 도시재생위원회 심의 / 기간: 2021년 4월 19일 ~ 4월 30일

구분		심의의견	조치계획	비고
1	위원A	○ 변경사유가 변경내용에 충실하게 반영되었는지 확인, 특히 한국판 뉴딜, 재생사업 제도 변경, 포스트 코로나, 대전도시기본계획, 도시 및 주거환경정비계획 변경 반영 여부, 생활 SOC 분석결과 전략계획 반영 여부	○ 주요변경사항인 정부 도시재생정책, 대전광역시 도시재생 관련 여건변화와 의견내용에 부합되는 주요현안 등을 반영하여 계획수립 하였음	반영
2	위원A	○ 미래 환경변화에 따른 전략계획 반영 여부	○ 도시재생 전략계획의 성격과 위상을 고려하여 기존 분석에 제시된 우리나라 도시재생 정책 방향과 대전광역시 도시 및 주거 정책 사항들을 반영한 비전 및 전략 등은 유지하였고, [보고서(부록) p.329] ○ 최근 대전광역시 도시재생 정책에 영향을 미칠 수 있는 주요 국가정책을 추가하고 새로 제시된 도시재생 신규사업과 대전시 도시재생 여건변화를 반영	반영
	위원B	○ 향후 전략계획의 후발 수정적 대안이 도시재생계획에서 지속적으로 등장 하지 않도록 보다 적극적인 도시재생 측면의 검토와 계획이 필		
	위원B	○ 대전시의 미래전략계획 수립에 있어 선제적인 대안 제시와 적절한 방향제시를 포함한 계획이 수반되었으면 함		
	위원C	○ 폭 넓은 도시재생 전략보다는 내실있는 도시재생 전략이여야 함		
3	위원D	○ 변경사유가 변경내용에 충실하게 반영되었는지 확인, 특히 한국판 뉴딜, 재생사업 제도 변경, 포스트 코로나, 대전도시기본계획, 도시 및 주거환경정비계획 변경 반영 여부, 생활 SOC 분석결과 전략계획 반영 여부	○ 주요변경사항인 정부 도시재생정책, 대전광역시 도시재생 관련 여건변화와 의견내용에 부합되는 주요현안 등을 반영하여 계획수립 하였음	반영
	위원D	○ 미래 환경변화에 따른 전략계획 반영 여부		
	위원E	○ 향후 전략계획의 후발 수정적 대안이 도시재생계획에서 지속적으로 등장 하지 않도록 보다 적극적인 도시재생 측면의 검토와 계획이 필		
	위원F	○ 대전시의 미래전략계획 수립에 있어 선제적인 대안 제시와 적절한 방향제시를 포함한 계획이 수반되었으면 함		
	위원G	○ 폭 넓은 도시재생 전략보다는 내실있는 도시재생 전략이여야 함		
4	위원H	○ 도시재생전략계획 수립 가이드라인 개정(3.12) 적용 대상에 해당되는지 국토교통부 확인 및 협의 권고	○ 도시재생전략계획 수립 가이드라인 개정(안) 적용 대상에 해당하지는 않으나 「향후 대전광역시 도시재생전략계획 수립 방향 제언」에 개정(안)의 내용을 최대한 반영하였음	반영

5	위원B	○ 도마2동 2구역 축소변경지의 우리동네살리기 도시재생사업은 보다 면밀한 검토와 활성화프로그램의 대안적 제시와 주민의 긍정적 동의가 선제함이 필요	○ 계획 수립과정에서 자치구 의견수렴 과정을 통해 지역여건을 최대한 반영하여 활성화지역 사업구역계 및 면적, 사업유형 등을 결정하였음	반영
	위원D	○ 중구 유천동1구역 활성화지역 변경과 관련하여 도시기본계획의 생활권 및 공간구상과의 정합성을 검토 후 뉴딜사업의 방향성을 설정함이 필요할 것으로 판단됨	○ 도시기본계획의 내용과 정합성을 확보하고 도시재생활성화지역의 재원조달, 사업의 실행력 강화를 위해 도시재생 뉴딜사업 선정 기준을 고려한 사업 유형을 부여하였음	
6	위원A	○ 전략계획 변경에 따른 총괄예산	○ 2025대전광역시 도시재생전략계획 변경(2019년 11월) 이후 당선된 도시재생 사업 및 관련 사업 내용을 반영하여 사업 예산 등을 반영하였음 [보고서 p.238]	반영
	위원E	○ 향후 도시재생뉴딜사업이 완료되는 사업에 대한 모니터링 및 운영. 유지관리 등의 사후관리의 계획이 수립되어야 함		
7	위원G	○ 과업의 공간적 범위에서 동구만 차별화되어 있음 확인 필요	○ 과업의 범위, 면적 표기 등을 전면 재검토하여 오류사항을 조정하였음	반영
	위원H	○ 활성화지역 면적 표기에 대한 최종확인 필요		
8	위원G	○ 과업의 시간적 범위에서 조사 시점(2018년), 분석 기준년도(2016~2017년도) 적절한지 확인 필요	○ 본 과업의 범위에 부합되도록 계획수립하였음 ○ 쇠퇴현황 및 통계 등의 기준시점을 2020년을 기준으로 취득이 가능한 최근 자료를 적용하여 수정하였음 [보고서 p.53 ~ p.84](p.68~ 수정 중) - 다만, 쇠퇴지역은 본 과제가 시작된 2020년을 기준으로 2019년 또는 2018년 데이터를 활용하여 분석을 수행하였으며(2020년 통계연보 -2019년 12월 기준 - 등 공식적인 data의 최종자료를 적용하여 활용·분석), 현황데이터 개별 갱신시 대전광역시 도시재생활성화지역 전반에 대한 쇠퇴진단 결과가 달라지게 되기에 통일된 기준 제시가 어려운 실정임 - 쇠퇴분석 기초자료를 보고서에 수록하였음 ○ 2025대전광역시 도시재생전략계획 변경(2019년 11월) 이후 선정된 도시재생 사업 및 관련 사업 내용을 반영하여 사업 예산 등을 변경하였음 [보고서 p.238]	반영
	위원I	○ 전략계획 주요내용에 대해 현 시점에서 수정 보완해야 하며, 2020기준(통계 등은 2019. 2020년)으로 현황 및 데이터들은 현실화하여야 함 - 주요내용 : 목표 달성을 위한 방안, 쇠퇴진단 및 물리적·사회적·경제적·문화적 여건 분석, 도시재생활성화지역의 지정 또는 변경에 관한사항, 도시생활활성화지역별 우선순위, 도시재생활성화지역 간 또는 주변지역과의 연계방안, 도시재생지원센터 구성 및 운영방안, 지방정부 재원조달 계획, 지원조례, 전담조직 설치 등 지방자치단체 차원의 지원제도 발굴 - 과업범위 중 시간적 범위는 2020년을 기준으로 조사 시점. 적용시점 적용 · 본 계획의 활성화지역은 쇠퇴도를 근간으로 검토해야 하는 바, 2020년을 기준으로 쇠퇴도 분석 자료 제시 필요 (본 보고서가 없어 검토가 불가능함. 보고서내 인구, 세대수, 인구구조, 산업구조, 지역내총생산, 주택 등 전반적인 현황에 대한 보완 필요) - 쇠퇴지역 분석 재실시(2020년 기준 쇠퇴지역 분석을 실시하여 활성화 지역으로 지정 가능한 쇠퇴지역 재조정이 필요) · 우선순위 및 도시재생센터 운영 방안, 재원조달계획 등에 대한 내용 보완 필요 · 기정 계획에서 제시된 도면집 및 자료집 수준에서 최종보고서 제출 필요		

2025 대전광역시 도시재생전략계획 변경

초판 인쇄 2024년 11월 26일
초판 발행 2024년 11월 30일

저 자 대전광역시
발행인 김갑용

발행처 진한엠앤비
주소 서울시 서대문구 독립문로 14길 66 205호(냉천동 260)
전화 02) 364 - 8491(대) / 팩스 02) 319 - 3537
홈페이지주소 http://www.jinhanbook.co.kr
등록번호 제25100-2016-000019호 (등록일자 : 1993년 05월 25일)
ⓒ2024 jinhan M&B INC, Printed in Korea

ISBN 979-11-290-5692-4   (93530)   [정가 35,000원]

☞ 이 책에 담긴 내용의 무단 전재 및 복제 행위를 금합니다.
☞ 잘못 만들어진 책자는 구입처에서 교환해 드립니다.
☞ 본 도서는 [공공데이터 제공 및 이용 활성화에 관한 법률]을 근거로 출판되었습니다.